Elisabeth Strömmer

Klima-Geschichte

Methoden der Rekonstruktion
und historische Perspektive

Ostösterreich 1700 bis 1830

Franz Deuticke

Wien 2003

FORSCHUNGEN UND BEITRÄGE ZUR WIENER STADTGESCHICHTE
Publikationsreihe des Vereins für Geschichte der Stadt Wien

Herausgeberin: Susanne Claudine Pils

Band 39

Fördernde Mitglieder des Vereins:

ISBN 3-7005-4675-0

© Verein für Geschichte der Stadt Wien, Wien 2003
Alle Rechte vorbehalten, jede Art der Vervielfältigung, auch auszugsweise, gesetzlich verboten.
Druck: Karl Werner Buch- und Offsetdruckerei KG, 1070 Wien, Lerchenfelder Straße 37.

Titelbild: Vgl. Abb. 16, 14, 17 und 20

INHALT

4

ERSTER TEIL

Einleitung

Das Ziel der Klimageschichte ist weder die Erklärung der Menschengeschichte noch die simplifizierte Darstellung dieser oder jener großen Episode (Krise des 14. oder 17. Jahrhunderts; Aufschwung des 18. Jahrhunderts usw.), selbst wenn eine solche Episode aus guten Gründen die Reflexion der Historiker aus Leidenschaft beflügelt.

E. Le Roy Ladurie [1]

Klima, Witterung und Naturkatastrophen haben die Geschichte der Menschheit seit ihrem Beginn stark beeinflusst. Bis in das 18. Jahrhundert lebten etwa 80 Prozent der Bevölkerung Europas ausschließlich von der Landwirtschaft. Qualität und Menge der Ernten beherrschten das gesamte materielle Leben. Extreme Witterungseinflüsse bedrohten die Menschen daher in ihrer Existenz viel direkter und massiver als heute. Eine Reihe extrem trockener oder feuchter Jahre führte zu starken Ernteausfällen, was regionale Hungersnöte und Teuerungen zur Folge hatte. Ein langer und kalter Winter schädigte nicht nur die Aussaat. Brunnen, Flüsse und Seen froren zu und die Schifffahrt musste eingestellt werden. Dem Verschwinden des Eises sah man wiederum mit gemischten Gefühlen entgegen, da es nach Auflösung des Eisstoßes oft zu verheerenden Überschwemmungen kam. Jedes Hochwasser brachte das wiederkehrende Problem mit sich, dass Straßen und Brücken nicht befahren, Mühlen nicht betrieben werden konnten. Hielt der überhöhte Wasserstand mehrere Tage an, kam es zu örtlichen Engpässen in der Brotversorgung. Bei steigendem Wasserspiegel flüchteten die Menschen auf die Hügel in der Umgebung. Wurden sie davon jedoch überrascht, blieben ihnen als einziger Ausweg oft nur noch die Dächer ihrer Häuser.

Bedingt durch die in den vergangenen Jahren intensiv und teils kontroversiell geführte öffentliche Diskussion über mögliche Auswirkungen menschlichen Handelns auf das Klima, wird dessen zukünftige Entwicklung verstärkt als Problem wahrgenommen. Dieser Umstand, sowie der kurze Zeitraum, über den Aussagen auf der Basis vorliegender Messungen gemacht werden können, haben das Interesse an der Rekonstruktion klimatischer Sachverhalte mit Hilfe der Arbeitsmethoden von HistorikerInnen geweckt. In Anlehnung an das der Einleitung vorangestellte Zitat von Emmanuel Le Roy Ladurie sind Klimainformationen der Vergangenheit für die mögliche Erklärung von Teilaspekten historischer Prozesse von Bedeutung. Der Entwurf historischer Klimamodelle spielt jedoch vor allem in der Klima(folgen-)forschung eine herausragende Rolle. Mit ihrer Hilfe können virtuelle Experimente erstellt werden, die einen Ausblick in Szenarien zukünftiger Klimaentwicklungen ermöglichen.

---

[1]   LE ROY LADURIE, Geschichte, 222.

Im Sinne eines derartigen Modells stellt die vorliegende Arbeit einen Versuch dar, die klimatische Entwicklung Ostösterreichs im Zeitraum der Jahre 1700 bis 1830 anhand historischer Aufzeichnungen zu rekonstruieren. Während sich in den vergangenen Jahrzehnten in Österreich nur vereinzelt HistorikerInnen mit dieser Thematik beschäftigt haben, gab es im Rahmen eines zweieinhalbjährigen Projekts eine vom FWF finanzierte Forschungskooperation zwischen dem Institut für Österreichische Geschichtsforschung und dem Institut für Geografie der Universität Wien, sowie dem Zentrum für Umwelt- und Naturschutz der Universität für Bodenkultur.[2] Das Ziel dieser Zusammenarbeit war die Sichtung und Aufarbeitung historischen Quellenmaterials und dessen Vernetzung mit den aus Baumringen gewonnenen Klimainformationen, um daraus schließlich Hinweise auf die Klimageschichte der letzten 500 Jahre ableiten zu können. Die im Zuge dieser Recherchen in meist unveröffentlichten, teils auch edierten Quellen gesammelten Daten wurden auszugsweise für die vorliegende Arbeit herangezogen.

Der zeitlichen Determination lagen mehrere Ursachen zugrunde: Einerseits nehmen Dichte und Streuung des klimahistorisch relevanten Quellenmaterials im Vergleich zu vorangegangenen Jahrhunderten ab etwa 1700 sprunghaft zu, weshalb fundiertere Aussagen getroffen werden konnten. Gleichzeitig ergab sich mit der ab 1775 für Wien existierenden homogenisierten Temperaturmessreihe ein ausreichend langer Überlappungszeitraum von 56 Jahren, der verschiedene Untersuchungen mit Hilfe statistischer Methoden ermöglichte. Die Fülle an deskriptivem, aber auch schon gemessenem Datenmaterial nach 1830 ließ wiederum einen längeren Bearbeitungszeitraum als wenig nützlich erscheinen.

Der erste Teil der Arbeit beschäftigt sich mit Fragen zu Begriffsdefinitionen, zur historischen Entwicklung von Wetteraufzeichnungen und den dahinter stehenden Motivationen der Verfasser. Danach sollen die in der vorliegenden Studie herangezogenen Quellen charakterisiert und methodische Probleme beleuchtet werden. Die in den schriftlichen Aufzeichnungen enthaltenen Klimainformationen bilden in weiterer Folge die Grundlage für eine Analyse der klimatischen Entwicklung Ostösterreichs im europäischen Kontext. In einem weiteren Schritt kommt es zur Erstellung von Reihen bestehend aus meteorologischen Indizes, in denen die Sommermonate nach thermischen und hydrologischen Kriterien klassifiziert werden. Als Eichphasen dienen jeweils die durch instrumentelle Messungen belegten Zeiträume bzw. die aufgrund der dendrochronologischen Forschung geschätzten Niederschlagsreihen. Dabei werden neben historischen Aufzeichnungen mit rein meteorologischem Inhalt auch solche mit pflanzenphänologischen bzw. önologischen Nachrichten (Traubenblüte, Weinlese, Weinqualität) statistisch ausgewertet und als Substitute für fehlende thermometrische Messungen herangezogen. Aus den Ergebnissen können in weiterer Folge die möglichen Ursachen für die klimatische Entwicklung der Sommermonate zwischen 1700 und 1830 rekonstruiert werden.

---

[2] Vgl. STRÖMMER, HOLAWE, Klimarekonstruktionen.

Der zweite Teil der Arbeit umfasst eine chronologische Auflistung von Quellenzitaten mit verwertbaren Wetter- und Witterungsinformationen. Nach einer kritischen Überprüfung sind die jeweiligen Textstellen so weit wie möglich im Original angeführt, um den Informationsgehalt nicht einzuschränken. Zur leichteren Lesbarkeit wurde jedoch die Interpunktion angepasst. Diese größtenteils zeitgenössischen Berichte stellen damit gleichzeitig eine Art „Nachschlagewerk" zum Thema Wetter, Witterung und Naturkatastrophen im Zeitraum von 1700 bis 1830 dar.

Das Entstehen dieser Arbeit war nur durch die Hilfe und Unterstützung zahlreicher Personen in meinem beruflichen und privaten Umfeld möglich. Es handelt sich dabei um die überarbeitete Fassung einer im Jahr 1999 abgeschlossenen Dissertation. Großer Dank gilt meinen Betreuern Karl Vocelka und Gernot Heiß für ihre Anregungen und Hilfestellungen. Karl Vocelka war es auch, der mir über ein spannendes und zugleich amüsantes Seminar im Jahr 1991 die historische Klimaforschung „schmackhaft" machte und mich bei meinen Arbeiten unterstützte. Durch die Mitarbeit in dem vom Fonds zur Förderung wissenschaftlicher Forschung von 1996 bis 1999 finanzierten Projekt „Klimarekonstruktionen für die vorinstrumentelle Zeit – Ein interdisziplinärer Ansatz" (P 11095-GEO) lernte ich die naturwissenschaftlichen Ansätze und Methoden der Klimaforschung kennen. Franz Holawe vom Institut für Geografie und Regionalforschung gab mir in zahlreichen Gesprächen wichtige Denkanstöße. Ihm gilt mein besonderer Dank. Er hörte geduldig zu, erleichterte mir den Zugang zu Fragen der Statistik und stand mir bei den vorliegenden Berechnungen sowohl in der Methodik als auch mit der speziellen EDV äußerst hilfreich zur Seite. Rupert Wimmer vom Zentrum für Umwelt- und Naturschutz der Wiener Universität für Bodenkultur und Giorgio Strumia danke ich für ihre Kooperation und die für meine Untersuchungen notwendigen Daten aus dem Bereich der Dendrochronologie. Reinhard Böhm von der Zentralanstalt für Meteorologie und Geodynamik in Wien überließ mir Teile der ALOCLIM-Datenbank noch vor ihrer Veröffentlichung. Patrick Beeli von der Research Group for Environmental History/Universität Bern machte mich mit dem Kodierungssystem und dem dazugehörigen Symbol-Schlüssel der europäischen Klimadatenbank CLIMHIST vertraut. Christian Pfister, Rudolf Brázdil und Jan Munzar gaben mir wertvolle Hinweise und ermunterten mich zur Veröffentlichung meiner Arbeit. Dies wäre ohne das entsprechende Angebot von Susanne Claudine Pils vermutlich nie realisiert worden. Für anregende Gespräche zum Thema, sowie die unerlässliche Arbeit des Korrekturlesens danke ich Rainer Maria Lefèvre, Elisabeth Kofler, Stefan Sienell, Alexander Sperl, besonders aber Paulus Ebner und Werner Michael Schwarz. Mit ihm begab ich mich auch auf eine turbulente „Fotosafari".
Großer Dank gilt auch meiner Familie, die mich auf vielfältige Weise unterstützte. Julia, die beim Entstehen dieser Arbeit unglaubliche Geduld aufbrachte, sei dieses Buch gewidmet.

Wahrnehmung und Reflexion

Definitionen zum Klima-Begriff

Der Versuch, eine allgemein gültige Klimadefinition zu erstellen, scheiterte bis heute an den jeweiligen fachlichen Aspekten und unterschiedlichen Fragestellungen der einzelnen Wissenschaftler. Vielmehr kam es in den vergangenen Jahrzehnten zu ständig neuen Interpretationen, wie die folgenden fünf Beispiele zeigen:

> *Unter Klima verstehen wir die Gesamtheit der meteorologischen Erscheinungen, welche den mittleren Zustand der Atmosphäre an irgend einer Stelle der Erdoberfläche charakterisieren. Was wir Witterung nennen, ist nur eine Phase, ein einzelner Act aus der Aufeinanderfolge der Erscheinungen, deren voller, Jahr für Jahr mehr oder minder gleichartiger Ablauf das Klima eines Ortes bildet. Das Klima ist die Gesamtheit der Witterungen eines längeren oder kürzeren Zeitraumes, wie sie durchschnittlich zu dieser Zeit des Jahres einzutreten pflegen.*[3]

> *Der Ausdruck Klima bezeichnet in seinem allgemeinen Sinne alle Veränderungen in der Atmosphäre, die unsere Organe merklich affizieren: die Temperatur, die Feuchtigkeit, die Veränderungen des barometrischen Druckes, den ruhigen Luftzustand oder die Wirkung ungleichnamiger Winde, die Größe der elektrischen Spannung, die Reinheit der Atmosphäre oder ihre Vermengung mit mehr oder minder schädlichen gasförmigen Exhalationen, endlich den Grad habitueller Durchsichtigkeit und Heiterkeit des Himmels, welcher nicht bloß wichtig ist für die vermehrte Wärmestrahlung des Bodens, sondern auch für die Gefühle und die ganze Seelenstimmung des Menschen.*[4]

> *Das geografische Klima ist die für einen bestimmten Ort, eine Landschaft oder einen grösseren Raum typische Zusammenfassung der erdnahen und die Oberfläche beeinflussenden atmosphärischen Zustände und Witterungsvorgänge während eines längeren Zeitraumes in charakteristischer Verteilung der häufigsten, mittleren und extremen Werte.*[5]

> *Unter dem Begriff Klima verstehen wir die Gesamtheit der Wettererscheinungen an irgendeinem Ort der Erde während einer festgelegten Zeitspanne.*[6]

> *Das terrestrische Klima ist die für einen Standort, eine definierbare Region oder ggf. auch globale statistische Beschreibung der relevanten Klimaelemente, die für eine nicht zu kleine zeitliche Größenordnung die Gegebenheiten und Variationen der Erdatmosphäre hinreichend ausführlich charakterisiert. Ursächlich ist es eine Folge der physikochemischen Prozesse und Wechselwirkungen im Klimasystem sowie der externen Einflüsse auf dieses System.*[7]

Etymologisch gesehen steht der Ursprung des Wortes Klima in engem Zusammenhang mit der Definition von Klimazonen. Das griechische Wort „klinein" (κλινειν =

---

[3]   HANN, Klimatologie, 1.
[4]   Alexander von Humboldt zit. bei FLOHN, Witterung, 11.
[5]   BLUETHGEN, Klimatologie, 4.
[6]   LAMB, Klima, 22.
[7]   SCHÖNWIESE, Klimatologie, 61.

neigen) verwies ursprünglich auf eine durch zwei Breitengrade festgelegte Zone, die mit der Neigung der Erdachsen gegenüber der Sonne in Verbindung gebracht wurde. Diese Bezeichnung entwickelte sich schließlich zum Synonym für die darin vorherrschenden Wärme- bzw. Wetterverhältnisse.[8]

Neben der räumlichen Differenzierung, welche die geografischen Gegebenheiten als horizontale bzw. vertikale Fläche definiert,[9] spielt bei der Formulierung des Begriffes Klima die Begrenzung der zeitlichen Größenordnung eine wesentliche Rolle. So kann das *Wetter* für den charakteristischen Zustand der Atmosphäre von Stunden bis Tagen, die *Witterung* für den Verlauf von Tagen bis Monaten und das *Klima* für atmosphärische Phänomene von Monaten und Jahren bzw. Jahrzehnten gesehen werden. Diese im deutschen Sprachraum übliche Definition konnte sich jedoch auf internationaler Ebene nicht durchsetzen, vor allem da der Witterungsbegriff im englischen Sprachraum unbekannt ist.

Auch die begriffliche Grenze zwischen *Wetter* und *Klima* ist nach wie vor fließend und bleibt in der modernen Klimatologie umstritten. Während ein Teil der Wissenschaftler diese Abgrenzung in der theoretischen Grenze der Vorhersagbarkeit des Wetters (derzeit etwa zehn Tage) sieht, arbeitet ein anderer Teil ausschließlich mit mehrjährigen Datenreihen. Um eine weltweit einheitliche Beobachtungslänge und damit bessere Koordination zu erreichen, wurde von der 1947 gegründeten Weltmeteorologischen Organisation WMO ein Mindestbeobachtungszeitraum von 30 Jahren festgelegt und damit eine möglichst zuverlässige Kennzeichnung der klimatischen Verhältnisse eines Ortes bzw. einer Region durch Mittelung von Einzelereignissen und deren klimatologisch-statistischen Beschreibung geschaffen.[10] Zur Vermeidung unterschiedlicher zeitlicher Begrenzungsintervalle definierte die WMO gleichzeitig so genannte Klimanormalwerte (CLINO = climatic normals), welche die Jahre 1961–1990, davor 1931–1960 usw. umfassen und in der Klimatologie als einheitliche Bezugszeiträume herangezogen werden.

Die bis vor etwa 100 Jahren vertretene Annahme, dass es sich beim Klima um einen konstanten Faktor handle, wurde in den letzten Jahrzehnten durch verstärkte Forschungstätigkeit auf dem Gebiet der Meteorologie, Geografie, Hydrologie, Glaziologie, Dendrochronologie, Archäologie, aber auch der Chemie, Physik, Biologie und Ökologie widerlegt. Vor dem Hintergrund langer periodischer Klimaschwankungen zeigt sich in jeder Phase das Auftreten extremer Wetter- und Witterungserscheinungen im Zeitraum von Monaten und Jahren. Diese kontinuierlichen, oft innerhalb weniger Jahrzehnte aufeinander folgenden klimatischen Veränderungen können nur mit Hilfe der Klimatologie als einer interdisziplinären Wissenschaft nachgewiesen werden.

---

8   Vgl. KÖRBER, Wetteraberglauben, 61.
9   Bei den verschiedensten klimatologischen Fragestellungen muss zwischen dem Mikroklima einer Talmulde, dem Mesoklima einer Stadt bzw. eines Gebirges oder letztlich dem globalen Makroklima unterschieden werden. Vgl. dazu SCHÖNWIESE, Klimatologie, 45 ff.
10   Vgl. SCHÖNWIESE, Klimatologie, 55; MATULLA, Regionalisierung.

Beobachtungen ohne Instrumente und frühe Messungen

Die Entwicklung von klimahistorisch relevanten Aufzeichnungen seit dem Mittelalter erfolgte in ganz Europa auf sehr ähnliche Weise. Zu Beginn achtete man ausschließlich auf ungewöhnliche Witterungserscheinungen, die im näheren Umfeld des Menschen meist größere Schäden hinterließen. Derartige punktuelle Einträge finden sich bereits in (klösterlichen) Chroniken des 11. und 12. Jahrhunderts, ab dem 13. Jahrhundert nimmt die Zahl der überlieferten Texte kontinuierlich zu.

Der Beginn von regelmäßigen bzw. täglichen Aufzeichnungen kann für das 14. Jahrhundert angenommen werden. Das aus England stammende, älteste erhaltene Wetterjournal ist eine wahrscheinlich vom Verfasser William Merle zusammengestellte Übersicht aus vorhandenen Beobachtungen der Jahre 1337, 1343 und 1344, in der sich kurze Witterungsbeschreibungen der einzelnen Monate finden:

> *Anno domini 1337 in ianuario fuit calor cum siccitate temperata nec fuerat in hieme praecedente notabilis frigiditas nec humiditas, sed magis sicci(ta)tas et caliditas. ... In maio quattuor dies humidi cum calore temperato et totum residuum fuit calidum temperate cum modica siccitate et cum pluviis temperatus vicissim advenientibus; sed in 17° die fuit pluvia magna et subita cum tonitruo ita quod Oxoniis nou fuerat pluvia tam magna in tam modico tempore per multos annos.[11]*

Die Erfindung des Buchdrucks und die Renaissance der Naturwissenschaften förderten die Auseinandersetzung mit dem Wetter und dessen Beobachtung. Neben Chroniken wurden die seit etwa 1500 in zunehmendem Maße verbreiteten Schreibkalender und Ephemeriden zu einem wichtigen Medium für die Wetter-Berichterstattung. Es bot sich an, die darin enthaltenen astronomischen und astrologischen Berechnungen mit dem tatsächlichen Witterungsverlauf zu vergleichen. Besondere Bedeutung erlangte hierbei der Almanach von Johann Stöffler und Jakob Pflaum, der vielfach für derartige Eintragungen herangezogen wurde.

Abb. 1: Stöffler'sche Ephemeriden (gedruckt 1531 in Tübingen)

11   HELLMANN, Beobachtungen, 1.

Auch die ältesten erhaltenen täglichen Wetterbeobachtungen aus dem Raum Wien befinden sich in einem Exemplar von Johann Stöfflers Ephemeriden für die Jahre 1532 bis 1551. Dieses Werk befand sich anfänglich im Besitz des Wiener landesfürstlichen Universitäts-Superintendenten Johann Pillhamer und wurde am 21. Dezember 1539 von seinem Ziehsohn, dem Arzt und fünfmaligen Dekan der Wiener Universität Johann Emerich Aichholz, übernommen.[12] Seine täglichen Wetteraufzeichnungen begannen am 1. Jänner 1545 in Wittenberg. Nach seiner Rückkehr und einer kurzen Unterbrechung wurden sie mit „redii" am 25. April 1546 wieder aufgenommen und können somit für die folgenden Monate als die in diesem Umfang ältesten erhaltenen täglichen Witterungsbeobachtungen aus dem Raum Wien bezeichnet werden. Aufgrund von Reisen in die Steiermark (Jänner bis Juli 1547), nach Wittenberg (Ende Juli/Anfang August 1547 bis Herbst 1548), wiederum Steiermark (Oktober 1548) und Wittenberg (Jänner bis Oktober 1549, wo diesmal allerdings nur Abreise und Ankunft vermerkt sind) kam es jedoch zu phasenweisen Unterbrechungen. Vom 17. November 1549 bis 25. Juli 1550 wurden die Beobachtungen nochmals fortgesetzt und zugleich beendet.

Aichholz nahm seine Aufzeichnungen einmal täglich vor und beschrieb die charakteristische Wetterlage des jeweiligen Tages. Die Einträge wurden in lateinischer

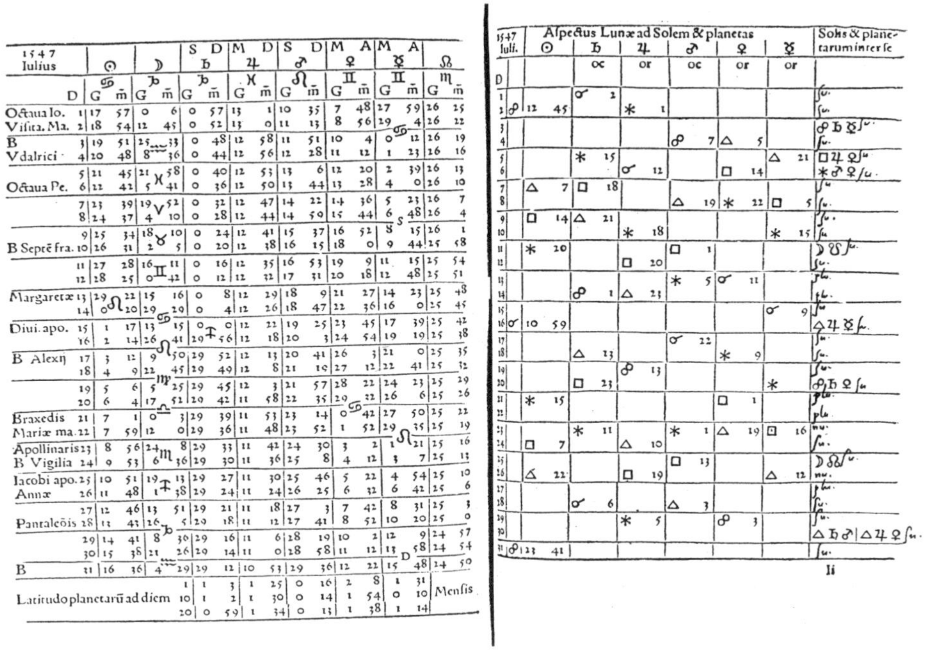

Abb. 2: Wetteraufzeichnungen von J. E. Aichholz (Juli 1547)

12 Vgl. WACHA, Wetterbeobachtungen, 147 ff. Dieser 1531 in Tübingen gedruckte Schreibkalender wird in der Universitätsbibliothek von Straßburg unter der Signatur „R 102998" aufbewahrt.

Sprache verfasst und bestehen meist aus Abkürzungen. Neben Angaben über Niederschläge, sowie die Bewölkung des Himmels, finden sich darin auch vereinzelte Hinweise auf Temperatur und Wind bzw. in seltenen Fällen auch die Windrichtung. Das in der Abb. 2 dargestellte Beispiel zeigt in der rechten Spalte die Einträge für den Monat Juli 1547.[13]

Die sicher berühmteste meteorologische Beobachtungsreihe des 16. Jahrhunderts stammt jedoch vom dänischen Astronomen Tycho de Brahe (geb. Knudstrup auf Schonen 1546, gest. Prag 1601) und umfasst die Jahre 1582 bis 1597. Das „Meteorologiske Dagbog" enthält tägliche Eintragungen in dänischer Sprache, die von Brahes jeweiligen Assistenten an der Sternwarte Uraniborg auf der Insel Hveen vorgenommen wurden.[14] Aufgrund seiner Übersiedlung nach Wien bzw. Prag kam das Tagebuch in späterer Zeit in den Besitz der k. k. Hofbibliothek, wo es erst im Jahr 1876 vom dänischen Brahe-Forscher F. R. Friis wieder entdeckt wurde.

Als ein weiterer bedeutender Astronom führte Johannes Kepler (geb. Weil der Stadt/Württemberg 1571, gest. Regensburg 1630) in Ergänzung seiner Planetenbeobachtungen auch Wetteraufzeichnungen durch. Abgesehen von seinem Werk „De nive sexangula" hinterließ er jedoch keine unter ausschließlich meteorologischem

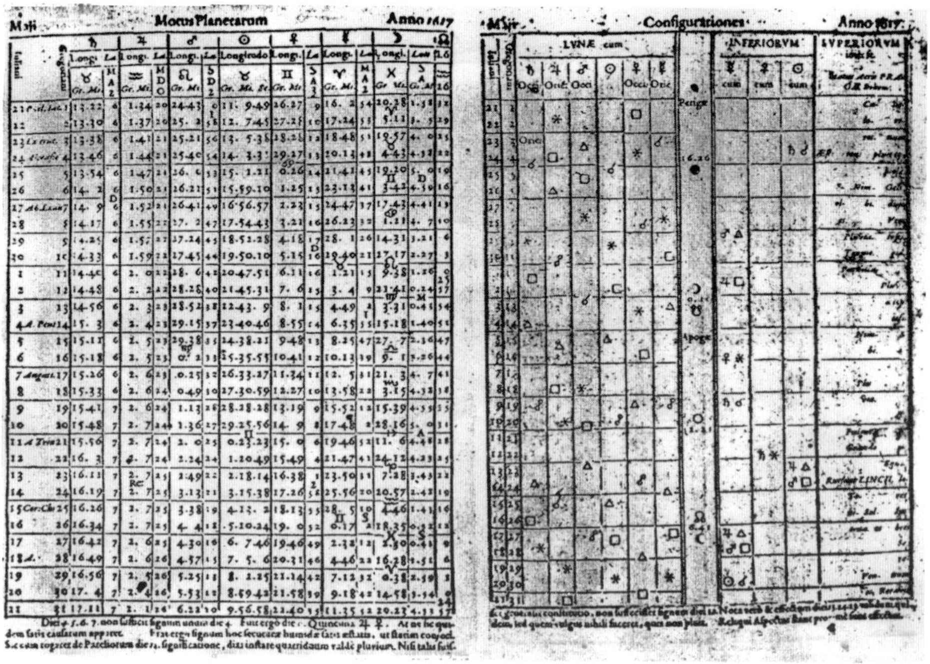

Abb. 3: Wetteraufzeichnungen von J. Kepler in einem Ephemeridenband (Mai 1617)

---

[13] Ephemeridum opus Ioannis Stoefleri, o. S. Die lateinischen Abkürzungen stehen für: su = sudum = heiteres Wetter; plu = pluvia = Regen; nu = nubilum = trübes Wetter.

[14] Vgl. HELLMANN, Entwicklung, 4 f.; LENKE, Klima, 5 f.

Gesichtspunkt stehende Arbeit.[15] Aus seinen Schriften, vor allem den Briefen, geht allerdings seine eingehende Beschäftigung mit meteorologischen Fragestellungen deutlich hervor. Keplers überlieferte Witterungsbeschreibungen umfassen die Jahre 1594 bis 1629 und wurden teilweise schon zu seinen Lebzeiten gedruckt. Diese Tatsache vermag seine Zeitgenossen zu ähnlichen Aufzeichnungen angeregt haben.

Neben diesen beiden von den bedeutendsten Astronomen ihrer Zeit erstellten Beobachtungsreihen existieren für das 16. und 17. Jahrhundert in Österreich bereits eine große Anzahl von Witterungsbeschreibungen, die von Mitgliedern geistlicher bzw. weltlicher Institutionen, Humanisten oder auch namentlich unbekannten Personen in diversen Chroniken, Tagebüchern, Kalendern und auch schon Reisebeschreibungen überliefert wurden.[16]
Ab der zweiten Hälfte des 17. Jahrhunderts begann man Wetterbeobachtungen zunehmend durch Messungen mit neu entwickelten Instrumenten durchzuführen. Diese befassten sich mit Temperatur, Luftdruck und Niederschlag und kamen um 1660 korrespondierend in England, Schweden, Frankreich und Italien zum Einsatz. Die von Großherzog Ferdinand II. von Toskana (1610–1670) ab 1654 initiierten Messungen im Rahmen der Florentiner Akademie können als eines der ersten meteorologischen Beobachtungsnetze bezeichnet werden.[17]
Für den Wiener Raum gelten die Aufzeichnungen von Alois Ferdinand Graf Marsigli (geb. Bologna 1658, gest. Bologna 1730) als die ältesten bekannten instrumentellen Witterungsbeobachtungen, die im Zeitraum von Dezember 1696 bis August 1697 durchgeführt wurden. Neben etwa 20 wissenschaftlichen Schriften finden sich im sechsten Band seiner in lateinischer Sprache verfassten Arbeit „Danubius"[18] sowohl barometrische als auch thermometrische Messungen. Diese wurden am Ufer der Donau vorgenommen und mit zusätzlichen Wahrnehmungen von Wind, Regen, Schnee und Hagel in tabellarischer Form aufgezeichnet.
Wenige Jahre später führte der aus den Niederlanden stammende Wiener Hofarzt Baron von Beintma vom Frühjahr 1709 bis zum Frühjahr 1717 instrumentelle Messungen durch. Diese wurden anfänglich ein Mal am Tag, ab 1715 zwei Mal zu genau angegebenen Zeiten erstellt.[19]

---

15   Vgl. Joannis Kepleri, 7. Bd.; MUNZAR, Prague, 46 ff.; HELLMANN, Beobachtungen, 32 ff.
16   Eine Auswahl derartiger Beobachtungen liefert KLEMM, Entwicklung.
17   Großherzog Ferdinand II. ließ seinen Hofgeistlichen, einen Jesuitenpater, Instrumente an Ordensbrüder verteilen. Diese beobachteten nach einer einheitlichen Vorgabe und retournierten ihre tabellarischen Aufzeichnungen in regelmäßigen Abständen. Die auf diese Weise in Innsbruck entstandenen Messungen konnten bis dato nicht aufgefunden werden. Vgl. WANIEK, Geschichtlicher Grundriß, 32. Die ältesten, in dieser Zeit entstandenen brauchbaren Temperaturreihen reichen bis in das Jahr 1670 zurück. Zuverlässige Luftdruckreihen existieren dagegen erst ab 1740, die ältesten Niederschlagsreihen beginnen 1715, Sonnenscheinbeobachtungen reichen sogar nur bis 1880 zurück. Vgl. RUDLOFF, Schwankungen, 6 f.
18   Die deutsche Übersetzung dieser Arbeit trägt den Titel „Untersuchungen der Donau in Pannonien und Mösien nach geographischen, astronomischen, hydrographischen, historischen und physikalischen Gesichtspunkten in 6 Bänden." Vgl. WANIEK, Geschichtlicher Grundriß, 34 ff.
19   Vgl. HELLMANN, Abhandlungen, 28.

Julii 1711						Julii 1716						
Dies	Aërost.		Therm.		Temperies	Dies	h.	Aërost.		Therm		Temperies
	dig.	m	gr. a. m.	gr. p. m.				d.	m			
1	28	23	18		Pluvium	1	5	28	11½	5	18	Nox Pl. & vent.
2		34	16		Sudo-serenum	2	5		22½	8		Sereno-sudum
3		36	20		Serenum		1		24		29	Obsc. ventosius
4		41	30		Serenum		10		29		12	Nubilo-lunare
5		23		73	Ser.Sud.cal.intens.	3	5		26½	8		Nox pluv. contin.
6		23	41		Sud.-nub. vent.		7		28	3		Contin. N. z. O.

Abb. 4: Wetteraufzeichnungen von Baron v. Beintma (Juli 1711 bzw. 1716)

Als Beispiel für einen der ersten Beamten, die ab dem 18. Jahrhundert im Dienste meteorologischer Anstalten ihre täglichen Wahrnehmungen verzeichneten, kann der Jesuitenpater Josef Franz genannt werden. Er begründete im Jahr 1734 die Wiener Sternwarte und führte mit großer Wahrscheinlichkeit meteorologische Beobachtungen durch, die bislang allerdings als verschollen gelten. Sein Mitarbeiter Pater Anton Pilgram erstellte von Dezember 1762 bis November 1786 eine Beobachtungsreihe, die er zwei Jahre später in seinem Werk „Untersuchungen über das Wahrscheinliche der Wetterkunde" publizierte.

Parallel dazu wurden im Benediktinerstift Kremsmünster/OÖ ab 1763 Wetterbeobachtungen durchgeführt und in Innsbruck begann der ehemalige Jesuit und spätere Professor der physikalischen und mathematischen Wissenschaften an der Universität Franz von Zallinger zum Thurn im Jahr 1777 eine meteorologische Beobachtungsreihe, die er bis September 1828 fortführte.[20] Auch die im Benediktinerstift St. Florian/OÖ befindlichen Tagebücher von Franz de Paula Haslinger beinhalten beinahe tägliche Messungen und Witterungsaufzeichnungen. Sie stammen aus verschiedenen Orten Oberösterreichs, in denen Haslinger meist als Pfarrer in den Jahren 1796 bis 1833 wirkte.[21]

Seit dem Jahr 1775 existiert eine vollständige meteorologische Beobachtungsreihe für Wien, die zu Beginn an der alten Universitätssternwarte (Wien I, Universitätsplatz 1), ab 1852 an der Zentralanstalt für Meteorologie (Wien IV, Favoritenstraße 30) und seit 1872 an der Zentralanstalt für Meteorologie und Geodynamik (Wien XIX, Hohe Warte 38) erstellt wurde/wird. Thermometrische, barometrische, hydrografische sowie Windmessungen nahm man anfangs ein Mal, später drei Mal täglich vor und verzeichnete sie tabellarisch in lateinischer, später in deutscher Sprache. Zahlreiche Publikationen[22] und eine eigene Rubrik in der Wiener Zeitung machten diese frühen Instrumentenmessungen auch einem breiteren Publikum zugänglich.

---

20 Vgl. HELLMANN, Abhandlungen, 29.
21 Vgl. WACHA, Tagebücher; MÜLLER, Schnee.
22 Vgl. LITTROW, Beobachtungen; WANIEK, Geschichtlicher Grundriß, 53.

Menschen und Motivationen

Die Beschäftigung mit klimageschichtlichen Quellen wirft natürlich auch die Frage nach den Personen auf, die sich zur Aufzeichnung vereinzelter Witterungsereignisse oder aber täglicher Beobachtungen veranlasst sahen. Welche Intentionen standen dahinter, und was war das soziale Umfeld, dem diese Personen entstammten?

Ein vor allem für das Mittelalter, in geringerem Ausmaß auch für die Frühe Neuzeit wesentlicher, weil stark eingrenzender Faktor, lag in der Schriftlichkeit. Wer konnte worin und aus welchen Gründen Informationen über das Wetter und dessen Auswirkungen überliefern? Demnach waren es anfangs Mitglieder kirchlicher und weltlicher Institutionen, die sich in Chroniken und Annalen zur Berichterstattung über Elementarereignisse veranlasst sahen. Vor allem in klösterlichen Aufzeichnungen wurden bis in die Barockzeit Elementarereignisse wie Hitze, Frost, Unwetter und Hagel, oder aber auch ihre Folgeerscheinungen wie Hungersnöte, Überschwemmungen und Epidemien als ein direktes Eingreifen Gottes, eine Strafe für die Sünden der Menschheit interpretiert. Flugschriften schilderten die größten Naturkatastrophen in eindrucksvoller Ausführung und geizten nicht mit Übertreibungen und moralisierenden Aufrufen. Oft wurden sie als disziplinierendes Sprachrohr klerikaler oder obrigkeitlicher Vorstellungen verbreitet. Zusätzlich sah man die einzelnen Naturerscheinungen nicht isoliert, sie wurden vielmehr zu einem System von Zeichen zusammengefasst. Innerhalb dieses Systems verwiesen die jeweiligen Erscheinungen aufeinander, Kometen, Nordlichter, Mond- und Sonnenfinsternisse kündigten Dürre, Überschwemmungen und Erdbeben an. Ihr Zusammentreffen war also nie zufällig und sollte die überirdische Herkunft unterstreichen.[23]

Gleichzeitig erflehte man im Rahmen von Bittprozessionen die Besserung des Wetters, eine reichhaltige Ernte oder den Schutz vor Heuschrecken. Zahlreiche Bildstöcke, Wetter- oder Käferkreuze, denen man im Umland Wiens begegnet, wurden zu steinernen Zeugnissen derart religiöser Frömmigkeit. Vor allem in den Alpentälern, in denen heidnische bzw. religiöse Kulthandlungen und alter Aberglaube nie ganz verdrängt wurde,

Abb. 5: Wetterkreuz in Wilfersdorf/Tulbing

23 Vgl. SPRANDEL, Mentalitäten, 27; ARIÈS, Mentalitäten, 135 ff.; STÖWE, Erklärungen.

finden sich im vielfältigen Brauchtum auch heute noch Relikte einer Art „Wetterzauberei".[24]

Daneben bezogen sowohl geistliche als auch weltliche Obrigkeiten ihre Einkünfte aus der Landwirtschaft und dem Weinbau. Mehr oder weniger regelmäßige Berichte über Wetter und Witterung wurden daher auch in Hinblick auf die zu erwartenden Erträge in Rechnungsbüchern und Schreibkalendern akribisch vermerkt.

Der Kreis der Beobachter erweiterte sich zusehends. Ab dem 15. Jahrhundert traten vermehrt Humanisten wie Johannes Tichtel, Johannes Cuspinian, Petrus Frylander,[25] Karl der Ältere von Zerotin[26] oder Jan von Kunovice[27] als Wetterbeobachter in Erscheinung. In ihren oft als Tagebüchern verwendeten Schreibkalendern registrierten sie neben Anomalien auch unspektakuläre Witterungsverläufe. Dahinter mag der Versuch gestanden sein, die darin von Astronomen berechneten Vorhersagen mit den tatsächlich eingetretenen Verhältnissen zu vergleichen.

Ein speziell an Naturwissenschaften interessierter Gelehrter des 16. Jahrhunderts war der bereits genannte Johann Emerich Aichholz, der 1520 in Wien geboren wurde. Hier immatrikulierte er 1536 an der Universität und führte seine Studien im weiteren Verlauf auch an den Universitäten von Ingolstadt, Wittenberg, Paris und zuletzt in Padua fort. Dort erwarb er das Doktorat der Medizin und Philosophie und ließ sich ab 1557 als Arzt endgültig in Wien nieder. Obwohl Konvertit, erhielt er bereits nach kurzer Zeit eine Professur und leitete den Anatomie-Unterricht. Neben seiner Tätigkeit als Magister sanitatis, die er als damals jüngstes Mitglied der Fakultät übernahm, war Aichholz ab 1559 auch fünf Mal Dekan und im Jahr 1574 Rektor der Wiener Universität. 1581 wurde er an den Hof von Kaiser Rudolf II. nach Prag berufen und verstarb am 6. Mai 1588 in Wien.[28] Die eigentlichen Motivationen, die Aichholz zu seinen Wetterbeobachtungen veranlasst haben, können anhand der Quellen nicht aufgezeigt werden. Die Aufzeichnungen stellen jedoch eine Facette seiner naturwissenschaftlich besonders vielseitigen Interessen dar. Neben der Medizin und Meteorologie beschäftigte er sich eingehend mit Pflanzen und errichtete in Wien einen Botanischen Garten, dem selbst Carolus Clusius Bewunderung zollte.[29]

---

[24] Hierbei spielt die so genannte Übertragungsmagie eine wesentliche Rolle: Lärm dient einerseits als Abwehrmittel gegen das wie auch immer bezeichnete Böse, während andererseits das Stampfen und Trampeln im wiegenden Schritt das Wachstum fördern soll. In beiden Fällen handelt es sich um einen Analogieschluss, der die Menschen glauben ließ, dass selbst Wind- und Wetterdämonen solcherart beeinflussbar seien. SCHNEIDER, PFLANZER, PFLANZER, Brauchtum, 11; vgl. dazu auch LEHMANN, Auswirkungen, 31–50.

[25] Zu diesen drei genannten Humanisten vgl. KLEMM, Entwicklung, 13 ff.

[26] Vgl. BRÁZDIL, KOTYZA, Oberservations; PFISTER ET AL., Daily Weather Observations, 111–150.

[27] Vgl. MUNZAR, Discovery; BRÁZDIL, KOTYZA, History of Weather II.

[28] Zu den biografischen Daten vgl. HARTL, SCHRAUF, Wiener Universität; SCHADELBAUER, Aicholz, 117.

[29] Vgl. HARTL, SCHRAUF, Wiener Ärzte, 22.

In der Frühen Neuzeit wurden bestimmte Witterungsverläufe von Seiten speziell naturwissenschaftlich Gelehrter auch vermehrt in kausalen Zusammenhang mit Hungersnöten, Epidemien und Viehseuchen gebracht. Sie dienten als ein Erklärungsmodell in Abhandlungen und Traktaten, die im Rahmen von Akademien und gelehrten Gesellschaften publiziert wurden. Die „Sammlung von Natur- und Medicin- Wie auch hierzu gehörigen Kunst- und Literatur-Geschichten"[30] kann dafür stellvertretend genannt werden. Zu einem gewissen Teil sicherlich von derartigen Schriften beeinflusst, wurde der Verlauf des Wetters nun auch von „Laien" in Tagebüchern, Briefen und Reiseberichten thematisiert.[31] Das soziale und ökonomische Umfeld des Verfassers kann hierbei neben persönlichen Interessensschwerpunkten als ausschlaggebendes Kriterium für oft langjährige Wetterbeobachtungen gewertet werden, wie die für das Untersuchungsgebiet dieser Arbeit zahlreich vorliegenden Aufzeichnungen von (wein-)bäuerlichen Bevölkerungsschichten zeigen.
Seit dem frühen 18. Jahrhundert wurde der meteorologischen Forschung europaweit auch im universitären Bereich Raum geboten und in Wien im Jahr 1734 die Errichtung einer Sternwarte veranlasst. Dadurch konnte sich neben der Dokumentation instrumenteller Messungen der Bereich der Wettervorhersage als ein weiterer Forschungsschwerpunkt entwickeln.

[30] Sammlung, 1.–38. Versuch.
[31] Es sei in diesem Zusammenhang auch auf Untersuchungen hingewiesen, die sich mit dem Einfluss des Klimas auf die Landschaftsmalerei vergangener Jahrhunderte beschäftigen. Als Beispiel wird u. a. Pieter Breughel der Ältere genannt, der ab den 1560er Jahren (einer Phase von Kälterekorden während der Kleinen Eiszeit) eine Reihe von schneeverwehten Landschaften malte. Auch William Turner hinterließ mit seinen Gemälden „Wetterdokumente" des frühen 19. Jahrhunderts. Seine berühmten roten Himmel waren demnach Zeichen starker atmosphärischer Kräfte, als sich nach den vulkanischen Eruptionen auf den Azoren 1811 und auf Tambora 1815 Staubwolken um die Erde hüllten. Der Staub kühlte die Erde und streute das Licht, wodurch üppig-rote Sonnenauf- und Sonnenuntergänge möglich wurden. Es scheint in diesem Zusammenhang allerdings wichtig zu betonen, dass bei einer derartigen Untersuchung vor allem die mentalitätsgeschichtlichen Hintergründe in Verbindung mit der subtilen Symbolsprache jener Zeit in besonderem Maße zu berücksichtigen sind. Vgl. SIMONS, Froschregen, 199 f.; vgl. im Zusammenhang mit Umweltwahrnehmung auch SPERL, Wahrnehmung von Umweltphänomenen, 56–76.

Die historischen Quellen
Verifikation und Methodik

Die Recherche über Wetter-Berichte der Vergangenheit gleicht meist der sprichwörtlichen Stecknadelsuche im Heuhaufen. Punktuelle Schilderungen in Chroniken, sporadische Einsprengsel in Tagebüchern oder Hochwassermarken an Gebäuden dienen als kostbare Indizien auf der Spurensuche nach den historischen Klimaverhältnissen.[32] Die Lage einer Stadt am Fluss ist dabei für „wetterkundige" HistorikerInnen von besonderer Bedeutung. Neben teils ausführlichen Schilderungen über Vereisungen oder Überschwemmungen stellen die zahlreichen, oft beiläufig eingestreuten Hinweise auf Wasserstände willkommene Ergänzungen dar, die auch Rückschlüsse auf die Witterung jeweils vorangegangener Wochen zulassen. Besonders im Falle Wiens führten die Bewohner jahrhundertelang einen teils erbitterten Kampf um oder gegen das Wasser. Den ständigen Bemühungen um die Aufrechterhaltung der Schifffahrt im stadtnahen Donauarm stand die immer währende Angst vor zu viel Wasser in Form von Überschwemmungen gegenüber. Jedes Hochwasser, jede Trockenperiode und jeder Eisstoß veränderten den Lauf des Flusses.[33] Diese in zahlreichen Quellen dokumentierten Anstrengungen und Schicksale bewirkten jedoch gleichzeitig einen quantitativen Zuwachs an wertvollen Klimainformationen.

Insgesamt wurden für die vorliegende Arbeit in den Archiven und Bibliotheken in und um Wien etwa 7.500 klimageschichtlich relevante Daten gesammelt und bearbeitet. Wie die folgende Grafik zeigt, liegen sie sowohl qualitativ als auch quantitativ in unterschiedlicher Intensität vor. Unter dem Begriff *Primärquelle* finden sich die zahlreichen von Zeitgenossen in diversen Akten, Briefen, Tagebüchern, Chroniken, aber auch (Tages-)Zeitungen verfassten Wetter- und Witterungsbeschreibungen. Die Angaben in unterschiedlichen Kompilationen, aber auch in einschlägiger Sekundärliteratur wurden unter der Bezeichnung *Sekundärquelle* subsumiert.

---

[32]   Einen guten Überblick zur Methodik bieten u. a. PFISTER, Klimageschichte 1, 40 ff.; INGRAM, UNDERHILL, FARMER, The use of documentary sources; JÄGER, Umweltwahrnehmung; GLASER, Klimageschichte, 29 ff.

[33]   Der so genannte „Wiener Arm" bildete bis in das 12. Jahrhundert den Hauptstrom. Etwa im Bereich des heutigen Donaukanals floss er am Abfall der Stadtterrasse direkt an der Stadtmauer vorbei. Seit dem frühen 13. Jahrhundert begann sich der Fluss jedoch von der Stadt abzuwenden. Der Wiener Arm versandete zusehends, während die nördlich gelegenen Flussarme immer mehr Wasser führten. Die Stadtverwaltung ließ nichts unversucht, um den Wiener Arm schiffbar zu erhalten. Das älteste Zeugnis von Ausbaggerungsarbeiten stammt aus dem Jahr 1376, aufgrund der gegebenen technischen Unzulänglichkeiten fielen sie jedoch eher bescheiden aus. Mit Handbaggern (Wasserpflügen) versuchte man, die fortschreitende Versandung zu verhindern. Vgl. REDL, Regulierungen, 36; BUCHMANN, Historische Entwicklung, 15 ff.

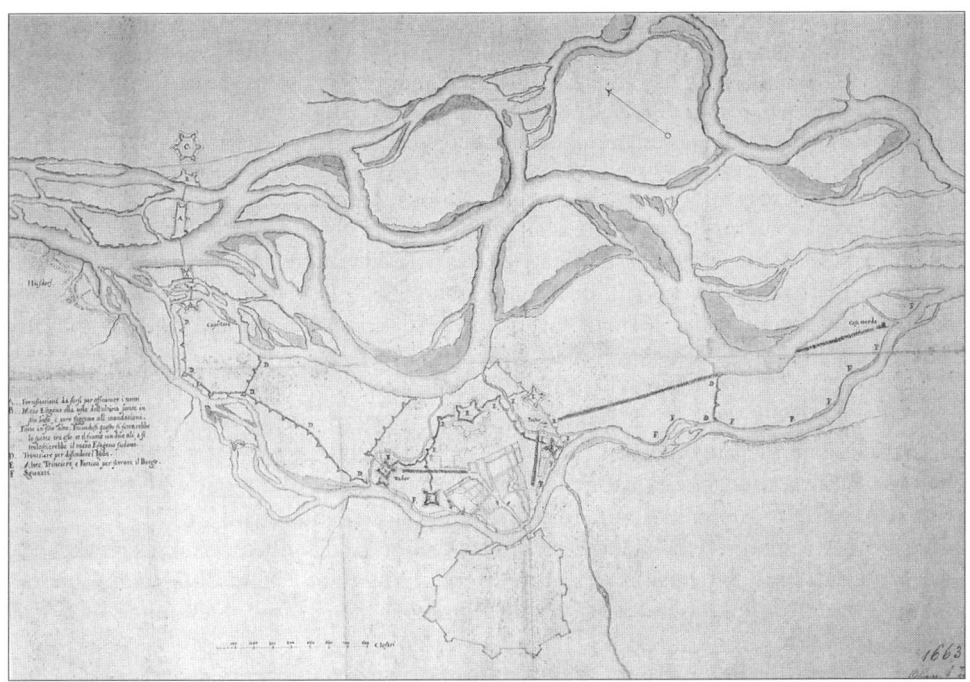

Abb. 6: Erste topografisch richtige Darstellung der Wiener Stromlandschaft von Josef Priami, 1663

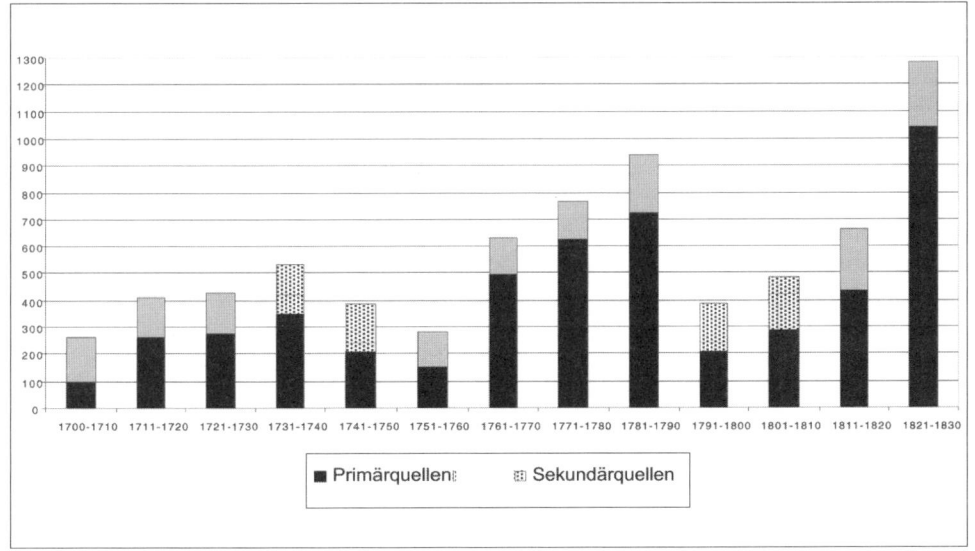

Grafik 1: Anzahl und Streuung der Quellen

Der Umfang des Materials und die Typologie der Daten veränderte sich im Laufe der Zeit, mit Ausnahme des ersten Jahrzehnts des 18. Jahrhunderts zeigt sich jedoch in allen Phasen ein zumeist deutlich überwiegender Anteil an Primärquellen. Ein über beinahe den gesamten Zeitraum wesentliches Medium in der Übermittlung klimahistorisch interessanter Aussagen stellt das „Wienerische Diarium", später „Wiener Zeitung", dar, worin sich von Einzelbeobachtungen über Monats- bzw. Jahreszeitenbeschreibungen, pflanzenphänologischen Beobachtungen bis zu publizierten Temperaturmessungen alle Datentypen in breiter Streuung finden.

Für die ersten zehn Jahre des zu bearbeitenden Zeitraumes liegen durchschnittlich knapp 25 Beobachtungen pro Jahr vor, in erster Linie Angaben zu Extremereignissen, Umschreibungen der Monatswitterung in diversen Chroniken und den Weinbau bzw. Weinertrag betreffende Berichte.

Die in der Grafik 1 ersichtliche Zunahme der Quellendichte zwischen 1711 und 1740 mit durchschnittlich 45 Beobachtungen zu Wetter bzw. Witterung pro Jahr beruht, neben einer allgemeinen zahlenmäßigen Steigerung von Aussagen in sämtlichen für diese Arbeit herangezogenen Quellentypen, vor allem auf den intermittierenden Aufzeichnungen in den Jagdkalendern von Kaiser Karl VI.

Nach einem leichten Rückgang der überlieferten Beobachtungen zwischen 1741 und 1760, wo jedoch den Weinbau betreffende Aussagen in einschlägigen Chroniken zunehmen, zeichnen die von Anton Pilgram in den „Untersuchungen über das Wahrscheinliche der Wetterkunde" publizierten Daten für das ab 1761 erfolgte Ansteigen auf durchschnittlich 75 Beobachtungen pro Jahr verantwortlich. Zusätzlich kommt es zu einer weiteren Steigerung der Zahl von täglichen, intermittierenden und pflanzenphänologischen Aussagen in diversen Chroniken, Akten und Kalendern, wie auch die folgenden Jahrzehnte zeigen. Die ab 1775 an der Wiener Sternwarte erfolgten Temperaturmessungen wurden bei dieser Zählung der Beobachtungen nicht berücksichtigt.

Das letzte Jahrzehnt des definierten Untersuchungszeitraumes zeigt einen deutlichen Anstieg der Quellenanzahl mit durchschnittlich 130 Beobachtungen pro Jahr, wobei die beinahe täglichen Wetteraufzeichnungen in den Klosterneuburger Schreibkalendern die Jahre 1826 und 1827 besonders gut dokumentieren.

Die folgende Grafik vermittelt die Anzahl der Quellen, die einerseits Beschreibungen zu Klima und Witterung in Form von allgemeinen Angaben (Säule 1), sowie andererseits täglichen oder intermittierenden Beobachtungen (Säule 2–5) in den einzelnen Jahreszeiten beinhalten. Dabei zeigt sich die gleichmäßige Verteilung der täglichen bzw. intermittierenden Beobachtungen im Frühling, Sommer und Winter. Signifikant ist jedoch, dass im Herbst die Witterungsaufzeichnungen in allen Quellengattungen doppelt so häufig außer Acht gelassen wurden als in den übrigen Jahreszeiten. Zu dieser Zeit war die Ernte der wichtigsten Kulturpflanzen normalerweise bereits abgeschlossen und so schien es nicht unbedingt nötig, das Wettergeschehen in dem Ausmaß zu beobachten wie in der Vegetationsperiode der Pflanzen, wo eine extreme Witterungsanomalie katastrophale Folgen für die Landwirtschaft und damit die Ernährungslage der Menschen haben konnte.[34]

[34]   Getreide stellte einen Großteil des Energiebedarfs in der Ernährung der Bevölkerung dar. Dieser Anteil fiel umso höher aus, je tiefer die gesellschaftliche Stellung seiner Verbraucher

Eine Aufteilung der die einzelnen Monate bzw. Jahreszeiten betreffenden allgemeinen Angaben (Säule 1) würde eine wesentliche Quantitätssteigerung für die Sommer- bzw. Wintermonate, etwas geringfügiger für das Frühjahr ergeben.

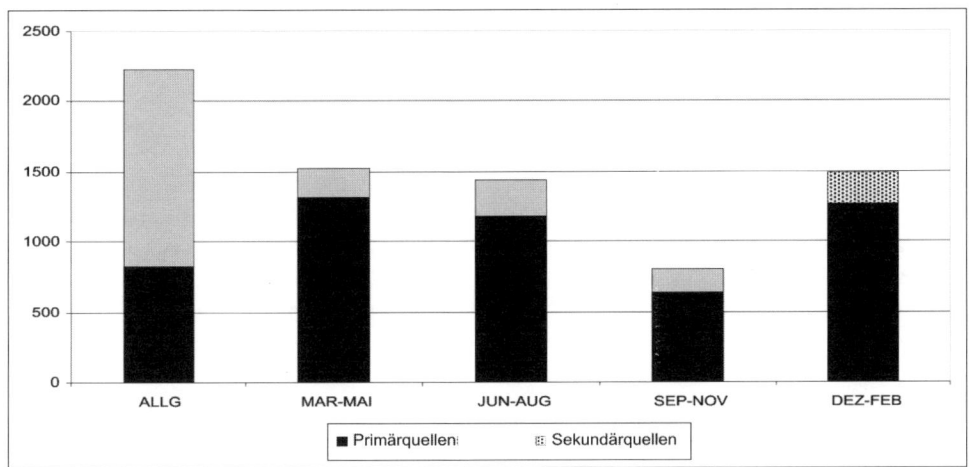

Grafik 2: Anzahl der Quellen nach Jahreszeiten

Bei der hermeneutischen Analyse von Witterungsaufzeichnungen werden die subjektiven Komponenten der Wahrnehmung im Spiegel von Sprache und Text sehr schnell deutlich. Angaben wie „die größte Ernte seit Menschen Gedenken" oder „der kälteste Winter aller Zeiten" sind dabei als besonders problematisch einzustufen. Größenordnungen von Extremen wurden und werden gerne überschätzt, selbst wenn vergleichbare Ereignisse erst wenige Jahre zurück liegen. Eine weitere Schwierigkeit stellen Begriffe wie „scharf kalt", „temperiert", „heiß" oder im Falle von Weinlesedaten „süß", „ziemlich gut" oder „sehr sauer" dar. Sie unterliegen dem subjektiven Empfinden des einzelnen Autors und können nur durch Vergleichsdaten oder eingehende Beschäftigung mit dem Verfasser genauer definiert werden.[35] Auch nicht alle Ausdrücke erlauben eine eindeutige Übersetzung in die uns heute geläufige Sprache. Einige, wie beispielsweise „rottiges wetter" oder „leidiges wetter", stellen sehr unscharfe Angaben dar und müssen je nach Jahreszeit unterschiedlich interpretiert werden. In Wintermonaten können diese Umschreibungen beispielsweise mit Tauwetter, vermutlich verursacht durch einen Temperaturanstieg in Verbindung mit heftigen Winden und Niederschlägen in Form von Regen in Zusammenhang stehen. Im Sommer hingegen kann man es als Synonym für anhaltende Niederschläge, manchmal in Begleitung von Überschwemmungen bewerten. Die

---

war. Die Kalorienzufuhr durch das Korn machte nie weniger als 50 Prozent aus und erreichte Höchstwerte von 70–75 Prozent. Daraus erklärt sich die extreme Härte der Hungerperioden bzw. des Getreidemangels. Vgl. MONTANARI, Hunger, 129.

35   Ein Blick auf die Kleidung der Zeitgenossen während eines Frühlingsspazierganges offenbahrt die vielschichtigen Temperaturwahrnehmungen.

Übertragung in die moderne meteorologische Terminologie bedarf einer historisch-klimatologischen Versiertheit der jeweiligen InterpretInnen.

Probleme ergeben sich auch bei Begriffen wie „am Anfang" oder „gegen Ende" eines Monats, sowie Angaben zu bestimmten Jahreszeiten. „Winter" wurde mit der Zeit der Schneebedeckung gleichgesetzt, „Herbst" bezeichnete in Weinbaugebieten oft nur den Zeitraum der Lese. Die früher übliche Datierung nach Heiligennamen lässt sich dank Grotefend[36] relativ einfach entschlüsseln, Winterangaben sind jedoch bei fehlenden Bezugsjahren oft nur schwer zu definieren.

Um aus diesen subjektiven Wahrnehmungen naturwissenschaftliche Daten herausfiltern zu können, gilt es der Person des Autors „so nahe wie möglich" zu kommen. Dabei stehen Fragen nach Herkunft, Ausbildung, Alter, Beruf, Lebensumständen, aber auch dem Zeitgeist, der Motivation und dem Wissen über Wetter, Witterung und Klima im Vordergrund.

Generell ist festzuhalten: Das Fehlen von Klimainformationen in bestimmten Zeiträumen darf nicht mit einem „normalen" oder „unspektakulären" Verlauf des Wetters gleichgesetzt werden.

Chroniken und Annalen

Bei dieser Quellengattung handelt es sich um die chronologische Darstellung verschiedenster historischer Ereignisse, die dem jeweiligen Verfasser als aufzeichnungswürdig erschienen. Zwischen beiden Typen kann keine scharfe Trennung vorgenommen werden. Annalen, die im Mittelalter aus den jährlichen Aufzeichnungen in den Ostertafeln entstanden, sind häufig anonym, wurden über Generationen von verschiedenen Personen geführt und begnügen sich mit einer streng geordneten Aneinanderreihung von Fakten.[37] Quellenkritische Analysen können daher nicht in vollem Umfang greifen. Hingegen sind in Chroniken die Urheber oder Bearbeiter meist namentlich genannt, Inhalt und Kommentare dabei stark an die Persönlichkeit des Verfassers gebunden. Dieser war seinerseits wiederum einer lokalen, regionalen oder schichtspezifischen Tradition verpflichtet und nahm die Auswahl von aufzeichnungswürdigen Ereignissen sehr subjektiv vor. Oft wurden Klimainformationen auch unter dem Begriff „Merkwürdigkeiten" (im Sinne von „bemerkenswert") überliefert, vor allem dann, wenn sie als Anomalien erhebliche Schäden zur Folge hatten. Während kurze Niederschläge kaum Eingang in derartige Quellen fanden, wurden tagelange Dauerregen mit entsprechenden Überschwemmungen oder anhaltende Trockenzeiten sehr wohl berücksichtigt. Die Auflistung aller klimageschichtlich interessanten Einträge in Chroniken und Annalen vermittelt daher ein von Extremerscheinungen geprägtes Bild vergangener Großwetterlagen.

Bei der genauen Lokalisierung können ebenfalls Unsicherheiten auftreten. Die Berichterstatter vermerkten oft nur sehr ungenau, ob es sich um klein- oder großräumige Ereignisse handelte, manches wurde abgeschrieben oder nach dem

[36] GROTEFEND, Taschenbuch.
[37] Vgl. FUCHS, RAAB, dtv-Wörterbuch, 44 f., 138 f.

Hörensagen eingetragen. Die Übereinstimmung von Wetter-Berichten muss daher nicht gleichzeitig der Beweis ihrer Echtheit sein.

Den im 18. und frühen 19. Jahrhundert zahlreich entstandenen Gedenk- oder Erinnerungsbüchern ist die Überlieferung vieler im Original nicht mehr erhaltener Texte zu verdanken. Diese Kompilationen basieren auf alten Chroniken, Erlässen, Tagebüchern, Briefen, Wirtschaftsaufzeichnungen etc., die in ihrer Verknüpfung nur selten rekonstruiert werden können. Meist enthalten sie in einleitenden Kapiteln ausführliche Hinweise zu ihrer Entstehung, ihren Autoren und andere für die quellenkritische Analyse notwendige Informationen. Trotz dieser günstigen Rahmenbedingungen dürfen Restunsicherheiten nicht außer Acht gelassen werden. Mehrfachnennungen, (Datierungs-)Fehler bei der Abschrift oder eventuelle Streichungen einzelner Textpassagen können nicht ausgeschlossen werden.[38]

Die in Chroniken enthaltenen Berichte mit witterungsgeschichtlichem Charakter können allgemein in drei Gruppen eingeteilt werden:[39]

1. Einträge, die den Charakter der Witterung über einen längeren Zeitraum betreffen: Wochen, Monate oder Jahreszeiten.
2. Aufzeichnungen von Extremerscheinungen über einen kurzen Zeitraum: Starke Niederschläge in Form von Regen oder Schnee, Gewitter, Hagelschläge, Stürme, extreme Hitze oder Kälte bzw. für die jeweilige Jahreszeit ungewöhnliche Witterungserscheinungen.
3. Erscheinungen, die direkt oder indirekt auf das Wetter zurückzuführen sind: Angaben über Ernteerträge im Weinbau oder der Landwirtschaft bzw. pflanzenphänologische Erscheinungen.

Eine für die vorliegende Arbeit besonders interessante Sonderform stellen Weinchroniken dar. Unter dem spezifischen Gesichtspunkt des Winzers wurden darin Angaben zu Qualität und Quantität des Weines, dem Beginn der Weinblüte bzw. Traubenreife, den Preisen und auch der charakteristischen Witterung vermerkt.[40]

Vor allem die Beschreibungen der Weinqualität mit Begriffen wie „sehr gut", „gut", „recht gut", „ziemlich gut", „mittel", „mittelmäßig", „frisch", „gering", „schlecht", „sehr schlecht", „sauer", „sehr sauer", „Haupt-Wein" oder „Miss- bzw. Fehljahr" eignen sich dazu, sie nach einem Güte-Index zu korrelieren und Temperatur- bzw. dendrochronologischen Reihen gegenüberzustellen. Wiederum müssen derartige Attribute vor ihrer statistischen Auswertung quellenkritisch hinterfragt werden. In welchem Verhältnis steht beispielsweise das subjektive Empfinden des Verfassers mit Aussagen in Parallelquellen? Wie veränderten sich die unterschiedlichen Anforderungen an Güte und Geschmack des Weines im Verlauf der Jahrhunderte?

Als eines von vielen Beispielen überliefert die „Perchtoldsdorfer Pfarrchronik" neben allgemeinen Einträgen zu politischen Ereignissen, zur Geschichte des Marktes und

38 Vgl. CAMUFFO, ENZI, Critical analysis, 66 ff.
39 Vgl. ALEXANDRE, Le Climat, 8 ff.
40 Emmanuel Le Roy Ladurie konnte in seiner Arbeit aufzeigen, dass die Daten der ab 1349 (lückenlos jedoch erst ab ca. 1550) aufgezeichneten Weinerträge Südfrankreichs als Klimaindex benützt werden können. Vgl. LE ROY LADURIE, Times of Feast, 23 ff.

dem Pfarrleben, wie Geburten- und Sterbedaten, auch zahlreiche Notizen die Weinernten betreffend. Charakterisierungen der Jahreszeiten finden sich neben vereinzelten Angaben zu Wein- oder Getreidepreisen. Die vom jeweiligen Pfarrer geführten Aufzeichnungen beginnen im Jahr 1816, in welchem der erste Eintrag berichtet ...*in diesem Jahre unglücklicherweise ein völliger Mißwachs der Feldfrüchte.*[41]

Weitere Berichte lauten beispielsweise für das Jahr 1821 ...*Ein nasser Sommer, besonders zur Zeit der Erndte, verdarb das Getreid auf den Ackern, und die Trauben in den Weingarten, daher ein äußerst schlechtes Weinjahr...*,[42] für das Jahr 1824 ... *Abermahls haben wir dem Allmächtigen für eine gesegnete Getreidernten, und ergiebige Weinlese zu danken. Der Wein ist zwar von geringer Qualitat, aber hinreichender Quantitat...*[43] und für das Jahr 1826 ...*Eine abermahlige gesegnete Erndte brachte den Preis des Korns bis auf 48–51 x herab. Ein guter Wein lohnte die Arbeit des Wintzers. Ein strenger Winter und viel Schnee.*[44]

Zusätzlich wurden außergewöhnliche Witterungserscheinungen vermerkt, wie eine Überschwemmung im Sommer 1824 ...*Am 24. August war ein entsetzliches Donnerwetter, und Regenguß, das Wasser drang in alle Keller, rieß die Brüke bei Liesing weg, auf welcher sich unglüklicherweise ein Bauer, mit einem mit 2 Rossen bespannten Wagen befand, welcher samt dem Zugvieh ertrank. Das Wasser erreicht eine solche Höhe, daß von dieser Weite die Verbindung mit Wien auf 24 Stunden aufgehoben wurde.*[45]

Derartige Wetter-Berichte, sowie Angaben über Ertrag und Güte des Weines existieren für den gesamten Bearbeitungszeitraum 1700–1830. Die einzige Ausnahme stellt das Jahr 1829 dar, aus dem keine Berichte vorliegen.

Zahlreiche Wein-Chroniken überliefern in Hinblick auf die zu erwartende Lese Charakterisierungen einzelner Jahreszeiten, Beschreibungen extremer Witterungsereignisse und deren Folgen für den Weinbau, sowie Angaben zu Qualitäten, Quantitäten und Preisen. Ein Beispiel dafür ist die Klosterneuburger Handschrift „Gedenkbuch und Weinchronik 1540–1879", die im 19. Jahrhundert von Josef Bittmann (nach Aufzeichnungen des Großvaters seines Onkels in Grinzing) bis zum Jahr 1879 fortgesetzt wurde. In der Einleitung vermerkte Bittmann nähere Informationen zu Herkunft und Verbleib der Quelle:

Gedenk Buch und Wein Chronik, Welches Ich Josef Bittmann von Klosterneuburg gebürtig im vir und Zwanzigsten Jahr meines Alters im Jahre meines 1836 für mich und alle meine Nachkomende Abgeschrieben habe. Diese Beschreibung habe ich von Meinem Vater Mathias Bittmann im Jahre 1836 übernohmen und er hat es von seinen Schwager Leopold Köttner von Kriezendorf und dieser hat sie von seinen großvater Kasper Köttner von Grinzing. Der einst dieses Buch nach meinen Tode bekomen soll der mache es eben so gut als er kann, den er findet schöne Sachen darin es folgt wie der Wein in der Back-

---

41   PfAP, Pfarrchronik, fol. 4r.
42   PfAP, Pfarrchronik, fol. 6r.
43   PfAP, Pfarrchronik, fol. 6v.
44   PfAP, Pfarrchronik, fol. 8r.
45   PfAP, Pfarrchronik, fol. 6v.

*tur gestanden ist von Jahre 1540 angefangt bies zum Jahre 1724, dan von Jahre 1730 an-
gefangt was für ein Wein gewachsen ist und wie theuer er verkauft worden ist und wie
die Witterung im Somer und im Winter war. Es folget die Beschreibung von den Heu-
schreken und die Französchiesche Kriegvorfele, es folget alles bies auf die jetzige Zeit.
Ich werde mich auch bestreben, keine unwahrheiten darin zu schreiben, so war wie Gott
geholfen hat.*
*Ich habe imer dieses Buch mit größter Sorgfalt geführt, um der Nachwelt ein Denkmal
zu hinterlasen, und weil Ich niemand habe der dieses Buch nach meinen Tode vort-
führen wird, so habe Ich mich entschlosen, dieses Buch den löbl. Stifte Klosterneuburg zu
übergeben, damit es vieleicht nicht unnütziger weise zeriesen wird. Ich setze mein ver-
trauen auf das löbliche Stieft Klosterneuburg, das sie es zur aufbewahrung übernehmen
Josef Bittmann*

Diese Weinchronik bietet für den Zeitraum von 1731–1830 (mit Ausnahme der Jahre
1749, 1758 und 1824) eine lückenlose Darstellung von Güte und Ertrag des Weines.
Zusätzlich vermerkt sie in den meisten Fällen die Preise und beschreibt in groben
Zügen die Witterung der einzelnen Jahre. Auch für den Weinbau relevante Ereignisse, wie eine Heuschreckenplage oder kriegsbedingte Verwüstungen, werden darin überliefert.

*Der Winter hat schon den 15. Dezember 1794 mit großer Kälten [begonnen] und hat
auch einen Eisstoß gemacht, der Jänner Sturmwind, kalt, der Winter halt an bies in
Aprill, der April warm, im May ein Reif, den 15. Juny bliete Weinber und den
24. August weiche Weinber, ende September ein Reif, das Laub ist verbrent, den 8. October wurde Gelösen, war ein großes Lösen und mitterer Wein, der kauf der Emer um 4 fl.
15 x.*[46]

Ähnlich lautende Berichte finden sich in der „Gumpoldskirchner Wein=Chronik
1813 bis 1841". Der Verfasser erklärte zu Beginn *...bis zum Jahr 1833 ist mir der
Aufnehmer der Chronik unbekannt, vom Jahre 1834 bis 1841 wurde dieselbe von
Peter Reßler weitergeführt. Abgeschrieben ganz nach dem Original im August 1913
von Josef Weiß.*
Neben der Angabe von Preisen, Weinqualitäten und Erträgen vermerkte der unbe-
kannte Schreiber der ersten 28 Jahre auch für die Marktgemeinde relevante Ereignisse, wie beispielsweise den Bau einer Straße oder die neue Eindeckung des
Kirchendaches. Für das Jahr 1822 liest man folgenden Eintrag:

*Dieses Jahr war in der Güte so vortreflich als das vorhergehende schlecht war, vom
Jänner bis ende März war sehr gelindes Wetter, so das man immer arbeiten konnte und
auch sogar Herr Josef Baumgartner den 4 März zu Hauen anfing, und der Sommer sehr
troken und heiß war, und so folgt auch der Herbst nach, immer trocken und heiß nur
den 26 August macht es einen Regen, den 14 September begin die Weinlöse und ein vorzüglicher Hauptwein ist den nur ein 1811 die Hand bieten darf, in den Quantum mittelmässig, alle Feld= und Gärtenfrüchte gerithen sehr gut, der Preis in der Löszeit war
32–35 fl. WW.*[47]

Durch den Verlust der ursprünglichen Quelle konnte die Abschrift *...ganz nach
dem Original...* leider nicht dahingehend überprüft werden.

46 StAKl, Hs. 121, Eintrag für das Jahr 1795.
47 BAMG, Wein=Chronik.

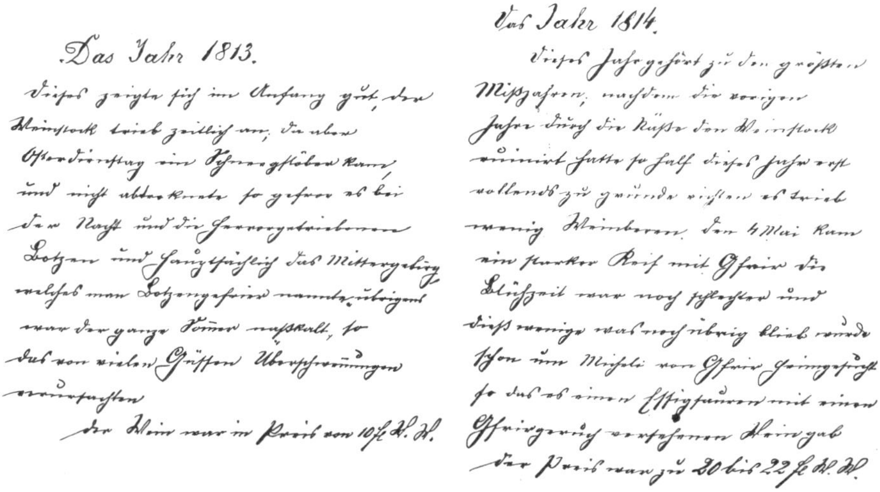
Das Jahr 1813.
dieses zeigte sich im Anfang gut, der Weinstock trieb zeitlich an; da aber Osterdienstag ein Schneegestöber kam, und nicht abthauete so gefror es bei der Nacht und die schon getriebenen Botzen und hauptsächlich das Mittergebirg welches man Botzengebirg nennt, übrigens war der ganze Sommer naßkalt, so daß von vielen Güssen Überschwemmungen entstanden
der Wein war im Preis von 10 fl. W. W.

Das Jahr 1814.
dieses Jahr gehört zu den größten Mißjahren, nachdem die vorigen Jahre durch die Kälte den Weinstock ruinirt hatte so half dieses Jahr erst vollends zu grunde richten es trieb wenig Weinbeeren. den 4 Mai kam ein starker Reif mit Gfrier die Blühzeit war noch schlechter und diess wenige was noch übrig blieb wurde schon im Michaeli vom Gfrier heimgesucht so daß es einen Essigsauren mit einem Gfriergeruch versehenen Wein gab
der Preis war zu 20 bis 22 fl. W. W.

Abb. 7: Gumpoldskirchner Wein=Chronik 1813 bis 1841

Eine Zusammenstellung der Retzer Weindaten wurde sowohl von J. K. Puntschert,[48] als auch im „Österreichischen Wein- und Obstbaukalender“ von Josef Löschnig und Ludwig Stefl[49] publiziert. In beiden Fällen existieren keine Hinweise zu den Quellen, auf denen die Angaben über Qualität und Quantität des Weines, den Preisen, sowie den charakteristischen Witterungsverhältnissen basieren. Die Berichte können daher nicht singulär, sondern nur in einer Zusammenschau mit Vergleichsdaten gesehen werden. Selbst innerhalb dieser beiden Zeitreihen existieren gravierende Unstimmigkeiten, wie die Jahre 1714, 1723, 1753, 1757, 1762, 1767, 1787 und 1808 zeigen. Während Puntschert beispielsweise unter dem Jahr 1787 *Saurer Wein*[50] vermerkt, findet man im „Wein- und Obstbaukalender“ den Eintrag *Späte Traubenblüte, bis Jakobi; wenig Wein, aber ziemlich gut.*[51]
Eine Zusammenfassung österreichischer Weinlesedaten enthält der „Versuch einer hundertjährigen Weinfechsungsgeschichte Österreichs“, das Werk eines unbekannten Autors aus dem Jahr 1803. Einem kurzen Überblick über den Witterungsverlauf der jeweiligen Jahreszeiten folgt unter anderem eine Übersicht sowohl der Jahrgänge, *welche sich durch vorzügliche Trockniß ausgezeichnet haben,*[52] als auch der *Weinfechsungen im 18. Jahrhundert, wie solche in Österreich, Gut – Mittelmäßig – oder Schlecht ausgefallen sind, oder gänzlich fehlgeschlagen haben.*[53] Der Verfasser bediente sich dabei wahrscheinlich zeitgenössischer Chroniken, sowie Pilgrams

48 PUNTSCHERT, Denkwürdigkeiten, 196 ff.
49 LÖSCHNIG, STEFL, Wein- und Obstbaukalender, 149 ff.
50 PUNTSCHERT, Denkwürdigkeiten, 199.
51 LÖSCHNIG, STEFL, Wein- und Obstbaukalender, 168.
52 Weinfechsungsgeschichte, 13 ff.
53 Weinfechsungsgeschichte, 16 ff.

meteorologischer Abhandlung.[54] Das Problem der Arbeit liegt darin, dass diese Quellen meist ohne genaue Angaben zu ihrer Herkunft vermutlich sehr subjektiv verwendet und aneinandergereiht wurden. Auch der Versuch, die angegebenen Preise für den Eimer Weinmost mit Parallelquellen zu korrelieren, führte zu keiner Identifizierung der so genannten „Urquellen". Nur bei der Beschreibung der Jahrgänge nennt der Autor als Quelle für die Jahre 1700–1720 die Herbst-Register des Stiftes Klosterneuburg.[55] Weitere Angaben könnten auf Poysdorfer Aufzeichnungen (Weinviertel/NÖ) basieren.

Zusätzlich sind für die Rekonstruktion vergangener Klimaentwicklungen chronikale Werke von Bedeutung, die unter bestimmten Gesichtspunkten meist im 18. und frühen 19. Jahrhundert verfasst wurden. Basierend auf (oft nicht mehr erhaltenen) Quellen der unterschiedlichsten Art, befassen sie sich ausschließlich mit Überschwemmungen, Eisstößen oder Unwettern. Vor allem bei der Auswertung von Berichten über Wasserstände oder Vereisungen sind gewisse Umweltfaktoren zu beachten. So wurden in Folge später vorgenommener Regulierungen die Tiefen bzw. Breiten der Flüsse verändert, wodurch die Strömungsgeschwindigkeit zu-, die Wahrscheinlichkeit der Vereisungen jedoch abnahm. Im Umfeld großer Städte und Kraftwerke kommt es heute zusätzlich zu einer deutlich höheren Wärmezufuhr und einem daraus resultierenden Einfluss auf die Eisbildung. Auch Ölrückstände oder andere chemische Verunreinigungen des Wassers können dem Zufrieren hinderlich sein, was bei der Interpretation historischer Ereignisse berücksichtigt werden muss. Als eines von vielen Beispielen sei das Klosterneuburger „Tag-Buch von Überschwemmungen" genannt. Es enthält einen ausführlichen zeitgenössischen Bericht des Hochwassers vom September 1813. Auch zahlreiche Beschreibungen vergangener Extremereignisse wurden darin mehr oder weniger detailliert vermerkt.[56]

Dokumente und Buchhaltungen

Erlässe und Dekrete von zentralen bzw. lokalen Behörden bieten ein facettenreiches Kaleidoskop an klimageschichtlich interessanten Hinweisen. Sie berichten über Missernten und Hungersnöte, Eisgänge, Überschwemmungen oder Epidemien und deren Ursachen. Die Einkünfte der Obrigkeit stammten zu einem beträchtlichen Teil aus der Landwirtschaft, weshalb die öffentlichen Amtsträger unvermeidlichen Anteil an den Wettergeschehnissen nahmen. In Rechnungsbüchern wurden die Ertragsentwicklungen bei Wein und Getreide in Hinblick auf eine gesicherte Ernährungsgrundlage akribisch vermerkt. Aufschlussreich sind auch Buchhaltungen und Akten, in denen das Wetter als Erklärung für Kosten und Verluste erwähnt wurde, sei es zur Versorgung des Landes mit lebensnotwendigen Produkten, zur Aufrechterhaltung der Verkehrsverbindungen (z. B. Berichte über Brückenrepara-

---

54 Vgl. PILGRAM, Untersuchungen.
55 Weinfechsungsgeschichte, 17.
56 StAKl, Karton 462, Nr. 14.

turen oder die Schneeräumung der Straßen) oder zum Schutz von (öffentlichen) Bauten. In einem Schreiben der Grundholden des Stiftes Klosterneuburg vom 22. September 1755 wurden aufgrund der Witterungsverhältnisse Ernteausfälle befürchtet und der Probst um Steuernachlass gebeten:

...anheuer der übermässig kalte Trukhene Winther eingefallen, folgsam hat die halbe Stockh Todt verbliben und ebenfalls müssen ausgehaut werden, ein folglich hierauf der Reiff erfolget, und was Gott geschikhet hat alles hinweckgenohmen, daß sich der Stockh zu erfolgenden Nachtrieb, in 2 . 3 . Jahren zu einen aufrechten Holtz nicht mehr erhollen können, entlichen was durch den Reiff über eis gebliben, der herauf erfolgende Schauer alles hinweckhgenohmen und die Weingärten dergestalten ruiniert worden, daß in einigen Jahren kein Tropf zu hoffen...[57]

Bei der Interpretation dieser Quellen sollte ein Aspekt nicht außer Acht gelassen werden: In Hinblick auf zu bezahlende Steuern könnte so mancher Berichterstatter dem Reiz der Übertreibung erlegen sein.

Buchhaltungen von Spitälern, Klöstern und privaten Gütern enthalten zahlreiche direkte oder indirekte Klimainformationen. Zusätzlich berichten sie oft über Beginn und Dauer der Getreideernte bzw. der Weinlese und führen Listen mit Einkaufs- und Verkaufspreisen an. Im Falle von Perchtoldsdorf wurde sogar die Verköstigung der Arbeiter im Zeitraum der Weinlese vermerkt.[58]

Extreme Witterungserscheinungen, wie anhaltender Regen oder wochenlange Trockenheit, veranlassten in manchen Jahren die Wiener Erzbischöfe zu Aufrufen, durch Gebete oder Prozessionen eine Verbesserung der Wettersituation zu erflehen. Laut einer erzbischöflichen Diözesancurrende vom 16. April 1701 wurden die Geistlichen in den Klöstern sowie sämtliche Pfarrer in und vor der Stadt angewiesen, gemeinsam mit den Gläubigen um einen fruchtbaren Regen zu beten:

...wann Gott die dürstig und außgedörte Erdten nicht mit ainen fruchtbahren Rögen befeuchtige, und erquikte, das nicht allein die früchten der Erdten ihrem gewächß grosse hinternuss, und abbruch leiden, ia woll gar verderben, und vor der Zeit außgedorrt, das fueder vor das Viech von der Sonenhüz außgerennet, dardurch Viech und leith verderben, und Nothwendig in allen unterhaltungs-mitlen eine grosse Hungers Noth unfehlbahr entstehen würde, sofern man nicht Gott mit andechtigen gebet verwöhnen, und umbwendung solcher Straff Ruethen bitten wierdet, damit mit der gnad gottes mit ainen fruchtbahren Regen die erden erquikhet werden solle, werden dahero die Herren und Frauen Superiores aller Clöster vätterlich ermahnet, ihre undergebene dahin anzuweisen, das siye in ihren Mößopffer gebet und allen andern andechtigen Exercitijs gott den allmächtigen umb ainen erspriesslichen und fruchtbahren Regen bitten und erbitten helffen, und damit auch solches alle andere und das ganze Volckh auch thuen, die herrn Prediger solches von der Canzl hochteutlich verkhündten, und das Volckh zu den gebet ermahnen sollen.[59]

Von der katholischen Kirche Spaniens wurden je nach Intensität der Witterungsanomalie unterschiedliche Gebete verordnet.[60] Ähnliches lässt sich auch für Wien

---

[57]   StAKl, Karton 900, Nr. 15.
[58]   AMP, Hs. B-125-1 – B-125-122.
[59]   DAW, Karton 1/2.
[60]   Vgl. Martín-Vide, Barriendos Vallve, Rogation Ceremony, 201 ff.

nachweisen. In einer erzbischöfliche Currende vom 17. Juli 1750 wurden nach vorangegangenen Bittprozessionen die drei großen Pfarren der Stadt mit ihren jeweiligen Bruderschaften aufgefordert, sich zu bestimmten Zeiten in St. Stephan einzufinden, um vor dem ausgestellten Altarsakrament für eine Wetterbesserung zu beten:

...demnach aus der schon eine geraume Zeit anhaltenden Regnerisch- und näßlichen Witterung denen zu unserer Leibs-Nothdurfft nöthigen lieben Erdt-Früchten sowohl an derer wachsthumb, als auch bereiths Vorhandenen einsamblung ein mercklicher Schaden gantz billig zu beförchten, derenthalben dem Gott der Allerhöchste umb ersprießliches wetter gantz inständig anzuflehen ist ... auf künfftigen Sontag, das ist den 19ten dieses Monaths July in der Metropolitan Kirchen bey St. Stephan allhier Vor- und Nachmittag Vor ausgesezten Allerheyligsten Altars-Sacrament ein allgemeines gebett Verrichtet werden solle, mithin Verordnet, daß Sie Pfarr ad S. Stephanum an obbemelten Tag Vormittag Von 9 biß 10 Uhr, Sie Pfarr Zu St. Michael Von 10 biß 11 Uhr, und Sie Pfarr Zum Schotten Von 11 biß 12 Uhr, und Nachmittag widerumb Sie St. Stephans-Pfarr Von 4 biß 5 Uhr, Sie S. Michaelis-Pfarr Von 5 biß 6 Uhr, und Sie Pfarr Zum Schotten Von 6 biß 7 Uhr jederzeit mit ihren Bruderschafften erscheinen, und Gott den Allmächtigen zu obgedachten Zill und Ende mit ihren gebet inständig anflehen sollen.[61]

Nicht nur anhaltende Regenfälle, auch wochenlange Trockenheit führten zu rituellen bzw. standardisierten religiösen Handlungen. Nachdem bereits im Mai 1753 die Geistlichen der Klöster angewiesen wurden, aufgrund der anhaltenden Trockenheit eine spezielle Form von Gebeten, *...die Collectam pro Salutari pluvia ein[zu]legen...,*[62] kam Anfang Juni der Aufruf an alle Pfarren, Bruderschaften und Schulen, das nun zu bestimmten Zeiten in St. Stephan, St. Michael und bei den Schotten ausgesetzte Altarsakrament um Niederschläge anzuflehen:

...demnach die biß anhero sich zeigende sonderbahre trückhne und dürre der Erde denen lieben Feld Früchten und Erdgewächsen mit der zeit bey Verrner außbleibenden Regen und aufrichtung sowohl an dero wachsthumb als gedeylichen Vermehrung sehr schädlich und hinderlich zu seyn, ganz billig beförchtet wird ... in denen SS. Sacrificiis pro Salutari pluvia einzulegen verordnete Collectam, noch Verrners Gott den allerhöchsten eifrigst anzuflehen entschlossen. Denenhero den auf nächst kommenden Montag als den 11. dieß Monaths Juny in der St. Stephans Metropolitan Kirchen allhier Vormittag von 9 biß 12 Uhr und nachmittags aber Von 3 biß 6 Uhr bey aussetzung des Hochwürdigsten Altars Sacrament umb erbittung eines Heylsamben und ergäbigen Regens, ein allgemeines gebet veranstaltet, worzu der gesamte Clerus Saecularis, et Regularis wie auch die in der Statt und Vorstätten befindlichen Pfarren, Bruderschafften, Schullen, sonderbahr aber die kleine unschuldige Jugend und sonsten jedermänniglich nach denen Ihnen bey denen dreyen Haupt Pfarren in der Statt als bey St. Stephan, St. Michael und zum Schotten ... fleissig zu erscheinen, und Gott den allmächtigen zu eingang gemelter Intention und meinung inständigst anzuflehen...[63]

61   DAW, Karton 3/1.
62   DAW, Karton 3/2; die Diözesancurrende vom 25. Mai 1753 verlautete: *...demnach aus der anhaltenden Trückne denen lieben Feldfrüchten und Erd gewächsen zu beförchten, durch gedeylichen Regen aber das Wachsthumb sowohl als die Vermehrung ermelter Früchten mit beystand göttlichen Seegens ganz sicherlich zu hoffen kommet ... zu diesem Ende die Collectam pro Salutari pluvia einlegen, auch in denen Clöstern die gewöhnliche Übung dahin aufopffern, und so lang bis der allerhöchste diese Bitt uns genehret, continuiren sollen.*
63   DAW, Karton 3/2, Diözesancurrende vom 6. Juni 1753.

Derartige Gebete um mehr oder weniger Regen konnten jedoch nicht nur vom Wiener Erzbischof, sondern auch von „höchster Stelle", nämlich von Seiten des Kaisers verordnet werden. Ein Dekret der niederösterreichischen Landesregierung vom 25. Juni 1803 verlautbarte:

> *Infolge eines von Seiner P. P. Majestät an den unterzeichneten Präsidenten gelangten allerhöchsten Handschreiben de dato Laxenburg den 24. Junii l. J. sollen, da das anhaltende Regenwetter für den Wiesenwachs, die Feldfrüchte, und Weingärten schädlich zu werden anfängt, sogleich, um von Gott dem allmächtigen eine günstigere Witterung zu erbitten, die gewöhnlichen Bethstunden vor dem ausgesetzten hochwürdigsten Gute allhier in der Hauptstadt durch 3 Tage, und auf dem Lande an einem Sonntage in beiden Diözesen veranstaltet werden.*[64]

Der ursprüngliche Plan, eine Art Index der je nach Intensität der Nässe oder Trockenheit verordneten Gebete zu erstellen, konnte aufgrund der in Summe doch verhältnismäßig geringen Anzahl derart erhaltener Currenden für Ostösterreich leider nicht realisiert werden.

Daneben fanden sich jedoch in diversen Akten der Wiener Erzdiözese zahlreiche „eingestreute" Witterungshinweise wie jener vom 21. April 1809 *...wegen eingetrettener üblen Witterung, am 21. dies nicht abgehaltenen Prozession...*,[65] die eine willkommene Ergänzung zu bereits vorhandenen Daten darstellten.

Die Spurensuche nach vielfältigen Klimainformationen brachte auch so genannte „Schneeschauflungs-Befehle" zu Tage. Es handelt sich dabei um standardisierte, im Laufe der Jahre textlich leicht veränderte Formulare, die vom niederösterreichischen Kreisamt des Viertels unter dem Wienerwald versandt wurden. Märkte und Gemeinden erhielten damit den Auftrag, eine gewisse, je nach Schneemenge benötigte Anzahl von Personen zur Räumung der Straßen bereit zu stellen. Der (in dieser Arbeit berücksichtigte) früheste erhaltene Aufruf stammt aus Gumpoldskirchen vom 6. Jänner 1818 *...Morgen mit Tagesanbruch 80 arbeitsfähige Leute ... zur schleunigst möglichsten Hintanschaffung der auf der k. k. Straße befindlichen Schneeverwehungen, abzuschicken.*[66] Ab dem Jahr 1823 nimmt die Zahl derartiger Akten stark zu, wobei der Zeitraum von 1827 bis 1830 besonders gut dokumentiert ist:

> *Über die Personen und Täge, welche zur Wegräumung des Schnee und Eis der uns zugewiesenen Sträken der Neustädter und Badener Strassen ... verordnet worden ... mit 70 Personen.*[67]

> *Der hiesigen Markt Gemeinde Schneeschauflungs Robot, wie viel Personen auf den k. k. Markt Straßen in den Schnee und Eis ... halbe Täge gearbeitet haben ... 120 Personen. Nachmittag 60 Personen.*[68]

Da der Bedarf an Schnee schaufelnden Personen stark variierte, können die Zahlen als Maßstab für die – wahrscheinlich am Vortag bzw. in den Nachtstunden gefalle-

64   DAW, Kassette Gebete II.
65   DAW, Kassette Gebete II.
66   AMG, Karton 30, Faszikel 2/30.
67   AMG, Karton 30, Faszikel 2/30, Schneeschauflungs-Befehl vom 21. Jänner 1823.
68   AMG, Karton 30, Faszikel 2/30, Schneeschauflungs-Befehl vom 3. Februar 1830.

nen – Schneemengen herangezogen werden. Die größte geforderte Personenzahl stammt vom 11. Februar 1830 mit 270 Arbeitern, gefolgt vom 15. Februar 1830 mit 256 Schneeschauflern. Die mit 20 Personen geringste Anzahl von Arbeitern wurde am 26. Jänner 1827 benötigt. In jedem dieser Fälle führte der Schnee zu mehr oder weniger umfangreichen Behinderungen auf der Badener und Neustädter Straße. Dass diese Aufrufe jedoch nicht immer befolgt wurden, zeigt ein Schreiben aus Perchtoldsdorf vom 12. Februar 1830:

> ...ungeachtet des am 6. d. M. hinausgegebenen Schneeschauflungs-Befehles und dem aus Anzeige des k. k. Strassencomissariates an diesen löblichen Magistrat von hieraus gemeldeten Zuschrift vom 10ten d. M. an die schleunigste Einleitung gestern den 11. d. M. noch immer kein Schneeschaufler auf der Strassen erschienen ist...[69]

Im Folgenden sind die Anzahl der in Gumpoldskirchen benötigten Schneeschaufler für den Winter 1829/30 grafisch dargestellt, wodurch die in der Menge variierenden und in einer Art Wellenbewegung wiederkehrenden Schneefälle sehr anschaulich gezeigt werden können.

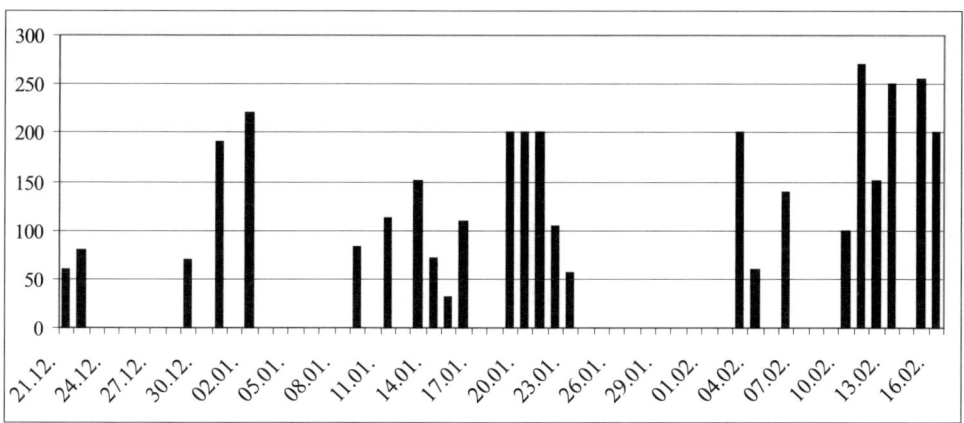

Grafik 3: Anzahl der Schneeräumer im Winter 1829/30

Die Rechnungsbücher des Wiener Bürgerspitals sind Beispiele einer klimageschichtlich sehr aufschlussreichen Buchhaltung.[70] Um die Mitte des 13. Jahrhunderts als Armen- und Krankenhaus gegründet, wurde diese anfänglich vor dem Kärntnertor, in weiterer Folge im ehemaligen St. Clara Kloster in der Stadt und danach in St. Marx befindliche Institution laufend von wohlhabenden Bürgern der Stadt mit finanziellen Unterstützungen bedacht.[71] Die Betreuung und Verköstigung der Inwohner, sowie die Bewirtschaftung der großen Besitzungen erforderte bald einen umfassenden Verwaltungsapparat. Der an der Spitze stehende „Spitelmeister" hatte

69   AMP, Karton 287, Faszikel 2, Brief aus Brunn/Gebirge (ohne Absender) an den Magistrat von Perchtoldsdorf.
70   Für die vorliegende Arbeit wurden ausschließlich die von Pribram veröffentlichten Daten der im Wiener Stadt- und Landesarchiv verwahrten Rechnungsbücher herangezogen. Vgl. PRIBRAM, Materialien, 368 ff.
71   Vgl. dazu POHL-RESL, Rechnen mit der Ewigkeit.
72   Vgl. PRIBRAM, Materialien, 131 f.

bis 1733 dem Stadtrat, danach einer eigens aufgestellten Hofkommission jährlich
Rechenschaft abzulegen.[72] Diese Rechnungsbücher wurden jahrweise geführt, wobei jeder Band in einen Einnahmen- bzw. Ausgabeteil gegliedert ist. Darin wurden
die Rubriken nach einzelnen Sachgebieten geordnet aufgelistet. Für die vorliegende
Arbeit interessierten wiederum in erster Linie die Angaben zur Dauer der Lese
bzw. die Beschreibungen des Weines.[73] Der verkaufte und ausgeschenkte Wein
stammte meist aus der Umgebung Wiens, wo das Bürgerspital reichen Weingarten-
besitz hatte. Im Falle des zugekauften Weines finden sich nur selten Angaben zur
Herkunft, es dürfte sich aber auch dabei vorwiegend um niederösterreichische Sorten gehandelt haben.[74] Die Angaben zu Qualitäten und Quantitäten des Weines
umfassen die Jahre 1701–1785 und liefern auch in einigen Fällen kurze Witterungsbeschreibungen, die das Ernteergebnis maßgeblich beeinflussten:

> *1723: Schlecht und wenig wegen des Schauers im April*
> *1730: Schlecht und wenig wegen kalten Sommers und vielen Regen*
> *1746: Sehr gut, mittelmäßige Fechsung wegen Trockenheit, die vom 1. Mai bis Juli ge-*
> *dauert hat*[75]

Tagebücher

Die große Bedeutung von Tagebüchern als Quelle für klimageschichtliche Untersuchungen liegt darin, dass die Aufzeichnungen meist nicht für andere Personen bestimmt waren und die Verfasser, anders als jene von Chroniken, öffentlichen Doku-
menten oder Buchhaltungen, keinen Anlass hatten, die Angaben zu „schönen" oder
verzerrt darzustellen. Sie geben Aufschluss über kleinräumige und regional be-
grenzte Witterungserscheinungen, wobei in politisch oder sozial unruhigen Zeiten
Wetterbeobachtungen beinahe völlig hinter die jeweilige Berichterstattung zurück-
treten.
Das persönliche Erleben des Verfassers und die Einbindung in ein prägendes Umfeld bilden erneut wesentliche Komponenten für dessen Wahrnehmung und Reflexion. Die verschiedenen Witterungserscheinungen werden meist unregelmäßig, je
nach Anteilnahme des Schreibers, mehr oder weniger ausführlich dargestellt.
Während manche Beobachter offensichtliche meteorologische Erscheinungen wie
die Bewölkung des Himmels, Niederschläge und Temperaturverhältnisse recht ausführlich in Form längerer Sätze beschreiben, begnügen sich andere mit oft in
Nebensätzen eingeflochtenen Stichwörtern. Ebenso finden augenscheinliche Ergebnisse von Witterungseinflüssen, wie das Blüte- und Reifedatum von Pflanzen, die
Menge und Güte des Weines, der Wasserstand bzw. die Vereisung von Seen und
Flüssen oder extreme Schneelage mehr oder weniger ausführliche Erwähnung.
Spezielle naturwissenschaftliche Interessen sowie die persönliche ökonomische

---

[73] Die Weinbeschreibungen wurden dem aus dem Jahr 1783 stammenden Grundbuch von Ottakring (heute 16. Wiener Gemeindebezirk), einer Besitzung des Stiftes Klosterneuburg, entnommen. Vgl. PRIBRAM, Materialien, 192.
[74] Vgl. PRIBRAM, Materialien, 143.
[75] Vgl. PRIBRAM, Materialien, 369.

Abhängigkeit von den Launen der Natur waren auch hier ausschlaggebend für die Überlieferung von Wetter-Berichten.

Da die Auswahl an edierten Tagebüchern äußerst gering ist und sich in diesen kaum meteorologische Notizen befinden, ist (wenn möglich) die Sichtung der jeweiligen Originalquelle von großer Bedeutung, um derartige Aufzeichnungen nachweisen zu können.[76]

Eine Sonderform von Tagebüchern stellen die Jagdkalender von Kaiser Karl VI.[77] dar. Diese tagebuchähnlichen Einträge wurden vom Oberstjägermeister Graf von Hardegg auf gefalteten und zusammengebundenen Blättern notiert und umfassen die Jahre 1712 bis 1740. Neben kalendarischen Aufzeichnungen mit Angaben über Zeit und Ort[78] der jeweiligen Jagden, finden sich tabellarische Zusammenstellungen bezüglich Art und Anzahl der geschossenen Tiere. Im Falle ungünstiger Witterung konnten geplante Jagden nicht stattfinden, was darin eigens vermerkt wurde:

1715 – Mai[79]

1ten nichts stark regen.
2ten nichts regen grosses wasser.
3ten nichts wegen wasser.
4ten ganzen tag nichts wegen wasser windt.
6ten nichts wegen windt.
7ten ...stark windt...
8ten ...nachmittag regen ganzen tag nichts.
9ten früh nichts windt...
10ten ...nachmitag windt nicht.
11ten früh nichts windt.
16ten früh nichts regen.
21ten ...nachmitag wegen windt nichts.
22ten wegen windt nichts regen...
25ten früh windt stark nichts...
26ten nichts ganzen tag regen.
27ten nichts regen...
28ten nichts regen...
29ten nichts grosses wasser.
30ten nichts grosses wasser.
31ten grosses wasser nichts.

1724 – April[80]

Das ganze Monath nichts wegen wetter auch nichts auf Laxenburg von wegen wasser.

[76] Bei der Edition derartiger Quellen wurden entsprechende Passagen mit klimageschichtlich bedeutenden Hinweisen oft für uninteressant gehalten und herausgestrichen. An dieser Stelle sei auch auf die in den Jahren 1747 bis 1813 verfassten Tagebücher von Karl Graf von Zinzendorf hingewiesen. Sie beinhalten beinahe tägliche Wetteraufzeichnungen und befinden sich im Haus-, Hof- und Staatsarchiv. Ich danke Markus Feigl sehr herzlich für diese Information.

[77] HHStA, Jagdkalender Karl VI., Nr. I.–X.

[78] Die aufgezeichneten Berichte betreffen ausschließlich Jagden im Großraum Wien, wobei Laxenburg, Schönbrunn, Kaiser-Ebersdorf und der Prater als die häufigsten Ziele genannt werden.

[79] HHStA, Jagdkalender Karl VI., Nr. I.

[80] HHStA, Jagdkalender Karl VI., Nr. IV.

1724 – Mai[81]

1ten in Laxenburg bach ausgangen nachmitag nichts bachrandt steth herauf.

5ten früh nichts windt nachmit auch windt.

6ten Ganzen tag windt...

8ten früh ganzen tag windt nichts.

9ten ...nachmit nichts windt.

10ten nichts windt ganzen tag regen.

11ten windt...

1739 – Februar[82]

Dis monath ... wegen übel wetter waiches feldt nicht öfter aus können.

1739 – April[83]

Dis monath auch nit aus gehen können wegen kalt naass üblen wetter auch wegen Eis bis 27ten...

28ten ...gleich windt regen nichts.

29ten früh windt nichts nachmit auch nichts windt regen.

30ten früh windt nichts nachmit auch nichts windt.

Einträge mit Informationen zu Wetter und Witterung finden sich für folgende Jahre bzw. Monate, wobei die Anzahl der beobachteten Tage in Klammern beigefügt ist und Angaben, die einen längeren Zeitraum charakterisieren, mit * gekennzeichnet sind:

1713: APR (2), MAI (6), JUN (5), SEP (1)

1714: APR (3), MAI (9), JUN (2), AUG (1)

1715: APR (1), MAI (20)

1716: MAI (7), JUN (4)

1717: APR (4), MAI (9), JUN (5)

1718: MAI (5), JUN (10)

1719: APR (2), MAI (6), JUN (2)

1720: MAI (11), JUN (5)

1721: APR (1), MAI (11), JUN (3)

1722: APR (2), MAI (4), JUN (1)

1723: APR (1), MAI (13), JUN (3)

1724: APR (1*), MAI (7)

1725: APR (2), MAI (11), JUN (6)

1726: JAN (1*), FEB (1*), APR (1), MAI (6), JUN (1)

1727: APR (1), MAI (2), JUN (3)

1728: APR (1), MAI (8)

1729: FEB (1*), APR (3), MAI (8), JUN (4)

1730: APR (6), MAI (13), JUN (6)

1731: JAN (1*), APR (4), MAI (6), JUN (4)

1732: JAN (1*), APR (2), MAI (3)

1733: APR (2), MAI (9), JUN (5)

---

[81]   HHStA, Jagdkalender Karl VI., Nr. IV.

[82]   HHStA, Jagdkalender Karl VI., Nr. X.

[83]   HHStA, Jagdkalender Karl VI., Nr. X.

1734: MAR (1*), MAI (9), JUN (2), SEP (3)
1735: FEB (1*), APR (1), MAI (12), JUN (6)
1736: FEB (1*), APR (3), MAI (16), JUN (8), JUL (1)
1737: JAN (1*), FEB (1*), MAI (10), JUN (1), SEP (1), NOV (1*), DEZ (2*)
1738: JAN (1*), FEB (1*), MAR (1*), APR (6), MAI (16), JUN (7), AUG (1)
1739: FEB (1*), APR (4*), MAI (5), JUN (3)
1740: FEB (1*), MAR (1*), APR (1*), MAI (15), JUN (2), OKT (3)

Wie daraus ersichtlich, erfolgten die Einträge vorwiegend in den Monaten April, Mai und Juni, wobei die Jahre 1737, 1738 und 1740 mit Angaben aus dem Frühjahr bzw. Herbst Ausnahmen darstellen.

Da es sich bei diesen Wetter-Berichten um sehr punktuelle Aufzeichnungen handelt, können die vorliegenden Jagdkalender nur als Ergänzung zu bereits vorhandenen Daten gesehen werden. Ausschließlich die Monate Juni 1718, Mai 1720, Mai 1721, Mai 1723, Mai 1725, Mai 1730, Mai 1735 und Mai 1737 weisen zumindest zehn Tage, die Monate Mai 1715, Mai 1736, Mai 1738 und Mai 1740 zumindest 15 Tage mit relevanten Einträgen auf.

Schreibkalender

Die zunächst handschriftlichen, seit dem Ende des 15. Jahrhunderts in gedruckter Form erscheinenden Kalender erfreuten sich im Laufe der Zeit zunehmender Beliebtheit bzw. großer Verbreitung und wurden oft als Beobachtungstagebücher genützt. Neben Hinweisen auf Heilige, den Sonnen- und Mondstand, Haarschneide-, Nägelschneide- und Aderlasstage, Wetterregeln und von Astronomen berechnete Wettervorhersagen bot(en) sich die zwischen den Monaten leere(n) Seite(n) auch für Aufzeichnungen über den tatsächlichen Verlauf des Wetters an.

Eine umfangreiche Sammlung derartiger Schreibkalender befindet sich im Stiftsarchiv Klosterneuburg.[84] Für das 18. Jahrhundert existieren jedoch keine einen längeren Zeitraum betreffende Angaben, sondern lediglich Wetterbeschreibungen für insgesamt 17 Tage aus unterschiedlichen Jahren und Charakterisierungen der Monate Februar 1789, Jänner und Februar 1796, sowie März 1799. Die Anzahl dieser unzusammenhängenden, tageweisen Einträge steigt in den ersten 30 Jahren des 19. Jahrhunderts auf 49. Die Monate Februar und März 1804, Februar und Mai 1805, April 1808, sowie Jänner, März und April 1809, April, Mai, Juni, Juli und August 1822 werden in kurzen Sätzen wie *...Auch der Juni schön, gute Witterung zur Ernte. Mit Hälfte Juni wurde schon Korn geschnitten. Zu Ende gab es Kirschen, und Weichsel...*[85] oder *...Beständig schöne Witterung zuweillen fruchtbringender Regen. Mit Hälfte August gab es schon in Wels zeitige Weintrauben...*[86] beschrieben.

In zunehmendem Maße beinhalten sie Einträge über eine mehrtägige oder längere Zeitspanne, wie die Monate März (4), April (4), Oktober (5) 1805, September (7) 1806, Jänner (10), April (5) 1807, Februar (8) 1809, März (5) 1822, Juli (17), August

84   Vgl. STRÖMMER, Historische Klimaforschung, 21 f.
85   StAKl, ClCal, Juni 1822.
86   StAKl, ClCal, August 1822.

(4), September (13) 1822, April (27), Mai (15), Juni (19), Juli (15), Oktober (6) 1825, November (27) und Dezember (23) 1827[87] zeigen. Der Zeitraum vom 9. Jänner 1826 bis 23. August 1827 ist durch tägliche Beschreibungen sogar ausgezeichnet dokumentiert. Die früheste in diesen Schreibkalendern enthaltene Temperaturmessung stammt vom 22. Juni 1834 ...*um 2 Uhr 25° Hitze*...,[88] wobei die Angabe der Grade in Reaumur erfolgte.

Die Schreiber sind in allen Fällen namentlich nicht bekannt und wechseln auch manchmal innerhalb eines Kalenders. Daher variieren die Stile der jeweiligen Einträge sehr stark. Sie erfolgten entweder in deutscher, oft auch in lateinischer Sprache und charakterisieren das Wetter in Form von ein oder mehreren Wörtern bzw. Sätzen. Hinweise finden sich auch über den Beginn der Ernte bzw. der Weinlese oder die Vereisung der Donau und ihrer Zubringerflüsse ...*horam circa 4ta pomeridianam glacies nostro steterat in Danubio, fornicemque formaverat.*[89] Über die Monate April und Juni 1825 wurde berichtet:[90]

> *April*
> *01.–02. Schöne Witterung.*
> *03.–04. Regen und Wind.*
> *05.–13. Heitere, schöne, warme Tage.*
> *14. Schnee mit Regen.*
> *15.–16. Trüb.*
> *17. Wind und Regen.*
> *18. Trüb, Wind, Sonnenblicken, Sturm, Rieseln und Regen.*
> *19. Sonnblicken, Sturm, Rieseln und Regen, viel Koth.*
> *20. Wind, kalt, viel Schnee.*
> *22.–27. Schön, heiter, warm.*
> *29. Regen, zum letzenmal geschneiet.*
> *Juni*
> *01. ...abwechselnd Sonnenblicke und Regen.*
> *1.–07. ...darbey sehr kalt.*
> *10. Sehr kalt und trüb.*
> *13. Kühl, Regen, zuweilen Sonnenblicken.*
> *14. Starkes Donnerwetter, Sonnenblicken und Regen.*
> *22. Veränderlich Regen, Donnerwetter, Kalt, Sonnenblicken.*
> *23. Gewitter.*
> *24. Schön.*
> *25. Sehr schöne Witterung.*
> *26. Schöne Witterung. Abends starkes Donnerwetter.*
> *27.–28. Schönes Wetter Abends Donner und Regen.*
> *29. Schönes Wetter bis Abends Regen.*
> *30. Trübes etwas Regen Abends schön.*

[87]   Die Zahlen in den Klammern stellen die Anzahl der Tage mit Beobachtungen dar.
[88]   StAKl, ClCal, Juni 1834.
[89]   StAKl, ClCal, Eintrag vom 4. Jänner 1795.
[90]   StAKl, ClCal 1825.

Briefe

Ähnlich den Tagebüchern spiegeln Briefe eine meist unvoreingenommene Darstellung des Wetters in eher kleinräumigen Bereichen. Briefeditionen konzentrierten sich jedoch fast ausschließlich auf bestimmte Gesichtspunkte und wurden nach Personen oder Themenkreisen ausgewählt. Witterungsgeschichtlich interessante Passagen strich man dabei meist heraus. Im Fall der vorliegenden Arbeit handelt es sich daher entweder um „Zufallsfunde" oder um Schreiben, die in Katalogen der jeweiligen Archive unter einschlägigen Stichwörtern vermerkt wurden.

Zeitungen und Zeitschriften

Seit dem frühen 18. Jahrhundert gewinnen Zeitungen und einschlägige Zeitschriften mit klimageschichtlich relevantem Inhalt an Bedeutung. Folgende Wetter-Berichte lassen sich unterscheiden:

- Berichte über extreme Wetter- und Witterungserscheinungen mit teils ausführlichen Schilderungen der Auswirkungen.
- Beschreibungen diverser Freiluft-Veranstaltungen, „Hofberichterstattung".
- Eigene Abschnitte, das Wetter des letzten Tages oder Monats betreffend.
- Beiläufige Erwähnungen – oft in Nebensätzen – in unterschiedlichsten Artikeln.

Ab der zweiten Hälfte des 19. Jahrhunderts erschienen vermehrt periodische Zeitschriften, die sich speziell an Weinbauern richteten. Beispiele hierfür sind das seit 1869 erscheinende Periodikum „Die Weinlaube. Zeitschrift für Weinbau und Kellerwirtschaft", in der sich unter der Rubrik „Berichte über den Stand der Weingärten und des Weinhandels" Witterungsbeschreibungen aus den verschiedensten Orten der Monarchie befinden, oder die ab 1884 erscheinende „Allgemeine Weinzeitung" mit Hinweisen auf Ernte- und Leseaussichten. Auch die ab 1889 erscheinende „Meteorologische Zeitschrift" enthält neben allgemeinen Aufsätzen Hinweise auf gegenwärtige und vergangene Witterungsverhältnisse.

Die für die vorliegende Arbeit maßgebliche Zeitung ist jedoch das ab dem 8. August 1703 erscheinende „Wienerische Diarium" (seit 1. Jänner 1780 „Wiener Zeitung"), die älteste noch erscheinende Tageszeitung der Welt. Ursprünglich ein privates Unternehmen, wurde sie 1810 zum Amtsblatt, ab 1812 offizielles Regierungsblatt und wird seit 1857/58 vom Staat herausgegeben.[91]
Die Zeitung kann vor allem im frühen 18. Jahrhundert als das zentrale Medium der Hofberichterstattung bezeichnet werden. Der Tagesablauf der kaiserlichen Familie wurde detailliert geschildert. Es finden sich darin zahlreiche Wetter- und Witterungsbeschreibungen, die für die täglichen Ausfahrten des Hofes, sei es zu diversen

---

[91] Vgl. STAMPRECH, Älteste Tageszeitung, 9 ff. In den ersten Jahren ihres Erscheinens trug die Zeitung den Namen „Wiennerisches Diarium". Da sich vor 1780 beide Varianten finden, wurde in der vorliegenden Arbeit konsequent die Bezeichnung „Wienerisches Diarium" verwendet.

Schlössern und Kirchen, Jagd- oder sonstigen Veranstaltungen, Schlittenfahrten und ähnlichem von Bedeutung waren.

> *Dito / nachdeme das in voriger Wochen gähling eingefallene warme / sich darauf wiederum in ein kaltes Wetter verändert / auch durch etliche Täge häufiger Schnee gefallen ... heute Abends ... sehr prächtige Schlittenfahrt...*[92]
>
> *Nachdeme sich seither 8. Tagen das Regen-Wetter in einen grossen Schnee / und Kälte verändert / als thut sich alhiesiger Adel täglich mit Schlitten-Fahrten belustigen; auf dem Land aber seyn durch den häufig gefallenen Schnee die Wege sehr unbrauchbar gemacht worden...*[93]

Neben Beschreibungen von außergewöhnlichen Witterungsereignissen oder dem Wasserstand bzw. der Vereisung der Donau wurde im Laufe der Zeit dem Wetter vermehrter Raum geboten. Vor allem seit der Gründung der Universitätssternwarte im Jahr 1775 mehren sich allgemeine Berichte und auch Abhandlungen die Meteorologie betreffend. Ab der zweiten Hälfte der 1870er Jahre wurden die so genannten „Meteorologischen Beobachtungen" Wiens, später auch jene von Graz und Prag monatlich veröffentlicht. In den 20er Jahren des 19. Jahrhunderts folgte eine eigene Rubrik, die den Wetterverhältnissen des vergangenen Tages gewidmet war.[94]

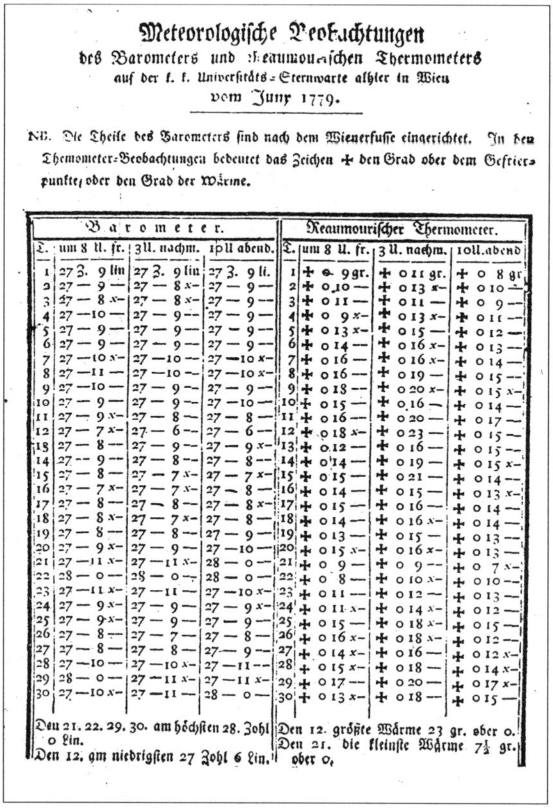

Meteorologische Beobachtungen
des Barometers und Reaumourischen Thermometers
auf der k. k. Universitäts-Sternwarte alhier in Wien
vom Juny 1779.

NB. Die Theile des Barometers sind nach dem Wienerfusse eingerichtet. In den Themometer-Beobachtungen bedeutet das Zeichen + den Grad ober dem Gefrierpunkte, oder den Grad der Wärme.

Barometer.				Reaumourischer Thermometer.			
T.	um 8 U. fr.	3 U. nachm.	10 U abend.	T.	um 8 U. fr.	3 U. nachm.	10 U. abend
1	27 Z. 9 lin	27 Z. 9 lin	27 Z. 9 li.	1	+ 0 9 gr.	+ 0 11 gr.	+ 0 8 gr
2	27 — 9 —	27 — 8 x–	27 — 9 —	2	+ 0 10 —	+ 0 13 x–	+ 0 10 —
3	27 — 8 x–	27 — 8 x–	27 — 9 —	3	+ 0 11 —	+ 0 11 —	+ 0 9 —
4	27 — 10 —	27 — 9 —	27 — 9 —	4	+ 0 9 x–	+ 0 13 x–	+ 0 11 —
5	27 — 9 —	27 — 9 —	27 — 9 —	5	+ 0 13 x–	+ 0 15 —	+ 0 12 —
6	27 — 9 —	27 — 9 —	27 — 9 —	6	+ 0 14 —	+ 0 16 x–	+ 0 13 —
7	27 — 10 x–	27 — 10 —	27 — 10 x–	7	+ 0 16 —	+ 0 16 x–	+ 0 14 —
8	27 — 11 —	27 — 10 —	27 — 10 x–	8	+ 0 16 —	+ 0 19 —	+ 0 15 —
9	27 — 10 —	27 — 9 —	27 — 9 —	9	+ 0 18 —	+ 0 20 x–	+ 0 15 x–
10	27 — 9 —	27 — 9 —	27 — 10 —	10	+ 0 15 —	+ 0 16 —	+ 0 14 —
11	27 — 9 x–	27 — 8 —	27 — 8 —	11	+ 0 16 —	+ 0 20 —	+ 0 17 —
12	27 — 7 x–	27 — 6 —	27 — 6 —	12	+ 0 18 x–	+ 0 23 —	+ 0 15 —
13	27 — 8 —	27 — 9 —	27 — 9 x–	13	+ 0 12 —	+ 0 16 —	+ 0 15 —
14	27 — 9 —	27 — 8 —	27 — 8 —	14	+ 0 14 —	+ 0 19 —	+ 0 15 x–
15	27 — 8 —	27 — 7 x–	27 — 7 x–	15	+ 0 15 —	+ 0 21 —	+ 0 14 —
16	27 — 7 x–	27 — 7 x–	27 — 8 —	16	+ 0 14 —	+ 0 15 —	+ 0 13 x–
17	27 — 8 —	27 — 8 —	27 — 8 x–	17	+ 0 15 —	+ 0 16 —	+ 0 14 —
18	27 — 8 x–	27 — 7 x–	27 — 8 —	18	+ 0 14 —	+ 0 16 x–	+ 0 14 —
19	27 — 8 —	27 — 8 —	27 — 9 —	19	+ 0 13 —	+ 0 15 —	+ 0 13 —
20	27 — 9 x–	27 — 9 —	27 — 10 —	20	+ 0 15 x–	+ 0 16 x–	+ 0 13 —
21	27 — 11 x–	27 — 11 x–	28 — 0 —	21	+ 0 9 —	+ 0 9 —	+ 0 7 x–
22	28 — 0 —	28 — 0 —	28 — 0 —	22	+ 0 8 —	+ 0 10 x–	+ 0 10 —
23	27 — 11 x–	27 — 11 —	27 — 10 x–	23	+ 0 11 —	+ 0 12 —	+ 0 13 —
24	27 — 9 x–	27 — 9 —	27 — 9 x–	24	+ 0 11 x–	+ 0 14 x–	+ 0 12 —
25	27 — 9 x–	27 — 9 —	27 — 9 —	25	+ 0 15 —	+ 0 18 x–	+ 0 15 —
26	27 — 8 —	27 — 7 —	27 — 8 —	26	+ 0 16 x–	+ 0 18 x–	+ 0 12 —
27	27 — 8 —	27 — 8 —	27 — 9 —	27	+ 0 14 x–	+ 0 16 —	+ 0 12 x–
28	27 — 10 —	27 — 10 x–	27 — 11 —	28	+ 0 15 x–	+ 0 18 —	+ 0 14 x–
29	28 — 0 —	27 — 11 x–	27 — 11 x–	29	+ 0 17 —	+ 0 20 —	+ 0 17 x–
30	27 — 10 x–	27 — 11 —	28 — 0 —	30	+ 0 13 x–	+ 0 18 —	+ 0 15 —

Den 21. 22. 29. 30. am höchsten 28. Zohl 0 Lin.
Den 12. am niedrigsten 27 Zohl 6 Lin.

Den 12. größte Wärme 23 gr. ober 0.
Den 21. die kleinste Wärme 7½ gr. ober 0.

Abb. 8: Meteorologische Beobachtungen vom Juni 1779

92 Wienerisches Diarium Nr. 6/1726, Bericht vom 16. Jänner.

93 Wienerisches Diarium Nr. 1/1729, Bericht vom 1. Jänner.

94 Eine auf diesen Daten basierende und an der Zentralanstalt für Meteorologie und Geodynamik homogenisierte Temperaturreihe wird im Verlauf dieser Arbeit für weitere Studien herangezogen.

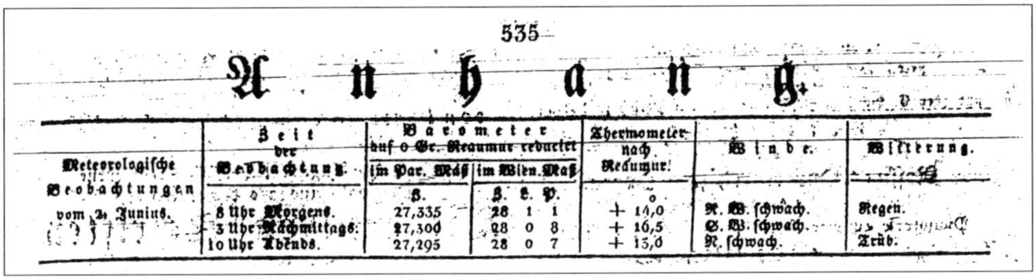

535

Anhang.

Meteorologische Beobachtungen vom 2. Junius.	Zeit der Beobachtung	Barometer auf 0 Gr. Reaumur reducirt (im Par. Maß)	(im Wien. Maß)	Thermometer nach Reaumur	Winde	Witterung.
		B.	B. Z. P.	°		
	6 Uhr Morgens.	27,335	28 1 1	+14,0	N.W. schwach.	Regen.
	3 Uhr Nachmittags.	27,300	28 0 8	+16,5	S.W. schwach.	
	10 Uhr Abends.	27,295	28 0 7	+13,0	N. schwach.	Trüb.

Abb. 9: Meteorologische Beobachtungen vom 2. Juni 1826

Meteorologische Abhandlungen und Messjournale

Mit der Erfindung der meteorologischen Instrumente in der zweiten Hälfte des 17. Jahrhunderts und ihrer technischen Weiterentwicklung vor allem in Hinblick auf die Zuverlässigkeit und die Einheitlichkeit der Geräte waren seit dem frühen 18. Jahrhundert die Voraussetzungen für relevante instrumentelle Messungen in der Meteorologie gegeben.[95] Diese Quellengattung bietet den Vorteil, dass es sich dabei um eigens angelegte, im Falle der Messjournale sogar um standardisierte Formulare handelt. Die darin enthaltenen Angaben lassen sich aufgrund ihrer einheitlichen Form leichter analysieren, müssen jedoch vor ihrer Verwendung einer Normierung unterzogen werden. In zunehmenden Maße existieren nun spezielle meteorologische Abhandlungen, die das gesteigerte Interesse der Wissenschaftler und die verbesserten Forschungsmöglichkeiten am Wettergeschehen und dessen Ursachen verdeutlichen. Der Aussagewert der Aufzeichnungen für die Beurteilung von Klimaverhältnissen hängt jedoch auch in diesem Fall von der Länge und Kontinuität der Beobachtungen bzw. Messungen ab. Unterschiedlich geeichte Instrumente und zeitliche Differenzen beinhalten ein großes Potenzial an Fehlinformationen. Wurde anfänglich nur ein Mal am Tag, meist gegen Mittag, später zwei Mal, am Vormittag und Nachmittag beobachtet, begann man am Ende des 18. Jahrhunderts mit drei täglichen Messungen, jedoch oft zu wechselnden Zeiten. Erst im frühen 19. Jahrhundert fing man allgemein an, fixe Beobachtungsstunden einzuhalten. Zusätzlich muss bei der Berechnung der Niederschlagshäufigkeit beachtet werden, dass die in Witterungstagebüchern verzeichneten Tage mit Regen und/oder Schneefall oft auf Augenzeugenberichten beruhen und selbst aufmerksamen Beobachtern kurze nächtliche Niederschläge entgehen konnten: im Sommer wegen der raschen Verdunstung, im Winter aufgrund längerer Dunkelheit. Ohne einer vorherigen Homogenisierung und Kalibrierung handelt es sich bei diesen Daten um Richtgrößen, die mit heutigen Werten nicht in Korrelation gesetzt werden können.

Die Arbeit von Pater Anton Pilgram stellt ein für Wien einmaliges Beispiel einer meteorologischen Abhandlung des späten 18. Jahrhunderts dar. Als Gehilfe der Sternwarte führte er von Dezember 1762 (also 13 Jahre vor dem Beginn der dortigen Messreihen im Jahr 1775) bis November 1786 meteorologische Aufzeichnungen

---

95   Vgl. RUDLOFF, Schwankungen, 3 ff.

42

durch, die in seinen „Untersuchungen über das Wahrscheinliche der Wetterkunde"
publiziert wurden. Im Vorwort erläuterte der Autor Gründe und Motivationen, die
ihn zum Verfassen seiner Abhandlung bewegten:

*Zwey, wie in so vielen anderen Dingen, also in der Wetterkunde gerade entgegengesetzte
Meynungen, veranlaßten mich, gegenwärtiges Werk zu unternehmen: eine derjenigen,
die alles platterdings verwerfen; die andere derer, die alles, als ungezweifelt annehmen,
was sie immer von einer Wetterregel hören. So wie jene der ganzen Wetterkunde alle
Wahrscheinlichkeit, worinn immer ihre Vorzüge bestehen mögen, dreist absprechen, so
suchen diese, sie auf den Grad einer sicheren und ungezweifelten Wissenschaft zu erhe-
ben, wozu sie niemals gelangen wird. Beyde schaden der Wetterkunde gleich viel. Denn
wer wird eine Sache untersuchen, die er für lächerlich, oder für sicher hält?*

*Abb. 10: Titelblatt der für Wien
bedeutendsten meteorologischen
Abhandlung des 18. Jahrhunderts*

Die erste Abteilung des Wer-
kes bringt unter dem Titel
„Die gewöhnliche Witterung
in Wien auf jeden Tag des
Jahres" eine für sämtliche Tage erstellte Statistik, beru-
hend auf Pilgrams eigenen,
von 1762 bis 1786 geführten
Aufzeichnungen, wobei die
jeweils höchsten bzw. tiefsten
Temperaturen der einzelnen
Jahre angeführt werden. Diese Auflistung ergänzte Pilgram mit außergewöhnlichen
Witterungserscheinungen, die
er in mitteleuropäischen
Chroniken aufgezeichnet
fand. Die Herkunft dieser
Quellenzitate ist detailliert
angegeben, die verwendeten
Werke im Vorwort beschrieben. Eine charakteristische
Darstellung des Monats Mai
lautet:

*Die angenehme Witterung, wovon dieser Monat so hoch gerühmt wird, ist bey uns sehr
vielen Zufällen, und Veränderungen unterworfen. Die Morgen sind insgemein kühl, und
oft so kalt, daß man ein warmes Zimmer dem schönsten Garten vorzieht; die Nachmitta-
ge hingegen sind angenehm. An heiteren Tagen weicht der May dem einzigen August,
und trübe Tage zählet er unter allen Monaten die wenigsten. Die Nebel sind selten, ich
habe derselben in 20 Jahren nur 11 angemerket; an der Zahl starker Winde aber thut es*

der einzige Heumonat dem May bevor. Eben diese, da sie aus verschiedenen Gegenden, deren einige schon warm, die andern hingegen noch sehr kalt sind, zu uns kommen, verursachen jene große Veränderungen der Witterung, welche uns diese bald angenehm, bald, sowohl an der Kälte, als Hitze beschwerlich machen. Kaiser Leopold pflegte zu sagen, wie ich von sehr alten Leuten vernommen habe, zu Wien seyen die Hundstage im May; und er hatte so unrecht nicht. Steigt nicht öfters das Thermometer einige Grade über 20.; und fällt diese Hitze, da wir selber noch nicht gewohnt sind, nicht weit beschwerlicher, als eine größere im tiefen Sommer, zu welcher uns die anhaltende und immer steigende Wärme unvermerkt vorbereitet hat? Klagte nicht jedermann A. 1761 über die um das Ende dieses Monats gäh eingefallene Hitze, gegen welche jene des Heumonats, ob sie schon nicht kleiner war, doch erträglicher schien. Die Wärme wächst, aller gähen Veränderungen ungeachtet, den ganzen May hindurch ziemlich ordentlich, so, daß im ersten Drittel auf jeden Tag 9$\frac{1}{2}$, im zweyten 10$\frac{1}{2}$, im dritten 11 Grade der größten Kühle kommen.[96]

Auch die einzelnen Tage des Monats werden beschrieben:

1. May. Der Eingang des May ist öfters ziemlich kühl. Heiter war er 6, veränderlich 7 mal, und eben so oft trüb, Regen 6, anhaltend 2, Winde 4. Der häufige Schnee, der A. 1782 die nahen Berge bedeckte, kühlte uns die Luft so stark, daß nur ein halber Grad von der ersten Gefrier fehlte. A. 1767 fehlten noch zwey sonst war es meistens 7 bis 10. A. 1774 aber 17. Das Mittel von allen ist 8,7. Die Wärme stieg auf 21. Im fruhen Jahre 1420 blühten heute die Rosen. Chron. Mellic. Im feuchten Jahre 1436 aber waren in Oesterreich vom 1. May bis 1. Sept. große Ueberschwemmungen, und starke Gewitter. Ann. Zwettl.[97]

Im Anschluss folgt eine statistische Auswertung der Daten. Zusätzlich sammelte der Autor chronikalische Notizen zum Thema „Außergewöhnliche Witterungen", die in die Kapitel „Sehr kalte Winter", „Gelinde Winter", „Außerordentlich kalte und warme Frühlinge", „Besonders heiße und trockene Sommer", „Kühle Sommer", „Von feuchten Jahren und Überschwemmungen", „Von Jahren einer besondern Trockne", „Von heftigen Winden", „Von heftigen Donner- und Hagelwettern" und „Von den Nordlichtern" gegliedert sind. Danach werden unter der Überschrift „Von den Wirkungen der Witterung" kurze Abhandlungen über „Von fruchtbaren und unfruchtbaren Jahren, Überfluße, Theurungen und Hungersnoth", „Von dem guten und üblen Weinwachse", „Von epidemischen Krankheiten an Menschen und Vieh", „Von den Erdbeben", „Von Vulcanen" und „Von Insecten" aufgelistet und mittels Statistiken ausgewertet.

In der zweiten Abteilung beschäftigt sich Pilgram mit einer Aufstellung von gesichteten Kometen, erstellt Berechnungen für zukünftige Wetterentwicklungen und behandelt eingehend die meteorologischen Messinstrumente, ihre Erfindung und Entwicklung sowie deren Verwendung und Aufstellung in den jeweiligen Jahreszeiten.

---

[96]   PILGRAM, Untersuchungen, 25. Ein Nachteil der Untersuchungen Anton Pilgrams ist die geringe Übersichtlichkeit seiner Aufzeichnungen. Es kam dadurch zu einer Reihe von Fehleinschätzungen und -berechnungen in unterschiedlichen wissenschaftlichen Arbeiten, die auf Pilgrams Angaben basierten. Vgl. WANIEK, Geschichtlicher Grundriß, 51.

[97]   PILGRAM, Untersuchungen, 26.

44

Wie war nun das methodische Vorgehen bei der Erstellung seiner eigenen Beobachtungen? Im Falle der Temperaturmessungen, die Pilgram vermutlich mit selbst hergestellten Thermometern vornahm,[98] bediente er sich ausschließlich der Morgenwerte. Er begründete dies folgendermaßen:

> Ich habe um den wahren Anfang der 4 Jahrszeiten, und die Temperatur von Wien zu bestimmen, mich lieber an die Morgen- und Nachtluft, als der mittägigen gehalten, weil die Wärme um Mittag weit mehreren und größeren Veränderungen, als Frühe und nachts ausgesetzt ist. Wenn man die Sommertage gegen einander hält, sieht man, daß selten die größte Hitze, welche gemeiniglich um zwei Uhr herum zu seyn pflegt, durch 2 oder 3 Tage gleich sey, ja es ist gemeinlich ein Unterschied von mehreren Graden, da indessen frühe Morgens und Nachts entweder keiner, oder ein viel geringerer ist, wie ich aus unzähligen Beobachtungen beweisen kann; folglich ist die Zu- oder Abnahme der Hitze und Kälte weit ordentlicher als in der Frühe und Nacht, also Mittag herum zu ersehen.[99]

Abb. 11: Jesuitensternwarte (im Mittelgrund) im Universitätsviertel. Gemälde von B. Bellotto

[98]   Vgl. LIZNAR, Beobachtungen, 85 f.
[99]   PILGRAM, Untersuchungen, 55.
[100] Vgl. PILGRAM, Untersuchungen, 539.

Niederschlagsmessungen, die er bei der Beschreibung des Regenmessers ausdrücklich anführt,[100] fehlen.

Messungen der Windstärke wurden von Pilgram nicht vorgenommen. Die von der Mannheimer Akademie aufgestellte vierteilige Schätzungsskala erschien ihm für eine große Stadt als wenig zweckmäßig:

Für das Land und Städte lasse ich diesen einen guten Vorschlag sein; wie sollen wir aber mitten in der Stadt die Bewegung der Baumblätter beobachten? Wir müßten uns die Blätter jener Gärten vorstellen, die jetzt die Frauenzimmer auf ihren Hüten zu tragen pflegen, worüber man folgende Windgattungen bestimmen könnte:

1. Der diese Blätter und Sträusse bewegt
2. Der diese Sträusse fortträgt
3. Der die Sträusse samt den Hüten fortträgt
4. Der die Hüte samt den Frauen fortträgt[101]

Abb. 12: Universitätssternwarte auf der Aula der alten Universität. Gemälde von B. Bellotto

101   PILGRAM, Untersuchungen, 592.

Die klimatischen Verhältnisse Ostösterreichs im europäischen Kontext

Wann Gott die dürstig und außgedörte Erdten mit ainen fruchtbahren Regen befeuchtige: Die Jahre 1700 bis 1710

Nach einer frühmittelalterlichen Wärmephase, in der bisher unwirtschaftliche Mittelgebirgslagen und Hochtäler besiedelt wurden und sich der Weinbau bis weit in den Norden ausbreitete, kam es in Mitteleuropa ab etwa 1200 zu einer etappenweisen Abkühlung des Klimas, der so genannten „Kleinen Eiszeit". Der markante Temperatursturz und die gleichzeitig ansteigenden Sommerniederschläge ließen die Alpengletscher stark vorstoßen.[102] Ein Höhepunkt dieser bis etwa 1850 andauernden Kaltphase waren die Jahre 1675–1715 (Maunder Minimum), in denen es vermutlich unter dem Einfluss einer abgeschwächten Sonnenstrahlung vor allem in den Wintermonaten extrem trocken und kalt war.[103] Im ersten Jahrzehnt des 18. Jahrhunderts schien sich jedoch im Raum Ostösterreichs eine beginnende Wiedererwärmung abzuzeichnen. Nach zahlreichen Fehl- und Katastrophenernten,[104] denen in weiten Teilen Europas Hungersnöte folgten, stieg die Tendenz zu warmen Sommern und überdurchschnittlich guten Weinerträgen. Zusätzlich waren vor allem die Jahre 1701 bis 1704 bzw. 1710 von übermäßiger Trockenheit begleitet, was zahlreiche Quellen und auch die anhand von Baumringen errechneten Niederschlagssummen der Monate Juni bis August belegen.[105] In drei Fällen kam es zu einer Abweichung von diesem Trend: Im Juli 1705 ereigneten sich Überschwemmungen im gesamten (heutigen) österreichischen Donauraum und auch die Weinlese lieferte unterdurchschnittliche Ertragsergebnisse. Im Jahr 1707 folgte auf ein extrem trockenes Frühjahr ein sehr niederschlagsreicher Sommer. Hingegen kam es im Jahr 1709 nach jenem ...*berühmte*[n] *Winter, welchen man um von allen übrigen zu unterscheiden, den kalten nannte...*[106] aufgrund der bis in den Monat Mai anhaltenden

---

[102] Die seit dem 15. Jahrhundert zunehmende Vergletscherung führte u. a. zwischen 1580 und 1610 zum Niedergang des Goldbergbaues in den Rauriser Alpen. In dieser Zeit drangen die Gletscher bis in die Stollen vor und bedeckten die Eingänge, weshalb die Erzförderung – neben politischen und religiösen Ursachen (Goldimporte aus der „Neuen Welt", Vertreibung der Protestanten) – unrentabel oder überhaupt unmöglich wurde. Vgl. SCHWARZL, Gletschervorstöße, 162; ERTL, Geschichte des Tauerngoldes.

[103] Vgl. PFISTER, Wetternachhersage, 60; HILLEBRECHT, Energiekrise, 281.

[104] Le Roy Ladurie bezeichnete das letzte Jahrzehnt des 17. Jahrhunderts als das „Pessimum" oder die eigentliche „Little Ice Age". Es war über alle Monate des Jahres hinweg kalt, wobei die Übergangszeiten Frühjahr und Herbst am Extremsten ausfielen. Dies führte zu einer spürbaren Verkürzung der Vegetationsperioden. Der Strengwinter von 1694/95 dürfte in Mitteleuropa sogar eine negative Temperaturabweichung von mindestens 4,5–5°C gebracht haben. Vgl. LE ROY LADURIE, Times of Feast, 90; RUDLOFF, Schwankungen, 100; LAMB, Climate, 10.

[105] Vgl. Kapitel Dendrochronologie – Dendroökologie.

[106] PILGRAM, Untersuchungen, 97.

tiefen Temperaturen zu beträchtlichen Ernteausfällen. Dieses Ereignis war jedoch nicht auf den ostösterreichischen Raum beschränkt. Der extrem kalte und lang anhaltende Winter von 1708/09 wird im europäischen Vergleich allgemein zu den Ausnahmeerscheinungen gezählt. Unterschiedlich fällt jedoch die Beurteilung des gesamten Jahrzehnts in einigen Ländern Europas aus. Für die Schweiz lässt sich in den Jahren 1689–1717 eine große Häufigkeit von Fehl- und Katastrophenernten, sowie eine von 1675–1704 andauernde Tendenz zu tiefen Temperaturen während der Winter- und Frühjahrsmonate nachweisen.[107] Auch aufgrund der Temperaturreihe für Mittelengland kann ein Andauern dieses um 1675 einsetzenden Höhepunkts der Kleinen Eiszeit mit kühlen Sommern und extrem kalten und trockenen Wintern bis in das Jahr 1710 vermutet werden.[108] Die im Bereich Ostösterreichs zu Beginn des 18. Jahrhunderts auftretende Neigung zu warmen und trockenen Sommern (v. a. 1701, 1702, 1704 und 1710) lässt sich jedoch ebenso für Böhmen und Mähren nachweisen.[109] Auswertungen und Analysen des Quellenmaterials bestätigen diesen Trend auch für Italien.[110]

Schauer und grosse Wassergüsse: Die Jahre 1711 bis 1717

Dieser Abschnitt zeichnet sich durch seine Tendenz zu niederschlagsreichen Sommermonaten aus. 1712 und 1717 kam es häufig zu Unwettern und in den Jahren 1711, 1713, 1714 bzw. 1716 ereigneten sich Überschwemmungen der Donau und ihrer Zubringerflüsse. Auch die Temperaturen blieben auf unterdurchschnittlichem Niveau. Zusätzlich deutet das vermehrte Auftreten von Käfern in den Weingärten auf anhaltend feuchte Witterungsverhältnisse.[111] Die mittelmäßigen bzw. schlechten Weinerträge stimmen teilweise mit den in der Schweiz bis 1717 erzielten Missernten überein. Ausnahmen stellten die Jahre 1712, 1715 und 1717 dar, in denen die Weinqualität im Raum Ostösterreichs als gut bezeichnet wurde. In den Niederlanden war die Qualität des Viehfutters aufgrund der Feuchtigkeit von mangelhafter Qualität, wodurch es zu großen Einbrüchen in der Milch- und Käseproduktion kam.[112] Auch im Gebiet der französischen Schweiz, dem Nordosten Frankreichs, sowie dem südlichen Rheinland wurde in den Jahren 1713–1716 von einer Serie verspäteter Getreideernten berichtet.[113]

Der Wein gerieth fürtrefflich: Die Jahre 1718 bis 1729

Mit Ausnahme von 1721 und 1723 kam es in diesen Jahren zu einer Aufeinanderfolge sehr warmer, trockener Sommer. Die daraus resultierenden (meist jedoch geringen) Verluste in der Landwirtschaft konnten durch Spitzenernten im Weinbau kompensiert werden. Frostarme Frühjahre – allein aus dem Jahr 1721 existieren

107 Vgl. Pfister, Weinmostertäge, 483 f.; Pfister, Switzerland, 214 ff.
108 Vgl. Bernhardt, Hupfer, Lauter, Änderungen, 16.
109 Vgl. Brázdil, Dobrovolný, Chocholáč, Munzar, Reconstruction, 110.
110 Vgl. Camuffo, Enzi, Climate, 247.
111 Vgl. Leskoschek, Käfer und Wurm, 171 ff.
112 Vgl. De Vries, Measuring, 30.
113 Vgl. Le Roy Ladurie, Baulant, Grape Harvests, 266; Glaser, Klimageschichte, 176 ff.

Berichte über Reif – und häufige Gewitter in den Monaten Juni bis September ermöglichten in den Jahren 1718, 1720 und 1726–1729 sowohl qualitativ als quantitativ hervorragende Leseergebnisse. Dadurch kam es zu einem beträchtlichen Preisverfall. Während im Jahr 1718 ein Eimer Weinmost im Rahmen der Bergrechtsablöse des Wiener Bürgerspitals 285 Kreuzer kostete, mussten elf Jahre später für die gleiche Menge nur noch 105 Kreuzer bezahlt werden.[114]

Eine Tendenz zu wärmeren Sommern lässt sich in weiten Teilen des Kontinents und ab 1720 auch in England nachweisen.[115] In Deutschland verliefen die Sommermonate der Jahre 1721, 1723, 1725 und 1726 zu kühl. Dies hatte jedoch keinen wesentlichen Einfluss auf die Weinerträge. Sowohl in deutschen als auch schweizerischen Weinbaugebieten konnten herausragende Jahrgänge erzielt werden.[116]

Der Donaustrom besonders hoch angeloffen: Die Jahre 1730 bis 1744

Dieser Zeitabschnitt erscheint auf den ersten Blick ohne besondere Anomalien verlaufen zu sein. Bei näherer Betrachtung lässt sich jedoch ein geringer Feuchtigkeitsüberschuss nachweisen. In fünf der insgesamt 15 Jahre ereigneten sich zusätzlich Überschwemmungen der Donau (Juli 1730, Juni 1733, Juli 1736, Juni und Juli 1741, Juni 1742) und auch ein Drittel der Weinerträge brachte unterdurchschnittliche bis (sehr) schlechte Ergebnisse. In Deutschland waren die Sommer der Jahre 1730–1735 und 1737–1746 immer zu kalt, mit einem absoluten Kälterekord 1740.[117] Auch in Frankreich und der Schweiz gab es von 1739–1757 eine Serie verspäteter Getreideernten.[118] Ein singulär herausragendes Ereignis stellt der europaweit herrschende strenge Winter von 1739/40 dar, als der Eisstoß der Donau im Bereich von Wien etwa zehn Wochen anhielt.

Dagegen deutet eine statistisch belegbare Verbesserung der Lebensumstände in Schweden, Schottland und Island während der 1730er Jahre auf sehr günstige Witterungsverhältnisse im Norden und Nordwesten Europas.[119]

Erbitten einen gedeihlichen Regen: Die Jahre 1745 bis 1749

Die Witterung dieser fünf Jahre war tendenziell zu trocken. Im September 1746 trocknete der nächst der Stadt gelegene Donauarm beinahe völlig aus, weshalb zu Ende des Monats der Schiffsverkehr eingestellt werden musste. Auch in den beiden folgenden Jahren kam es auf Geheiß des Wiener Erzbischofs zu Gebeten bzw. Prozessionen um Regen. Im Weinbau konnten qualitative Spitzenernten erzielt werden, was auch mit den Angaben zu deutschen Ergebnissen korreliert.[120]

---

114 Vgl. Pribram, Materialien, 369. Es muss dabei allerdings auch das generelle Sinken der Preise für agrarische Produkte während der ersten Hälfte des 18. Jahrhunderts berücksichtigt werden. Vgl. Abel, Agrarkrisen, 93 ff.
115 Pfister vergleicht die Jahrestemperaturmittel mit jenen des 20. Jahrhunderts. Vgl. Pfister, Monthly temperature, 137; Lamb, Climate, 483.
116 Vgl. Bassermann-Jordan, Geschichte, 998 ff.; Pfister, Weinmosterträge, 484.
117 Vgl. Glaser, Klimageschichte, 176.
118 Vgl. Le Roy Ladurie, Baulant, Grape Harvests, 266.
119 Vgl. Lamb, Klima, 267.
120 Vgl. Bassermann-Jordan, Geschichte, 1003.

Für Böhmen und Mähren stellen diese Jahre das Ende einer Phase dar, die von einer Zunahme strenger Winter und Perioden trockener Sommer im Zeitraum von 1681–1750 gekennzeichnet wurde.[121] Vor allem die in diesen Jahrzehnten herrschende Tendenz zu niederschlagsarmen Sommern, wie die Jahre 1700–1710, 1718–1729 und eben auch 1745–1749 zeigen, lässt sich gleichermaßen für das vorliegende Untersuchungsgebiet nachweisen. Über die Wintermonate können aufgrund der Quellenlage jedoch keine entsprechenden Aussagen getroffen werden. Diese wurden für England ab 1740 als kalt eingestuft, die Sommer- und Herbstmonate der 1740er und 1750er Jahre galten hingegen ebenfalls als warm und trocken.[122] In der Schweiz kam es in den Jahren nach 1745 zu einem Feuchtigkeitsüberschuss, was durch lokal- bzw. regionalklimatische Einflüsse erklärt werden kann.[123]

Dermalig angenehme Witterung: Die Jahre 1750 bis 1764

In diesem sonst ohne besondere Witterungsanomalien verlaufenden Zeitraum ragen die Jahre 1760 bis 1762 mit teils weit über dem Durchschnitt liegenden Weinqualitäten heraus. Neuerlich können, ähnlich den Verhältnissen während der 1720er Jahre, warme bzw. trockene Sommer in kausalem Zusammenhang damit gesehen werden. Gleichermaßen kam es in der Schweiz zu einer „Weinschwemme", die dort jedoch bis 1765 anhielt. Auch aus den süddeutschen Weinbaugebieten wurde von ausgezeichneten Weinerträgen berichtet, welche allerdings – ähnlich den ostösterreichischen – nur die Jahre 1759 bis 1762 betrafen.[124] Ebenso zeigt sich für das Gebiet der französischen Schweiz, Nordostfrankreich und das südliche Rheinland eine Serie früher Getreideernten von 1758 bis 1762.[125]

Anders lautet jedoch die Beurteilung der klimatischen Verhältnisse in Böhmen und Mähren. Hier kam es ab 1750 zu einer geringeren Anzahl strenger Winter. Ein Vorherrschen von kalten und trockenen Frühjahren bedingte allerdings nur geringe Erträge im Weinbau.[126] In England erfolgte dagegen die feuchteste Serie von Sommern seit dem Beginn der Niederschlagsmessungen im Jahr 1697: Zehn aufeinander folgende nasse Sommer in den Jahren 1751–1760 und auch jene von 1763–1772 brachten ähnliche Regenmengen.[127] In dieses Bild fügt sich der in den Niederlanden zu beobachtende Niedergang der Milchproduktion von 1744–1754. Die Bauern erlitten nicht nur aufgrund der Ernteausfälle große Verluste, auch die aus den benachbarten Regionen importierten Getreidemengen waren von äußerst schlechter Qualität.[128]

---

[121] Vgl. BRÁZDIL, Fluctuations, 123. Auch Hermann Flohn sieht im „großen Winter" von 1739/40 das Ende einer seit 1680 andauernden milden ozeanischen Epoche mit warmen Sommern und milden Wintern. Vgl. FLOHN, Witterung, 118.
[122] Vgl. LAMB, Modern world, 233 f.
[123] Ich bedanke mich sehr herzlich bei Christian Pfister für diese persönliche Mitteilung.
[124] Vgl. PFISTER, Weinmostertträge, 485; BASSERMANN-JORDAN, Geschichte, 1004 f.
[125] Vgl. LE ROY LADURIE, BAULANT, Grape Harvests, 266.
[126] Vgl. BRÁZDIL, KOTYZA, History of Weather I, 29 f.
[127] Vgl. LAMB, Modern world, 235.
[128] Vgl. DE VRIES, Measuring, 30.

Anhaltend ungestüm und regnerisches Wetter: Die Jahre 1765 bis 1773

Die seit 1765 zunehmend feuchter werdende Witterung führte vor allem in Mitteleuropa zwischen 1770 und 1772 zur größten Hungersnot des 18. Jahrhunderts. Böhmen und Mähren waren im Bereich der habsburgischen Länder davon am stärksten betroffen.[129] Die erhöhte Tendenz zu niederschlagsreicher Witterung begann sich bereits im Jahr 1767 abzuzeichnen, als nach einem eher kühlen Sommer anhaltende Regenfälle im September die Qualität und Quantität des Weines stark beeinträchtigten. Im folgenden Jahr kam es nach heftigen Niederschlägen in der zweiten Julihälfte zu einer Überschwemmung der Donau und des Wienflusses. Auch die Monate Mai bis September 1769 waren von wechselhafter und feuchter Witterung geprägt, wodurch es bei den Weintrauben zu einer starken Fäulnis kam. Die im darauf folgenden Winter 1769/70 gefallenen Schneemengen (die um Weihnachten bereits zu einem Hochwasser der Donau führten) begannen erst Anfang April 1770 zu schmelzen und verursachten die ersten Überschwemmungen in diesem Jahr. Ende April setzten erneut anhaltende Niederschläge ein und bereits Anfang Juni gab es die ersten Hinweise auf spätere Missernten.[130]
Im Raum Wien begann sich Mitte Juli sommerliche Witterung einzustellen, weshalb es in dieser Gegend nur zu geringen Einbußen kam. Anders war die Lage in Böhmen und Mähren. Dort fielen die Getreideernten derart schlecht aus, dass nicht einmal das für das kommende Jahr benötigte Saatgut eingebracht werden konnte. Im Bereich Ostösterreichs ereigneten sich während dieser Zeit heftige Unwetter, die beträchtliche Schäden hinterließen. Ende August kam es neuerlich zu anhaltenden Niederschlägen, die in der zweiten Jahreshälfte schließlich zu mehrmaligen Hochwasserständen der Donau führten. Auch im Jahr 1771 regnete es in den Monaten März, April, Juni und Juli. Danach folgte im Osten Österreichs eine trockene Periode, die sich mit Ausnahme der Monate Juni und Anfang Juli auch im Jahr 1772 fortsetzte. Erst 1773 gab es sowohl für die Landwirtschaft als auch den Weinbau günstige Witterungsverhältnisse.[131]

[129]   Die wirtschaftliche Lage Böhmens, die durch die Kriege mit Preußen und ein Ansteigen der Bevölkerungszahlen um fast eine Million in den Jahren 1762 bis 1771 äußerst prekär war, gab schon 1768 einigen Beamten Anlass zu ernster Sorge. Vgl. Weinzierl-Fischer, Hungersnot, 478.

[130]   *Von den empfindlichen Wasserschäden höret man aus verschiedenen Provinzen nun große Klagen, daß an vielen Orten nicht nur die Feldfrüchte und Misswachs für heuer, zum größten Schaden der Herrschaften und Unterthanen, völlig verdorben, und in dem Oberlande eine Menge Brennholz hinweggeschwemet, sondern auch verschiedene Gebäude geschwächet worden.* Wiener Zeitung Nr. 46/1770, Bericht vom 9. Juni.

[131]   *Daß die Ärnte in diesem Jahre beynahe aller Orten sehr gesegnet gewesen, weiß jedermann, und zwar so, daß in verschiedenen Provinzen der k. k. Erblanden, sonderlich aber im Königreich Böhmen der Preiß des Getraides, mehr als die Hälfte, gegen dem des vergangenen Jahres herabgefallen; daß aber die Weinlöse, sowohl hier, als in den benachbarten Gegenden eben so glücklich und gesegnet ausgefallen, ist minder bekannt: und verdienet um so mehr bemerkt zu werden, als manche dafür gehalten, daß bey einer reichen Kornärndte, die Gartenfrüchte, und der Wein weniger zu gerathen pflegen. Der Güte des Höchsten, dem die Armut und Drangsale vieler Nothleidenden nicht unbekannt war, haben wir es zu verdanken, daß diese durch Mißwachs herunter gekommene Arme, durch einen so vielfachen Segen genähret, sich bald wiederum erholen.* Wiener Zeitung Nr. 85/1773, Bericht vom 23. Oktober.

Ab 1764 folgten auch in der Schweiz etwa 14 Jahre mit zunehmend kalter und feuchter, in den Alpen schneereicher Witterung. Die Sommer waren zu kurz bzw. zu kalt, um den Schnee auf den oberen Almwiesen zum Schmelzen zu bringen, und die Gletscher rückten merklich vor.[132] Bereits im Zeitraum von 1751–1760 verzeichnete England die feuchteste Abfolge von Sommern seit Beginn der Niederschlagsmessungen (1697). Die Sommer von 1763–1772 bzw. 1775–1784 blieben nur geringfügig hinter diesem Wert zurück.[133] Seit 1760 stieg auch in Böhmen die Zahl der Spätfröste in den Monaten Mai und Juni, im August und September kam es vermehrt zu Frühfrösten. Vor allem die kühleren und feuchteren Frühjahre führten ab 1776 zu einer Verzögerung der Ernten um durchschnittlich 1,5 Tage in zehn Jahren.[134]

Anmerkungen zur Hungersnot von 1770 bis 1772

Im Gegensatz zu Dürrejahren, in denen das Getreide qualitativ hochwertig, aber nur in geringer Menge vorhanden ist, kann es in Nässejahren zu quantitativ guten Ernten kommen. Das meist feucht geerntete Getreide ist in diesem Fall allerdings mehlarm, zum Teil ausgewachsen und verdirbt bereits nach kurzer Zeit. Da Brot das Hauptnahrungsmittel breiter Bevölkerungsschichten war – der täglichen Pro-Kopf-Verbrauch in Paris um 1770 wird auf 462 Gramm geschätzt, was schon in guten Zeiten oft mehr als die Hälfte des Budgets eines Haushalts verschlang[135] – rief jede Missernte eine Teuerung hervor. Eine Tatsache, die sich auch anhand der in den Rechnungsbüchern des Wiener Bürgerspitals vermerkten Getreidepreise aufzeigen lässt. So kam es in den Jahren 1769 bis 1772 zu einer hundertprozentigen Preissteigerung bei Weizen. Der Kornpreis verdreifachte sich sogar innerhalb von zwei Jahren von 65,3 Kreuzer (1769) auf 182,38 Kreuzer (1771).[136]

Neben Oberösterreich, Tirol, den Vorlanden und – in geringem Ausmaß – auch Niederösterreich, kam es vor allem in Böhmen und Mähren zu einem beträchtlichen Getreidemangel. Obwohl Maria Theresia immer wieder beteuerte, die Hungersnot in allen Erbländern gleichermaßen bekämpfen zu wollen, lag dort ihr eigentliches Hauptaugenmerk. „Daher kann man auch nur in diesem Bereich von einer Notstandspolitik der Zentralstellen sprechen. Es war aber das erste Mal, dass der österreichische Landesfürst massiv gegen die Hungersnot einschritt und mit einem riesigen Kostenaufwand der hungernden Bevölkerung Getreide und Arbeit verschaffte. [...] Demnach nimmt auch die Versorgung Böhmens mit ungarischem Getreide den weitaus größten Raum unter den Hilfsmaßnahmen ein."[137]

132 Vgl. PFISTER, Klimageschichte 1, 147.
133 Vgl. LAMB, Klima, 271.
134 Vgl. BRÁZDIL, KOTYZA, History of Weather I, 30.
135 Vgl. BRAUDEL, Sozialgeschichte, 135. Eine ähnliche Schätzung gibt Montanari für die Niederlande mit durchschnittlich 475 Gramm pro Kopf/Tag an. Vgl. MONTANARI, Hunger, 183.
136 Vgl. PRIBRAM, Materialien, 274.
137 KUMPFMÜLLER, Hungersnot, 138. Vom 1. Oktober bis 17. November 1771 hielt sich Kaiser Joseph II. zu einer Inspektionsreise in Böhmen auf. Dort verfasste er ein penibel geführtes Reisejournal, das er seiner Mutter als Grundlage für entsprechende Maßnahmen vorlegte. Darin machte Joseph die Missernten von 1769, 1770 und 1771 für die akute Not verantwort-

Bei der Bekämpfung der Hungersnot hatten die habsburgischen Länder durch die Zugehörigkeit Ungarns zu ihrem Territorium große Vorteile gegenüber anderen Staaten. Da es dort kaum Missernten gab, konnten große Mengen Getreide in die Not leidenden Teile der Monarchie ...*ohne Maut, und ohne eines besondern Paßes, oder einer andern Vorsicht...*[138] transportiert werden, wie ein in der Wiener Zeitung veröffentlichter Erlass Maria Theresias zeigt:

> *Wir Maria Theresia etc. Entbieten N. allen und jeden sowohl Geist- als weltlichen Obrig-keiten, Unterthanen und Vasallen, wie auch Partikularen, was Standes oder Weesens die sind, Unsre k. k. Gnade und geben euch hiemit gnädigst zu vernehmen, wasmaßen wir bereits unterm 5. Nov. verflossenen Jahrs zu resolviren geruhet haben, daß die Ein- und Zufuhr sowohl des Hungarisch- als alles übrigen erbländischen Getraides, folglich mit alleiniger Ausnahme der Hülsenfrüchten, und des Grieselwerks von einem Erblande in das andere von allen Unseren landesfürstl. Mauth- und Dreyßigstabgaben (worunter je-doch weder die Wegmauten, noch die Consumptions- und andere den Ständen, oder bey den Städten etwas entrichtenden Aufschläge, und die deren Wesenheit gleichkommende an Unser hiesiges Handgrafenamt abzuführende Gebühren nicht verstanden) von nun an, und bis zu künftigen Schnittzeit, nämlich bis Ende Heumon. laufenden Jahrs befreyet seyn solle. Gleichwie Wir nun aber zu mehrerer Erleichterung derley Getraid-transporten bey dermalig sich hin- und wieder hieran ergebendem Mangel neuerlich gnädigst zu entschließen geruhet, daß vorgedachte Befreyung auch auf alle Schranken- und Wegmauten ohne Ausnahme, in Unsern hiesig- dann den hungarischen Landen bis zu dem erwähnten Termin der letzten Heumonat a. c. sich zu erstrecken haben solle. Als wird euch eingangs ernannt Unsern Geist- und weltlichen Obrigkeiten, und Particularen diese weitere von Uns allermildest verliehene Begünstigung zur Wissenschaft und gehor-samsten Richtschnur anmit bedeutet. Dann hieran beschiehet Unser gnädigster Will und Meinung. Gegeben in Unsrer Residenzstadt Wien den 22. Hornung im 1771. Jahr, uns-rer Reiche im 31. Jahre.*[139]

Der Transport des Getreides von Ungarn nach Böhmen brachte große technische und organisatorische Probleme mit sich. Soweit es möglich war, benutzte man den Wasserweg. Das Getreide wurde auf der Donau bis Wien bzw. Stockerau gezogen, wo man es auf Wägen verlud und nach Norden weitertransportierte. Im Winter musste die Schifffahrt jedoch eingestellt werden, im Frühling und Sommer wurde sie durch Überschwemmungen zusätzlich erschwert.

In Niederösterreich selbst kam es zu keiner finanziellen Unterstützung von Seiten des Staates. Ein von Maria Theresia gefordertes Gutachten über eventuelle Hilfs-maßnahmen wurde von den Landständen ohne ein derartiges Ansuchen verfasst. Als eine Ursache dafür kann die bereits 1767 für Wien geschaffene Proviantierungs-

---

lich, der nach seinen Angaben bis zu diesem Zeitpunkt 30.000 Menschen zum Opfer fielen. Andere Schätzungen gehen sogar bis zu 250.000 Hungertoten in den Jahren 1771/72. Vgl. WEINZIERL-FISCHER, Hungersnot, 499 ff.

[138] Erlass Maria Theresias vom 27. Oktober 1770, veröffentlicht in der Wiener Zeitung Nr. 92/1770.

[139] Wiener Zeitung Nr. 19/1771.

hofkommission gesehen werden, die die Bevölkerung mit Getreide und Mehl versorgte und so trotz Teuerungen einer großen Hungersnot entgegenwirkte.[140]

Als eine Folge dieser Hungerjahre wurde nun auch in den Ländern der Habsburgermonarchie nach jahrzehntelangen Widerständen der Mais- und Kartoffelanbau in zunehmendem Ausmaß betrieben. Vor allem die von den spanischen Konquistadoren aus den Anden nach Europa gebrachte Kartoffel wurde anfänglich von der Bevölkerung verschmäht. Es hieß, die missgestaltete Knolle könne Lepra auslösen. Sie wuchs in einigen Klostergärten und galt als Kuriosität. Erst im 18. Jahrhundert erkannte man ihre größere Verlässlichkeit in Bezug auf die Resistenz gegenüber klimatischen Widrigkeiten. Auch die vergleichsweise hohen Erträge der neuen Kulturen wurden nun verstärkt in Betracht gezogen.[141]

Allhier eine besondere Abwechslung der Wärme und Kälte: Die Jahre 1774 bis 1798

Dieser Zeitabschnitt zeichnet sich durch starke Schwankungen sowohl bei den Temperaturen, als auch beim Niederschlag aus. Sieben Jahren mit Überschwemmungen (Juni 1774, Juli 1779, August 1784, Juni 1785, Juli 1786,[142] November 1787, Juli und September 1789) stehen fünf trockene Frühjahre (1775, 1785, 1789, 1790, 1791) bzw. neun warme, niederschlagsarme Sommer (1775, 1781, 1782, 1783, 1788, 1790, 1791, 1794, 1797) gegenüber. Letztere decken sich mit den Angaben für den Nordosten Frankreichs, das südliche Rheinland und die Westschweiz. Dort gab es in den Jahren 1778–1784 eine Reihe von frühen Getreideernten.[143] Für die Jahre 1788–1798 lassen sich sehr günstige Klimaverhältnisse nachweisen, die sich auch in den Weinerträgen spiegeln. Die Weinqualitäten lagen in dieser Zeit ausnahmslos über dem Durchschnitt, die Jahrgänge 1788 und 1797 wurden in Klosterneuburg sogar jeweils als „Jahrhundertwein" bezeichnet. Eine ähnliche Tendenz lässt sich auch in der Schweiz beobachten.[144] Die überdurchschnittlich guten Ernten der Jahre 1780–1785 decken sich mit den ostösterreichischen Ergebnissen allerdings nur in beschränktem Ausmaß. Zwar gab es in den Jahren 1781–1783 im Raum Wien gute bis sehr gute Weinqualitäten. 1780, 1784 und 1785 verhinderten jedoch häufige

---

140 Vgl. KUMPFMÜLLER, Hungersnot, 141.

141 In Ungarn wurde im 18. Jahrhundert für Mais ein Ernteverhältnis von 80 zu 1 erzielt, während Roggen nicht einmal das Sechsfache der Aussaat erbrachte und die Erträge von Weizen noch darunter lagen. Beim Kartoffelanbau konnte man auf gleichen Flächen eine zwei bis drei Mal so große Zahl von Menschen ernähren, als es mit herkömmlichen Getreidekulturen möglich war. Vgl. MONTANARI, Hunger, 157 f.; FAGAN, Macht des Wetters, 211 f.

142 Nachdem es seit 1784 zu einer Niederschlagshäufung kam, ereignete sich zwei Jahre später im steirisch/burgenländischen Grenzbereich eine durch verfaultes Futter verursachte Viehseuche, die ... *nicht nur in Steyermark, sondern auch an den Ungarischen Gränzen und in den fremden benachbarte Staaten herrscht, nach dem Urtheile kündiger Ärzte, von dem übelgerathenen und bey der Einführung durch Hagel, Frost und anhaltenden Regen grossentheils verdorbenen Futter herrührt.* Wiener Zeitung Nr. 7/1778.

143 Vgl. LE ROY LADURIE, BAULANT, Grape Harvests, 266.

144 Vgl. PFISTER, Weinmosterträge, 485.

Niederschläge während der Sommermonate, die zum Teil auch Überschwemmungen nach sich zogen, ähnlich gute Resultate. Der Trend zu hohen Temperaturmitteln während der Sommermonate lässt sich auch für England nachweisen. Ein langhörniger Stubenkäfer (Hylotrupes bajalus), der ausschließlich in Gebieten mit einem Monatsmittel von über 16,5°C existiert, verursachte während dieser Zeit erhebliche Schäden in Londoner Häusern.[145]

Als klimageschichtlich interessantes Ereignis gilt das Jahr 1783, das als das Jahr des großen trockenen Nebels in die Annalen der Klimatologie einging.[146] Verursacht durch das so genannte „Skaftár-Feuer", einem am 8. Juni dieses Jahres beginnenden gewaltigen Vulkanausbruch auf Island, breitete sich ein schwefelartiger Nebelschleier über die gesamte nördliche Erdhalbkugel. Vor allem die Inselbewohner hatten an den schwer wiegenden Folgen zu leiden. Das vergiftete Weidegras reduzierte den Viehbestand innerhalb eines Jahres um die Hälfte und der bis Februar 1784 aktive Vulkan kostete etwa 10.000 Menschen das Leben, was etwa 22 Prozent der Bevölkerung entsprach. Die Auswirkungen blieben nicht auf Island beschränkt. Vulkanische Asche fiel auf Skandinavien und Schottland nieder und noch im selben Monat wurde der manchmal von schwefelartigem Geruch begleitete Nebel in Moskau, Konstantinopel und Ankara wahrgenommen. Im Verlauf des Sommers breitete er sich auch über Asien und Nordamerika aus.

Parallel dazu kam es in diesem Jahr nach einer ungewöhnlichen Häufung von Sommergewittern zu einem Verbot des Wetterläutens. In einem Dekret Kaiser Joseph II. nahm man an *...daß die durch das Glockengeläut in Bewegung gesetzten Metalle, statt die Gewitterwolken zu zerstreuen, vielmehr den Blitz anziehen, und die Gefahr vergrössern. In diesem Jahre besonders ist die schädliche Wirkung des Läutens von allen Orten her durch sehr häufige Beispiele von Menschen, die bei dem Läuten selbst durch den Blitz getödtet, von Thürmen und Kirchen, die vom Donnerstrale gezündet worden, nur zu sehr bestättiget.*[147]

Vinum exquisitum: Die Jahre 1799 bis 1811

Abgesehen von dem zu allen Jahreszeiten sehr kühlen Jahr 1799 verlief dieser Abschnitt ohne besondere Witterungsanomalien. Die Tendenz zu einem geringen

---

[145]   Vgl. LAMB, Klima, 271.

[146]   Vgl. DEMARÉE, De grote droge nevel, 27 ff.

[147]   StAKl, DW 52g, pag. 801. Hofdekret vom 26. November 1783. Ab diesem Jahr kam es auch zu einer zunehmenden Verbreitung von Blitzableitern. Benjamin Franklin, der als der Erfinder des Blitzableiters gilt, hatte bereits Ende der 1740er Jahre nachgewiesen, dass die Atmosphäre elektrisch geladen ist. Er schlug vor, mittels geerdeter Metallstangen den Blitz gefahrlos abzuleiten. Nachdem im Mai 1752 der erste Blitzableiter in Paris angebracht wurde, sollte es noch einige Jahrzehnte dauern, bis sich diese Erfindung auch im Habsburgerreich durchzusetzen begann. Hier gab es die ersten Blitzableiter vermutlich 1775 auf dem Schloss im böhmischen Mieschitz (Mesice) und ab 1776 auch in Prag. In Wien wurden spätestens im Jahr 1781 so genannte „Ableitungsstangen" auf dem Schloss Belvedere angebracht. Jahrzehntelange Einwände und Widerstände gab es vor allem von Seiten der Theologen, die darin eine Entwaffnung Gottes sahen. Vgl. HOCHADEL, Öffentliche Wissenschaft, 147 f.

Niederschlagsdefizit lässt sich jedoch nachweisen. Dem Weinbau waren die klimatischen Verhältnisse jener Jahre sehr förderlich. 70 Prozent der Weinerträge lagen über dem qualitativen Durchschnitt, wobei die Jahrgänge 1802 und 1811 in Klosterneuburg neuerlich als „Jahrhundertwein" bezeichnet wurden.[148]

Ein Hinweis auf eine tendenziell trockene Phase ist auch der seit 1801 zunehmend fallende Wasserstand des Neusiedler Sees, der 1811 gänzlich ausgetrocknet war. Bereits 100 Jahre zuvor, von 1693 bis 1728, nahm das Wasser langsam, in den folgenden Jahren rasch ab, bis der See 1740 beinahe völlig versandet war. Ein Jahr später kehrte das Wasser zurück und stieg kontinuierlich an, um 1786 die größte Ausbreitung von geschätzten 515 km² zu erreichen.[149] Dieser Wasserstand blieb bis zum Jahr 1801 bestehen. Fürst Nikolaus Esterhazy ließ daher von 1788 bis 1812 einen Entwässerungskanal anlegen, um eine Senkung des Niveaus herbeizuführen.[150] Nach der völligen Versandung begann das Wasser ab 1813 neuerlich zu steigen, um im Jahr 1837 eine Ausbreitung von 356 km² zu erreichen. (Die heutige Größe des Neusiedler Sees beträgt etwa 320 km².)

Damit zeigt sich ein für diesen Zeitabschnitt etwas divergierendes Bild der klimatischen Verhältnisse Ostösterreichs im Vergleich zu alpinen Regionen. Dort kam es zu einem Vorrücken der Gletscher und auch der Weinbau geriet selbst in bevorzugten Lagen „tief in die roten Zahlen".[151] In Deutschland kam es zwischen 1781 und 1810 zu einer Warmphase, die an die wärmsten Abschnitte des spätmittelalterlichen Optimums erinnert. Heiß bzw. sehr heiß und auch teils extrem trocken waren vor allem die Sommer der Jahre 1802, 1803, 1807 und 1808.[152]

Ein völliger Mißwachs der Feldfrüchte: Die Jahre 1812 bis 1830

Der Beginn dieser Periode stellt in ganz Europa einen Rückfall in „quasi-eiszeitliche Klimabedingungen"[153] dar. In den Jahren 1813 bis 1817 kam es aufgrund tiefer Temperaturen und hoher Feuchtigkeit zu fünf aufeinander folgenden Katastrophen-

---

[148]   Die herausragende Weinqualität gab sogar Anlass zu Experimenten: *Bey der heurigen vorzüglichen Qualität der Weintrauben wurde dem Stifte durch den Minister Saurau aufgetragen, den Versuch zu machen, aus den Kernen der ausgepreßten Trauben Öl zu pressen ... Das Öl selbst war brauchbar, aber ungewohnt.* StAKl, Hs. 119, fol. 89r.

[149]   Vgl. SCHMID, Zukunft des Neusiedlersees, 361 f.

[150]   Von einem kurzfristigen Ansteigen des Wasserstandes im Winter 1803/04 berichtete die Wiener Zeitung im April 1804: *Der unweit von Ödenburg entfernte Neusiedler See, zu dessen Austrocknung der Fürst Niklas Esterhazy einen sehr kostspieligen Canal durch die Rabau seit 7 Jahren bauen ließ, wodurch auch derselbe schon sehr abgenommen hatte, ist von dem im verflossenen Winter häufig gefallenen Schnee und vielen Regen sehr stark angewachsen, und alle daran gränzenden Ländereyen und Ortschaften ... sind überschwemmt. In den entfernteren Gegenden des Sees hat sich die Winterfrucht wieder ganz erholet und gewährt die Hoffnung, eine reichliche Ernte zu erhalten.* Wiener Zeitung Nr. 34/1804.

[151]   PFISTER, Weinmosterträge, 486.

[152]   Vgl. GLASER, Klimageschichte, 176.

[153]   PFISTER, Weinmosterträge, 486. Der Produktionseinbruch zwischen 1813 und 1817 kann laut Pfister nur mit jenem am Ende des 16. Jahrhunderts an Intensität gleichgesetzt werden. Vgl. PFISTER, Klimaschwankungen, 186.

ernten. Zusätzlich erfolgte zwischen April und Juni 1815 auf der indonesischen Insel Sumbawa der Ausbruch des Vulkans Tambora.[154] Nur wenige der 12.000 Inselbewohner überlebten. Im 500 Kilometer entfernten Java ging ein Ascheregen nieder, und die Explosion war noch im 1.600 Kilometer entfernten Sumatra zu hören. Der explodierende Vulkan schleuderte zehn Mal mehr Asche in die Atmosphäre als der berüchtigte Krakatau im Jahr 1883. Riesige Mengen von Staub und Schwefeldioxiden erzeugten einen umgekehrten Treibhauseffekt und verminderten den Einfall der Sonnenstrahlung. Dadurch kam es zu einer Abkühlung der Erde und einer Verzerrung der globalen Windzirkulation. Tiefe Temperaturen begleitet von anhaltenden Niederschlägen waren in weiterer Folge die Ursache der qualitativ und quantitativ äußerst schlechten Ernte von 1816, dem „Jahr ohne Sommer". Als weiteres Indiz einer zunehmenden Abkühlung kann das in dieser Zeit fortschreitende Gletscherwachstum in den Alpen gesehen werden.[155]

In den folgenden Jahren entwickelten sich die klimatischen Verhältnisse ohne besondere Merkmale. Ausnahmen bildeten das äußerst günstige Jahr 1822, in dem Spitzenernten erzielt wurden, und das Jahr 1829, als anhaltend kühle und feuchte Witterung zu einer gewaltigen Missernte führte.

In weiten Teilen Europas dürfte sich hingegen in den 1820er Jahren eine etwas deutlicher spürbare Erwärmung mit hohen Temperaturen im Frühling und Herbst vollzogen haben,[156] wobei sich auch im ostösterreichischen Raum in den Jahren 1817 bis 1830 ein relativ konstantes Temperaturniveau mit einem Jahrestemperaturmittel von 9,5°C nachweisen lässt. Im Vergleich dazu beträgt das Jahrestemperaturmittel der in der Klimatologie üblichen Referenzperiode 1901–1960 für Wien 9,2°C.[157]

---

154 Vgl. LAMB, Klima, 273; FAGAN, Macht des Wetters, 200 f.; NUSSBAUMER, Gewalt der Natur, 132 f.
155 Flohn sieht in einer Abkühlung verbunden mit häufig blockierenden Hochs im Raum Nordsee/Skandinavien die Anzeichen für eine Vorherrschaft von Wetterlagen, die zum Wachstum der Gletscher führen. Vgl. FLOHN, Klimaänderungen, 126.
156 Vgl. LAMB, Klima, 277; GLASER, Klimageschichte, 179.
157 Vgl. BÖHM, Lufttemperaturschwankungen.

Modelle zur Klimarekonstruktion

Nach einer kritischen Auseinandersetzung mit den historischen Quellen stellt sich die Frage ihrer „Weiterverarbeitung". Wie können deskriptive Informationen für die Erstellung von Klimamodellen aufbereitet werden?

Um einen Zusammenhang zwischen überlieferten Wetter-Berichten und Temperaturen bzw. Niederschlägen herzustellen, ist es vorerst notwendig, die verbalen Beschreibungen einer semantischen Analyse zu unterziehen.[158] Sprachlich differenzierte Abstufungen lassen auf die Intensität der Ereignisse schließen und können als Klassen oder Intensitätsstufen definiert werden. Text wird damit auf ordinales Datenniveau transformiert. Erst durch diese Transformation in eine numerische Indexreihe kann die verbale Information einer Bearbeitung mit statistischen Methoden zugänglich gemacht werden. Im nächsten Schritt kommt es mit Hilfe einer Regressionsbeziehung zu einer Verknüpfung dieser Indexreihe mit Daten aus der Messperiode, die metrisches Datenniveau aufweisen. Diese Art des Vorgehens erfordert einen möglichst langen Überlappungszeitraum von gemessener Größe als auch Indexreihe. Wenn dies nicht der Fall ist, können Proxy-Daten (indirekte Klimainformationen) oder Baumringdaten verwendet werden, um Anhaltspunkte für die Gewichtung der Indizes zu erhalten. Der vorliegenden Untersuchung liegt einerseits die 1775 beginnende Temperaturreihe von Wien zugrunde, sodass sich zwischen 1775 und 1830 ein ausreichend langer Überlappungszeitraum von 56 Jahren ergibt. Zur Abschätzung des Niederschlags wurden die im Rahmen der dendrochronologischen Forschung an der Universität für Bodenkultur/Wien erstellte Reihe der Niederschlagssummen (der Monate Juni–August), sowie die ab 1845 für Wien existierende homogenisierte Niederschlagsreihe herangezogen. Zusätzlich dienten die in den Quellen vorliegenden paraphänologischen Daten (Beginn der Weinlese, Weinqualitäten) dazu, die mit ihnen in Zusammenhang stehenden Sommertemperaturen unter Zugrundelegung von Regressionsbeziehungen zu schätzen.

Die Verwendung von Proxy-Daten (die mit Wachstumsprozessen in Verbindung stehen) als Indikatoren für die Klimaentwicklung birgt mancherlei Gefahren.[159] Es ist daher sehr wichtig, sich beim Gebrauch solcher Datenreihen immer des Systemzusammenhanges bewusst zu sein. Neben den Temperaturen und deren (Aus-)Wirkungen, wie beispielsweise im Falle des Weines das Blühdatum und in gewissem Ausmaß auch der Zeitpunkt der Lese, existieren eine Reihe weiterer Rahmenbedingungen, die in die Interpretation bzw. Rekonstruktion miteinbezogen werden

---

[158] Folgende Literatur wurde zu methodischen Fragen herangezogen (in alphabetischer Reihenfolge): Banzon, De Franceschi, Gregori, Mathematical handling, 140 ff.; Brázdil, Climatic Fluctuations, 122 ff.; Brázdil, Reconstruction, 77 ff.; Glaser, Klimageschichte, 36 ff.; Lauer, Frankenberg, Wein und Witterung, 99 ff.; Lauer, Frankenberg, Rekonstruktion, 99 ff.; Lauscher, Wetterchronik, 116 ff.; Lauterburg, Klimaschwankungen, 81 ff.; Pfister, Klimageschichte 1, 50 ff.; Pfister, Monthly temperature, 122 ff.; Pfister, Weinmostertärge, 457 ff.; Pfister, Wetternachhersage, 32 ff.; Pfister et al., Winter air temperature, 538 ff.; Pfister, Schwarz-Zanetti, Wegmann, Winter severity, 95 ff.; Witte, Aussagewert, 156 ff.

[159] Vgl. Pfister, Klimageschichte 1, 80 ff.

müssen. Dazu zählen unter anderem die verschiedenen Sorten, die Bestandsdichte, Zwischenkulturen in Form von Kraut, Hanf oder Mais, aber auch die subjektiven Anforderungen an die Qualität des Weines. Die aus Proxy-Daten gefilterten Klimagrößen sind daher selbst nur als Näherungswerte zu betrachten, die das Wachstum beeinflussende Variablenkombinationen repräsentieren.[160] Bei der Interpretation der mittels Regressionsbeziehungen zwischen Proxy-Daten und Klimavariablen erhaltenen Zahlenwerte darf daher nicht außer Acht gelassen werden, dass es statistische Schätzungen sind, auf denen die Aussagen beruhen!

Auch das Vorliegen von bereits bearbeitbarem Zahlenmaterial (beispielsweise in Form standardisierter Messjournale) schützt nicht davor, dieses kritisch zu hinterfragen. Die Erstellung der in dieser Arbeit übernommenen Zeitreihen aus der Instrumentenperiode beinhaltet bereits im Eigenschaftswort „homogenisiert" eine Art Methoden-Verschneidung.[161] Neben verschiedenen statistischen Prüfverfahren erfordert sie auch die Methode des quellenkritischen Lesens und Beurteilens dieser Daten. Als relevante Fragestellungen seien hierfür jene nach der Persönlichkeit des Beobachters, den verwendeten Instrumenten und ihrem Aufstellungsort, den vorgesehenen Messzeiten, der Geschichte der Messstation und dergleichen angeführt. Auch im Rahmen der Dendrochronologie können historische Quellen zur Geschichte des Waldes bzw. des – das Wachstum beeinflussenden – Umfeldes der Standorte jener Bäume, welchen Holzproben entnommen werden, zur besseren Absicherung der Ergebnisse herangezogen werden. Dies bedeutet jedoch ein (vielleicht unbewusstes) Anwenden historischer und damit quellenkritischer Arbeitsmethoden im Bereich der naturwissenschaftlichen Forschung.

Andererseits bedienen sich auch HistorikerInnen einer fächerübergreifenden Kombination von geistes- und naturwissenschaftlicher Methodik. Nachdem die aus komplexen Wachstumszusammenhängen stammenden biogenen Zeitreihen, basierend auf önologischen Daten, nach eingehender Quellenkritik klassifiziert wurden (Unterscheidung in Primär- oder Sekundärquelle, Frage nach der Persönlichkeit und Intentionen des Verfassers, sprachanalytische Schriftvergleiche, Absicherung durch cross-checking mit Parallelquellen), kann die Rekonstruktion von klimatischen Entwicklungen mit Hilfe von Regressionsanalysen vorgenommen werden. Ein in ausreichender Qualität und Dichte vorhandener Überlappungszeitraum von Messreihen und deskriptiven Daten in unterschiedlichen Quellentypen ermöglicht somit durch iteratives Vorgehen bei der Klassifizierung verbaler Aussagen eine zusätzliche Verfeinerung der Methodik bei der Einschätzung und Interpretation von historischen Quellen.

---

[160] Vgl. LAUER, FRANKENBERG, Wein und Witterung, 99.
[161] Der Begriff Homogenisierung beschreibt den Versuch, offensichtliche Unstimmigkeiten (z. B. unterschiedlich geeichte Instrumente oder zeitliche Differenzen bei der Messung) in Datenreihen auszumerzen. In einem weiteren Schritt kommt es zur Eichung und Übertragung der Daten in Celsius- bzw. Kelvingrade (= Kalibrierung). Vgl. GLASER, Klimageschichte, 43.

Wein

In unseren Breiten existieren neben den Weinreben nur wenige Kulturpflanzen, bei denen Witterung und Klima eine derart bedeutende Rolle spielen. Unter den einzelnen maßgeblichen Faktoren nimmt die Temperatur für die Entwicklung der Rebe sicherlich den größten Stellenwert ein. Keine der bekannten Rebsorten ist gegen Fröste bei saftgrünem Zustand während der Vegetationszeit resistent, wobei Spätfröste im Frühjahr bzw. Frühfröste im Herbst als besonders gefährlich bezeichnet werden können. Sie schädigen nicht nur die jungen Triebe, sondern verkürzen auch die Vegetationszeit.[162] Zusätzlich gefährden Winterfröste das Holz der Reben – bei Nässe in einem noch stärkeren Ausmaß als bei Trockenheit. Allgemein gelten jedoch neben Frösten anhaltend niedrige Temperaturen als wachstumshemmend. Auch die Sonnenscheindauer stellt einen ausschlaggebenden Faktor für den Weinbau dar. Selbst bei kühlem aber sonnenreichem Wetter kann der Reifungsprozess bzw. die Zuckerbildung schneller vor sich gehen als bei warmer und trüber Witterung. Gegenüber Niederschlägen bzw. Feuchtigkeit ist die Rebe in geringerem Maße anspruchsvoll. Sie sollten jedoch nach der Blütezeit möglichst gering bleiben, um qualitativ und quantitativ hochwertige Ernten zu erzielen.

Die Anforderungen der Weinrebe an die verschiedenen klimatischen Faktoren ergeben sich aus ihrer pflanzenphysiologischen Entwicklung. Während der Phase des stärksten Wachstums von April bis Juni, während der Blüte im Juni, in der Zeit der Traubenreife von Juli bis September und während der Winterruhe benötigt die Rebe unterschiedliche Intensitäten an Wärme, Sonnenschein und Niederschlag. Verantwortlich für einen qualitativ hochwertigen Wein ist hierbei vor allem die Sonnenscheindauer, da die Qualität weitgehend ident mit der Zuckerkonzentration bestimmt wird. Andererseits gelten für den Ertrag die Temperatur- und Niederschlagsverhältnisse während der Blüte im Juni, aber auch unmittelbar vor der Lese im Oktober als bestimmende Faktoren, wobei die Temperatur positiv, der Niederschlag jedoch negativ korreliert.

Die drei großen Vorteile der Weinrebe als Klimaindikator können wie folgt zusammengefasst werden:[163]

1. Die Rebstöcke müssen nicht jährlich neu ausgepflanzt werden, da sie über 20 bis 50 Jahre produktionsfähig bleiben.
2. Das Wachstum der Trauben deckt sich mit der gesamten Länge der Vegetationsperiode von März/April bis Oktober.
3. Lesedaten, Qualität und Quantität der Trauben lassen Rückschlüsse auf die Witterung im Früh-, Hoch- und Spätsommer zu.

Neben diesen klimatischen Faktoren müssen allerdings auch weitere für das Ergebnis einer Weinlese relevante Parameter berücksichtigt werden.[164] Dazu gehören u. a.

---

162   Vgl. CURRLE, BAUER, HOFÄCKER ET AL., Biologie der Rebe, 148 ff.; VOGT, Weinbau, 69 ff.
163   Vgl. PFISTER, Klimaschwankungen, 185.
164   Vgl. WEBER, Weinbaugrenze, 32 ff.; STEINER, Einfluss, 9 ff.

die jeweiligen Rebsorten, die Standorte, die Beschaffenheit des Bodens, sowie zahlreiche anthropogene Einflüsse. Die sich im Lauf der Zeit verändernden Bedürfnisse bestimmten die Verbreitung des Erwerbsweinbaus. Wirtschaftliche, soziale und politische Aspekte spielten dabei ebenso eine Rolle wie die Wertschätzung und Stellung des Weines als Getränk. Durch sich wandelnde Anforderungen und Bedürfnisse des Menschen veränderte sich auch die Stellung des Weinbaus. Parallel dazu erfolgte seit dem 18. und vor allem 19. Jahrhundert eine Weiterentwicklung der Anbaumethoden. Für das Weinviertel kann beispielsweise vermutet werden, „dass die neue Art der Verjüngung der Weinpflanzen in Kombination mit dem immer beliebter werdenden ‚Grünen Muscateller‘ in klimatisch günstigen Perioden hier in quantitativer Hinsicht Erfolge zu zeigen begann."[165] Eine Entwicklung, die in diesem Bereich nicht auf Kosten der Qualität zu gehen schien. Diese ab dem 18. Jahrhundert erfolgenden Ertragssteigerungen müssen jedoch bei der Einbeziehung von Preisreihen bzw. deskriptiven Quellen in die Rekonstruktion klimatischer Verhältnisse berücksichtigt werden. Ein gewisses Problem bei der Bearbeitung solcher Daten stellen die meist fehlenden Angaben über Weinsorten dar. Die Quellen beschränken sich fast ausschließlich auf Hinweise wie „alt" oder „heurig". Ein im Jahr 1777 erschienenes Werk gibt zumindest Aufschluss über die im 18. Jahrhundert im Osten Österreichs gebräuchlichen Traubenarten: Rote/Grüne Zierfahndler, Schwarze/Rote/Grüne/Weiße/Große Muskateller, Große Schwarze, Abendrote, Fränkische, Schlehenschwarze, Burgunder, Schwarze/Weiße Geißtutten, Weiße Lägler, Mehlweiße, Silberweiße, Weiße und Wälsche.[166]

Daneben spielten in der Entwicklung des Weinbaus auch politische und wirtschaftliche Komponenten eine nicht unwesentliche Rolle. So wäre die weite Ausdehnung des Weinbaus seit dem Mittelalter nicht ohne die Mitwirkung weltlicher und geistlicher Institutionen denkbar, die sich daraus steigende Einnahmen in Form von Abgaben und Zöllen erhofften. Die Verdrängung der „Monopolstellung" des Weines durch zunehmenden Bierkonsum begann sich ab dem 16. und vor allem 17. Jahrhundert auch in der Finanz- und Wirtschaftspolitik abzuzeichnen und stellt somit eine der Ursachen für den Rückgang des Weinbaus im Verlauf der Frühen Neuzeit dar.

Das Wetter kann daher nur als ein Faktor in der Entwicklung des Weinbaus gesehen werden. Dass sein Stellenwert nicht zu unterschätzen ist, zeigen einerseits die in Weingärten, Feldern und auf Landstraßen erhaltenen Bildstöcke,[167] aber auch über-

[165] LANDSTEINER, Weinbau und Gesellschaft, 52 f.
[166] Vgl. HELBLING, Beschreibung, 350 ff. Hans Plöckinger konnte nachweisen, dass erst seit etwa 1600 minderwertige Traubensorten, die so genannten „Groben" neben dem Muskateller heimisch und zugleich vorherrschend wurden. Ab etwa 1800 finden sich zunehmend Edelsorten, wie beispielsweise die Zierfandler. Vgl. PLÖCKINGER, Traubensorten, 97; HASELBACH, Weinkultur, 174 ff.; SCHAMS, Weinbau.
[167] In der katholischen Kirche wurde und wird der heilige Donatus als Schutzheiliger gegen Blitz, Hagel und Unwetter gesehen. Mit einer Getreidegarbe und einem Bündel Blitze ist er in antiker Soldatentracht dargestellt. Für Niederösterreich können die Donatussäulen von

lieferte christlich-magische Rituale.[168] Wetter und Klima dürfen jedoch nicht als einziges Erklärungsmodell für bestimmte Vorgänge gewertet werden.

Traubenblüte

Der Beginn der Traubenblüte wird, ähnlich dem Austrieb, durch das Einwirken einer bestimmten Summe hoher Temperaturen ausgelöst.[169] Nasskaltes Wetter mit Temperaturen unter 15°C führt zu mangelhafter Befruchtung und in weiterer Folge zum Abfallen der Blüten bzw. Fruchtknollen. Bei warmer Frühjahrswitterung und in kleinklimatisch günstigen Lagen kommt es hingegen aufgrund der benötigten Temperatursumme zu einem rascheren Einsetzen der Blüte. Hier kann zwischen günstigsten und ungünstigsten Lagen eines Weinbaugebietes oft ein Unterschied von ein bis zwei Wochen im Blühablauf beobachtet werden. Ein früher Blühtermin, meist verursacht durch einen extrem warmen April oder sogar sehr warmen März (wie beispielsweise im Jahr 1794), verschafft den Reben einen Entwicklungsvorsprung und verlängert die Dauer der herbstlichen Reifephase zugunsten einer vollen Ausreife der Trauben. Der mit einer verzögerten Blüte eingetretene Entwicklungsrückstand kann bei spätreifenden Sorten kaum aufgeholt werden, da die Witterung im Spätherbst der Vegetation ein Ende setzt. Eine zeitige Blüte ist daher als wichtige Voraussetzung für die volle Reife der Trauben von großer Bedeutung.

Der folgenden Darstellung vom Beginn der Traubenblüte liegt die Klosterneuburger Handschrift „Gedenkbuch und Weinchronik 1540–1879"[170] zugrunde. Der Gesamtzeitraum der Aufzeichnungen des Blühbeginns umfasst die Jahre 1732–1829, wobei jedoch nur aus insgesamt 78 Jahren entsprechende Daten existieren.

Altenburg (um 1750) und Schiltern (um 1720) als Beispiele genannt werden. Vgl. KELLER, Lexikon, 178; PLECHL, Gott zu Ehrn, 90. Auch das am Waldrand oberhalb von Klosterneuburg-Kierling befindliche „Käferkreuz" wurde als Schutz vor Elementarschäden 1675 anlässlich einer Ungezieferplage in den Weingärten errichtet. Es wurde in den folgenden Jahrhunderten Ziel von zumindest ein Mal jährlich abgehaltenen Prozessionen. Dieser Bildstock mit einer Maria coronata als bekrönender Plastik und darunter befindlichen Reliefdarstellungen der Heiligen Josef, Leopold, Martin und Sebastian, sowie den arma Christi am Schaft, trägt auf einer Seite folgende Inschrift: „O Hl. Patronin und Zierde Himmels und der Erden, bitt für uns, das unsere Frichten vor Khefer, Schauer und Gefrihr behiettet werden".

[168] Ein über Jahrhunderte gepflegter Brauch war das so genannte „Wetterläuten". Zahlreiche Kirchenglocken – sofern sie nicht für Kriegszwecke eingeschmolzen wurden – tragen auch heute noch Inschriften und Gebete zur Abwehr von Unwetter und Hagelschlag. Am 26. November 1783 wurde per Hofdekret das Läuten bei Gewitter von Kaiser Joseph II. verboten. Man nahm an, dass durch Glockengeläute in Bewegung gesetztes Metall Blitze anziehe, statt sie abzuhalten. Schon 1780 wurde das nächtliche Schießen bei Frostgefahr von Joseph II. verboten, beide Bräuche finden sich jedoch auch noch in Quellen des 19. Jahrhunderts. Vgl. Österreich zur Zeit Kaiser Josephs II., 547.

[169] Vgl. VOGT, Weinbau, 86 ff.

[170] Vgl. StAKl, Hs. 121.

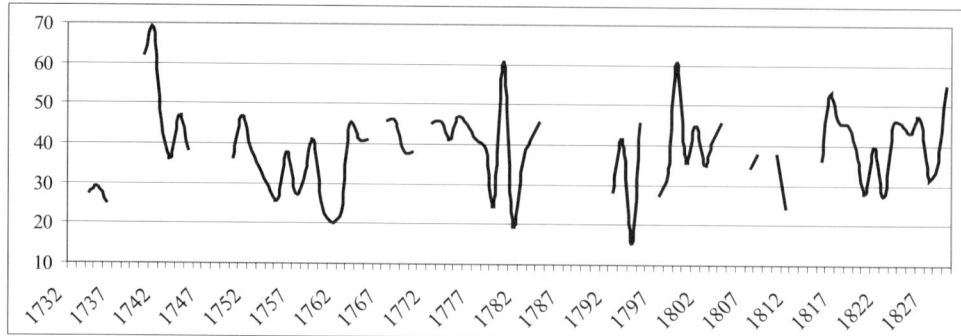

Grafik 4: Beginn der Traubenblüte in Klosterneuburg seit 1732

Die Angaben in der nachfolgenden Tabelle basieren auf Datumszahlen ab 1 = 1. Mai, wobei das früheste Datum 15 = 15. Mai (1794), das späteste Datum 69 = 8. Juli (1741) waren. Das Mitteldatum beträgt 37,6 Tage, was dem 7. Juni entspricht, die Streuung (mean standard deviation) lautet ±10,7 Tage. Die Schwankung beträgt 69-15 = 54 Tage, wobei die Extremdaten zwischen 1741 und 1794, also innerhalb einer Spanne von 53 Jahren liegen.

Tabelle 1: Beginn der Traubenblüte nach den Aufzeichnungen der Klosterneuburger Weinchronik

Jahr	0	1	2	3	4	5	6	7	8	9	Mittel
173..			23		27	29	25				(28,5)
174..	62	*69*	46	36	47	38		37			(47,9)
175..	36	47	38	33	29	26	38	27	33	41	34,8
176..	24	20	23	45	41	41		46	46	38	(36,0)
177..	38		45	46	41	47	45	41	39	25	(40,8)
178..	61	20	35	41	46		56				(43,2)
179..	41		28	41	*15*	46		27	33	61	(36,5)
180..	36	45	35	41	46			34	38		(39,3)
181..	38	24		47		36	53	46	45	37	(40,8)
182..	28	40	27	46	46	43	47	32	35	55	39,9

Die Analyse der Ergebnisse von Regressionsuntersuchungen bestätigt den Einfluss der Frühjahrstemperaturen auf das Blütedatum des Weines, obwohl der Anteil der durch die Temperaturvariablen erklärten Varianz mit 37 Prozent nicht allzu hoch liegt. Dabei kommt den Temperaturen des Monats April das Hauptgewicht zu. In geringerem Maße spielen auch die Temperaturentwicklungen in den Monaten März, Mai und Juni – in gewichteter Reihenfolge – eine signifikante Rolle.

Lesebeginn

Nach Beendigung der Blüte und erfolgter Befruchtung ist für die Anfangsentwick-
lung der Beeren eine gute Wasserversorgung sehr förderlich. Trockenheit zu Beginn
des Beerenwachstums hemmt die Zellteilung und führt zum Zeitpunkt der Lese zu
verminderter Beerengröße, wodurch es zu Ertragseinbußen kommt.[171] Bezüglich
der Temperatur zeigt sich in diesem Stadium eine unerwartete Reaktion, da die Säure-
konzentration in dieser Zeit stärker ansteigt und der Beginn der Zuckereinlagerung
verzögert wird. Daher fördert gemäßigt warme und genügend feuchte Sommerwitterung unmittelbar nach der Blüte die Beerengröße und damit den Ertrag in stärke-
rem Ausmaß. Während der eigentlichen Reifephase, die durch das Weichwerden der
Beeren und ihre beginnende Färbung erkennbar wird, kommt es innerhalb weniger
Wochen zu einer rasch ansteigenden Zuckerkonzentration. Zuckereinlagerung und
dazu parallel verlaufender Säureabbau werden durch sonnige und warme Spätsom-
mer- bzw. Herbstwitterung begünstigt. Die Wärmewirkung der Sonnenstrahlen erhält daher mit fortschreitender Entwicklung der Beeren eine immer größer werdende
Bedeutung.

Der folgenden Untersuchung über den Beginn der Weinlese liegen die Daten des
Wiener Bürgerspitals,[172] sowie die Klosterneuburger Handschrift „Gedenkbuch
und Weinchronik 1540–1879"[173] zugrunde. Im Falle des Bürgerspitals umfasst der
Gesamtzeitraum der lückenlosen Aufzeichnungen die Jahre 1700–1779. Die in
Tabelle 2 aufgelisteten Datumszahlen entsprechen 1 = 1. September. Das früheste
Lesedatum lag bei 16 = 16. September (1718), das späteste bei 59 = 29. Oktober
(1716).
Der Mittelwert beträgt 35,9, was dem Datum 6. Oktober entspricht, die Streuung
(mean standard deviation) liegt bei ±8,0 Tagen. Die Schwankung umfasst 59-16 =
43 Tage, wobei die Extremdaten von 1716 bzw. 1718 in einer äußerst geringen
Spanne liegen.

Tabelle 2: Lesebeginn nach den Aufzeichnungen des Wiener Bürgerspitals

Jahr	0	1	2	3	4	5	6	7	8	9	Mittel
170..	35	31	41	35	25	53	33	28	34	34	34,9
171..	27	31	30	49	32	34	**59**	27	*16*	26	33,1
172..	19	38	25	41	34	45	27	30	22	40	32,1
173..	47	42	31	28	34	30	40	34	30	35	35,1
174..	47	40	46	44	57	43	34	39	23	39	41,2
175..	33	47	36	38	42	42	37	28	40	38	38,1
176..	31	28	39	36	38	44	39	39	36	42	37,2
177..	45	45	42	41	34	36	45	43	35	30	39,6

[171] Vgl. VOGT, Weinbau, 89 ff.
[172] Vgl. PRIBRAM, Materialien, 565 ff.
[173] Vgl. StAKl, Hs. 121.

64

Die in der Klosterneuburger Handschrift notierten Lesedaten umfassen die Jahre 1731–1830, wobei jedoch nur aus 71 Jahren entsprechende Aufzeichnungen vorliegen. Auch die in Tabelle 3 aufgelisteten Datumszahlen entsprechen 1 = 1. September, wobei das früheste Datum bei 17 = 17. September (1811 und 1822), das späteste Datum, wie im Falle der Aufzeichnungen des Bürgerspitals, bei 59 = 29. Oktober (1744) lag. Die Streuung (mean standard deviation) beträgt ±8,2 Tage. Die Schwankung umfasst 59-17 = 42 Tage, wobei diesmal die Extremdaten zwischen 1744 und 1822 in einer Spanne von 78 Jahren liegen. Der Mittelwert beträgt 39,4, was dem Datum 9. Oktober entspricht.

Tabelle 3: Lesebeginn in den Aufzeichnungen der Klosterneuburger Weinchronik

Jahr	0	1	2	3	4	5	6	7	8	9	Mittel
173..		46	33	28	36	33	40	37	31	37	(35,7)
174..			53	45	*59*	41	33	40	53		(46,3)
175..	35	48	36	36	42	43		28	38	40	(38,4)
176..	30	31		34	44	40	40	42	35	43	(37,7)
177..	47	50	48	48	40	45	45	40	38	50	45,1
178..	50	21	33	34	44	55		50	28	42	(39,7)
179..	40	40	40	34	20	38	40	24	35		(34,6)
180..	37	40	33	45	40		40	33	29	34	(36,8)
181..	44	*17*	44	52	43	42	55	39	34	42	41,2
182..	48	54	*17*	45	44	45	42	32	36	52	41,5
183..	38										(38,0)

Betrachtet man nun den in der Grafik 5 dargestellten Überlappungszeitraum zwischen 1731 und 1779, so zeigt sich in den Weingärten des Bürgerspitals ein um durchschnittlich zwei Tage früherer Beginn der Weinlese als in Klosterneuburg.

Temperatur und Sonnenscheindauer bilden die wesentlichen Kriterien für die Traubenreife. Im Rahmen einer multiplen Regressionsgleichung zeigte sich, dass hierbei die Witterungsverhältnisse der Monate April bis Juli die maßgeblichen Faktoren für den Beginn der Weinlese darstellen.

Die Lesedaten von Klosterneuburg, die für die Jahre 1731 bis 1879 vorliegen, dienten in weiterer Folge dazu, jene des Bürgerspitals (welche 1779 enden) bis 1830 zu verlängern. Der daraus resultierende Überlappungszeitraum zwischen den Lesedaten und der Wiener Temperaturreihe (1775–1830) konnte somit als Basis für die Schätzung der Sommertemperaturen verwendet werden.
In einer anschließend erfolgten „stufenweisen Regression" konnten im Zeitraum 1775–1830 die Durchschnittstemperaturen der Monate Juli, Juni und April in gewichteter Reihenfolge als signifikant ermittelt werden. Demnach würde allein der

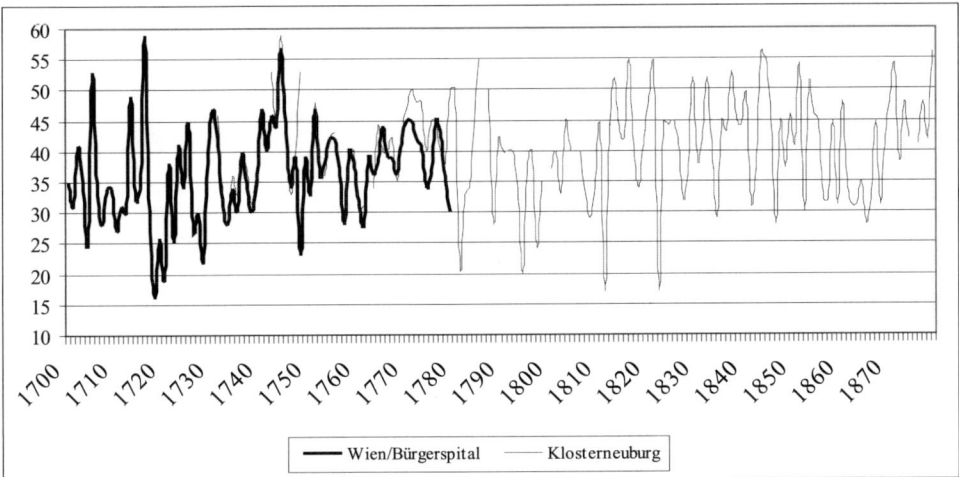

Grafik 5: Beginn der Weinlese

Monat Juli etwa 46 Prozent der Varianz des Lesedatums erklären. Auch die Temperaturen im Juni zeichnen noch zu 37 Prozent für die Schwankungen des Lesedatums verantwortlich. Die Wichtigkeit der Monate April und Mai nimmt im Vergleich dazu stark ab.
Obwohl die Weinlesedaten Aussagen über die Temperaturen im April und Mai bzw. hauptsächlich aber über jene der Monate Juni und Juli zulassen, war das Ziel jedoch die Schätzung der Sommertemperaturen. Dabei zeigte sich, dass rund 50 Prozent der Schwankungen der Sommertemperatur durch das Lesedatum erklärt werden können.

Interessante Ergebnisse ließen sich mit Hilfe der in weiterer Folge vorgenommenen Residuenanalyse der Lesedaten ermitteln. Dabei dienten die in sechs Fällen festgestellten signifikanten Abweichungen von der Normalverteilung dazu, um Ausreißer zu identifizieren. In jedem dieser Fälle konnte auf der Basis des Quellenmaterials klar begründet werden, dass es sich dabei um reale Werte handelt. Auch die Gründe, warum diese Punkte außerhalb der Normalverteilung zu liegen kamen, waren anhand der Aufzeichnungen nachweisbar. Diese Beispiele zeigen, wie wichtig die aus den Quellen gewonnenen Hinweise – und damit die von HistorikerInnen geleistete Arbeit – für die Absicherung jener Daten sind, die letztendlich der Rekonstruktion der Temperatur dienen sollen.
Anhand dieser sechs Beispiele können mögliche Ursachen für eine extreme Verschiebung des Lesedatums aufgezeigt werden:

1779: Der Lesebeginn (zwölf Tage früher als berechnet) kann auf die häufigen Niederschläge in den Sommermonaten und die dadurch gegebene Gefahr der Traubenfäulnis zurückgeführt werden.

...flößte das Wasser von den Weinbergen die Erde sammt den in schönstem und reichlichstem Flor gestandene Weinstöcke mit Ihren Trauben fort, überschwemmte die Thäler...[174]

1781: Der Lesetermin (14 Tage früher als berechnet) basierte vermutlich auf der in den Monaten Juli bis September anhaltenden extremen Trockenheit. Eine Verzögerung hätte Quantitätseinbußen nach sich gezogen.

Wir haben hier noch immer anhaltende grosse Hitze, und trokne Witterung, welche uns zwar einen guten Wein verspricht, für die Wiesen aber und Pflanzen um so weniger nützt, weil sie das Erdreich allzusehr auströcknet...[175]

1784: Das Lesedatum (sieben Tage später als berechnet) kann auf das feuchte Frühjahr und die Niederschläge in der ersten Augusthälfte zurückgeführt werden. Die ab Mitte August erfolgte Temperaturerhöhung ließ eine Qualitätssteigerung erhoffen.

...anhaltenden häufigen Regen mit einer für gegenwärtige Jahrzeit ungewöhnlichen Kälte ... Gestern hat sich die Luft wieder merklich temperiret, und der Himmel sich zu erheitern angefangen...[176]

1793: Die kühlen Monate März bis Juni, sowie Niederschläge im Juli und August waren vermutlich die Ursache für einen verfrühten Lesebeginn (acht Tage früher als berechnet), um eine Fäulnis der Trauben zu verhindern.

Starke Wasserguss u. stark ausgewaschen in Weingördten u. in Wissern ... der Schauer hat den 16. Augusti dass Mereste weggeschlagen...[177]

1819: Eine verspätete Lese (sieben Tage später als berechnet) kann in der nach einem feuchten August eingetretenen sonnigen und warmen Witterung begründet sein. Damit sollte eine Steigerung in der Qualität des Weines erzielt werden.

Der diesjährige Wein wird gut, wäre aber weit vortrefflicher geworden bey einem günstigeren Sommer. Denn im August regnete es fast täglich bis den 23. – die Trauben litten dadurch, aber noch weit mehr die Feldfrüchte...[178]

1822: Die frühe Lese (13 Tage früher als berechnet) liegt vermutlich in der warmen und trockenen Witterung der Frühjahrs- und Sommermonate begründet. Auch waren bereits Mitte August die Trauben reif.

Das heurige anhaltend-warme und trockene Jahr macht die (durch die vorausgegangenen nassen Jahre kränkelnden) Weingärten gesund und kräftig, wodurch der gütige Himmel den Winzer mit der Erwartung eines reichl. Segens zur Thätigkeit aufmuntert. Im Stifte fing die Weinlese den 23. Sept. an...[179]

Wie in der internationalen Klimaforschung üblich, kam es in einem weiteren Schritt zur Verknüpfung der aus historischen Quellen gewonnenen Daten mit einer

---

174 Wienerisches Diarium Nr. 64/1779, Bericht über den 10. August.
175 Wienerisches Diarium Nr. 66/1781, Bericht vom 18. August.
176 Wiener Zeitung Nr. 65/1784, Bericht vom 14. August.
177 HORAWITZ, Tagebuchblätter, 154.
178 StAKl, Hs. 122/2, pag. 130.
179 StAKl, Hs. 122/2, pag. 160.

modernen Zeitreihe.[180] Dafür wurden die Zehnjahresmittel der Indizes mit jenen der Messwerte der Jahre 1901–1960 kalibriert. Auf diese Art konnten Schätzwerte für die Temperaturen von Zehnjahresperioden gewonnen werden, die mit der modernen Periode korreliert wurden. Die folgende Grafik zeigt die Abweichungen der auf dieser Basis geschätzten Temperaturmittel der Sommermonate vom Mittel 1901–1960. Die hellgrau punktierte Linie steht für die ab 1775 vorliegenden Messdaten in homogenisierter Form.

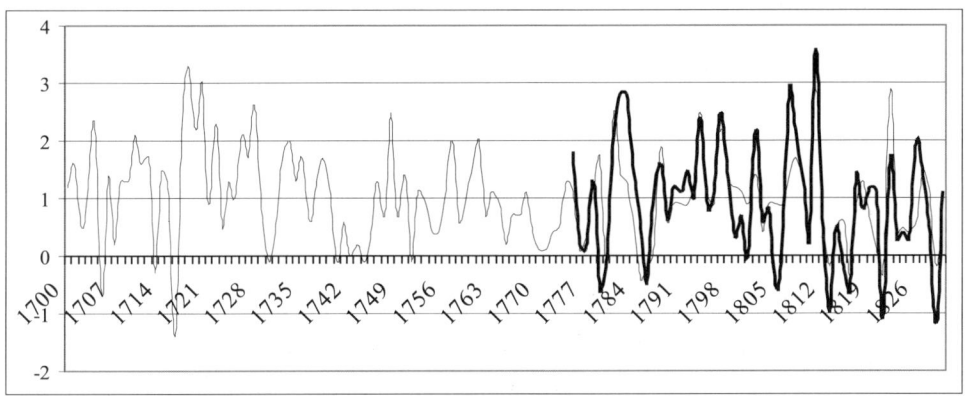

Grafik 6: Geschätzte Sommertemperatur als Abweichungen vom Mittel 1901–1960 (°C)

Weinqualität

Die Ertragsmengen des Weines sind stark von Einzelereignissen, wie beispielsweise von Spät- bzw. Frühfrösten, Hagelunwettern, ungünstiger Witterung während der Blütezeit u. ä. abhängig. Ein trockener und heißer Sommer mit einem nachfolgend schönen Herbst kann jedoch bewirken, dass der durch vorangegangene Witterungseinflüsse geringe Ertrag qualitativ zu den besten Jahrgängen zählt. Andererseits ist es möglich, dass ein saurer Wein Rekordmengen erbringt, wenn die Frühjahrswitterung günstig verlief, danach aber niederschlagsreiche und womöglich kühle Sommermonate folgten. Obwohl Extremereignisse meist in den Quellen verzeichnet und daher in die statistische Auswertung des Datenmaterials korrigierend miteinbezogen werden können,[181] beschränkt sich die vorliegende Arbeit auf die Abschätzung der Sommertemperaturen. Wie im Falle der Traubenblüte und des Lesebeginns wurden auch für die Beurteilung der Weinqualitäten einerseits die Rechnungsbücher des Wiener Bürgerspitals[182] (für die Jahre 1700–1785), andererseits die

---

[180] Zur Methodik vgl. PFISTER, BRÁZDIL, Climatic Variability, 5 ff.; PFISTER ET AL., Winter air temperature, 538 ff.

[181] Christian Pfister widerlegte in seiner Arbeit die von einigen Klimaforschern über Jahre vertretene Ansicht, dass Weinerträge aufgrund ihrer Anfälligkeit gegenüber Witterungsanomalien ohne klimageschichtliche Bedeutung seien. Vgl. PFISTER, Wetternachhersage, 41.

[182] Vgl. PRIBRAM, Materialien, 565 ff.

68

Klosterneuburger Handschrift „Gedenkbuch und Weinchronik 1540–1879"[183] (für die Jahre 1731–1830) als Quellen herangezogen. Die darin aufgelisteten verbalen Beurteilungen der Weingüte wurden für die Erstellung eines 7-stufigen Qualitäts-index herangezogen.[184]

3 = Jahrhundertwein, Hauptwein
2 = sehr gut, sehr süß
1 = gut, süß
0 = mittel(mäßig)
- 1 = schlecht, sauer
- 2 = sehr schlecht, sehr sauer
- 3 = Missernte, Fehljahr

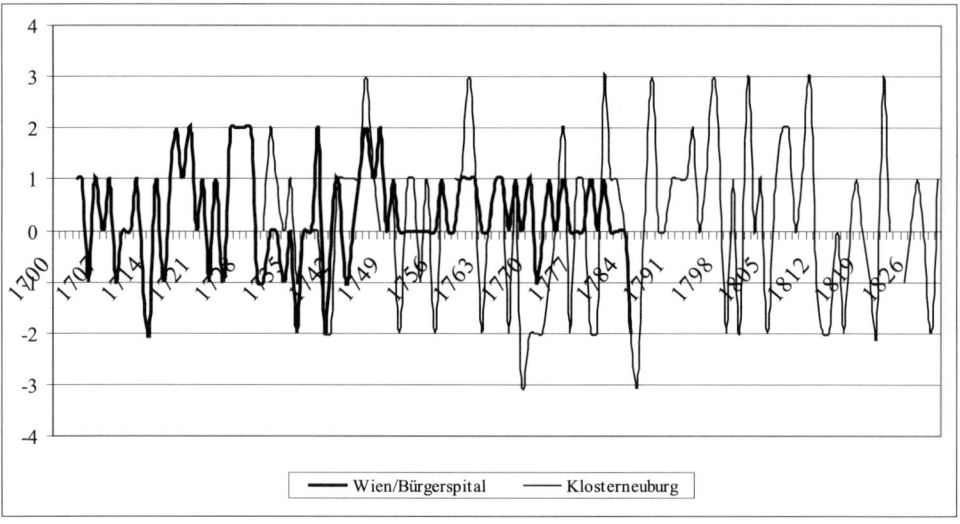

Grafik 7: Qualität des Weines in den Jahren 1700–1830

Die damit erzeugte ordinalskalierte Zeitreihe der Weinqualität diente in weiterer Folge als Basis für die Verknüpfung mit den Temperaturvariablen. Den Ergebnissen einer daran anschließend durchgeführten stufenweisen Regressionsanalyse konnte entnommen werden, dass die Temperaturen der Sommermonate Juni, Juli und August tatsächlich den wichtigsten Beitrag zur Qualitätsentwicklung des Weines (66 Prozent der Varianz) liefern. Es lag daher nahe, den Qualitätsindex als Basis für die Schätzung der Sommertemperaturen heranzuziehen.

[183] Vgl. StAKl, Hs. 121.
[184] Neben dieser in der vorliegenden Arbeit angewandten Klassifizierung von subjektiven Be-wertungen könnten jedoch auch Qualitätsangaben, die bereits in Form quantitativer Werte (Zuckergrade, Grad Oechsle) vorhanden sind, verwendet werden. Damit wäre es beispiels-weise möglich, die solarthermische Witterung der Vergangenheit mittels Regressionsglei-chungen zu schätzen. Vgl. LAUER, FRANKENBERG, Wein und Witterung, 100 ff.

Zusätzlich wurde im umgekehrten Sinne diese Klasseneinteilung der Weinqualität mit Hilfe einer Diskriminanzanalyse[185] unter Verwendung der Temperaturen der Sommermonate untersucht. Hier konnte allerdings nur der Überlappungszeitraum von Messdaten bzw. Quelleninformationen ab 1775 berücksichtigt werden. Dabei zeigte sich, dass im Allgemeinen die Extreme sehr gut entsprachen. Jene Klasse, die „Normalität" (= 0) bedeutet, wurde jedoch in ihrer Klassenzugehörigkeit öfter umgeordnet. In den Klassen ±1 lag der Anteil der umgereihten Werte zwar niedriger, doch zeigen diese Ergebnisse insgesamt zwei Dinge ganz deutlich:
Voraussetzung für die Klassifizierung der in den Quellen vorgefundenen Qualitätsbegriffe ist es, dass die Art und Weise dessen, was etwa unter dem Begriff „normal" verstanden wurde, sich über Jahrhunderte hinweg nicht geändert hat. Das ist aber mit an Sicherheit grenzender Wahrscheinlichkeit nicht der Fall. Trotzdem liegt der hier vorgelegten Klassifizierung diese Annahme zugrunde, was auch bei den Umordnungen in der Klassenzugehörigkeit ersichtlich wurde. Es handelte sich dabei nämlich in den meisten Fällen um die mittleren oder normalen Qualitäten. Um dieses jedoch mit größerer Sicherheit behaupten zu können, würde es einer wesentlich feineren sprachanalytischen Untersuchung bedürfen. Dies war aufgrund der Quellenlage jedoch nicht möglich. Es ist dennoch anzunehmen, dass sich dabei nicht nur der Wechsel der urteilenden Personen bemerkbar macht, sondern es sich tatsächlich um eine Frage der zeitlichen Varianz des Bedeutungsinhaltes von Normalität handeln könnte.
Zusätzlich ist aber auch wichtig darauf hinzuweisen – und darin liegt mit ein Grund für die größeren Unsicherheiten bei der Zuordnung in den mittleren Kategorien – dass es durch die Einschränkung auf diese in der Diskriminanzanalyse herangezogenen Variablen (die selbst wieder ein Ergebnis der Regressionsanalyse sind) zu einem reduktionistischen Abbild jener komplexen Prozesse kommt, die zum Schluss als beurteilbares Resultat (= Wein) vorliegen.

Mittels eines Regressionsansatzes kam es im Anschluss zu einer Schätzung der Sommertemperaturen auf der Basis von Angaben zur Weinqualität. Erneut wurden die aus historischen Quellen gewonnenen Daten in Form von Zehnjahresmittel der Indizes mit jenen der Messwerte der Jahre 1901–1960 kalibriert. Die nachfolgende Grafik 8 zeigt die Abweichungen der auf dieser Basis geschätzten Temperaturmittel der Sommermonate vom Mittel 1901–1960, wobei die hellgrau punktierte Linie für die ab 1775 vorliegenden Messdaten in homogenisierter Form steht.

Für den Zeitraum von 1731–1785, in dem Daten sowohl aus Wien, als auch aus Klosterneuburg existieren, zeigte sich in weiterer Folge, dass die Qualitätsschwankungen – ausgedrückt durch den Variationskoeffizienten – in Klosterneuburg mit 50 Prozent wesentlich höher lagen als im Bürgerspital, wo gerade einmal 30 Prozent

---

[185]   Die Diskriminanzanalyse stellt ein Instrument dar, um vorgegebene Gruppenzugehörigkeiten auf der Basis von zuvor festgelegten Variablen auf ihre Stichhaltigkeit zu überprüfen. Vgl. BAHRENBERG, GIESE, NIPPER, Statistische Methoden, 316 ff.

70

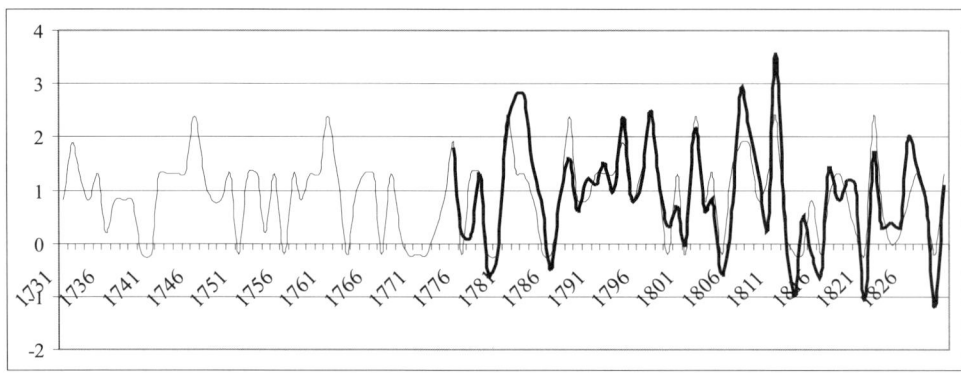

Grafik 8: Geschätzte Sommertemperatur als Abweichungen vom Mittel 1901–1960 (°C)

erreicht wurden. Die Weingärten des Wiener Bürgerspitals und jene der Klosterneuburger Winzerdynastie befanden sich im betrachteten Zeitraum zwar in unmit-
telbarer Nähe, doch können möglicherweise unterschiedliche Lagen für die Abweichungen verantwortlich gemacht werden. In den Quellen waren keine weiteren
Erklärungen für die größere Variabilität der Qualität der Klosterneuburger Weine
zu finden.

Das vorliegende Datenmaterial des Wiener Bürgerspitals ermöglichte für die Jahre
1700–1779 auch eine Untersuchung über den Zusammenhang zwischen Weinqualität und Lesebeginn. Dabei lassen die Ergebnisse (57 Prozent Varianzerklärung) den
Schluss zu, dass ein frühes Lesedatum mit eher besseren Weinqualitäten in Verbindung steht. Ein später Lesebeginn deutet hingegen auf einen verspäteten Reifepro-
zess der Trauben und demgemäß schlechtere Qualität hin. Daraus lässt sich wiederum auf eine geringe Sonnenscheindauer während der Sommermonate schließen. Die
Untersuchung ergab weiters, dass in drei dieser 80 Jahre das Lesedatum eine
wesentlich bessere Weinqualität nahe legte, als tatsächlich erzielt werden konnte.
Dabei lagen die Gründe für die betreffenden Jahre 1714, 1736 und 1740 in der eher
feuchten und kühlen Witterung der Sommermonate. Die zu erwartende äußerst
mangelhafte Qualität des Weines schien in einem solchen Ausmaß vorhanden zu
sein, dass selbst ein verzögerter Lesebeginn keine Hoffnung auf eine Verbesserung
des Ergebnisses zuließ.
Ganz im Gegensatz zeichnete sich der Jahrgang 1746 trotz eines eher späten Lesedatums durch seine ausgezeichnete Qualität aus. Zieht man zum Vergleich die Aufzeichnungen in zeitgenössischen Quellen heran, so berichten diese über extreme
Trockenheit und hohe Temperaturen. Mitte September war der nächst der Stadt gelegene Donauarm beinahe völlig ausgetrocknet, und zu Ende des Monats musste
der Schiffsverkehrs eingestellt werden. Auch in den aufgrund des Wachstums von
Baumringen errechneten Niederschlagssummen der Monate Juni bis August zeigt
sich ein ähnliches Bild. Hierbei findet sich 1746 unter den als sehr trocken einge-
schätzten Jahren. Die äußerst hohe Sonnenscheindauer und die damit verbundenen

Absichten auf zusätzliche Qualitätsverbesserung können daher als Grund für die Verzögerung des Lesebeginns gewertet werden.

Sowohl das Lesedatum als auch die Weinqualität bieten sich somit an, als Prädiktoren für die Sommertemperatur verwendet zu werden. Eine Verknüpfung dieser beiden Größen führte jedoch nicht zu einer Erhöhung des an der Sommertemperatur erklärten Varianzanteiles. Der Grund mag darin liegen, dass sowohl das Lesedatum als auch die Weinqualität mit der Sommertemperatur korrelieren. Es wurden daher für die weiteren Analysen die aus der Weinqualität Klosterneuburgs geschätzten Sommertemperaturen verwendet.

Die Untersuchung der auf der Grundlage dieses Modells errechneten Residuen für den Überlappungszeitraum 1775–1830 ergab für die Jahre 1775, 1782, 1783, 1784, 1787 und 1826 geringere, für die Jahre 1807, 1815 und 1822 höhere Schätzwerte mit Abweichungen von etwa 1–2°C von den tatsächlich gemessenen Daten. In jeweils drei Fällen war die Witterung der Vegetationsperiode zu trocken (1775, 1782, 1787) bzw. zu feucht (1783, 1784, 1815). 1807 und 1826 erhoffte man durch einen verzögerten Lesebeginn Qualitätssteigerungen, und 1822 zeichnete die bereits im August erfolgte Traubenreife für den verfrühten Lesebeginn und die damit verbundene Abweichung im Rahmen der Temperaturschätzung verantwortlich.

Preisreihen

Bis in die Frühe Neuzeit bestimmte das Ausmaß der Lese weitgehend die Preise des Weines. Eine Vorratshaltung war kaum entwickelt und die Nachfrage nach Wein blieb bis zum 16. Jahrhundert relativ konstant. Die unterschiedlichen Krisen des Weinbaus fanden daher auch in der Preisentwicklung ihren Niederschlag. Im späten 16. und während des 17. Jahrhunderts wurde die große mitteleuropäische Agrarkrise durch Missernten im Getreideanbau und eine wachsende Geldentwertung durch vermehrte Edelmetalleinfuhren in ihrer Auswirkung auf die Weinpreise noch verstärkt.[186] Auch die Entwicklung von Handel und Verkehr spiegelte sich einerseits in der Erweiterung des Angebots und Umfangs, andererseits aber auch in sinkenden Preisen für ausländische Weine, denen die Obrigkeiten mit entsprechenden zollpolitischen Maßnahmen entgegenzuwirken versuchten.[187] Der Preis des Weines kann in Folge dessen lediglich als Ausdruck und Wirkung konjektureller Veränderungen und nicht als deren Ursache gesehen werden. Zahlreiche Faktoren führten zu seinen mehr oder minder großen Schwankungen, die beim Hantieren mit Preisreihen bzw. deren Interpretation berücksichtigt werden müssen.

Wie bei den vorangegangenen Untersuchungen wurden erneut die Daten des Wiener Bürgerspitals,[188] ermittelt aufgrund der Bergrechtsablöse, herangezogen. Es handelt sich dabei um die von den Eigentümern der Weinberge an die Grundherrschaft in natura zu entrichtenden jährlichen Abgaben, die allerdings ebenso wie der Weinzehent in Geld ablösbar waren. Die Höhe der jeweiligen Ablöse wurde durch

---

186 Vgl. ABEL, Agrarkrisen, 79 ff.; LE ROY LADURIE, Times of Feast, 67.
187 Vgl. WERNECK, Rückzug des Weinbaues, 53.
188 Vgl. PRIBRAM, Materialien, 368 ff.

die Regierung je nach Güte der Weinfechsung während der Lesezeit festgesetzt und verlautbart, weshalb sie als Indikator der Weinqualität gelten kann.[189]

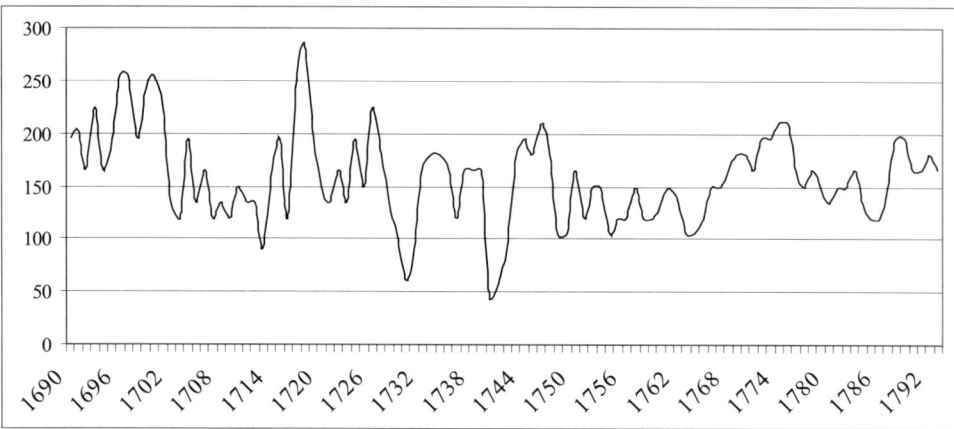

Grafik 9: Bergrechtsablöse 1690–1793, Bürgerspital/Wien (Kreuzer/Eimer)

In der Grafik wird eine beinahe vollständige Stagnation der Bergrechtsablöse zwischen 1690 und 1793 deutlich, die zu Beginn einen relativ ruhig verlaufenden Zyklus zwischen den Jahren 1690 und 1713 aufweist. Diesem folgte jedoch ein dramatischer Preisanstieg von 1713 bis 1718, als innerhalb von fünf Jahren der Weinpreis von 90 auf 285 Kreuzer pro Eimer Most zunahm. Dies könnte auf eine Häufung kühler bzw. feuchter Jahre – 1713, 1714 und 1716 kam es zusätzlich zu Überschwemmungen – zurückzuführen sein. Der darauf folgende Preisverfall zwischen 1718 und 1730, als der Preis in zwölf Jahren von 285 auf 60 Kreuzer sank, läuft wiederum parallel mit einer Reihe sehr warmer, trockener Sommer in den „goldenen Zwanzigerjahren".[190] Zwischen 1731 und 1793 erfolgte erneut ein relativ ruhig verlaufender Zyklus, in dem das Preisniveau einigermaßen stabil blieb. Eine Ausnahme bilden hierbei die Jahre 1740–1742, die wahrscheinlich aufgrund kühler Temperaturen und hoher Feuchtigkeit qualitativ äußerst minderwertige Weine hervorbrachten. Obwohl dieser Trend einen Preisanstieg erwarten ließe, dürften in diesem Fall die noch vorhandenen Vorräte vergangener Spitzenernten den gegenteiligen Effekt bewirkt haben.

Eine in diesem Zeitraum ähnliche Tendenz lässt sich auch für die Weinpreise des Retzer Bürgerspitals bzw. die Melker Herrschaft Ravelsbach nachweisen.[191] Der Vergleich mit dem Preisniveau von Getreide (Roggen) zeigte, dass sich Wein- und Getreidepreise ab der zweiten Hälfte des 17. Jahrhunderts immer mehr anglichen und schließlich zu Ungunsten des Weines entwickelten. Als Ursprung dieser negativen Wechselbeziehung kann die Epoche des Dreißigjährigen Krieges gesehen

189   Vgl. Pribram, Materialien, 192.
190   Vgl. Pfister, Weinmosterträge, 485.
191   Vgl. Landsteiner, Weinbau und Gesellschaft, 97 ff.

werden, der den Beginn eines bis in das 18. Jahrhundert andauernden Preisverfalls darstellt. Verursacht wurden die in Niederösterreich stetig sinkenden Weinpreise höchstwahrscheinlich durch eine zunehmende Überproduktion, da die Anbauflächen des Landes trotz rückläufiger Absatzmöglichkeiten ab der zweiten Hälfte des 17. Jahrhunderts kontinuierlich zunahmen.[192] Diese Überproduktion bei sinkender Nachfrage zeigte sich bereits in den Siebzigerjahren des 17. Jahrhunderts, als es trotz schlechter Erträge nicht zum Ansteigen, sondern sogar Absinken des Preisniveaus kam. Dadurch wurde beispielsweise in der Bilanz des Weinbaubetriebes des Wiener Bürgerspitals in den Jahren 1670–1678 ein (hypothetisches) Defizit von nicht weniger als 12.952 Gulden verursacht.[193] Dies verdeutlicht die bereits angesprochene multifaktorelle Entwicklung des Preisniveaus, die beim Versuch der Rekonstruktion klimatischer Verhältnisse zu berücksichtigen ist.

Deskriptive Quellen

Neben Temperaturschätzungen aufgrund paraphänologischer Daten können auch die in den vielfältigen historischen Quellen überlieferten Witterungsbeschreibungen in die statistischen Berechnungen miteinbezogen werden. Dafür wurden unter anderem die für Wien seit dem Jahr 1775 existierenden homogenisierten Temperaturmittelwerte auf Jahres- bzw. Monatsbasis herangezogen.[194]

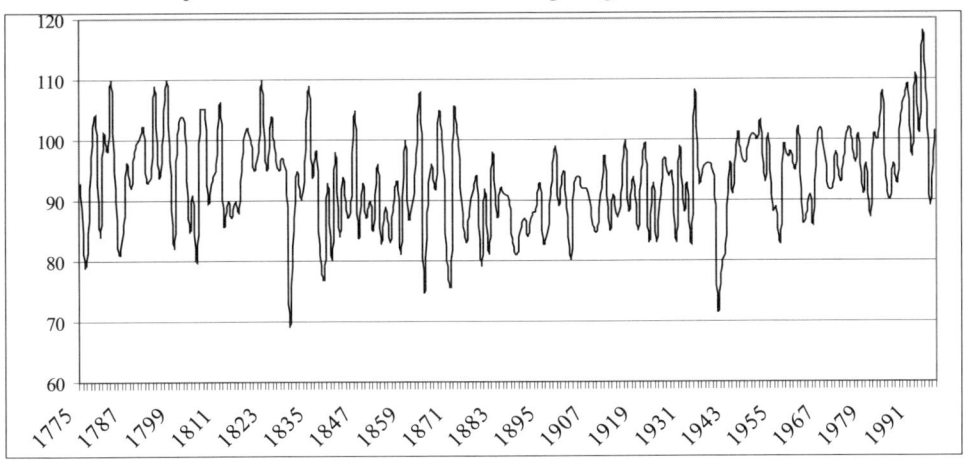

Grafik 10: Homogenisierte Jahrestemperaturmittel/Wien 1775–1997 (Zehntelgrade)

Um das zum Teil lückenhafte und inhomogene Schriftmaterial in eine nummerische und damit statistisch interpretierbare Form zu bringen, wurden die einzelnen deskriptiven Aussagen über Witterungsverhältnisse vorerst einer quellenkritischen

192   Vgl. LANDSTEINER, Weinbau und Gesellschaft, 103.
193   Vgl. LANDSTEINER, Weinbau und Gesellschaft, 197.
194   Ich bedanke mich sehr herzlich bei Reinhard Böhm von der Zentralanstalt für Meteorologie und Geodynamik in Wien, der mir Teile der ALOCLIM-Datenbank zur Verfügung stellte.

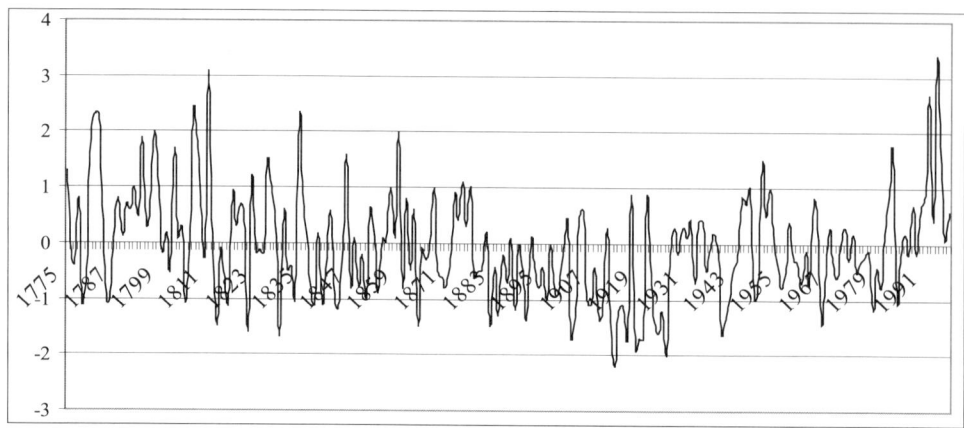

Grafik 11: Abweichungen der Sommertemperatur vom Mittel 1901–1960 (°C)

bzw. semantischen Überprüfung unterzogen. Danach kam es zur Kodierung sowohl in Form von drei, fünf als auch sieben Klassen, wobei sich im Rahmen der verschiedenen statistischen Analysen die 7er-Klassifizierung zur Schätzung der Sommertemperatur als günstigste erwies. Ihr Vorteil besteht in der höheren Auflösung, die sich den Informationen im historischen Quellenmaterial besser anpasst.[195] Die folgende Tabelle veranschaulicht die Klassifizierung der Temperaturindizes:

Tabelle 4: Klassifizierung der Temperaturindizes

Index	Sommer	Deskriptive Daten (monatlich)	Proxy-Daten (Wein)	% Sigma
3	sehr heiß	3 warme Monate	sehr gut	>250
2	heiß	2 warme Monate	gut bis sehr gut	151 bis 250
1	warm	1–2 warme + 1 kaltes Monat	gut	51 bis 150
0	normal	Ausgeglichen	mittelmäßig	0
-1	kühl	1–2 kalte + 1 warmes Monat	schlecht/sauer	-51 bis -150
-2	kalt	2 kalte Monate	(sehr) schlecht/sauer	-151 bis -250
-3	sehr kalt	3 kalte Monate	sehr schlecht/sauer	<-250

Die mittels dieser Kodierung vorgenommenen statistischen Berechnungsmodelle erbrachten den im Rahmen der bisher in dieser Arbeit beschriebenen Rekonstruktionsversuche höchsten Anteil an erklärbarer Varianz der Sommertemperatur (90 Prozent). Dieser hohe Prozentsatz konnte mittels unterschiedlicher Regressionsmodelle bzw. durch einen iterativen Prozess bei der Analyse der Quellen für den Überlappungszeitraum von 1775–1830 erreicht werden. Dabei zeigte sich als Ergebnis der ersten Gegenüberstellung zwischen den auf tatsächlichen Messungen beruhenden Sommertemperaturen und jenen, welche aus der Quelleninformation in Form einer Indexreihe bewertet wurden, dass es in den Extremjahren offensichtlich zu einer

195 Ich danke Christian Pfister für diese persönliche Mitteilung sehr herzlich.

Überschätzung kam. Ein „heißer Sommer" war in vielen Fällen wahrscheinlich ein Sommer mit relativ durchschnittlichen (sommerlichen) Temperaturen, die naturgemäß von einigen Zeitgenossen als sehr warm oder heiß empfunden wurden. Teilweise bezog sich der „heiße Sommer" auch nur auf eine kurze Phase mit sehr hohen Temperaturen und nicht auf die gesamte Jahreszeit. Deshalb war in diesen Fällen die Klassifizierung aller drei Monate mit überdurchschnittlichem Indexwert nicht gerechtfertigt. Durch eine mehrfach erfolgte Gegenüberstellung der aufgrund der deskriptiven Quellen bzw. der Temperaturreihe erstellten Indizes gelang es, die Effizienz der vorgenommenen Einschätzung der verbalen bzw. zeitgenössischen Beurteilung der Witterung erheblich zu verbessern. Es muss allerdings betont werden, dass dieser Prozentsatz an erklärbarer Schwankung für die Jahre nach 1775 gilt. Er kann nicht in gleich hohem Ausmaß für den Zeitraum vor dem Beginn der Instrumentenmessung angenommen werden.

In einem weiteren Schritt kam es erneut zur Verknüpfung der aus historischen Quellen gewonnenen Daten mit einer modernen Zeitreihe. Dafür wurden die Zehnjahresmittel der Indizes mit jenen der Messwerte der Jahre 1901–1960 (mit einem Mittelwert von 18,2°C und einer Standardabweichung s = 0,9) kalibriert. Auf diese Weise konnten Schätzwerte für die Temperaturen von Zehnjahresperioden gewonnen und mit der modernen Periode korreliert werden.

Tabelle 5: Gegenüberstellung der 10-jährigen Mittel von gemessenen Temperaturen und Indizes

Periode	ABW/B-MW	Ø (IND)	Periode	ABW/B-MW	Ø (IND)
1781–1790	1,2	1,3	1891–1900	-0,1	0,0
1791–1800	1,3	1,4	1901–1910	-0,2	-0,3
1801–1810	1,0	1,0	1911–1920	-0,7	-0,7
1811–1820	0,7	0,6	1921–1930	-0,2	-0,3
1821–1830	0,6	0,6	1931–1940	0,4	0,5
1831–1840	0,4	0,4	1941–1950	0,4	0,3
1841–1850	0,3	0,2	1951–1960	0,4	0,5
1851–1860	0,6	0,9	1961–1970	0,3	0,3
1861–1870	0,4	0,3	1971–1980	0,2	0,1
1871–1880	0,6	0,8	1981–1990	0,8	0,7
1881–1890	-0,1	0,0			

ABW/B-MW: Berechnete Abweichungen der Sommertemperatur vom Mittel 1901–1960 in C°
Ø (IND): 10-jährige gemittelte Indizes als Funktion der Standardabweichung 1901–1960

Aus diesen Indizes wurden in weiterer Folge jene der Abweichungen für den Zeitraum von 1700–1775 ermittelt. Im Rahmen einer Regressionsgleichung zeigte sich, dass die dabei berechneten Temperaturabweichungen in etwa die gleichen Größenordnungen aufwiesen wie jene Zeitreihen der Indizes, die bezogen auf die Standardabweichung von 1901–1960 ermittelt wurden.

Die in der folgenden Tabelle angeführten Zahlen entsprechen den rekonstruierten Temperaturabweichungen der Jahre 1701–1830, wobei dafür die aus den Quellen ermittelten Indexreihen (in 10-jährigen Mittelwerten) für die Schätzung herangezogen wurden.

Tabelle 6: Geschätzte Abweichungen der Sommertemperatur vom Mittel 1901–1960

Periode	ABW/G-MW	Periode	ABW/G-MW	Periode	ABW/G-MW
1701–1710	0,7	1801–1810	0,8	1901–1910	-0,3
1711–1720	0,6	1811–1820	0,5	1911–1920	-0,6
1721–1730	0,7	1821–1830	0,6	1921–1930	-0,3
1731–1740	0,0	1831–1840	0,4	1931–1940	0,5
1741–1750	0,5	1841–1850	0,2	1941–1950	0,3
1751–1760	0,0	1851–1860	0,9	1951–1960	0,5
1761–1770	0,8	1861–1870	0,3	1961–1970	0,3
1771–1780	0,4	1871–1880	0,8	1971–1980	0,1
1781–1790	1,1	1881–1890	0,0	1981–1990	0,7
1791–1800	1,4	1891–1900	0,0		

ABW/G-MW: Aus den Indizes geschätzte Abweichungen der Sommertemperatur vom Mittel 1901–1960 in C°

Die folgende Grafik zeigt einen Vergleich zwischen den aus geschätzten Indizes erzeugten Abweichungen der Sommertemperatur mit jenen, die mit Hilfe der Wiener Temperaturreihe berechnet werden konnten, jeweils bezogen auf den Mittelwert des Referenzzeitraumes 1901–1960.

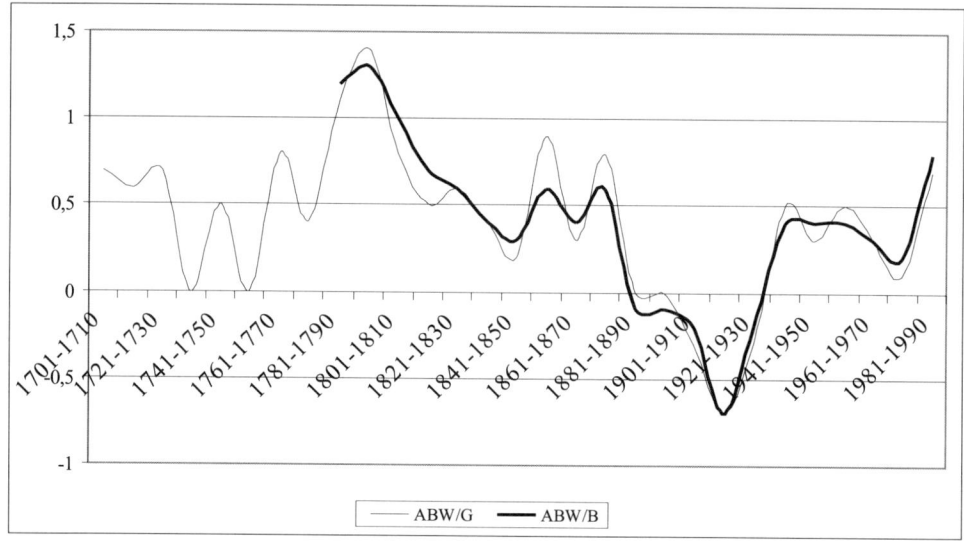

Grafik 12: Aus geschätzten Indizes errechnete Abweichungen der Sommertemperatur vom Mittel 1901–1960

Bei der Auswertung des Datenmaterials zeigte sich für die Jahre 1701 bis 1830, dass diese Periode bezüglich der Temperaturentwicklung des Sommers in vier Zeitabschnitte differenziert werden kann. Im ersten Abschnitt, den Jahren 1701–1730, lag die durchschnittliche Sommertemperatur um etwa 0,7°C höher als im Mittel des Zeitraumes 1901–1960. Dies entspricht zugleich den thermischen Verhältnissen der Sommermonate im zweiten Jahrzehnt des 20. Jahrhunderts. Im zweiten Abschnitt (1731–1780) konnten intensive Schwankungen (vergleichbar mit jenen von 1850–1900) festgestellt werden, wobei die Temperatur der Sommermonate in den Jahren 1731–1740 und 1751–1760 dem Mittelwert des Referenzzeitraumes gleichkam. In den übrigen Jahrzehnten lag sie um durchschnittlich 0,6°C darüber. Die positiven Abweichungen der Sommertemperaturen bezogen auf den Mittelwert von 1901–1960 erreichten schließlich in der dritten Periode (1781–1810) ein bis dato nicht mehr erzieltes Ausmaß. Der Höhepunkt dieser Entwicklung fiel dabei in das Jahrzehnt von 1791–1800 mit einer positiven Varianz von 1,4°C. Im vierten und letzten Abschnitt lagen die durchschnittlichen Temperaturen des Sommers erneut um 0,5°C (1811–1820) bzw. 0,6°C (1821–1830) höher als im Mittel von 1901–1960, was in etwa den Entwicklungen der Jahrzehnte 1851–1860 und 1871–1880 entspricht.

Die Betrachtung der Temperaturentwicklung des Sommers über den gesamten Untersuchungszeitraum, unterteilt in 10-jährige Mittelwerte, zeigt damit trotz einzelner Schwankungen ein zumindest gleiches, zu 80 Prozent jedoch höheres Temperaturniveau bezogen auf den Mittelwert der Jahre 1901–1960.

Dendrochronologie – Dendroökologie

Die Anfänge der Dendrochronologie reichen bis in die zweite Hälfte des 19. Jahrhunderts zurück. Erst ab den 1970er Jahren kam es, ausgehend von den USA, auch in Europa zu einer verstärkten Forschungstätigkeit, die seit etwa 20 Jahren zunehmend im universitären Bereich stattfindet. Die aktuellen Forschungsschwerpunkte können in zwei Gruppen gegliedert werden:[196] Die Dendrochronologie umfasst jene Teilgebiete, die den rindennächsten Jahrring zur Datierung verwenden (z. B. Dendroarchäologie). Dagegen werden im Rahmen der Dendroökologie unterschiedliche Umweltinformationen aus den Jahrringabfolgen herausgelesen (z. B. Klimatologie, Glaziologie, Geomorphologie, Schneeforschung etc.).

Die Tatsache, dass die unregelmäßige Folge von Witterungserscheinungen in Jahrringen sichtbar wird, ist für die historischen Wissenschaften von großer Bedeutung. Damit wird die Datierung von Holzfunden bzw. Baumproben auf das Jahr genau ermöglicht.[197] Durch die Verknüpfung kontinuierlicher Zeitreihen konnte somit eine Baumring-Chronologie für Mitteleuropa erstellt werden, die insgesamt 6.000 Jahre umfasst.

---

[196]   Vgl. SCHWEINGRUBER, Tree Rings, 15 ff.
[197]   Aufgrund von Holzproben aus dem Glockenstuhl der Wiener Karlskirche konnte z. B. der mit Quellen nicht eindeutig belegbare Zeitpunkt der Errichtung eingegrenzt werden. Vgl. LIEBERT, Eichenchronologie, 51.

Neben unterschiedlichen Faktoren wird der Wachstumsverlauf von Bäumen auch durch das Wetter beeinflusst.[198]

- Temperatur: Die Temperatur bestimmt die Lebensfunktion der Gehölze in höchstem Maße. Bei extremen Temperaturwechseln, wie dies bei Spätfrösten der Fall ist, nehmen Bäume großen Schaden. Auch Temperaturdepressionen oder Hitzeperioden stellen eine Behinderung im Wachstum dar.
- Niederschlag: Der Wasserhaushalt eines Gebietes ist für die Vegetation ebenso prägend wie die Temperaturen, weshalb Niederschläge in Form von Regen, Hagel, Schnee, Nebel, Tau und Raureif auch für Bäume stark wachstumsbestimmend sind.
- Wind: Durch Luftbewegungen kann es zu einer starken Beeinflussung der Holzbildung und der Form von Bäumen kommen. So wird bei heftigen und permanenten Winden das Höhenwachstum und auch der radiale Zuwachs reduziert.

Diese Beziehungen zwischen Witterung und Zuwachs sind jedoch nicht immer leicht interpretierbar, da sich kurz- oder langfristige Erscheinungen sowie lokale Verhältnisse unterschiedlich auswirken. Zwei benachbarte Bäume können beispielsweise aufgrund verschiedener Wurzeltiefen völlig unterschiedlich auf Trockenheit oder Nässe reagieren und Fröste in diversen geschützten Standorten keine Spuren hinterlassen.

Auch artspezifische Merkmale müssen bei der Untersuchung berücksichtigt werden: Während Buchen auf Spätfröste und Weißtannen auf Winterkälte äußerst empfindlich reagieren, zählen die im südlichen Wienerwald häufig vertretenen Schwarzkiefern zu den sehr niederschlagssensitiven Bäumen.

Weiters gelten neben den weit reichenden Eingriffen durch den Menschen auch Gletscherbewegungen, tektonische und vulkanische Vorgänge, Tiere, Pilze und Misteln, sowie der gegenseitige Einfluss von Konkurrenz und Kooperation als Parameter bei der Bildung von Jahrringen.

Zusätzlich kann durch Messungen der Isotopenverhältnisse die Holzdichte festgestellt werden, wodurch Schätzungen über die jeweiligen Temperaturwerte zum Zeitpunkt der Holzbildung und in manchen Fällen auch der Nachweis von jahreszeitlichen Schwankungen möglich sind.

Rekonstruktion des Sommerniederschlags

Die folgende Grafik zeigt die Abweichungen der mittels Regressionsbeziehung aus den Baumringbreiten geschätzten Niederschlagssummen für die Monate April bis August vom Mittel 1901–1960. Diese Daten konnten anhand von an etwa 250 rezenten Schwarzkiefern (*pinus nigra*) im Großraum Wien entnommenen Bohrkernen eruiert werden.[199]

[198] Vgl. SCHWEINGRUBER, Tree Rings, 30 ff.; FRITTS, LOFGREN, GORDON, Reconstructing, 140 ff.; WIMMER, Neue Methoden, 9 ff., 72 ff.
[199] Ich bedanke mich sehr herzlich bei Giorgio Strumia, der mir das im Rahmen des FWF-Projekts P 9200-GEO erarbeitete Datenmaterial noch vor dessen Veröffentlichung zur Verfügung stellte. Vgl. STRUMIA, Tree-ring.

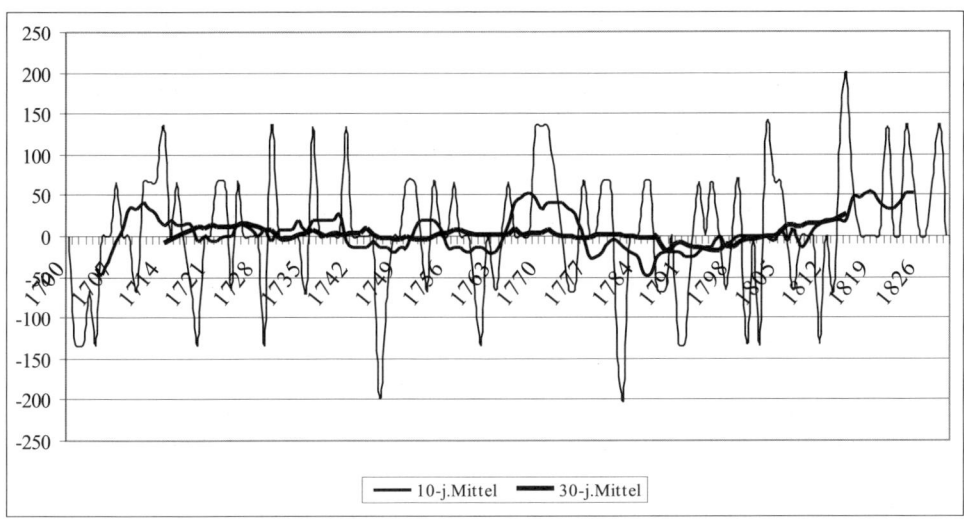

Grafik 13: Geschätzte Niederschlagssummen Juni–August in mm (als Abweichungen vom Mittel 1901–1960)

Zur besseren Kennzeichnung wurde diese Zeitreihe der Abweichungen auf der Grundlage von x-fachen Sigma-Abweichungen klassifiziert. Dabei zeigte sich, dass in dem betrachteten Zeitraum auf dieser Basis keine als extrem feucht (+3) oder extrem trocken (-3) zu bezeichnenden Jahre (bezogen auf die Summe von Juni–August) festgestellt werden konnten.

Tabelle 7: Klassifizierung der Niederschlagsindizes für den Zeitraum Juni–August

Index	Witterung	mm Niederschlag	% Sigma
3	extrem feucht	<-134 mm	<-250
2	sehr feucht	-84 bis -133 mm	-151 bis -250
1	feucht	-33 bis -83 mm	-51 bis -150
0	normal	16 bis -34 mm	0
-1	trocken	17 bis 66 mm	51 bis 150
-2	sehr trocken	67 bis 116 mm	151 bis 250
-3	extrem trocken	>116 mm	>250

Für die Intensität der (Juni–August-)Niederschläge lässt sich aufgrund der Baumringdaten folgende Verteilung nachweisen:
- Sehr feuchte Jahre (12): 1708, 1712, 1714, 1722, 1723, 1725, 1730, 1734, 1739, 1741, 1815, 1829.
- Feuchte Jahre (26): 1702, 1711, 1713, 1715, 1716, 1724, 1726, 1727, 1733, 1736, 1737, 1738, 1740, 1743, 1744, 1745, 1754, 1765, 1769, 1770, 1772, 1780, 1813, 1814, 1821, 1824.

- Normale Jahre (48): 1700, 1703, 1705, 1706, 1709, 1710, 1717, 1718, 1719, 1721, 1731, 1732, 1735, 1742, 1748, 1750, 1751, 1753, 1757, 1758, 1759, 1764, 1768, 1771, 1773, 1775, 1776, 1777, 1783, 1791, 1793, 1795, 1796, 1798, 1801, 1804, 1805, 1812, 1816, 1817, 1818, 1819, 1820, 1823, 1825, 1826, 1827, 1828.
- Trockene Jahre (37): 1701, 1707, 1720, 1728, 1729, 1747, 1749, 1752, 1755, 1756, 1760, 1761, 1762, 1763, 1766, 1767, 1774, 1778, 1779, 1781, 1782, 1784, 1785, 1786, 1787, 1788, 1790, 1792, 1794, 1799, 1803, 1807, 1808, 1809, 1810, 1822, 1830.
- Sehr trockene Jahre (8): 1704, 1746, 1789, 1797, 1800, 1802, 1806, 1811.

Der Vergleich mit dem vorliegenden historischen Quellenmaterial ergab eine tendenzielle Übereinstimmung von 87 Prozent. Im Falle von 17 Jahren konnte jedoch eine extreme Abweichung der auf Basis der Jahrringe geschätzten Messwerte zu den zeitgenössischen Aussagen festgestellt werden. Die Angaben in den Klammern beziehen sich auf die jeweils in sieben Stufen erfolgte Klassifizierung des Niederschlags (s. o.) aufgrund der Dendrochronologie (D) bzw. der historischen Quellen (Q):

1702 (D+1/Q-2): Für die Sommermonate berichtet eine Quelle von ...*3 Monat ununterbrochen anhaltende große Tröckne ... Im Winter und Frühjahr vor diesen heißen Sommer hatten die Weinstöcke durch Frost gelitten.*[200] Der aufgrund der Jahrringe geschätzte Niederschlagsüberschuss könnte daher im Frühjahr entstanden sein.

1707 (D-1/Q+1): Auf ein sehr trockenes Frühjahr, dass die Kirche Anfang Juli zu Gebeten um Regen veranlasste, folgten häufige Niederschläge in den Monaten Juli und August. Diese führten zu Qualitätseinbußen im Weinbau ...*Große Fäule stinkender Wein.*[201] Das Feuchtigkeitsdefizit, welches sich im Jahrring nachweisen lässt, kann daher für die Monate April bis Juni angenommen werden.

1708 (D+2/Q±0): In den Quellen konnte kein Hinweis auf einen Niederschlagsüberschuss gefunden werden.

1719 (D±0/Q-2): Mit Ausnahme von einigen Unwettern Ende Juni/Anfang Juli herrschte nach Angaben der schriftlichen Quellen im Frühjahr und Sommer anhaltende Trockenheit, die in einigen Vororten Wiens sogar zu einer Wasserknappheit führte ...*Die anhaltend grosse Hitze macht, daß in den Vorstädten an verschiedenen Orten das Wasser mangelt ... weßwegen denn Gebete angestellet worden, von Gott einen gnädigen Regen zu erbitten.*[202]

---

[200] Weinfechsungsgeschichte, 10.
[201] ClCal 1726. Zusätzlich berichtet der Abt von Lambach in seinem Tagebuch: ...*In Klosterneuburg hat der Schauer geschadet und auf dem Land die große Dürre...* zit. in: Österreichische Weinzeitung 28 (1973), 130. Vgl. auch PILGRAM, Untersuchungen, 253: ...*Die Trauben geriethen sehr in die Fäulnis, und gaben einen stinkenden Wein.*
[202] Sammlung, 9. Versuch, 160, Bericht vom 12. August.

1724 (D+1/Q-1): Während es im Frühjahr zu häufigen Niederschlägen und Über-schwemmungen kam ...*in Laxenburg bach ausgangen ... bachrandt steht herauf...*,[203] berichteten die Quellen in den Sommermonaten von anhaltender Trockenheit ...*Die grosse Dürre, die seit einiger Zeit continuiret, thut viel Schaden an den Feld-Früch-ten, besonders an dem Wein-Stock.*[204] Wiederum kann der Feuchtigkeitsüberschuss, der zu einem verstärkten Wachstum der Bäume führte, anhand der historischen Überlieferungen für die Monate April und Mai nachgewiesen werden.

1734 (D+2/Q±0): Auf häufige Niederschläge im Frühjahr – und damit verstärktes Baumwachstum – folgte kühle Witterung während der Sommermonate. Es fehlen in den Quellen für die Monate Juni bis August jedoch Berichte über vermehrte Regen-fälle, weshalb diese jedoch nicht ausgeschlossen werden können.

1739 (D+2/Q±0): Neuerlich berichten die Aufzeichnungen von Zeitgenossen über einen niederschlagsreichen Frühling ...*Dis monath auch nit aus gehen können wegen kalt naass üblen wetter auch wegen Eis bis 27ten...*,[205] während aus den Sommer-monaten keine derartigen Überlieferungen vorliegen.

1771 (D±0/Q+2): Auf extreme Trockenheit im Frühjahr, welche die Kirche zu Ge-beten um Regen veranlasste und entsprechende Auswirkungen im Wachstum der Jahrringe zeigte, folgten sehr niederschlagsreiche Wochen in den Monaten Juni und Juli, in denen es auch zu Überschwemmungen kam ...*Bey der seit 4. Wochen anhal-tenden ungewöhnlichen Überschwemmung des Donaustrohms.*[206]

1779 (D-1/Q+1): Auf außerordentlich trockene Witterung in den Monaten April und Mai, in denen Gebete um Regen abgehalten wurden, folgten ab Mitte Juni häu-fige Niederschläge, die auch Überschwemmungen verursachten ...*von 15. Juny an Regen ohne aufhern und kalt ... vor lauter Regen ist sogar der Maiß in Weingarten gewachsen.*[207]

1782 (D-1/Q-3): Für die geringere Einschätzung der Trockenheit aufgrund der Jahrringe dürfte die „normale" Frühjahrswitterung verantwortlich sein, der jedoch ein außerordentlich trockener Sommer folgte ...*grosse Hitze, die seit einiger Zeit un-unterbrochen bey uns anhielt, und in den Gegenden um Wien das Erdreich so sehr ausdörrte, daß Feld- und Gartenfrüchte in Noth geriethen.*[208]

1785 (D-1/Q+1): Auf einen sehr trockenen Mai, in dem Gebete um Regen abgehal-ten wurden, folgten niederschlagsreiche Sommermonate mit Anfang August ver-richteten Gebeten um Besserung des Wetters. Das Feuchtigkeitsdefizit während des Frühjahrs dürfte jedoch für das negative Wachstum der Jahrringe verantwortlich sein.

1786 (D-1/Q+1): Die Quellen berichten von einem eher kühlen Frühjahr und häufi-gen Niederschlägen im Juli und August, die auch Überschwemmungen nach sich zogen. ...*Die seit einigen Wochen fast immerwährenden gewaltsamen Regengüsse*

203 HHStA, Jagdkalender Karl VI., Nr. IV.
204 Sammlung, 29. Versuch, 131.
205 HHStA, Jagdkalender Karl VI., Nr. X.
206 Wienerisches Diarium Nr. 41/1771, Bericht vom 26. Juni.
207 StAKl, Hs. 121.
208 Wienerisches Diarium Nr. 61/1782, Bericht über den 29. Juli.

haben wieder die Donau so sehr angeschwellt, daß sie am 20. d. M. nun zum vier-
tenmale in diesem Jahre aus ihren Ufern getretten, und die daran liegenden Gegen-
den tiefer als alle vorigemale unter Wasser gesetzt hat, welches seitdem noch immer
zugenommen, und das Unheil der vorigen Überschwemmung vergrössert hat.[209]
Die Entwicklung der Jahrringe kann somit aufgrund zeitgenössischer Berichte nicht
nachvollzogen werden.

1789 (D-2/Q±0): Die große Trockenheit kann in den schriftlichen Quellen für die
Monate Mai und Juni nachgewiesen werden, in denen es zu zahlreichen Gebeten
um Regen kam. Die folgenden Sommermonate zeigten jedoch laut zeitgenössischer
Überlieferungen keine derartigen Feuchtigkeitsmängel.

1791 (D±0/Q-2): Die historischen Quellen berichten von anhaltender Trockenheit
in den Frühjahrs- und Sommermonaten, in denen auch Gebete um Regen abgehalten wurden ...*Bey der anhaltenden trockenen Witterung und den daher entstehen-*
den allgemeinen Besorgnisse daß alle Gattungen der Erdfrüchte mehrmalen in
ihrem Wachsthume und Gedeihen zurückbleiben.[210] Die durchschnittliche Klassifizierung aufgrund der Baumringdaten kann somit anhand zeitgenössischer Überlieferungen nicht nachvollzogen werden.

1799 (D-1/Q+1): In den Quellen wurde von regnerischer Witterung im Verlauf des
Sommers berichtet, was sich auch negativ auf den Weinbau auswirken sollte ...*kam*
der Wein kaum zur vollen Zeitigung.[211] So kann auch in diesem Jahr die aufgrund
der Jahrringe geschätzte Trockenheit auf der Basis der schriftlichen Überlieferungen nicht bestätigt werden.

1803 (D-1/Q+2): In den Monaten Mai bis September herrschte laut den Aussagen
in unterschiedlichen Schriften ...*ausserordentlich nasse Witterung...*,[212] der man auch
mit Gebeten um Wetterbesserung zu begegnen suchte. Neuerlich kann das Ergebnis
der Dendrochronologie in den Quellen nicht nachvollzogen werden.

1806 (D-2/Q±0): Es liegen in den Quellen keine Berichte von ungewöhnlicher
Trockenheit vor, die Witterung wurde jedoch von Mai bis August als ...*schön und*
warm...[213] bezeichnet.

Die Untersuchung dieser 17 Jahre, in denen die Klassenzugehörigkeit der Baum-
ringbreite im Gegensatz zu den Informationen der historischen Quellen stand, erbrachte folgenden Zusammenhang: Liegen für einen bestimmten Zeitraum deskriptive Daten in ausreichender Qualität und Dichte vor, so können die geschätzten
Niederschlagssummen in einer temporären Differenzierung von einigen Tagen bzw.
einem Monat präziser definiert werden. In der vorliegenden Untersuchung war es
in insgesamt zehn von 17 Fällen möglich, die abweichenden Klassifizierungen mit
Hilfe der historischen Quellen nachzuvollziehen und in einem zeitlichen Rahmen
zu interpretieren (= den Monaten April, Mai und in wenigen Fällen auch dem Juni

[209] Wiener Zeitung Nr. 67/1786, Bericht vom 23. August.
[210] DAW, Kassette Gebete I, erzbischöfliche Currende vom 4. Juli 1791.
[211] StAKl, Hs. 119, fol. 47v.
[212] Wiener Zeitung Nr. 53/1803.
[213] Vgl. StAKl, Hs. 121.

zuzuordnen). Für sieben Jahre konnten in den schriftlichen Überlieferungen jedoch keine Anhaltspunkte für mangelnde bzw. übermäßige Feuchtigkeit, wie sie aufgrund der Jahrringe geschätzt wurde, nachgewiesen werden. Dieser Umstand kann in fehlenden Überlieferungen, oder aber auch in der Tatsache, dass Baumringe in manchen Fällen keine Extreme anzeigen, die in den Quellen Erwähnung finden, begründet sein.[214] Dabei muss wiederum der multikausale Zusammenhang im Rahmen der Bildung von Jahrringen während der Vegetationsperiode berücksichtigt werden. Andererseits ist es möglich, mangelnde bzw. ungenaue Überlieferungen in historischen Quellen mit Hilfe dendroklimatischer Schätzwerte in Zweifelsfällen leichter einzuschätzen bzw. zu interpretieren. Im Rahmen eines iterativen Prozesses können dadurch die quellenkritischen Beurteilungen durch HistorikerInnen verfeinert und die getroffenen Aussagen mittels eines mehrfachen cross-checkings des Datenmaterials besser abgesichert werden. Somit wird erneut das der interdisziplinären Forschung innewohnende Potential deutlich, worin die Möglichkeit einer gegenseitigen Kontrolle, Ergänzung und Kalibrierung des Datenmaterials in Geistes- bzw. Naturwissenschaften gegeben ist.

Die im Rahmen der Temperaturrekonstruktion bereits angewandte Methode wurde in weiterer Folge dafür herangezogen, um aus historischen Quellen gewonnene Daten mit einer modernen Zeitreihe zu verknüpfen. Dazu wurden die Zehnjahresmittel der Indizes mit den Niederschlagssummen Juni–August (als Abweichungen vom Mittelwert der Jahre 1901–1960 [= 224 mm]) korreliert.

Tabelle 8: Gegenüberstellung der 10-jährigen Mittel von gemessenen Niederschlägen und Indizes

Periode	ABW/B-MW	Ø (IND)	Periode	ABW/B-MW	Ø (IND)
1851–1860	-29	-0,4	1921–1930	-26	-0,4
1861–1870	-26	-0,3	1931–1940	-18	-0,4
1871–1880	-16	-0,2	1941–1950	-6	-0,2
1881–1890	-13	-0,2	1951–1960	20	0,3
1891–1900	11	0,1	1961–1970	-23	-0,2
1901–1910	-6	-0,1	1971–1980	-26	-0,5
1911–1920	36	0,6	1981–1990	-37	-0,5

ABW/B-MW: Berechnete Abweichungen der Niederschläge (Juni–August) vom Mittel 1901–1960 in mm
Ø (IND): 10-jährige gemittelte Indizes als Funktion der Standardabweichung 1901–1960

---

[214] Da einige der heißesten Sommer der letzten 450 Jahre nicht im gleichen Ausmaß in dendrochronologischen Daten aufscheinen, verweist Christian Pfister auf die Vorbehalte bei deren Verwendung als Klimaindikatoren, da sie nur nach Absicherung mit historischen Quellen als solche gesehen werden können. Vgl. PFISTER ET AL., Documentary Evidence, 55 ff.

Aus diesen Indizes wurden in einem weiteren Schritt jene der Abweichungen für den Zeitraum von 1700 bis 1830 ermittelt. Die in der folgenden Tabelle angeführten Zahlen entsprechen den geschätzten Niederschlagsabweichungen der Jahre 1701 bis 1830, wobei dafür die aus den Quellen ermittelten Indizesreihen (in 10-jährigen Mittelwerten) für die Schätzung herangezogen wurden. Es gilt in diesem Zusammenhang darauf hinzuweisen, dass das Fehlen eines Überlappungsbereiches mit gemessenen Niederschlagssummen (die Wiener Reihe liegt erst ab 1845 vor) den bei der Temperaturrekonstruktion angeführten iterativen Prozess nicht direkt möglich machte. Deshalb wurde der Umweg über die aus den Baumringen gewonnenen – und zuvor mit den historischen Quellen abgesicherten – Niederschlagsinformationen gewählt.

Tabelle 9: Geschätzte Abweichungen der Sommerniederschläge vom Mittel 1901–1960

Periode	ABW/G-MW	Periode	ABW/G-MW
1701–1710	-44	1771–1780	25
1711–1720	19	1781–1790	-44
1721 1730	12	1791–1800	-12
1731–1740	6	1801–1810	6
1741–1750	-6	1811–1820	19
1751–1760	6	1821–1830	51
1761–1770	12		

ABW/G-MW: Aus den Indizes geschätzte Abweichungen der Sommerniederschläge vom Mittel 1901–1960 in mm

Die Grafik 14 zeigt einen Vergleich zwischen den aus geschätzten Indizes erzeugten Abweichungen der Sommerniederschläge mit jenen, welche mit Hilfe der Wiener Niederschlagsreihe (ab 1845) berechnet werden konnten, jeweils bezogen auf den Mittelwert des Referenzzeitraumes 1901–1960.

Bei der Auswertung des Datenmaterials zeigte sich für die Jahre 1701 bis 1830, dass diese Periode bezüglich der Niederschlagsentwicklung des Sommers in vier Zeitabschnitte eingeteilt werden kann. Der erste Abschnitt, die Jahre 1701–1710, erbrachte ein – gemessen am Referenzzeitraum – erhebliches Niederschlagsdefizit, vergleichbar mit dem Jahrzehnt 1981–1990. Im darauf folgenden zweiten Abschnitt von 1711–1780 war es mit Ausnahme des Jahrzehnts 1741–1750 feuchter als im Mittel der Periode 1901–1960, wobei die Spitzen (1711–1720 und 1771–1780) in etwa den Niederschlagssummen von 1951–1960 entsprechen. Die beiden letzten Jahrzehnte des 18. Jahrhunderts (1781–1800) führten erneut zu einer negativen Bilanz des Niederschlags, vergleichbar mit den Werten des oben genannten ersten Zeitabschnitts. Der vierte und letzte Abschnitt (1801–1830) verlief hingegen zunehmend feuchter, bezogen auf den Mittelwert des Vergleichszeitraumes, mit einem in den Jahrzehnten nach 1851 nicht mehr erreichten Höchstwert im Zeitraum von 1821–1830.

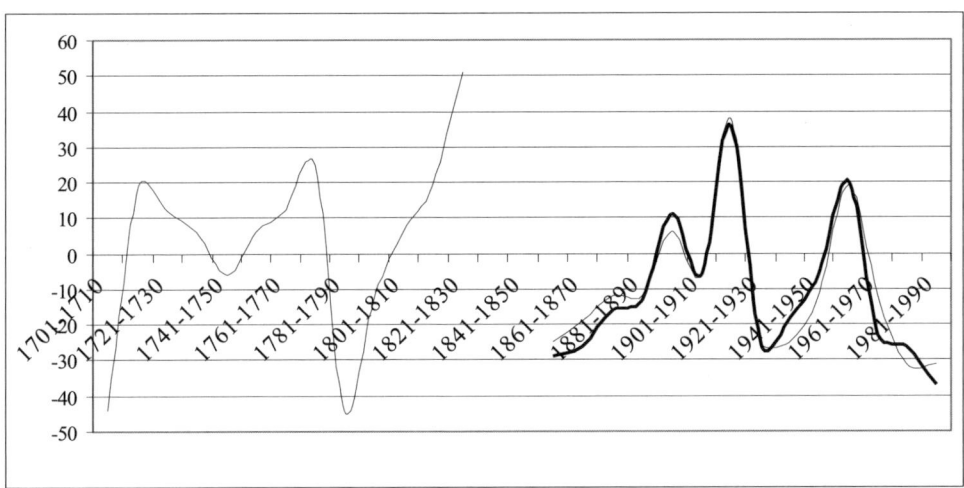

Grafik 14: Aus geschätzten Indizes errechnete Abweichungen der Sommerniederschläge vom
Mittel 1901–1960 in mm

Die Betrachtung der Schwankungen des Sommerniederschlags über den gesamten
Untersuchungszeitraum, unterteilt in 10-jährige Mittel, zeigt damit ein zu 30 Pro-
zent tieferes, zu 70 Prozent jedoch höheres Niederschlagsniveau bezogen auf den
Mittelwert der Jahre 1901–1960.

Weiserjahre

Bei den so genannten „Weiserjahren" handelt es sich um signifikante Abweichungen von einer Mittelwertkurve, bestehend aus Messreihen mehrerer Bäume eines
Standortes. Diese im Falle von überdurchschnittlichem Wachstum positiven bzw.
bei unterdurchschnittlicher Holzbildung negativen Abweichungen können daher
als Indikatoren für das Temperatur- und Niederschlagsniveau des jeweiligen Jahres
gelten, wobei vor allem die Frühjahrsniederschläge einen maßgeblichen Faktor für
die Holzbildung darstellen.
Die in dieser Arbeit herangezogenen Messdaten wurden aus dem Holz von
Schwarzkiefern (*pinus nigra*) im Süden Wiens (Thermenregion, Wiener Becken) er-
rechnet, wo im Jahr 1997 an etwa 250 rezenten Bäumen zahlreiche Proben entnom-
men wurden.[215] Aufgrund der Quellenlage handelt es sich bei der Auswertung der
Weiserjahre ausschließlich um Datenmaterial aus Perchtoldsdorf, Mödling und
Baden/Helenental. Bohrkerne wurden an folgenden Standorten entnommen:
Perchtoldsdorf: Bierhäuslberg, Parapluiberg, Kammersteinhütte
Mödling: Hinterbrühl, Vorderbrühl, Schwarzer Turm, Föhrenhof
Baden: Helenental, Sattelbach

---

[215] Ich bedanke mich sehr herzlich bei Rupert Wimmer vom Institut für Botanik/Arbeitsgruppe
Holzbiologie und Jahrringforschung der Universität für Bodenkultur in Wien, der mir diese
Daten zur Verfügung stellte.

Aus diesen insgesamt neun möglichen Datenreihen wurden für das 18. Jahrhundert jene Jahre ausgewählt, die bei mindestens drei, für das 19. Jahrhundert bei mindestens vier Standorten eine gleichläufige und signifikante Tendenz aufwiesen und einem Vergleich mit vorhandenem Quellenmaterial unterzogen werden konnten. Ausnahmen bilden die Jahre 1807, 1816 und 1822 mit jeweils zwei bzw. drei Standorten. Sie lassen einen eindeutigen Mittelwert erkennen und sind aufgrund der Quellenlage gut dokumentiert. Zur Absicherung wurden vergleichbare Daten aus dem Süden Wiens (Thermenregion bzw. Wiener Becken) herangezogen. Sie basieren ebenfalls auf Proben aus rezenten Schwarzkiefern und weisen eine gleichläufige Tendenz auf.

Die Gegenüberstellung von Weiserjahren und historischen Quellen ergab für die Interpretation der jeweiligen Daten eine Übereinstimmung von 84 Prozent. Mit Ausnahme von drei Jahren konnte die in den Weiserjahren enthaltene Information über die Intensität des Niederschlags auf Basis des Quellenmaterials nachgewiesen und in einigen Fällen in einem zeitlichen Rahmen definiert werden:

18. Jahrhundert

Mindestens drei Standorte (aufgrund des Datenmaterials erst ab 1773) in Perchtoldsdorf, Mödling, Baden/Helenental mit gleichläufiger und signifikanter Tendenz:

1773 (drei Standorte mit einem Mittel von -83): Laut den Aufzeichnungen Pilgrams dürften die Monate Mai bis August von zum Teil sehr großer Hitze geprägt gewesen sein.[216] Die Rechnungsbücher des Perchtoldsdorfer Bürgerspitals[217] vermerken für dieses Jahr eine geringe Ernte bei guter Qualität, was auf einen sehr warmen, aber auch trockenen Sommer schließen lässt und daher ein negatives Wachstum der Bäume zur Folge hatte.

1775 (drei Standorte mit einem Mittel von -77): In zeitgenössischen Quellen aus dem Süden Wiens konnten keine entsprechenden Angaben nachgewiesen werden. Es herrschte jedoch sowohl im Frühjahr, als auch im Sommer eine für die Landwirtschaft äußerst schädliche Trockenheit.

1780 (drei Standorte mit einem Mittel von +88): Frühjahr und Sommer waren von beinahe ununterbrochener kühler und regnerischer Witterung geprägt, was sich auf die Holzbildung positiv ausgewirkt haben dürfte. Bereits im April gab es insgesamt 19 Regentage und auch der Mai war feucht.[218] Dieser Witterungscharakter hielt in den folgenden Monaten an, wurde vereinzelt von Gewittern begleitet und zeigte seine Auswirkungen auch im Weinbau. Die Lese dieses Jahres wurde allgemein als mittelmäßig bis sauer bezeichnet.

1781 (drei Standorte mit einem Mittel von -77): Die in den Monaten Mai und Juni anhaltend warme Witterung wurde nur durch einen etwa zweiwöchigen Kaltlufteinbruch Ende Mai/Anfang Juni unterbrochen. Im Juli gab es in Wien nur einen

---

[216] PILGRAM, Untersuchungen, 30.
[217] Vgl. WITZMANN, Sozialstruktur Perchtoldsdorfs, 199.
[218] Vgl. PILGRAM, Untersuchungen, 157.

Tag mit Regen und auch im August und September hielten Hitze und Trockenheit weiter an. Anfang Oktober herrschte bereits beträchtliches Niederwasser ...*Die Donau und der Savestrom fallen noch immer, so daß schwer beladene Schiffe unmöglich fortkommen können.*[219] Wo es im Sommer durch lokal auftretende Niederschläge keinerlei Schäden gab, wurde qualitativ und quantitativ ausgezeichneter Wein gelesen.

1789 (vier Standorte mit einem Mittel von -87): Nach einem kalten und lang anhaltenden Winter dürfte die im Frühjahr herrschende extreme Trockenheit die Holzbildung negativ beeinflusst haben. Die kühlen und feuchten Sommermonate konnten dieses Defizit nicht mehr ausgleichen. Auch der in geringer Menge vorhandene Wein war von mittlerer bis schlechter Güte.

1791 (vier Standorte mit einem Mittel von +92): Dieses Jahr zeigt eine Abweichung vom bisherigen Trend. Die Quellen berichten allgemein von einem äußerst trockenen und warmen Witterungscharakter, die Bäume weisen im Süden Wiens jedoch ein für diesen Verlauf untypisches Wachstum auf. Da auch das Jahr 1790 als trocken eingestuft werden kann und somit keine „Reserven" vorhanden waren, muss die Natur im südlichen Wienerwald offensichtlich doch mit ausreichender Feuchtigkeit versorgt gewesen sein.

1793 (drei Standorte mit einem Mittel von +86): Nach einem kalten und schneereichen Winter brachte auch die Witterung der Monate März und April tiefe Temperaturen und den ...*ganzen May hindurch* [war] *die Wärme so gemäßigt.*[220] Ähnliche Verhältnisse herrschten auch im Juni, vor allem zu Beginn des Monats war es ungewöhnlich kühl und ...*hat es in Juny gar wenig Weimmber geben, die Blien thuen, dan es den Gantzen Monat geröngt und Kalt in Juny.*[221] Während des Sommers kam es wiederholt zu heftigen Niederschlägen, was sich negativ auf die Erträge im Weinbau auswirken sollte. Die Weinqualität wurde jedoch als gut bezeichnet und auch das Wachstum der Bäume verlief positiv.

1794 (drei Standorte mit einem Mittel von -97): Zu diesem Jahr fanden sich bisher keine, einen längeren Zeitraum umfassende Aufzeichnungen aus dem südlichen Wienerwald, jedoch werden für Wien die Monate Februar, April, Mai und Juli als überdurchschnittlich warm eingestuft.[222] Die Retzer Weinchronik spricht von einem gelinden Winter, Ende März sei alles grün gewesen.[223] In Langenlois fanden sich am 6. Mai bereits blühende Trauben[224] und die Tagebuchblätter eines Weidlinger Weinbauern vermerken, dass schon im Juli die Trauben weich gewesen wären und die Lese bereits am 18. September begann.[225] Der Wein war in ganz Österreich von guter Qualität, doch dürften fehlende Niederschläge die Holzbildung behindert haben.

219 Wiener Zeitung Nr. 79/1781, Bericht vom 3. Oktober.
220 Wiener Zeitung Nr. 51/1793.
221 HORAWITZ, Tagebuchblätter, 153.
222 Vgl. HADER, Witterungsabläufe, Tabelle 3.
223 Vgl. LAUSCHER, Wetterchronik, 108.
224 Aus den Aufzeichnungen eines Weinhauers zit. Die Weinlaube 3 (1871), 216.
225 Vgl. HORAWITZ, Tagebuchblätter, 153 ff.

1795 (drei Standorte mit einem Mittel von +87): Nach einem kalten, schneereichen Winter und milden Temperaturen im April änderte sich die Witterung zu Beginn des Monats Mai. In den folgenden Wochen kam es zu häufigen Niederschlägen. Der Wiener Erzbischof sah sich Mitte Juli in einer Currende veranlasst, Gebete und Prozessionen um besseres Wetter anzuordnen. Erst im August dürfte sich der Witterungscharakter zum Positiven gewandelt haben, da die befürchteten Einbußen in der Landwirtschaft und dem Weinbau nicht eintrafen. Das Holzwachstum wurde bis dahin jedoch bereits positiv beeinflusst.

1797 (vier Standorte mit einem Mittel von -91): Für den Wiener Raum gelten die Monate April, Mai, Juli und September als zu warm.[226] In Perchtoldsdorf wurde der Lesebeginn mit 29. September in der Ebene verzeichnet, was einen eher frühen Termin darstellt (im Jahr 1796 lag dieser beispielsweise am 18. Oktober, 1798 am 5./7. Oktober).[227] Neben den hohen Temperaturen kam es scheinbar zu geringen Niederschlägen, wie die negative Holzbildung der Schwarzkiefern im Süden Wiens anzeigt.

1798 (drei Standorte mit einem Mittel von +91): Die nach den Informationen in den Quellen durchschnittlich bis eher warm verlaufende Witterung dieses Jahres dürfte den Boden mit ausreichender Feuchtigkeit versorgt haben, wie das positive Wachstum der Bäume und auch der sowohl qualitativ wie quantitativ gute Wein dieses Jahres zeigen.

19. Jahrhundert

Mindestens vier Standorte (mit Ausnahme von 1807, 1816 und 1822) in Perchtoldsdorf, Mödling, Baden/Helenental mit gleichläufiger und signifikanter Tendenz:

1802 (vier Standorte mit einem Mittel von -86): Im Raum Wien wird dieses Jahr als zu warm eingestuft.[228] Anfänglich hielt jedoch die Kälte bis April an und war von großer Trockenheit gekennzeichnet. Mitte Mai kam es erneut zu einem gewaltigen Kaltlufteinbruch, wodurch große Schäden in der Landwirtschaft und dem Weinbau verursacht wurden. Anfang Juli wurde aufgrund der Trockenheit in allen Pfarren der Stadt zu Gebeten um Regen aufgerufen. Die Dürre hielt auch in den Sommermonaten an, und die Temperaturen erreichten Ende August ihren Höhepunkt. Der Wein dieses Jahres war von ausgezeichneter Qualität und Süße und übertraf teilweise die besten Gewächse der vergangenen Jahre ...*vinum adeo excellens ut illi de anis 1788 et 1797 pariter exquisito a multis anteferatur.*[229] Anfang Oktober kam es auf ausdrücklichen Wunsch des Kaisers neuerlich zu Gebeten und Prozessionen um Regen. Auch im November und Dezember hielt die trockene Witterung unvermindert an, womit sich das geringe Holzwachstum erklären lässt.

1807 (drei Standorte mit einem Mittel von +92): Nach einem milden Winter, unterbrochen von einem kurzfristigen Kaltlufteinbruch im März, begannen die Temperaturen im April stark zu steigen. Allerdings lag am 17. April auf den umliegenden

226   Vgl. HADER, Witterungsabläufe, Tabelle 3.
227   AMP, Karton 159, Faszikel 2; Verfügung des Bürgermeisters über den Lesebeginn.
228   Vgl. HADER, Witterungsabläufe, Tabelle 3.
229   StAKl, Hs. 122/1, pag. 63.

Bergen neuerlich Schnee und am 19. April kam es auch in der Ebene zu einem kurzfristigen Einfließen kalter Luftmassen. Von Mai bis September herrschten – mit Ausnahme von einigen Regentagen im Juni – schöne Witterung und außergewöhnlich hohe Temperaturen. Erst Mitte August kam es nach einer längeren Trockenperiode, die jedoch keinen negativen Einfluss auf die Holzbildung hatte, zu vereinzelten Niederschlägen. Auch im September hielt die warme Witterung an, weshalb Spitzenernten im Weinbau erzielt werden konnten.

1811 (fünf Standorte mit einem Mittel von -86): Für den Wiener Raum werden die Monate Mai, Juni, Juli und Oktober als überdurchschnittlich warm angegeben.[230] In Österreich war die Witterung ...*vom Frühjahre bis in den Herbst warm; heiß und trocken; wenige nicht anhaltende Regen. Die Feldfrüchte und Futterkräuter schmachteten, und lieferten nur unausgiebige Ernten. Der Weinstock aber trug die herrlichsten Früchte. Schon im August waren die meisten Trauben vollkommen reif ... einer der edelsten und geistreichsten, welcher jemahls gewachsen ist.*[231] Die ausgezeichnete Weinqualität wird allgemein angeführt.

1812 (vier Standorte mit einem Mittel von +91): Der schon zu Jahresbeginn herrschende Witterungscharakter mit eher tiefen Temperaturen und häufigen Niederschlägen hielt auch in den folgenden Monaten weiter an. Die Sonnenscheindauer dürfte jedoch für die Landwirtschaft und den Weinbau in ausreichendem Maße vorhanden gewesen sein, wie die jeweils sehr guten Erträge zeigen. Die Feuchtigkeit wiederum trug maßgeblich zu einem positiven Wachstum der Jahrringe bei.

1813 (vier Standorte mit einem Mittel von +92): Nach einem eher niederschlagsreichen Winter kam es um den 20. April zu einem für den Weinbau sehr schädlichen Einfließen kühler Luftmassen. Auch die folgenden Monate brachten kühle und regnerische Witterung, wodurch Anfang September verheerende Überschwemmungen in ganz Ostösterreich verursacht wurden. Für den Wein hatten die Fröste im Frühjahr und vor allem die nasskalte Witterung der Sommermonate katastrophale Folgen. Der Holzbildung war sie jedoch sehr förderlich, wie die positive Abweichung vom Mittelwert zeigt.

1816 (zwei Standorte mit einem Mittel von -96): Dieses „Jahr ohne Sommer" stellte den Höhepunkt einer seit 1813 andauernden Klimaverschlechterung dar. Bereits in den Wintermonaten herrschten anhaltend tiefe Temperaturen und häufige Schneefälle. Im Mai ...*hatten wir, bis über die Hälfte, unbeständige kaltregnerische Witterung, welche häufige Unpässlichkeiten verursachte und den Weinbergen ungünstig war, so wie auch der kommende Sommer.*[232] Zusätzlich führten Hagelschläge während der Sommermonate in und um Wien zu Schäden in der Landwirtschaft. Die feuchte und kühle Witterung hielt bis Oktober an, weshalb es zu Missernten sowohl in der Landwirtschaft als auch im Weinbau kam. Das tiefe Temperaturniveau bewirkte im Süden Wiens trotz der Niederschläge auch eine negative Holzbildung, wie die Proben aus Mödling, aber auch das Vergleichsmaterial aus dem Wiener Becken zeigen.

---

230   Vgl. HADER, Witterungsabläufe, Tabelle 3.
231   HEINTL, Weinbau, 418 f.
232   StAKl, Hs. 122/2, pag. 97.

1821 (vier Standorte mit einem Mittel von +87): Nachdem es schon in den ersten vier Monaten dieses Jahres zu häufigen Niederschlägen gekommen war, setzte ab Mitte Mai ein bis in den Herbst anhaltender, sehr kühler und feuchter Witterungscharakter ein. Die Niederschläge wurden von regionalen Unwettern begleitet und verursachten ein permanentes Hochwasser der Donau und ihrer Zubringerflüsse. Dadurch kam es zu großen Einbußen in der Landwirtschaft und im Weinbau. Die Regenfälle hatten jedoch eine positive Auswirkung auf die Holzbildung der Schwarzkiefern im Süden Wiens.

1822 (drei Standorte mit einem Mittel von -100): Die Perchtoldsdorfer Pfarrchronik berichtet von einem anhaltend warmen Sommer und ausgezeichneter Weinqualität.[233] Auch die Gumpoldskirchner Wein=Chronik vermerkt: *Dieses Jahr war in der Güte so vortreflich als das vorhergehende schlecht war vom Jänner bis ende März war sehr gelindes Wetter so das man immer arbeiten konnte ... und der Sommer sehr troken und heiß war und so folgt auch der Herbst noch immer trocken und heiß ... den 14 September begin die Weinlöse und ein vorzüglicher Hauptwein.*[234] Die fehlenden Niederschläge führten jedoch zu einem ausgeprägten Negativwachstum der Baumringe.

1824 (fünf Standorte mit einem Mittel von +84): Dieses Jahr zeichnet sich durch eine scheinbar überdurchschnittliche Feuchtigkeit aus. Die Gumpoldskirchner Wein=Chronik vermerkt ein nasses, kaltes Jahr mit häufigem Regen in der Blütezeit.[235] Auch die Perchtoldsdorfer Pfarrchronik berichtet von qualitativ schwachem Wein, jedoch einer ergiebigen Lese, was dem österreichischen Trend dieses Jahres entspricht.[236] Zusätzlich kam es im Sommer bzw. Spätherbst aufgrund der häufigen Niederschläge im Osten Österreichs zu zahlreichen Hochwässern. Die hohe Feuchtigkeit war dem Breitenwachstum der Jahrringe allerdings sehr förderlich.

1825 (vier Standorte mit einem Mittel von -88): Die bis Anfang Juli anhaltenden kühlen Temperaturen könnten trotz der während des gesamten Jahres andauernden Feuchtigkeit eine Ursache für die negative Wachstumsentwicklung des Holzes gewesen sein. Die häufigen Regenfälle beeinträchtigten auch das Quantum der Trauben, der Wein war allerdings von guter Qualität.

1827 (vier Standorte mit einem Mittel von -99): Auf überdurchschnittlich kalte Monate Jänner und Februar folgte ein sehr heißer, trockener Sommer. Die Chroniken von Perchtoldsdorf und Gumpoldskirchen[237] berichten übereinstimmend von qualitativ und quantitativ sehr guten Weinerträgen. Das hohe Feuchtigkeitsdefizit verursachte jedoch eine äußerst geringe Holzbildung.

1829 (fünf Standorte mit einem Mittel von +91): Für den Wiener Raum wird das gesamte Jahr als zu kalt beschrieben.[238] Die Gumpoldskirchner Wein=Chronik berichtet: *Dieses Jahr ließ sich schon von anfang fürchterlich an vom neuen Jahr bis*

233 Vgl. PfAP, Pfarrchronik, fol. 6r.
234 BAMG, Wein=Chronik.
235 Vgl. BAMG, Wein=Chronik.
236 Vgl. PfAP, Pfarrchronik, fol. 6v.
237 Vgl. PfAP, Pfarrchronik, fol. 8r; BAMG, Wein=Chronik.
238 Vgl. HADER, Witterungsabläufe, Tabelle 3.

20ten März war ununterbrochen der strengste Winter ... es war ein spätes Frühjahr die monats Mai und Juni war bis 18 mit starken Regengüssen begleitet das man kaum bis 22 Juni blühende Weinbeern sah jedoch fill vom 22 Juni bis 4 Juli eine sehr schöne Witterung [ein] ... vom 9 Juli an die ganze Witterung sehr kalt und mit vielen Regen begleitet war. Die Weinlöse wurde den 3 November bestimmt da aber den 19 und 21 Oktober sehr starker Reif und Gfrir eintraten so wurde den 23. Oktober der allgemeine Anfang zu dieser traurigen Löse gemacht.[239] Wiederum kann in den zahlreichen Niederschlägen eine Erklärung für das beträchtliche Wachstum der Jahrringe gefunden werden.

1830 (fünf Standorte mit einem Mittel von -95): Die Perchtoldsdorfer bzw. Gumpoldskirchner Chroniken[240] berichten übereinstimmend von einem kalten und schneereichen Winter, der bis Ende Februar andauerte. Die tendenziell heiße und trockene Witterung, die bis Oktober andauerte, lieferte Wein von hoher Qualität und Quantität. Das Feuchtigkeitsdefizit war der Holzbildung jedoch offensichtlich nicht sehr förderlich.

---

[239] BAMG, Wein=Chronik.
[240] Vgl. PfAP, Pfarrchronik, fol. 9r; BAMG, Wein=Chronik.

Die klimatische Entwicklung der Sommermonate und ihre möglichen Ursachen

In der vorliegenden Arbeit wurde bisher versucht, die Entwicklung der thermischen und hydrischen Verhältnisse des Sommers in den Jahren 1700 bis 1830 anhand önologischer Daten (Weinlese, Weinqualität), deskriptiver Aussagen in historischen Quellen, homogenisierter Instrumentenmessreihen, sowie dendrochronologischer Daten zu rekonstruieren. In einem letzten Schritt sollen nun die einzelnen Ergebnisse zusammengeführt und dahingehend untersucht werden, inwieweit ein kausaler Zusammenhang von verschiedenen Großwettersituationen mit der klimatischen Entwicklung in diesem Zeitraum hergestellt werden kann.

Folgende standardisierte Grafiken zeigen die geschätzten Verhältnisse von Sommertemperatur und -niederschlag in 10- bzw. 30-jährigen gleitenden Mitteln:[241]

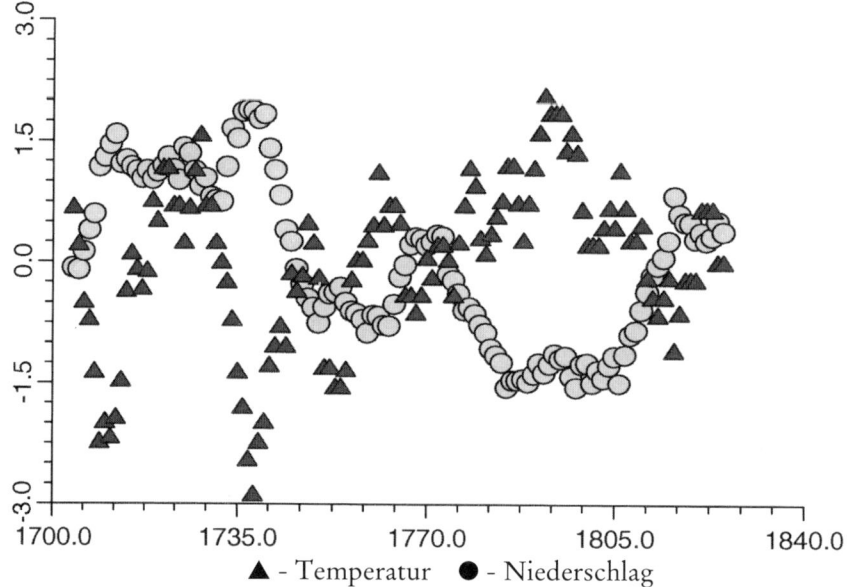

Grafik 15: Temperatur/Niederschlag (Juni–August) im 10-jährigen gleitenden Mittel (als Abweichungen vom Zeitraum 1901–1960)

[241] Da Temperatur und Niederschlag unterschiedliche Skalierungseigenschaften aufweisen, wurden die jeweils standardisierten (und damit dimensionslosen) Werte in die Ordinatenachse eingetragen.

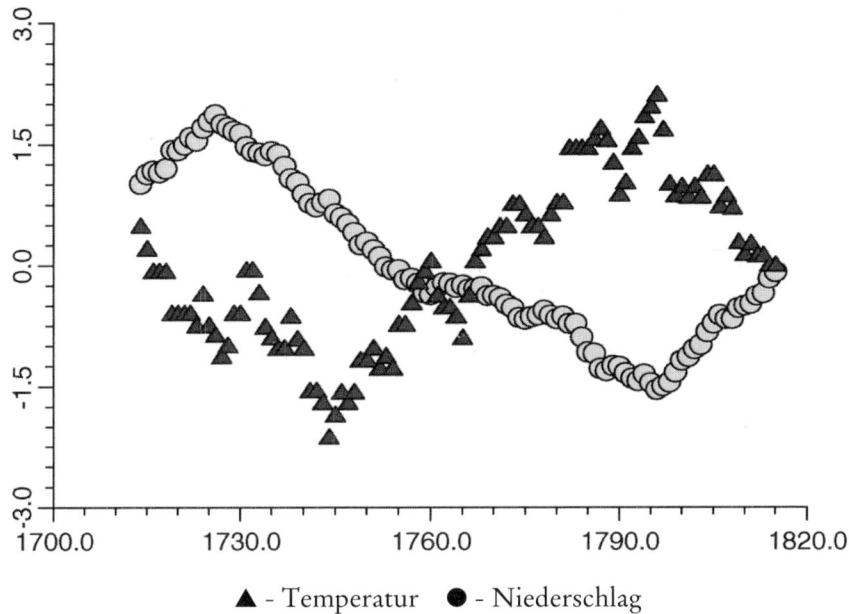

▲ - Temperatur   ● - Niederschlag

Grafik 16: Temperatur/Niederschlag (Juni–August) im 30-jährigen gleitenden Mittel (als Abweichungen vom Zeitraum 1901–1960)

Vor allem die erste, etwas differenziertere Darstellung der 10-jährigen gleitenden Mittel lässt in den ersten beiden Jahrzehnten des 18. Jahrhunderts eine gegenläufige Entwicklung von Temperatur bzw. Niederschlag in Form einer Tendenz zu kühleren und feuchteren Sommern und damit zu dominierenden Nordwestwindlagen erkennen. Verantwortlich dafür zeichnet der so genannte europäische Sommer-Monsun,[242] der sich Ende Mai mit relativ hohen Oberflächentemperaturen und hohem Luftdruck über Mitteleuropa entwickelt. Nach seinem Rückzug in östliche Richtung kommt es meist Anfang Juni zu einer Abkühlung. Diese wird durch das Einfließen von maritimer arktischer Luft zwischen einer Strömung, die das Hoch der Azoren mit jenem über Grönland verbindet und über Skandinavien liegt, verursacht. Im weiteren Verlauf des Juni kommt es schließlich zu einer größeren Häufigkeit von Kaltlufteinbrüchen durch Nordwestströmungslagen, die Niederschläge treten parallel dazu in Wellenbewegungen auf. Die aus der Grafik feststellbare Häufung kühler und feuchter Sommer deutet darauf hin, dass derartige Großwettersituationen in den ersten 20 Jahren des 18. Jahrhunderts vermehrt in Erscheinung traten.

Von etwa 1715 bis 1735 stagnierte das Niederschlagsniveau, während die Temperaturentwicklung einen starken Anstieg erkennen lässt. Dadurch kam es zwischen 1725 und 1735 zu einer Folge von warmen und feuchten Sommern, was auf die

---

242   Vgl. BRÁZDIL, KOTYZA, History of Weather I, 71.

Dominanz maritimer Luftströmungen aus dem Mittelmeerraum deutet.[243] Ab etwa 1735 wurden die Sommer etwas feuchter, gleichzeitig sanken die Temperaturen auf einen seit 1740 nicht mehr erreichten Tiefstand. Neuerlich scheint es zu einem Vorherrschen von Nordwestströmungslagen gekommen zu sein. In weiterer Folge stieg das Temperaturniveau – mit Ausnahme einer kurzfristigen Unterbrechung um 1755 – bis zu Beginn der 1760er Jahre kontinuierlich an, während die Niederschläge bis etwa 1750 absanken und danach stagnierten. Um 1770 zeigten sich kurzfristige Temperatureinbrüche, die von einer leichten Zunahme der Feuchtigkeit begleitet waren. Schon nach wenigen Jahren erfolgte ein neuerlicher Anstieg der Temperaturen bei gleichzeitiger Abnahme der Niederschläge und damit eine Tendenz zu warmen und trockenen Sommern, die bis zum Ende des Jahrhunderts anhalten sollte. Dieses Vorherrschen von hohem Luftdruck über Mitteleuropa nimmt in der Regel während der zweiten Julihälfte seinen Anfang und kann, wie beispielsweise im warmen Sommer des Jahres 1983, von Algerien über das westliche Mittelmeer und die Alpen bis nach Südskandinavien reichen.[244] In bodennahen Schichten kommt es auf dem gesamten europäischen Festland zum Ausbreiten von hohem Luftdruck aus westlicher und südwestlicher Richtung, wobei die Zentren vom Baltikum über Ostmitteleuropa nach Südost ziehen. Auch der extrem warme Sommer des Jahres 1992 war durch eine derart markante Zufuhr tropischer Luft von Südwest- nach Zentraleuropa charakterisiert. Somit deuten die klimatischen Entwicklungen in der zweiten Hälfte des 18. Jahrhunderts auf das Vorherrschen von stabilen Hochdruckgebieten mit vorwiegend warmen und trockenen Sommern.

Um 1800 begannen die Temperaturen zu sinken, wobei das Niederschlagsniveau vorerst konstant blieb und erst ab etwa 1805 kontinuierlich anwuchs. Um 1815 kam es offensichtlich erneut zu einem Vorherrschen von Strömungssituationen aus dem West- bis Nordwestbereich und damit verbundenen feuchten und kühlen Sommern. Bis zum Ende des Untersuchungszeitraumes glichen sich Temperatur und Niederschlag jedoch wiederum im Normalbereich an.

Betrachtet man nun die Grafik der 30-jährigen Mittel, so zeigt sich ein klareres Bild der Entwicklung. Bis etwa 1750, der ersten Hälfte des Untersuchungszeitraumes, scheint es zu einer Dominanz der West- bzw. Nordwestwindlagen (Islandtief) mit eher feuchten und kühlen Sommern gekommen zu sein. Nach einer kurzfristigen Stabilität von Temperatur und Niederschlag herrschten dagegen in der zweiten Hälfte (ab etwa 1770) Hochdrucklagen aus Südwest (Azorenhoch) mit einer Tendenz zu trockenen und warmen Sommern vor.

Diese auf verschiedenen Untersuchungen basierenden Aussagen zeigen eines sehr deutlich: Die Zusammenarbeit von Wissenschaftlern unterschiedlicher Disziplinen erbringt eine wesentlich bessere Absicherung der jeweiligen Forschungsergebnisse und führt darüber hinaus im Rahmen vergleichender Studien zu einer fundierteren Rekonstruktion von klimatischen Entwicklungen der Vergangenheit.

---

[243] Vgl. BRÁZDIL, KOTYZA, History of Weather I, 68.
[244] Vgl. BRÁZDIL, KOTYZA, History of Weather I, 71.

Die täglichen Wetteraufzeichnungen der Jahre 1826 und 1827

Die im Stiftsarchiv Klosterneuburg aufbewahrten Schreibkalender der Jahre 1826 und 1827 beinhalten beinahe tägliche Aufzeichnungen über den Verlauf des Wetters.[245] Diese von einem unbekannten Schreiber vorgenommenen Einträge wurden in deutscher Sprache verfasst. Sie charakterisieren die Wetterverhältnisse mit Begriffen wie *...Sonnenschein...* oder *...trüb...*, aber auch in Form längerer Sätze, wie *...heitter, Sonnenschein, doch sehr kalt und sehr viel Schnee...* oder *...trüb Regen ... Schnee kalt. Zu Mittag geheizet. Abends heitter.*

Die Angaben zu Wetter und Witterung wurden auf Basis der europäischen Klimadatenbank CLIMHIST kodiert, um sie dadurch einer weiteren Bearbeitung zugänglich zu machen.[246] Diese Datenbank stellt ein zusätzliches Beispiel für die Methoden der Rekonstruktion historischen Klimas dar. Neben den üblichen Zeitreihen ermöglicht sie ein raum-zeitliches Bild der Klimaentwicklung und liefert die Grundlage zum Entwurf historischer Wetter- und Klimakarten.

Legende:

/x	night, morning	C	cold
x/	afternoon, evening	cm	calm
I↯	thunderstorm	•	rain
⇗ NE	NE-wind	•⇗	wild
⇗ SW	SW-wind	❋	snow
⇗	wind, windy	✳	snowcover
△!	storm	✳	snow-melt
O	clear sky	▲	hail
●	overcast	△	sleet
◐	variable cloud	▽	showers
⊖	cirrostratus	⊔	surface frost
=	foggy	◠	rainbow
≡	fog	X	no data
D	dry	–	strong events underlined
W	warm		

245 Nur zu den Monaten September und Oktober 1827 fehlen die entsprechenden Einträge.
246 Diese Datenbank wurde von Christian Pfister/Universität Bern erarbeitet. Ich danke Patrik Beeli sehr herzlich für die Überlassung des Symbol-Schlüssels. Vgl. dazu auch SCHWARZ-ZANETTI, PFISTER, SCHWARZ-ZANETTI, SCHÜLE, Euro-Climhist, 193–210; SCHÜLE, PFISTER, Outlines, 211–218.

KLOSTERNEUBURG 1826

	JAN	FEB	MAR	APR	MAY	JUN	JUL	AUG	SEP	OCT	NOV	DEC
01												
02												
03												
04												
05												
06												
07												
08												
09												
10												
11												
12												
13												
14												
15												
16												
17												
18												
19												
20												
21												
22												
23												
24												
25												
26												
27												
28												
29												
30												
31												

KLOSTERNEUBURG 1827

	JAN	FEB	MAR	APR	MAY	JUN	JUL	AUG	SEP	OCT	NOV	DEC
01												
02												
03												
04												
05												
06												
07												
08												
09												
10												
11												
12												
13												
14												
15												
16												
17												
18												
19												
20												
21												
22												
23												
24												
25												
26												
27												
28												
29												
30												
31												

ZWEITER TEIL

Chronologie der Ereignisse
Wetter und Naturkatastrophen
der Jahre 1700 bis 1830

1700

Das 18. Jahrhundert begann mit einer extremen Kälteperiode:

...fror es 1700 bald nach dem neuen Jahr so heftig bis in die Mitte des Februar, das viele menschen ihr leben einbüsseten, und eine menge horn und federvieh, und wild umkommen, die fische in den teichen starben. Die Kälte nahm den 6. Januar ihren anfang, am 15. März war es noch so kalt, das speichel zu eis ward, ehe er auf den boden fiel. In den tagen der heftigsten Kälte ward die stärkste Pottaschenlauge in freüer lufft in kurzem zu eis, und selbst der weinspiritus zerann vor Kälte. Die ostsee war 10 Meilen breit von den Küsten mit eis bedecket, in Deutschland, England und Frankreich, und Ungarn waren viele menschen, und noch mehr vieh erfroren, bäume und gewächse abgestorben, die erde blieb noch in Maye erstarret, und die wintersaaten musten umgepflüget und mit sommer getreide besäet werden.[247]

Am 3. April erfolgte per Hofdekret die Aufforderung an die betreffenden Gemeinden, die von Wien nach Laxenburg führenden Straßen nach den Beeinträchtigungen der Wintermonate in Stand zu setzen:

Getreue Liebe. Demnach Wür Unß und Unser Hoffstatt eheistens nacher Laxenburg zuerheben gesonnen, und nun der Weeg und Prückhen dahin durch die schwähre fuhren sehr außgeführt, und verderbt worden, derentwillen solcher Weg und Prückhen unverzüglich repariert und in brauchbahren standt gebracht werden müssen...[248]

Nachdem die darauf folgenden Sommermonate von eher warmen Temperaturen geprägt waren, hatten die Niederschläge[249] im Herbst negative Auswirkungen auf den Weinertrag *...Ein besonders schlechtes Weinjahr. Starke Schauer. Die ganze Weinlese betrug 2 Eimer, die man den Hütern schenkte...*,[250] der Qualität nach war es jedoch ein *...sehr guter Wein.*[251]

1701

In diesem Jahr waren hohe Temperaturen und große Trockenheit vorherrschend,[252] *...hie und da ergaben sich oft starke Gewitter mit Regen, welcher die Oberflächen des Bodens etwas befeuchtete, so dem völligen Mißwachs im folgenden Jahr etwas*

247 StAKl, Hs. D 73, pag. 31.
248 AMP, Karton 157, Faszikel 2.
249 Ein extremes Hochwasser veränderte auch den Flusslauf der Ybbs. Vgl. PELZL, Heimatgeschichte, 13.
250 Vgl. NEUMANN, Weinfechsungen, 71.
251 Vgl. LÖSCHNIG, STEFL, Wein- und Obstbaukalender, 161; Weinfechsungsgeschichte, 16.
252 Vgl. SONKLAR, Gletscherschwankungen, 181.

vorbeugten.[253] Bereits am 16. April rief der Wiener Erzbischof seine Unterthanen zu Gebeten um einen fruchtbaren Regen auf:

> *...wann Gott die dürstig und außgedörte Erdten nicht mit ainen fruchtbahren Rögen befeuchtige, und erquikte, das nicht allein die früchten der Erdten ihrem gewächß grosse hinternuss, und abbruch leiden, ia woll gar verderben, und vor der Zeit außgedorrt, das fueder vor das Viech von der Sonenhüz außgerennet, dardurch Viech und leith verderben, und Nothwendig in allen unterhaltungs-mitlen aine grosse Hungers Noth unfehlbahr entstehen würde, sofern man nicht Gott mit andechtigen gebet verwöhnen, und umbwendung solcher Straff Ruethen bitten wierdet, damit mit der gnad gottes mit ainen fruchtbahren Regen die erden erquikhet werden solle, werden dahero die Herren und Frauen Superiores aller Clöster vätterlich ermahnet, ihre undergebene dahin anzuweisen, das sye in ihren Mößopffer gebet und allen andern andechtigen Exercitijs gott den allmächtigen umb ainen erspriesslichen und fruchtbahren Regen bitten und erbitten helffen, und damit auch solches alle andere und das ganze Volckh auch thuen, die herrn Prediger solches von der Canzl hochteutlich verkhündten, und das Volckh zu den gebet ermahnen sollen.*[254]

Zwei Monate später wurde in einer weiteren Currende des Wiener Erzbischofs diesem Appell Nachdruck verliehen:

> *Eß seye zu besorgen, wann Gott die dürstig und ausgedörte Erdten nicht mit ainen fruchtbahren Regen befeuchtige und erquickhe, das nicht allein die früchten der Erden, in ihrem gewächs grosse hinternuß und abbruch leiden, ia woll gar verderben, und vor der Zeit ausgedoret, das fueder fier das Viech von der Sonenhüz außgebrenet, dardurch Viech in allen unterhaltungsmittln aine grosse Hungers Noth unfehlbar entstehen würde, sofern Mann nicht gott mit andechtigen gebett versehen, und umbwendtung solcher Straff Ruethen bitten wierdet, damit mit der gnadt gottes mit ainen fruchtbahren Regen, die erden erquickhet werden solle.*[255]

Berichte von einem Hochwasser – eventuell verursacht durch die rasche Schnee-schmelze aufgrund der hohen Temperaturen – existieren aus Aschach und Steyr.[256] Mit Ausnahme des Stiftes Heiligenkreuz, wo schlechter Wein in großen Mengen gelesen wurde, war die Qualität der Trauben allgemein gut bis sehr gut.[257]

1702

Die Trockenheit hielt auch in diesem Jahr an *...3 Monat ununterbrochen anhaltende große Tröckne, verdarb alle Früchte. Im Winter und Frühjahr vor diesen heißen*

---

253 Weinfechsungsgeschichte, 13.
254 DAW, Karton 1/2.
255 DAW, Karton 1/2.
256 Vgl. COMMENDA, Schilderung, 97; WEIKINN, Quellentexte IV, 1.
257 Vgl. NEUMANN, Weinfechsungen, 71; PRIBRAM, Materialien, 368; LÖSCHNIG, STEFL, Wein- und Obstbaukalender, 161; PUNTSCHERT, Denkwürdigkeiten, 196; Weinfechsungsgeschichte, 10; PILGRAM, Untersuchungen, 253; StAKl, ClCal 1726; StAKl, Hs. 121.

Sommer hatten die Weinstöcke durch Frost gelitten; sonst wär auch der Wein in Österreich gut gerathen.[258]

1703

Trotz anhaltender Trockenheit gab es in diesem Jahr erneut Wein von guter Qualität.[259] Allerdings musste am 28. Oktober ...*Deß Nachmittags aber ... wegen des eingefallenen Regen-Wetters...*[260] eine Erntedank-Prozession von der Wiener Pestsäule in den Freisinger Hof verlegt werden.

1704

Nach einem sehr feuchten Frühjahr,[261] in dem noch am 10. März ...*die letzt-eingefallene starcke Kälte mit untermischtem Schnee noch immer bißhero...*[262] anhielt, waren die Monate ...*July, August, September ... sehr trocken. Der Wein gerieth fürtrefflich...*[263] und die ertragreiche Lese begann durchwegs im September. Die Arbeiten in den Weingärten des Wiener Bürgerspitals setzten bereits am 25. des Monats ein[264] und auch in den Perchtoldsdorfer Spitalmeisterrechnungen wurde unter dem 29. September vermerkt:

> *Erstlich bezall ich den 29. 7 kr. von dem Weingartten zu Liesing in Stainfeldt, wie auch von allen Weingärtten zu Petterstorff die Lösser lauth des Lößmaisters Specification...*[265]

1705

Nach den in den Alpen sehr feuchten und kalten Winter- und Frühlingsmonaten[266] kam es im Juli zu einem vorerst durch den Inn, in weiterer Folge aber auch die Zuflüsse von Traun und Enns verursachten Donau-Hochwasser.[267] Am 16. Juli wurden in Neuötting, Passau und Braunau die Brücken größtenteils weggerissen, in Schärding reichte das Wasser bis zum Rathaus.[268] Vom 22. Juli zeugt eine Wasser-

---

258 Weinfechsungsgeschichte, 10.
259 Vgl. StAKl, ClCal 1726; PILGRAM, Untersuchungen, 253; LÖSCHNIG, STEFL, Wein- und Obstbaukalender, 161.
260 Wienerisches Diarium Nr. 25/1703.
261 Vgl. SONKLAR, Gletscherschwankungen, 181.
262 Wienerisches Diarium Nr. 63/1704.
263 Weinfechsungsgeschichte, 10.
264 Vgl. PRIBRAM, Materialien, 368.
265 AMP, Hs. B-125-12.
266 Vgl. SONKLAR, Gletscherschwankungen, 182.
267 Hochwässer können an der Donau durch die Verschiedenartigkeit des großen Einzugsgebietes zu allen Jahreszeiten auftreten. Während in den Monaten Oktober und November die Wahrscheinlichkeit eher gering ist, ereignen sich die meisten Hochwässer im Zeitraum von Juni bis August. Diese so genannten Regenhochwässer werden vor allem von der Größe des überregneten Einzugsgebietes, von der Dauer der Niederschläge und von deren Intensität geprägt. Zusätzliche Faktoren, wie etwa ein von Nässe gesättigter Boden, können das Katastrophenausmaß nachteilig beeinflussen. Im Gegensatz dazu stehen Taufluten im Winter und Frühling, deren Ausmaß und Größe durch schwankende Temperaturverhältnisse in verschiedenen Höhenlagen, durch gefrorene Böden in den Niederungen und durch Schmelzwässer verschärft werden. Vgl. WATZIK, Hochwasser, 63.
268 Vgl. WEIKINN, Quellentexte IV, 21.

standsmarke in Mauthausen von der Überschwemmung der Donau und gleichzeitig kam es in Hallstadt nach einem Wolkenbruch zu Verwüstungen durch Hochwasser und Erdrutsche.[269] Einen Tag später wurden in Steyr die Brücken stark beschädigt und teilweise zerstört, ...*in wenigen Stunden stiegen die Flüsse über 2 Mann hoch ...* [und es wurden] *manche tiefer gelegenen Häuser an der Steyer fortgerissen.*[270] Bis zum 25. Juli erreichte das Donau-Hochwasser auch den Osten Österreichs, sodass beispielsweise in Melk das Wasser ...*soweit in den Markt hinein* [drang], *daß man nur mit Zillen in die Kirche kommen konnte.*[271]
Die Witterung der folgenden Monate ist anhand der Quellenlage nicht belegt, die Weinqualität dieses Jahres wurde allerdings durchwegs als mäßig bezeichnet.

1706

Nach einem kalten und sehr trockenen Winter und Frühjahr ereignete sich im August in der Gegend von Melk eine Überschwemmung der Donau.[272] Auch aus Perchtoldsdorf ist für diesen Zeitraum ein Hinweis auf starke Regenfälle überliefert:

> ...*daß ich durch das Wasser Jüngstens allenthalben, sowohl in meinem Hauß als Kheller, und an den wenigen Wein so ich gehabt grossen Schaden erlitten habe.*[273]

Diese Niederschläge hinterließen jedoch im Weinbau keine maßgeblichen Schäden, da mit Ausnahme von Klosterneuburg ...*Stinkender Wein...*[274] ausnahmslos von großen Weinmengen und guter Qualität berichtet wurde.

1707

Der strenge Winter dieses Jahres fiel in der Nacht vom 20. auf den 21. Jänner mit einer ...*uhrplötzliche*[n] *grosse*[n] *Kälte* [ein] / *daß nicht allein die Donau mit scharffem Eyß überzogen / sondern auch der Brucken-Bau / welcher schon in die Hälffte der Donau / in voriger Nacht noch / verfertiget ware / dadurch eingestellt wurde.*[275] Die Kälte hielt bis April an ...*vernahme man von der March / daß indeme der Fluß / wegen anhaltender Kälte / gefallen.*[276] Dahingegen waren die Monate Mai und Juni von hohen Temperaturen geprägt. In Folge der anhaltenden Trockenheit, welche die vorangegangenen Jahre kennzeichnete, fürchtete man um die bevorstehende Ernte. Der Wiener Erzbischof sah sich daher am 4. Juli zu folgendem Aufruf veranlasst:

> ...*weillen die bishero so langwührig und Continuirlich anhaltende grosse Hütz denen früchten der Erdten nicht allein sehr verhinderlich und schädlich, Ja zu*

---

269   Vgl. WIROBAL, Klima, 46.
270   WEIKINN, Quellentexte IV, 22.
271   WEIKINN, Quellentexte IV, 22.
272   Vgl. LINDE, Chronik, 152.
273   AMP, Karton 157, Faszikel 4, Brief des Matthias Mayrhoffer an den Marktrat.
274   StAKl, Hs. 121. Es könnte sich hierbei allerdings um einen Datierungsfehler handeln, da diese Angaben für das Jahr 1707 zutreffen würden und durch eine Eintragung in einem Schreibkalender bestätigt werden.
275   Wienerisches Diarium Nr. 374/1707.
276   Wienerisches Diarium Nr. 385/1707.

beförchten, daß solche völlig ausgedoret möchten werden, also mann sich aines grossen abgangs und mangel zu besorgen habe. Danenhero Höchsternant Sr. Fürstl. gnaden füer Rathsamb, Ja nothwenig befunden, Gott dem Allmächtigen umb ainen Haillsamben Rögen Zu erbitten, alß werden Sie obbenente Herrn Superiores aller Clöster hiemit Vätterlich ermahnet, daß die Priester in ihren Sacrificiis Missario, die laici aber unnd Closter Jungfrauen in ihrem gewöhnlichen Exercitiis und gebetten Collecten einlegen, und umb ainen haillsamben Regen den Allerhöchsten inbrinstig zuerbitten, ihnen angelegen sein lassen solten.[277]

Die im Sommer auftretenden Niederschläge *...Allzu starke Regen. Es faulen die Trauben...*[278] führten jedoch zu starken Einbußen im Weinbau, wo allgemein von geringen Erträgen und *...Große(r) Fäule stinkender Wein...*[279] berichtet wurde.

1708

Aus diesem sehr milden Winter[280] existieren auch Hinweise auf große Schneemengen. In der Leopoldstadt fiel *...zu dreimal ein so häufiger Schnee, daß alle Thore von selbem verlegt, die kleineren Häuser im Untern Wörth eingestürzt, und viele Menschen in selben erdrückt wurden, worauf ein verwüstender Eisgang und eine Überschwemmung erfolgt ist.*[281]
Über den weiteren Verlauf der Witterung fehlen aufschlussreiche Quellen. Die Berichte von qualitativ und quantitativ hochwertigem Wein lassen auf eine hohe Anzahl an Sonnenstunden und ausreichenden Niederschlag in den Frühjahrs- und Sommermonaten schließen.[282]

1709

Der Winter 1708/09 *...war nach vielem Regen zu Weihnachten nebst 1740 der kälteste Winter des Jahrhunderts, der unter Menschen und Thieren die unerhörtesten Verwüstungen anrichtete.*[283] Anton Pilgram fasste die Ereignisse in seiner meteorologischen Abhandlung folgendermassen zusammen:

> *Jener berühmte Winter, welchen man um von allen übrigen zu unterscheiden, den kalten nannte. Nach der Anmerkung der Franzosen, wie wir schon erinnert haben, war ihm seit 1608 keiner gleich; doch mit dem Unterschiede, daß dorten ein fruchtbarer Sommer gefolget, A. 1709 aber das meiste der Früchte durch die Kälte zu Grunde gegangen ist. Den 3ten December vorigen Jahrs fieng eine mit-*

---

277   DAW, Karton 1/2.
278   Vgl. NEUMANN, Weinfechsungen, 71.
279   ClCal 1726. Zusätzlich berichtet der Abt von Lambach in seinem Tagebuch: *...In Klosterneuburg hat der Schauer geschadet und auf dem Land die große Dürre...* zit. in: Österreichische Weinzeitung 28 (1973), 130. Vgl. auch PILGRAM, Untersuchungen, 253: *...Die Trauben geriethen sehr in die Fäulnis, und gaben einen stinkenden Wein.*
280   Vgl. SONKLAR, Gletscherschwankungen, 182; GLASER, Klimageschichte, 176.
281   StAKl, Karton 462, Nr. 14.
282   Vgl. PRIBRAM, Materialien, 368; PILGRAM, Untersuchungen, 253; PUNTSCHERT, Denkwürdigkeiten, 197; Weinfechsungsgeschichte, 16.
283   Allgemeine Weinzeitung 1 (1884), 28.

telmäßige Kälte an; ließ aber nach 3 Wochen nach, so daß ein anhaltender Regen folgte. Vom 6ten Jäner aber bis den 25ten war sie ungemein heftig, wo, bey einigem Nachlaße durch ganz Europa viel Schnee fiel, sonderlich den 6ten Febr. dieser schmolz zwar zum Theil einige Tage darauf, durch blasende Mittagswinde. Es wurde aber die Kälte durch einen Nordwind abermal so stark, als den 6ten Jäner, und hielt bis den 6ten Märzen an; da eine Milderung aber den 10ten und 11ten wiederum ein gewaltiger Schnee und rauhes Wetter folgte; so daß der ganze Winter bis in den vierten Monat angehalten, und sowohl in den wärmesten als kältesten Ländern Europas ungemeinen Schaden angerichtet hat. Wild, Vögel, und Menschen erfroren in Menge. ... Nicht allein alle Flüße und Seen, sondern selbst die Meere überfroren auf viele Meilen. Die Erde gefror über 3 Ellen tief ... Getreid und Weizen litt großen Schaden, den aber die Menge der Gerste ersetzte. An etwelchen Orten wurden die Hunde vor Kälte rasend. Merkwürdig ist, daß bey einer so großen und allgemeinen Kälte zu Constantinopel weder Eis noch Schnee, sondern ein überaus gelinder Winter war. ... Es war doch dieser Winter nicht durch die Größe, sondern durch das Anhalten seiner Kälte so merkwürdig.[284]

Bereits im Jänner war die Salzach *...so fest gefroren, daß man ohne Gefahr hin- und hergehen konnte.*[285] Die anhaltende Kälte hinderte die kaiserliche Familie jedoch nicht an diversen Vergnügungen. Das Wienerische Diarium berichtete:

...Nachmittags / haben bede regierende kayserliche Mayestäten / sammt denen Durchläuchtigsten Ertzhertzoginnen / auch vielen anderen Fürstlich- und Gräflichen Standes-Personen / bey dermalen bequemen Wetter / mit einer prächtigsten Schlittenfahrt...[286]

Anfang Februar kam es neuerlich zu starken Schneefällen und ein durch die Kälte verursachter Eisstoß beschädigte am 14. des Monats die große Brücke über die Donau.[287]

...das aber gar zu grosser Schnee, welcher in Vill Jahren hero in solcher menge niemahlen gefallen, so Vill möglich, und auf das schleinigste in denen Gässen, ehe und bevor daß Wetter aufgehet, und daß grosse Wasser allenthalben zu laufen anfanget, zusamben geworffen, den gefrohrne aber aufgehackhet und folgendts damit Jedermanniglicher ohne gefahr gleich wohl fahren khönne, Zur Statt hinaus geführt werde, und Zumahlen die Vor Wien bey diesen Extraordinari gefallenen grossen Schnee mit Ihrem aufführen dermahlen unmöglich gefolgen können.[288]

284 PILGRAM, Untersuchungen, 97 f.
285 HUBER, Burghausen, 294.
286 Wienerisches Diarium Nr. 568/1709.
287 Zum Entstehen derartiger Eisstöße kam es durch Stauungen der Eisschollen. Tauwetter oder heftige Regenfälle führten zum Ansteigen des Wasserstandes und damit zu weitläufigen Überschwemmungen. Wurde der Druck auf die Eisbarriere zu groß, erfolgte ein gewaltiger Durchbruch, der neben einer mehrere Meter hohen Flutwelle auch noch riesige Eisblöcke vor sich her schob und das unterhalb gelegene Land verwüstete. Vgl. WATZIK, Hochwasser, 63; WEIKINN, Quellentexte IV, 47; FRITSCH, Verhältnisse des Wasserstandes, 188.
288 DAW, Karton 1/2, erzbischöfliche Currende vom 1. Februar 1709.

Das gestern und diese Nacht durch eingefallene Schneewetter hielte dermassen an / daß man heute Fruhe wegen häuffig durch untermengten Wind zusammen gewehten Schnees / einige Stadt-Thor zu gewöhnlicher Zeit nicht eröffnen können ... dergleichen Menge Schnee sowohl hier / als auff dem Land in vielen Jahren nicht gesehen worden...[289]

Noch im März ...*wurde der Speichel zu Eis, noch ehe er auf die Erde fiel.*[290] Zwei Monate später wurde berichtet, dass ...*die Erde ... im Mai noch erstarrt* [war]. *Die Wintersaat mußte umgepflügt und Sommergetreide gesät werden. Ganze Waldungen erstarben. Tausende von Menschen und Tieren fielen der Kälte zu Opfer. Seuchen und verheerende Krankheiten rissen ein.*[291] Das Schmelzen der gewaltigen Schneemassen führte schließlich zu Überschwemmungen ...*trat die Donau aus ihrem Ufer und setzte die Leopoldstadt unter Wasser.*[292] Diese Ereignisse gaben in weiterer Folge den Anlass zur Errichtung eines Dammes im Bereich des Augartens:

...was für grosser Schaden durch das im letztverlittenen schwären Winter, sich ergossene gewässer, an dem Kayserl. Augarten, sowohl als an vielen orthen in der St. Leopoldi Vorstadt zugefügt worden: indem um dergleichen Unglückh ins künfftig abzukehren, und forderist Ihrer Kays. May. höchster dienst erfordert, daß zu conservierung Sr. May. obgemelten Augartten, und aldortigen Gebäus, hinter demselben gegen der donau, wo der gefährlichste anlauff des wassers seyn kan, einen damm oder schantzel vorgeworffen...[293]

Die Witterungsverhältnisse änderten sich im Laufe des Jahres offensichtlich nicht zu Gunsten des Weines. Die aufgrund der Frühjahrsfröste geringen Erträge wurden allgemein als schlecht und sauer bezeichnet.

Abb. 13: Wasserbau zu Ende des 18. Jahrhunderts: Sprengen und Heben von Felsblöcken

[289]   Wienerisches Diarium Nr. 575/1709, Bericht vom 4. Februar 1709.
[290]   Aus der Chronik von St. Willibald/OÖ zit. bei WEINBERGER, Klimageschichte, 364.
[291]   Vgl. WEINBERGER, Klimageschichte, 364.
[292]   StAKl, Karton 462, Nr. 14.
[293]   StAKl, Karton Briefe Sebastian Mayr, Jakob Cini, Ernest Perger, Nr. 117.

1710

Der Winter dieses Jahres war im Alpenraum eher mild, das gesamte, in den Quellen schlecht dokumentierte Jahr jedoch zu trocken,[294] was in allen Weinbaugebieten zu qualitativ und quantitativ mittelmäßigen Erträgen führte.

1711

Im Winter des allgemein feuchten Jahres 1711 bildete sich ein Eisstoß auf der Donau *...ist die geweste Donau-Brucken / so neulich von dem erledigten Eyß-Stoß / schon gedachter massen / einigen Schaden gelitten / ... / Maistens in vorigen Stand gebracht worden.*[295] Die häufigen Niederschläge führten Anfang Juni zu einer Überschwemmung der Donau und des Wienflusses:

> *...Umgang durch die Stadt mußte dermalen wegen des Regenwetter eingestellet bleiben; welches Regenwetter / so 3. Tag und Nacht gewehret / durch Übergiessung der Donau und der Wienn / an Häuser / Garten / Mühlen / Wein / Brucken und Vieh grossen Schaden verübet.*[296]

Durch die anhaltende Feuchtigkeit kam es auch zu einer starken Vermehrung von Schädlingen in den Weingärten. In einem an den Markt Perchtoldsdorf gerichteten Hofdekret wurde die Bevölkerung zu Gegenmaßnahmen aufgefordert, da *...die Würmb und Köfer sich in solcher menge vermehret hetten.*[297] Die Weinlese wurde in den Quellen allgemein als mittelmäßig beschrieben.[298]

1712

Auch in diesem Jahr litten die Weinbauern unter dem Schädlingsbefall der Reben *...was für grossen schaden die Keffer in den Weingärten verursacht hätten...*[299] und wurden zum Abklauben der Käfer aufgefordert.

Im Sommer kam es in Niederösterreich wiederholt zu Unwettern. Ein Bericht des Verwalters der Herrschaft Stoizendorf an das Stift Klosterneuburg dokumentiert das Ausmaß der Schäden:

> *...grausamme wetter gewesen, welches zu Horn etwas, Mold, Mörderstorff desgleich, zu Wibenstorff, Nondorff, Hermerstorff und Mazelstorff schier alles erschlagen ... dieser Schaur hat auch Reinprechtspölla getroffen, und hat die herrschafft völlig erschlagen 8 Joch haber, dann 4 Joch die helffte...*[300]

Der in geringer Menge gekelterte Wein war von guter Qualität. Nur aus Retz existiert ein Bericht über verfaulte Trauben.[301]

---

[294] Vgl. SONKLAR, Gletscherschwankungen, 182; GLASER, Klimageschichte, 179.

[295] Wienerisches Diarium Nr. 793, Bericht vom 10. März 1711.

[296] Wienerisches Diarium Nr. 819, Bericht vom 7. Juni 1711. Der Abt des Stiftes Lambach/OÖ vermerkte in seinem Tagebuch, dass es vom 20. Juli bis 20. August keine 24 Stunden ohne Regen gab (die einzige Ausnahme war der 15. August). Vgl. WACHA, Wetterchronik, 30.

[297] AMP, Karton 158, Faszikel 1.

[298] Vgl. PRIBRAM, Materialien, 368; PUNTSCHERT, Denkwürdigkeiten, 197; Weinfechsungsgeschichte, 16.

[299] AMP, Karton 158, Faszikel 1, Hofdekret. Vgl. auch NEUMANN, Weinfechsungen, 71.

[300] StAKl, Karton Briefe Probst Ernest Perger II, Nr. 68, Bericht vom Monat Juli 1712.

[301] Vgl. LÖSCHNIG, STEFL, Wein- und Obstbaukalender, 162.

1713

Über dieses Jahr berichtet die Klosterneuburger Weinchronik ...*Grosse Kälte in Österreich*...[302] und auch die Gefahr von Schädlingen im Weinbau wurde neuerlich akut:

> ...*zugleich auch eine mänge der Köffer überbracht, das also allen anschein nach, diese schädliche thier heuer wiederumb überhandt nehmen, und die Weingarten ruinieren würden, wen nit disen Unheil durch das abklauben zeitlich vorgekommen werde.*[303]

In Krems haben ...*der Schauer und große Wassergüsse ... den Feldfrüchten und Weingärten sehr geschadet.*[304] Starke Niederschläge führten im Mai ...*wegen oberwasser nicht auss...*[305] und Anfang Juni zu Hochwasser und Überschwemmungen:

> *Es hat nicht allein das mit Donner / Hagel und Regen vermischte Wetter auf dem Land / an den Feldern und Weinbergen dieser Tagen grossen Schaden verursachet; Sondern es hat nicht weniger der Heute / Nachts / und über den halben Tag gewehrte starke Regen / durch Anschwellung des Gewässers / an den Mühlen / und sonsten nicht geringen Schaden verübet.*[306]

Aufgrund der kühlen und feuchten Witterung kam es zu einer verspäteten Lese, die in den Weingärten des Wiener Bürgerspitals erst am 19. Oktober begann und bis 3. November andauerte.[307] In den Besitzungen des Stiftes Heiligenkreuz, die sich im Raum Gaming befanden, wurden die größtenteils unreifen Trauben erst zwischen 20. und 25. Oktober gelesen.[308] In Retz erfroren die Weinbeeren im August noch vor der Reife.[309] Die geringe Traubenmenge erbrachte einen sauren Wein.

1714

Im tendenziell trockenen Winter wütete Ende Februar ...*durch ganz Europa ein grausamer Sturm.*[310]

> ...*der bishero sehr stark anhaltende Sturm-Wind / als welcher ohne dem an Häusern / Gärten und Bäumen an vielen Oertern grossen Schaden verübet...*[311]

Mitte April kam es zu ...*häufig eingefallenen Schnee-Wetter.*[312] Zu Ende des Monats ermöglichte die Witterung jedoch bereits das Jagen in den Wäldern um Wien, wie die Einträge in den Jagdkalendern Kaiser Karls VI. dokumentieren. Im Mai ereigneten sich neuerlich heftige Stürme, weshalb der Kaiser in der Zeit vom 8. bis 31. Mai neun Mal eine geplante Jagd absagen musste.[313]

[302] StAKl, Hs. 121.
[303] AMP, Karton 158, Faszikel 1, Hofdekret vom 28. Mai 1713.
[304] Vgl. KINZL, Chronik, 279.
[305] HHStA, Jagdkalender Kaiser Karl VI., Nr. I., Eintrag vom 10. Mai 1713.
[306] Wienerisches Diarium Nr. 1026/1713, Bericht vom 1. Juni 1713.
[307] Vgl. PRIBRAM, Materialien, 368.
[308] Vgl. NEUMANN, Weinfechsungen, 71.
[309] Vgl. LÖSCHNIG, STEFL, Wein- und Obstbaukalender, 162.
[310] PILGRAM, Untersuchungen, 18.
[311] Wienerisches Diarium Nr. 1103/1714, Bericht vom 25. Februar 1714.
[312] Wienerisches Diarium Nr. 1116/1714, Bericht vom 13. April 1714.
[313] HHStA, Jagdkalender Karl VI., Nr. I.

110

Im Juli führten anhaltende Niederschläge in der Steiermark zu Überschwemmungen.[314] Auch im Großraum Wien dürfte eine Tendenz zu feuchter Witterung vorgeherrscht haben, da der geringe Weinertrag als sehr schlecht und sauer bezeichnet wurde.

Für Ende Dezember existiert ein Hinweis auf bereits gefallenen Schnee ...*obschon ein Schnee zufallen / und darauf das Eis zerrinnen angefangen / nachdem aber ein etlich tägiger Regen erfolget.*[315]

1715

Im Frühjahr wurden sowohl in Retz als auch im südlichen Wienerwald die Weinstöcke durch Fröste zum Teil sehr stark in Mitleidenschaft gezogen, denn ...*was die Käfer und Würmer übrig gelassen zerstörte im südlichen Teil zur Hälfte der Frost und den nördlichen Teil zerschlug der Hagel.*[316] Der qualitativ gute Wein war daher nur in geringer Menge vorhanden.

Der in diesem Jahr sehr feuchte und windige Monat Mai ist in den Jagdkalendern Karls VI. sehr gut dokumentiert. 13 Mal wurde von *regen* oder *(grosses) wasser* berichtet:[317]

1ten nichts stark regen.

2ten nichts regen grosses wasser.

3ten nichts wegen wasser.

4ten ganzen tag nichts wegen wasser windt.

6ten nichts wegen windt.

7ten ...stark windt...

8ten ...nachmittag regen ganzen tag nichts.

9ten früh nichts windt...

10ten ...nachmitag windt nicht.

11ten früh nichts windt.

16ten früh nichts regen.

21ten ...nachmitag wegen windt nichts.

22ten wegen windt nichts regen...

25ten früh windt stark nichts...

26ten nichts ganzen tag regen.

27ten nichts regen...

28ten nichts regen...

29ten nichts grosses wasser.

30ten nichts grosses wasser.

31ten grosses wasser nichts.

Die punktuell erhaltenen Quellen lassen jedoch für die übrigen Monate dieses Jahres keine fundierte Aussage über den weiteren Verlauf der Witterung zu.

314 Vgl. Wienerisches Diarium Nr. 1145/1714, Bericht vom 21. Juli 1714.
315 Wienerisches Diarium Nr. 1190/1714, Bericht vom 27. Dezember 1714.
316 SCHÖNEFELDT, Marktgemeinde Brunn am Gebirge, 267.
317 HHStA, Jagdkalender Karl VI., Nr. I.

1716

Am 16. Jänner haben *...dahier verschieden Fürstlich- und Gräflich Stands-Personen ein prächtige Schlittenfahrt ... gehalten.*[318] Es gab demnach eine vorhandene Schneedecke oder zumindest Schnee in der Umgebung Wiens, der für derartige Zwecke aufgeschüttet werden konnte. Aufgrund anhaltender, strenger Kälte bildete sich ein Eisstoß auf der Donau, der sich am 27. Februar zu lösen begann:

...Nachmittags / ware die Donau dahier wieder eröffnet: und dadurch 5. Joch von der grossen Bruck hinweggenommen.[319]

...dem 27. ist der Stoß nachts umb 9 Uhr gehend worden mit starckhen Getimell, als wan man von weutten die gröste Stuckh schießen hörete, welches bis halber 12 gewöhret, da er sich dan bey Crembs gesezet, wordurch die Blöhung erfolgt und das Eis aller orthen bis ober Spütz haushoch aufeinander geschoben worden, wie dan der Weeg ober Thürnstein von lezten Haus in Thall bis an Wadtstein a potiori der Weingart Höche verlegt worden, daß alles durch die Weingartten gehen müssen, eben so von Rothen Hoff bis Stain, daß alles über den Pföffen- und andere Berg passieren müssen in die 4 Täg, mit einem Pferdt, weniger aber mit einem Wagen hat mann in die Täg ob Menge des Eis weder oben noch unten ausreisen künen. Am förthof hat es das Wasserthor völlig mit Eis verlegt und den obern unnd untern ganz neuen Weingartt-Zaun völlig ruinirt. Den 28. Febr. Nachts umb 10 Uhr ist der Stoß wider gehend worden und ohne Schaden ausser des so vüllfelltig zuruckgelassenen Eis.[320]

Zwei Wochen später verursachte die Vereisung der Donau Überschwemmungen im Gebiet zwischen der Wachau und Wien:

...von Crembs berichtet / wie daß aldorten / und in der Gegend von Diernstein / wie auch anderer Orten das Eyß / so sich daselbst Haus hoch gesetzt / grossen Schaden verursachet; indeme die Bruck zu Stein völlig hinweggenommen: dan die Weingärten und Felder überschwemmet...[321]

...Erlitten wir von dem Eisgang eine große Überschwemmung...[322]

Bereits zu Ende des Monats kam per kaiserlichem Dekret die Aufforderung zur Wiederherstellung von Straßen und Brücken:

Demnach albereits eingetrettenen früelingswetter aller orthen sonderlich aber zu, und umb Laxenburg die Weeg, und strassen repariert, auch die vorhandene brückhel wiederumben erhebet, und ausgebessert werden solle...[323]

318 Wienerisches Diarium Nr. 1299/1716.
319 Wienerisches Diarium Nr. 1312/1716.
320 StAHb, Kopie eines Schreibfragments des Kalendariums von Probst Hieronimus Übelbacher/Dürnstein, o. Signatur.
321 Wienerisches Diarium Nr. 1316/1716, Bericht vom 11. März 1716.
322 StAKl, Karton 462, Nr. 14.
323 AMP, Karton 157, Faszikel 2, Hofdekret vom 27. März.

Ähnlich dem vorangegangenen Jahr waren die Monate Mai ...*stark anwachsenden Wassers*...[324] und Juni sehr niederschlagsreich, wie auch die Aufzeichnungen in des Kaisers Jagdkalendern dokumentieren.

Im Sommer ereigneten sich häufige Unwetter. Hagel verursachte Schäden in den Weingärten, wie auch die Berichte vom 30. Juli bzw. 10. August überliefern:

> ...*grandine perensso vineo hinc Claustroneoburg: circum circea, Item Kalenberg, Nusdorff, Grinzing et Langenzerstorff magnum damnum...*
>
> ...*2da vice grandine perensso vineo, et pari vel maiori damno, quam prima vice.*[325]

Zusätzlich kam es zum Hochwasser und zu Überschwemmungen der Donau, so am 2. und 31. August ...*inundatio ... rivorum q'm Danubii multis in locis damnum auxit.*[326]

Aufgrund der kühlen Sommer- und Herbstmonate reiften die Trauben nicht in vollem Ausmaß, weshalb der in geringer Menge vorhandene Wein als sauer bezeichnet wurde.

Der erste Schnee fiel bereits am 26. Oktober auf die noch unreifen Trauben ...*prima nix vita est, vineis necdus vindemiatis, et uvis adhuc immaturis.*[327]

1717

Im südlichen Wienerwald gab es im Frühjahr Fröste, die sich negativ auf die Ernteerträge auswirkten.[328] Die Monate Mai und Anfang Juni waren relativ windig, was in den Jagdkalendern Karls VI. eigens vermerkt wurde. Am 31. Mai findet sich darin sogar ein Hinweis auf die Windrichtung ...*nachmitag nichts ostwindt.*[329]

Im Sommer kam es mehrfach zu Unwettern mit Hagel. Berichte in den unterschiedlichsten Quellen dokumentierten das Ausmaß der Schäden:

> ...*wie nemlichen das Donnerwetter ... auf dem Land etliche Meil Weegs weit an den Feld-Früchten und Obst / wie auch in den Weingärten durch die Schlossen / so an vielen Örtern fast wie Hühner-Eyer groß gewesen / ein grossen Schaden verursacht / mithin den armen Land-Mann / welchen es betroffen / wieder in grosses Elend gebracht.*[330]
>
> *Den 11. und 12. entsteht in Österreich sonderlich zu Peters-Dorff, Medlingen, und daherum, biß 2 Meilen vor Wien, ein grausames Donner- und Hagel-Wetter.*[331]

324 Wienerisches Diarium Nr. 1334/1716, Bericht vom 15. Mai 1716.
325 StAKl, Karton 332, Nr. 22, fol. 301r.
326 StAKl, Karton 332, Nr. 22, fol. 301r.
327 StAKl, Karton 332, Nr. 22, fol. 301r.
328 Vgl. WITZMANN, Sozialstruktur Perchtoldsdorfs, 198; SCHÖNEFELDT, Marktgemeinde Brunn am Gebirge, 267.
329 HHStA, Jagdkalender Karl VI., Nr. II.
330 Wienerisches Diarium Nr. 1455/1717, Bericht vom 11. Juli.
331 Sammlung, 1. Versuch, 11.

Den 11. Juli hat das Wetter zu Schultern, und andern orthen alles zu feld und weingartten erschlagen, da es dan zu Engabrunn, am Wassern und Feursbrunn eben so gehaust, zum glück ware der korn schon alles geschnütten...
Den 12. darauf hat das Wetter eben so zu Thürnst: gehaust und absonderlich oben auß die Weingartt theills ganz theills halbs erschlagen, unten auß aber starcke gebrecht.[332]

Daß sonderlich in denen gegen Nord liegenden Ländern, in Holland, an der Ost-See, in Teutschland, Polen, Österreich, Ungarn, etc. der meiste und fast tägliche Regen gefallen von der Mitte des Julii an biß auf den 23. 24. hujus, daher sich auch die Flüsse hin und wieder ergossen.[333]

Abgesehen von diesen lokalklimatischen Einflüssen, die an manchen Orten Einbußen im Ertrag brachten, war der Wein dieses Jahres von guter Qualität:

...Österreich, daß ob zwar hieselbst der Weinstock wegen des vielen vorm Jahre und heuer erlittenen Hagel-Schadens dißmahl an Quantität so gar viel nicht ausgegeben, doch an Güte ziemlich hoch gekommen.[334]

Im Oktober wurde von anhaltendem Nebel berichtet *...In Österreich habe der anhaltende Nebel biß zu Ende des Monats continuiret...*[335] und um Weihnachten kam es zu Gewittern, die von Stürmen begleitet waren:

Am heil. Christ-Tage, Mittags halb 1 Uhr (eine andere Relation sagte, in der Christ-Nacht) war in Wien ein um diese Zeit ungewöhnliches Sturm-Wetter mit Donner, Blitz, Schlossen und Schnee, so auch in einem gewissen Hause 2 mahl, doch ohne Schaden, eingeschlagen.[336]

1718

Im sehr kalten Winter dieses Jahres ereigneten sich in den Monaten Jänner und Februar auch heftige Schneefälle *...Aus Wien vermeldet man den 22. Januar daß die Kälte sehr groß sey, auch daß viel Schnee gefallen.*[337] Das Wienerische Diarium berichtete Anfang Februar von zahlreichen *...prächtigen Schlittenfahrten.*[338] Die großen Schneemengen führten jedoch ab der Monatsmitte zu Beeinträchtigungen des Alltagslebens in und vor der Stadt:

Gestern und Heute war ein so grosser mit Schnee vermischter Sturm-Wind hierum gewesen / daß dadurch nicht allein die Weege und Strassen verwehet: mithin die gewöhnliche ab- und einlauffende Posten verhindert: sondern auch einige Personen zurückzukehren gezwungen worden / andere aber wohl gar auf der Strassen elendig erfriehren müssen.[339]

---

332 StAHb, Kopie eines Schreibfragments des Kalendariums von Probst Hieronimus Übelbacher/Dürnstein, o. Signatur.
333 Sammlung, 1. Versuch, 18.
334 Sammlung, 2. Versuch, 191 f.
335 Sammlung, 2. Versuch, 161.
336 Sammlung, 2. Versuch, 376.
337 Sammlung, 3. Versuch, 509.
338 Wienerisches Diarium Nr. 1514 und 1515/1718, Berichte vom 3. und 8. Februar.
339 Wienerisches Diarium Nr. 1516/1718, Bericht vom 10. Februar.

Das solches alles nit eher übersendet, hat das abscheuliche wetter verhindert, welches alle weg verwähet. Habe auch noch mehrer bestellet, wegen impracticablen weg aber ist noch nichts ankohmen.[340]

...daß jedweder den auf den Tächern befindlichen Schnee inner den nächsten 3 Tägen / und zwar heut anzufangen ... herabwerffen...[341]

Aus Wien schrieb man vom 5. Februar daß die Kälte hefftig anhalte, an der bereits viel Menschen erfroren; auch sey der Erd-Boden mit tieffem Schnee bedeckt. Item vom 12. Februar das einige Zeit her continuirte kalte Wetter ist 3. Tage hindurch als den 8. 9. 10. mit ungestümen Winden und vielem Schnee solcher Gestalt vermehrt worden, daß nicht allein das Land und die Strassen damit bedecket und die Posten verhindert worden, sondern auch viel Reisende unterwegs erfroren. Item, vom 13. Februar daß auf den Schnee große Kälte gefolgt, daß das Wild sich in den Linien, und die Wölfe in der Vorstadt Mayelsdorff, eingefunden. Item vom 26. Februar nach einer sehr heftigen Kälte, die allhier etliche Wochen gedauret, untermischt mit vielem Schnee, hat sich diese in sehr gelindes Thauwetter verwandelt, wodurch nicht allein in wenig Tagen der Schnee geschmolzen, sondern auch die Wässer unversehens angewachsen, daß den 24. hujus der Eyßgang in der Donau erfolgt ist.[342]

Diese Witterungsverhältnisse erbrachten vorerst keine Schäden in der Landwirtschaft, da *...zu feld und weingarten ... steht alles guett, nichts desto weniger der Wein schlegt von tag zu tag auff.*[343] Im März ist *...in Wien ... im letzten Theile dieses Monaths schön Wetter gewesen.*[344] In den Monaten April und Mai war es sehr warm und trocken:

Aus Wien schrieb man vom 11. May, daß das angenehme Frühlingswetter continuire: und vom 18. hujus: daß hieselbst bey einigen Wochen her eine grosse Dürre gewesen, so daß man um die Feld-Früchte in grossen Sorgen gestanden; daher man auch öffentliche Gebeter, Gott um Regen anzurufen, angeordnet; die auch dergestalt erhöret worden, daß den 13. und 14. Regen gefallen; wannenhero den 16. May früh eine solenne Procession gehalten worden, Gott hier vor zu danken.[345]

Im Sommer *...herrschte unerträgliche, seit langer Zeit nicht so heftig gewesene Hitze anhaltend. Alle Früchte außer Wein der gut gerathen ist, sind dabey mißgerathen. Die Erde spaltete sich tief; Waldbrände, Versiegung der Quellen, Brunnen, Flüße, Bäche und Seen ergaben sich weit und breit.*[346]

340   StAKl, Karton Briefe Pröbste Ernest Johann Perger, Gottfried Johann v. Roleman, Ambros Ignaz Lorenz, Nr. 22, Bericht des Verwalters der Herrschaft Reinprechtspölla/NÖ vom 13. Februar an das Stift Klosterneuburg.
341   Wienerisches Diarium Nr. 1518/1718, Bericht vom 17. Februar.
342   Sammlung, 3. Versuch, 630 f.
343   StAKl, Karton Briefe Probst Ernest Perger I, Nr. 120, Bericht des Verwalters der Herrschaft Stoisendorf/ NÖ an das Stift Klosterneuburg vom 11. März.
344   Sammlung, 3. Versuch, 910.
345   Sammlung, 4. Versuch, 1038.
346   Weinfechsungsgeschichte, 10 f.

Hitze und Trockenheit wurden von Ende Juni bis Mitte Juli von einer kurzfristigen Abkühlung und Unwettern unterbrochen, die in Teilen des Weinanbaugebietes in und um Wien Schäden verursachten:

Den 24. Jun. Nachmittag erhub sich in Wien ein schweres Ungewitter mit sehr grossen und fast einer welschen Nuß gleichenden Hagel-Steinen vermischt, welches nicht nur an den Fenstern viel Schaden that, sondern auch die Weingärten der Gegend des Callenbergs zernichtete, dadurch die Einwohner von 5. biß 6. Dorfschafften in große Betrübniß gesetzet worden, weil sie sich hierdurch der Weinlese fast gänzlich beraubet sahen. Auch schrieb man von daher, daß im letzten Theile dieses Monats sich alldort viel Regen gefunden.[347]

Aus Wien den 13. Jul. dieser Tage hat sich das Wetter geändert, da es denn nach einem langen Regen ziemlich kalt gewesen.[348]

Der qualitativ hochwertige Wein dieses Jahres war allerdings aufgrund der Trockenheit und den erwähnten Hagelschlägen nur in mittelmäßiger Menge vorhanden. Es lässt sich jedoch der im definierten Untersuchungszeitraum früheste Beginn der Weinlese nachweisen. In den Besitzungen des Wiener Bürgerspitals dauerte sie vom 16. bis 28. September[349] und auch in Thallern nahe Gumpoldskirchen, den Weingärten des Stiftes Heiligenkreuz, wurde bereits am 22. September mit den Arbeiten begonnen.[350]

1719

Nach einem milden Winter waren auch der Frühling und Sommer dieses Jahres sehr warm und von großer Trockenheit gekennzeichnet, was sich bereits Anfang Juni abzuzeichnen begann ...*steht alls zu feld und Weingarten schön, ausser das vor die Sommersaat ein baldiger regen vonnöthen.*[351] Vereinzelt kam es zu Unwettern:

In Wien hat man den 4. Jun. Vormittag ein schweres Donnerwetter verspüret: und vom 28. Jun. schrieb man daher: Wir haben verschiedene Tage her recht Herbst-Wetter mit Regen vermischt gehabt.[352]

Den 1. Julii ist in allhiesiger Gegend ein erschrecklich mit Donner und Blitz vermischtes Wetter gewesen, welches zu Dornbach zwey Stunden von Wien in zwey Häuser zugleich eingeschlagen, die auch völlig abgebrandt.[353]

Die Tendenz zu hohen Temperaturen und geringen Niederschlägen blieb weiter erhalten. Anton Pilgram beschrieb die Sommermonate wie folgt:

Auch dieses Jahr hat ganz Europa eine so ungemeine und lang anhaltende Hitze empfunden, daß sie jene des vorigen Jahrs völlig erreichte. Das Gras und

---

[347]   Sammlung, 4. Versuch, 1158.

[348]   Sammlung, 5. Versuch, 1328.

[349]   Vgl. PRIBRAM, Materialien, 369.

[350]   Vgl. NEUMANN, Weinfechsungen, 71.

[351]   StAKl, Karton Briefe Sebastian Mayr, Jakob Cini, Ernest Perger, Nr. 134, Brief des Verwalters der Herrschaft Stoisendorf an das Stift Klosterneuburg vom 8. Juni.

[352]   Sammlung, 7. Versuch, 649.

[353]   Sammlung, 9. Versuch, 30.

116

Getraid verdorrte gänzlich. Die Sommerfrucht war allenthalben sehr schlecht, der Wein aber gerieth treflich, doch erhielt sich sein Angedenken lange nicht so, wie jenes von 1718. Die Bäume blühten an einigen Orten zwey, auch dreymal.[354]

Trotz der vereinzelt auftretenden heftigen Gewitter kam es im Juli und August zu einer Wasserknappheit:

Die unbeschreibliche Hitze continuirt annoch allhier, obzwar in der Nachbarschaft öffters Wetter gehöret werden, welche überall großen Schaden thun. Diese anhaltende Hitze verursachet, daß in denen Vorstädten an verschiedenen Orten das Wasser mangelt, wodurch denn das Elend ie länger ie grösser wird.[355]

Von Mariazell in Steyermark referirte man, daß am 1. Aug. des Morgens gegen 7 Uhr bey entstandenen hefftigen Wetter der Donner in den Thurm daselbst eingeschlagen, so daß alle Gläser in den Kästen dasiger Schatz-Kammer, ingleichen alle gelbe Gläser bey dem hohen Altar, zerbrochen ... die Kayserliche Glocken beschädiget, und die grosse Orgel völlig verdorben worden.[356]

Die anhaltend grosse Hitze macht, daß in den Vorstädten an verschiedenen Orten das Wasser mangelt, wordurch das Elend ie länger ie grösser wird; weßwegen denn Gebete angestellet worden, von Gott einen gnädigen Regen zu erbitten.[357]

Die Qualität des Weines wurde in den Quellen als sehr gut bezeichnet. Dieser Jahrgang hatte wegen Fäulnis jedoch Mängel in der Haltbarkeit, was durch die Lese von bereits überreifen Trauben verursacht worden sein könnte.

1720

Das Jahr begann mit einem heftigen Wintergewitter, großer Kälte und teils starken Schneefällen:

...Nachmittags / zwischen ein und zwey Uhr / ware dahier die Luft zimlich verfinstert worden / und nachdem ein mit Hagel / Blitz und Donner vermischtes Sturm-Wetter entstanden; Darauf zwar ein grosser Schnee gefallen / so aber auch gleich wieder zergangen.[358]

Wir haben dieser Tage her grosse Kälte und Schnee gehabt; so, daß der Wiener-Fluß und andere kleine Flüsse der Donau zugefroren, und also nunmehro die Einführung des Eyses gewöhnlicher Weise gemacht wird, und kann sich niemand erinnern, daß im Dec. ein so starker Frost allhier gewesen.[359]

Heute hat es um 1 Uhr nach starkem Winde einen kleinen Schnee zu werffen angefangen, worauf ein Wetterleuchten mit Donner erfolgt, und nach diesem ein starcker Schnee. Da auch dieser Tagen her die Kälte ziemlich groß gewesen,

[354] PILGRAM, Untersuchungen, 123.
[355] Sammlung, 9. Versuch, 30, Bericht vom 30. Juli.
[356] Sammlung, 9. Versuch, 160.
[357] Sammlung, 9. Versuch, 160, Bericht vom 12. August.
[358] Wienerisches Diarium Nr. 1714/1720, Bericht vom 3. Jänner.
[359] Sammlung, 10. Versuch, 653, Bericht über den 2. Jänner.

so ist der Wienfluß und andere kleine Flüsse der Donau zugefroren, daß also nunmehro die Einführung des Eyses gewöhnlicher Weise gemacht wird.[360]

Über die Witterung der folgenden Wochen können aufgrund der Quellenlage keine genauen Aussagen getroffen werden,[361] am 1. Mai ist jedoch *...bisher angenehm Frühlings-Wetter gewesen.*[362] In diesem Monat musste Kaiser Karl VI. an elf Tagen wegen vorherrschendem Wind seine Jagden entweder unterbrechen *...windt nachhaus nachmit windt...,*[363] oder überhaupt absagen *...ganzen tag wegen windt nichts.*[364]

Im Juni und August kam es in der weiteren Umgebung Wiens wiederholt zu Unwettern mit Hagelschlägen:

...jüngstens an einigen Örtern in Mähren / als auch unweit Presburg an verschiedenen Örtern das Ungewitter ein nicht geringen Schaden an dem Weinstock und Früchten verursachet / daß fast nicht zu beschreiben / wie man auch durch die Schlossen / so den andern Tag noch ein starke Faust groß auf dem Feld und in den Weingärten gefunden worden / an einem Ort bis 20. große Trappen / und auch viele Wild-Tauben erschlagen angetroffen.[365]

In der Nacht zwischen 7. und 8. August hatten wir ein solch Donnerwetter, dergleichen man sich nicht erinnert. Es waren 5. unterschiedene Wetter um halb 2. viere aber um 3 Uhr. Der Himmel war völlig überzogen von den finsteren Wolken, die das von 5. Orten zugleich hervorbrechende continuirliche und grausame Blitzen viel erschrecklicher vorstelleten. Doch hat man noch von keinen Schaden gehöret, indem es lauter Wasser-Streiche gewesen.[366]

Die Schäden im Weinbau waren nur von kleinräumigem Ausmaß, da in den Aufzeichnungen allgemein von viel Wein in sehr guter Qualität berichtet wurde. In den Besitzungen des Wiener Bürgerspitals begann man bereits am 19. September mit der Weinlese, was im Vergleich zu vorangegangenen Jahren ein sehr frühes Datum darstellt.[367]

Anfang November kam es erneut zu heftigen Stürmen. Das Wienerische Diarium und die Sammlung von Natur- und Medizingeschichte berichteten:

Von Stein und Crems / wie auch mehr andern Örtern ware die Nachricht kommen / wie daß alldorten dieser Tagen von einem entstandenen Sturm-Wind ... vieles zugrund gegangen.[368]

---

360   Sammlung, 11. Versuch, 11, Bericht über den 3. Jänner.

361   In Linz herrschte nach den Angaben von Johann Adam Wentzel im März und der ersten Aprilhälfte große Kälte. Vgl. WACHA, Wetterchronik, 30.

362   Sammlung, 12. Versuch, 392.

363   HHStA, Jagdkalender Kaiser Karl VI., Nr. III., Eintrag vom 27. Mai.

364   HHStA, Jagdkalender Kaiser Karl VI., Nr. III., Eintrag vom 14. Mai.

365   Wienerisches Diarium Nr. 1762/1720, Bericht vom 19. Juni. Die Niederschläge wurden in Wien jedoch positiv bewertet. Sammlung, 12. Versuch, 616, Bericht vom 12. Juni: *...daß den 9. Jun. ein fruchtbarer Regen gefallen, als wann man öffentliche Devotionen gehalten und noch continuirt.*

366   Sammlung, 13. Versuch, 137.

367   Vgl. PRIBRAM, Materialien, 369.

368   Wienerisches Diarium Nr. 1802/1720, Bericht vom 8. November.

...allhier diese Nacht entstandene grosse Sturm-Wetter ... Kirchenturm zu Maria Brunn umgeworfen...[369]

Das am 8. Nov. zu Nacht entstandene grosse Sturm-Wetter, dabey an verschiedenen Orten ein Erdbeben verspüret worden, hat auf dem Lande und sonst an den Häusern und Ställen grossen Schaden gethan, auch nicht allein verschiedene Bäume mit der Wurzel herausgerissen, sondern auch viele Dächer von den Häusern hinweggenommen, ja sogar den erst neuerbaueten Kirch-Thurn zu Maria-Brunn umgeworffen, wie nicht weniger auch das Kirch-Dach sehr beschädiget.[370]

1721

Das Jahr begann mit heftigen Stürmen, die große Schäden an zwei Kirchen der Stadt verursachten:

...Heute Früh dahier ein starker Wind / und unter diesem ein zimliches Schnee-Wehen: auch dabey gegen drey Vierdtel auf sieben Uhr ungefehr ein heller Blitz zusehen: und gleich hiernächst ein starker Donner-Knall zuhören gewesen.[371]

...Heute Nachts abermalen ein so starker Sturmwind entstanden / daß dadurch nicht allein zu Maria-Hülf die Kuppel vom Thurm / so rechter Hand stehet / wan man in die Kirche geht / sondern auch zu Maria-Trost von dasigem Kirchen-Thurm die halbe Kuppel des Morgens / gegen 9. Uhr / herunter geworffen worden.[372]

Den 15. Januar geschahe unter einem starcken Wind, Schnee, Regen und Blitze, in der Frühe drey Viertel auf 7 Uhr ein harter Donnerschlag, welcher in den St. Stephans-Thurm geschlagen, iedoch keinen Schaden gethan. Heute aber hat ein starcker Wind vor der Stadt einige Kirchen-Thürme, sonderlich bey St. Ulrich und Maria-Hülff sehr beschädiget und eingerissen. Gleichwie inzwischen den Armen der gelinde Winter ein zeitlicher Trost ist, wegen abgängigen Holtze; also verursachet dieser bey andern nicht kleine Bekümmerniß, daß heuer kein Eis zu hoffen ist. Den 18. Januar zu Nacht war abermals ein hefftiger Sturm, daß dadurch zu Maria-Hülff und auch zu Maria Trost die Thurn-Kuppel abgeworffen wurde.[373]

Anfang März kam es zu einem Kaltlufteinbruch *...Vor 3. Tagen hat man allhier eine solche unvermuthete heftige Kälte bekommen, daß 3. Tage allbereits die Donau, so vorhin noch nicht zugefroren gewesen, wieder zugefroren.*[374] Der darauf folgende Temperaturanstieg ließ die Donau bei Tulln über ihre Ufer treten, wodurch in der Stadt Schäden an Gebäuden verursacht wurden.[375] Im April kam es mehrfach zur

---

[369] Wienerisches Diarium Nr. 1803/1720, Bericht vom 9. November.
[370] Sammlung, 14. Versuch, 488.
[371] Wienerisches Diarium Nr. 1822/1721, Bericht vom 15. Jänner.
[372] Wienerisches Diarium Nr. 1823/1721, Bericht vom 18. Jänner.
[373] Sammlung, 15. Versuch, 22.
[374] Sammlung, 15. Versuch, 129.
[375] Vgl. WEIKINN, Quellentexte IV, 147.

Bildung von Reif, was sich auch nachteilig auf die Weinlese auswirken sollte *...vine-ta gelu et pruina totaliter decocta ... hac mensus frigus consecutus est.*[376]
Zwischen 1. und 8. Mai musste Kaiser Karl VI. fünf Mal wegen Regen oder Wind auf eine geplante Jagd verzichten, zwischen 16. und 28. Mai hinderten ihn derartige Witterungsverhältnisse sechs Mal an einer Ausfahrt.[377]
Über die klimatischen Bedingungen des Sommers können keine genauen Aussagen getroffen werden, sowohl vom 14. Juni als auch vom 13. August wurde jedoch be-richtet, *...daß das schöne Wetter anhalte.*[378] Die Beschreibungen des Weines erfolg-ten allerdings durchwegs mit den Attributen sauer bzw. schlecht, was auf eine im Vergleich zu den vorangegangenen Jahren geringere Sonnenscheindauer schließen lässt. Am 3. September wurde berichtet, *...daß es immerzu regne, und die Hitze sich mindere.*[379] Dies dürfte jedoch nur von kurzer Dauer gewesen sein, da sich erst am 11. Oktober *...das Zeithero schön angehaltene Herbst-Wetter in eine scharffe Kälte zu ändern...*[380] begann.

1722

Der Winter wurde in den Quellen als mild beschrieben.[381] Aus den Frühjahrsmona-ten sind keine außergewöhnlichen Witterungserscheinungen überliefert – weshalb diese allerdings nicht definitiv ausgeschlossen werden können. Anfang Juni ereigne-ten sich im Raum Wien heftige Unwetter:

> *Den 7. Jun. als in der Octav Corporis Christi, hat es zu Ende der Procession an-gefangen zu donnern und zu hageln, daß man kaum das Venerabile salviren können, sintemal es pfündige und 3. Viertel-Pfund schwere Hagelsteine gewor-fen, also daß auch die Leute von selbigen in der Kirche beschädiget worden: Es wären nicht 10. Häuser in der Stadt, wo nicht die Fenster und Dächer ruinirt und die Obst-Bäume und Weinstöcke also zugerichtet worden, daß man in drey Jahren weder von diesen noch von jenen einige Frucht zu hoffen haben: Auch wäre alles Getraide zerschlagen, also daß nicht ein Halm zu sehen, und von fremden Orten werden zugeführt werden müssen.*[382]
>
> *Alhier seynd diese 3 Täg hindurch immerhin heftige Donner-Wetter gewesen / welche an unterschiedlichen Örtern auf dem Land herum grossen Schrecken / und Schaden verursacht; wie dann durch ein dergleichen Ungewitter in etliche*

---

[376] StAKl, Karton 332, Nr. 22, fol. 301r, Eintrag vom 25. April. Auch die Sammlung von Natur- und Medizin-Geschichten überliefert Ähnliches: *Daß durch den nach der Wärme gekom-menen Frost und starcken Reiffe der Weinstock viel Schaden gelidten.* Sammlung, 16. Versuch, 353. Abt Pagl berichtet aus Lambach von einem feuchten Winter, einem schönen März und Kälte bzw. Frost in der ersten Aprilhälfte. Vgl. WACHA, Wetterchronik, 30.

[377] HHStA, Jagdkalender Karl VI., Nr. IV.

[378] Sammlung, 16. bzw. 17. Versuch, 582 bzw. 125. Johann Adam Wentzel berichtet jedoch aus Linz, dass auf die heiße Witterung in den Monaten Juni und Juli von Ende Juli bis Anfang September Regenwetter folgte. Vgl. WACHA, Wetterchronik, 30.

[379] Sammlung, 17. Versuch, 125.

[380] Sammlung, 17. Versuch, 144.

[381] Vgl. SONKLAR, Gletscherschwankungen, 182.

[382] Sammlung, 21. Versuch, 17.

Meilen von hier über der Donau gelegenes Ort Kümerdorf geschlagen / einen Mann zwischen seinen Kindern sitzend / getödtet / auch 6 Häuser durch das wilde Feuer in die Aschen gelegt...[383]

Am Donnerstage vernahm man aus Neustadt, daß die letzt gemeldten schweren Gewitter auch selbiger Gegend sehr hart getroffen haben, in den vergangenen Dienstag, und auch am Mittwoch Vormittags ein solches Hagel- und Regen-Wetter alda gewesen, daß iedermann geglaubet, es wäre der jüngste Tag vorhanden; eine halbe Stunde von selbiger Stadt aber wäre es am hefftigsten gewesen, allwo es Steine, wie die größten Hüner-Eyer und auch noch grösser, in einer solchen Menge geworffen, daß dergleichen bey Manns-Gedenken nicht gesehen, viel weniger gehöret worden...[384]

Der Sommer dieses Jahres kann als sehr feucht eingestuft werden. Ab dem 13. September setzte kühle und regnerische Witterung ein, weshalb am 25. September in den Weingärten des Bürgerspitals mit der Lese begonnen wurde. Sie erbrachte einen qualitativ guten bis mittleren, in der Menge allerdings nur mittelmäßigen Ertrag. In Retz gab es trotz häufigem Hagel im Sommer viel Wein mittlerer Güte.[385]

Am 20. September wurde berichtet, dass ...*die scharffe Witterung der heran nahenden Winters-Zeit sich bereits anzufangen beginnet.*[386]

1723

Aufgrund der in den Wintermonaten vor allem in den Alpen herrschenden strengen Kälte fror am 13. Februar der Hallstädter See zu.[387] In Wien wurde wegen ...*der übergrossen Kälte / und des schlipferigen Gehens des Schnees und Eises halber...*[388] das Alltagsleben der Bevölkerung beeinträchtigt.

Das ...*angenehme Frühlings-Wetter...,*[389] welches sich Mitte März einzustellen begonnen hatte, währte nicht lange. Im April wurde von zahlreichen Niederschlägen und Unwettern berichtet:

...*gewesten starken Donner-Wetter durch den Blitz 12. bis 14. Häuser zu Jettelstorf / 2. Stunden von hier / jenseit der Donau / waren eingeäschert worden.*[390]

Auch im Mai konnte Kaiser Karl VI. an 13 Tagen des Monats eine geplante Jagd wegen Wind und/oder Regen nicht durchführen. Vom 22. bis 28. Mai regnete es täglich.[391]

---

383   Wienerisches Diarium Nr. 68/1722.
384   Sammlung, 21. Versuch, 133.
385   Vgl. LÖSCHNIG, STEFL, Wein- und Obstbaukalender, 162.
386   Wienerisches Diarium Nr. 84/1722.
387   Vgl. WIROBAL, Klima, 46.
388   Wienerisches Diarium Nr. 14/1723, Bericht vom 16. Februar.
389   Wienerisches Diarium Nr. 23/1723, Bericht vom 15. März. Noch am 6. März heißt es: ...*Biß dato continuirt das Regen-Wetter noch.* Sammlung, 23. Versuch, 247.
390   Wienerisches Diarium Nr. 33/1723, Bericht vom 21. April.
391   Vgl. HHStA, Jagdkalender Karl VI., Nr. IV., Einträge für den Monat Mai. Auch im Stift Melk musste die Fronleichnamsprozession am 30. Mai wegen Regen in der Kirche abgehalten werden. Vgl. StAM, Pfarrchronik Melk 1722–1781, pag. 32 f.

Für den Sommer existieren widersprüchliche Aussagen, die mit regional unterschiedlichen Witterungsverläufen erklärt werden können. Anton Pilgram beschreibt ihn als *...Wiederum sehr heiß. Hin und wieder vertrockneten ganze Wässer, und es entstand von der Trockne eine große Menge Feuersbrünste.*[392] Ganz anders lauten die zeitgenössischen Berichte im Wienerischen Diarium:

...die verflossene Witterung nicht so regnerisch und kalt gewesen wäre...[393]

...wegen immer-dauernden Regens...[394]

...aus Tyrol von Potzen vernahme man / was massen vor heuer eine gesegnete gute / und reiche Weinlöse alda zu hoffen seye; und gleichwie man dahier um schönes Wetter seufzet, habe man entgegen aldort einen gedeylichen Regen zu erlangen / offentliche Gebetter angestellet.[395]

Auch der Prior des Stiftes Göttweig vermerkte in seinem Schreibkalender für die Monate Juli, August und September häufigen Regen und Kälte.[396] Im Stift Melk wurde am 22. Juli eine Bittprozession um Wetterbesserung abgehalten.[397] Differierend auch die Aussagen zur Weinlese. Für Österreich wurde der Wein allgemein als gut bezeichnet. Die Erträge des Wiener Bürgerspitals waren jedoch schlecht und wenig, Klosterneuburg erhielt mittelmäßigen Wein. In Retz gab es nach einem trockenen Sommer wenig aber guten Wein.[398] In Göttweig war die Qualität durch den anhaltenden Regen beeinträchtigt:

...dieses Jahr wegen des schlecht gewesten Somer und mehrern Kälte ist der Wein zümlich schlecht geraten in quantitate et qualitate, besonders wo der Reiff in Frühjahr ... in Lesenszeit die Weinböhr klein und grasgrien, ganz unfertig ohne Saft, so hart, das die Bauern haben zermostlet ... auf etlich und mehrern Orthen, wo der Reiff kein Schaden gethan, sint die Weinböhr zümlich vollkommen worden, obwoll vor dieses Jahr das Lesen nicht zu groß, hat es doch allenthalb mehrer ... als vor einem Jahr, jedoch kame er in der Güte dem vorjährigen Most bei weitem nicht gleich, weil der heurige sehr sauer und wenig kraft, der vorjahrige siess und kräfftig.[399]

Die Niederschläge der Sommermonate dürften somit im Osten Österreichs häufiger und intensiver als im Westen und Norden des Landes ausgefallen sein. Anfang November kam es zu heftigen Stürmen und Unwetter. Das Wienerische Diarium schilderte am 6. November das Ausmaß der Schäden:

Heute Nachts entstunde dahier ein so grausamer Sturm-Wind / mit untermischten häuffigen Regen / daß von vielen Jahren her kein so ungestimmes Wetter zu

392 PILGRAM, Untersuchungen, 123 f.
393 Wienerisches Diarium Nr. 64/1723, Bericht vom 7. August.
394 Wienerisches Diarium Nr. 75/1723, Bericht vom 9. September.
395 Wienerisches Diarium Nr. 77/1723, Bericht vom 22. September.
396 Vgl StAGw, Karton E 6, Schreibkalender 1723, Notizen des Priors Gregor Schenggel.
397 Vgl. StAM, Pfarrchronik Melk 1722–1781, pag. 32 f.
398 Vgl. PRIBRAM, Materialien, 369; StAKl, ClCal 1726; LÖSCHNIG, STEFL, Wein- und Obstbaukalender, 164; Weinfechsungsgeschichte, 17.
399 StAGw, Karton E 6, Schreibkalender 1723, Notizen des Priors Gregor Schenggel.

gedencken; wodurch nicht allein die mehresten Zäune / und Planken / auch Tächer hin und wieder auf dem Land niedergerissen / und abgedecket...[400]

1724

Anfang Jänner herrschte anhaltender Nebel. Das Wienerische Diarium berichtete am 24. Jänner *...Heute bey hellen Wetter / nachdeme der einige Zeit angehaltete starcke Nebel vergangen.*[401] Die folgenden Wochen können aufgrund der nur punktuell vorhandenen Quellen nicht ausreichend dokumentiert werden. Am 14. April war jedoch *...ein sehr ungestimmes frostiges [Wetter] / mit Regen und häuffigen jetziger Jahrs-Zeit ungewöhnlichen Schnee eingefallen...,*[402] welches bis Anfang Mai anzuhalten schien. Die Jagdkalender Kaiser Karls VI. berichteten über den Monat April *...Das ganze Monath nichts wegen wetter auch nichts auf Laxenburg von wegen wasser...,* das dort am 1. Mai schließlich zu Hochwasser führte *...in Laxenburg bach ausgangen, nachmitag nichts, bachrandt steht herauf.*[403] Am folgenden Tag besserte sich das Wetter jedoch schlagartig *...zum erstenmal bey angenehm schön und stillen Wetter.*[404]

Der Sommer wurde als heiß und sehr trocken beschrieben. Anfang Juli ereignete sich im Raum Baden bei Wien ein heftiges Unwetter:

> *...ein solch erschröckliches Ungewitter entstanden / daß es in der Gegend an unterschiedlichen Gebäuden / Bäum / Früchten / und Weingärten / einen grossen Schaden verursachet hat.*[405]

> *Von Baden in Österreich vernimmt man, daß daselbst den 3. Jul. ein erschreckliches Ungewitter entstanden, wodurch allda, wie auch zu Petersdorff, und andern Orten an Gebäuden, Bäumen, Früchten und Weinbergen grosser Schade geschehen.*[406]

> *Die grosse Dürre, die seit einiger Zeit continuiret, thut viel Schaden an den Feld-Früchten, besonders an dem Wein-Stock.*[407]

Zu den befürchteten Schäden in den Weinanbaugebieten südlich von Wien dürfte es jedoch nicht gekommen sein. In Perchtoldsdorf gab es eine ertragreiche Ernte[408] und der Wein wurde allgemein als sehr gut bezeichnet.

> *Der Sommer dieses Jahrs war jenem des vorhergehenden an Hitze und Trockne ähnlich, und dennoch kochte der vorige nur einen mittelmäßigen, dieser aber einen sehr guten Wein.*[409]

---

[400] Wienerisches Diarium Nr. 90/1723.
[401] Wienerisches Diarium Nr. 8/1724.
[402] Wienerisches Diarium Nr. 31/1724.
[403] HHStA, Jagdkalender Karl VI., Nr. VI.
[404] Wienerisches Diarium Nr. 36/1724, Bericht vom 2. Mai.
[405] Wienerisches Diarium Nr. 56/1724, Bericht vom 3. Juli.
[406] Sammlung, 29. Versuch, 18.
[407] Sammlung, 29. Versuch, 131.
[408] Vgl. WITZMANN, Sozialstruktur Perchtoldsdorfs, 198.
[409] PILGRAM, Untersuchungen, 253.

Zusätzlich kam es in Perchtoldsdorf zu einem verhältnismäßig frühen Beginn der Weinlese. Die Verköstigung der Lesearbeiter scheint in den Spitalmeisterrechnungen des dortigen Bürgerspitals bereits am 18. September das erste Mal auf und einen Tag später wurde darin vermerkt *...bezahle in beysein Meiner hw. Inspector die Mosstler, Büttentrager, und Maischhüetter laut Specification.*[410]
Nachdem am 29. November *...übles Wetter eingefallen...*[411] war, ereigneten sich Anfang Dezember heftige Stürme:

> *Man vernimmt von dem Lande herein, daß der dieser Tage hiesiger Orten gewesene sehr hefftige Sturm fast allenthalben Schaden gethan, die Dörffer sind meist ihrer Dächer beraubt, und siehet es allenthalben aus, als wenn sie durchs Feuer wären ruiniret worden.*[412]

1725

Anno 1725 war das Frühjahr naß, der Sommer sehr regnerisch; der Wein, und alle Früchte mißriethen, und Theurung der Lebensmittel erfolgte.[413] In dieses Bild fügen sich auch die Aufzeichnungen Kaiser Karls VI., der erneut zwischen 2. und 29. Mai elf Mal wegen Wind und/oder Regen seine waidmännischen Vergnügungen absagen musste,[414] und auch *...das stete Regen-Wetter die Erndte sehr hindere.*[415] Dementsprechend waren auch die Erträge im Weinbau. Das Wiener Bürgerspital erhielt aufgrund der feuchten Witterung schlechten und wenig Wein[416] und auch die Erträge Perchtoldsdorfs waren von schlechter Qualität.[417] In Retz erfolgte die Lese gar erst im November. Der Wein war nach Hagelschäden im April und den häufigen Niederschlägen nur in geringer Menge vorhanden und von schlechter Qualität.[418]

1726

Die Monate Jänner *...Ganzen nichts wegen frostkhelter...* und Februar *...all dieser Zeit nicht aus wegen schne kelte starken winter...*[419] waren von Kälte und häufigen Niederschlägen gekennzeichnet. In dieses Bild fügen sich auch die zahlreichen Berichte im Wienerischen Diarium:

> *Nachdeme dieser Tagen ein frostiges mit Schnee vermengtes Wetter alhier eingefallen...*[420]

> *Dito / nachdeme das in voriger Wochen gähling eingefallene warme / sich darauf wiederum in ein kaltes Wetter verändert / auch durch etliche Täge häufiger Schnee gefallen ... heute Abends ... sehr prächtige Schlittenfahrt...*[421]

410   AMP, Hs. B-125-22, fol. 56v.
411   Sammlung, 30. Versuch, 462.
412   Sammlung, 30. Versuch, 570.
413   Weinfechsungsgeschichte, 7.
414   HHStA, Jagdkalender Karl VI., Nr. V.
415   Sammlung, 32. Versuch, 568.
416   PRIBRAM, Materialien, 369.
417   Vgl. WITZMANN, Sozialstruktur Perchtoldsdorfs, 198.
418   Vgl. LÖSCHNIG, STEFL, Wein- und Obstbaukalender, 164.
419   HHStA, Jagdkalender Karl VI., Nr. V., Einträge zu den Monaten Jänner und Februar.
420   Wienerisches Diarium Nr. 4/1726, Bericht vom 9. Jänner.
421   Wienerisches Diarium Nr. 6/1726, Bericht vom 16. Jänner.

Abends aber / da nun das frostige mit vielem Schnee vermengte wetter bis an-
hero angehalten...[422]

...Schlittenfahrt...[423]

Es wird von unterschiedlichen Orten bestättiget / wie daß verwichener Tagen
ein so entsetzlicher Schnee gefallen / daß die abligenden Dorfschaften / oder
sonsten einsamligende Häuser / schwer oder gar nicht haben zusammen kom-
men können / und also mancher Mensch wegen Ermanglung deren Lebens-
Mitteln / oder Verfallung in den Schnee / seinen Geist habe aufgeben müssen.[424]

Die großen Schneemengen blieben bis Mitte März in diesem Ausmaß erhalten, weshalb das Verbot des Fleischessens in der Fastenzeit sogar gelockert wurde. Das um
die Mitte des Monats beginnende Tauwetter hatte jedoch nicht die gefürchtete
große Überschwemmung zur Folge und beschädigte durch die Auflösung des Eisstoßes „lediglich" die große Donaubrücke:

Nach sehr häuffig gehabten undenklich grossen Schnee / so zu Anfangs voriger
Wochen alhier / und in dem gantzen Land gefallen (wodurch nicht allein die
Strassen durchgehends unbrauchbar gemacht / und also die Zufuhr deren Lebens-
Mitteln dergestalten gehemmet worden / daß die Allerhöchste Obrigkeit für
nöhtig erachtet / das Fleisch-Essen bey jetziger Fasten-Zeit / so anfänglich von
allen Cantzeln ware verbotten worden / wiederum bis auf Mitt-Fasten zu er-
lauben) ist dieser Tagen darauf ein Tau-Wetter eingefallen / wodurch die
Donau dahier ohne bisher geforchteten Ergiessung / oder Überschwemmung
wieder eröfnet / mithin einige Joch von der grossen Brucken hinweg gerissen / und
dadurch die Communication mit dem jenseitigen Land unterbrochen worden.[425]

Nach sehr häufig gehabten und undencklich grossen Schnee, so zu anfangs vori-
ger Woche allhier und im ganzen Lande gefallen, ist dieser Tage darauf ein
Thau-Wetter eingefallen, wodurch die Donau wieder geöffnet worden.[426]

Im Gegensatz dazu war die Witterung des Sommers warm und trocken, was auch
die Berichte über Qualität und Quantität des Weines vermitteln ...*Kalter Winter,*
trockener Sommer; so guter Wein, daß man ihn noch nach 40 Jahren suchte.[427] Mitte
Oktober ereignete sich ein heftiges Unwetter. Das Wienerische Diarium berichtete:

Eben heute nach-Mittag nach einem gehabten sehr heftigen Sturm-Wind / ent-
stunde dahier urplötzlich ein starkes mit Hagel / Donner / Blitz / und Schnee
vermengtes Ungewitter / und schluge der Donner-Strahl in den hohen Thurn
der alhiesigen Metropolitan-Kirchen / jedoch ohne merklichen Schaden.[428]

---

[422]   Wienerisches Diarium Nr. 7/1726, Bericht vom 21. Jänner.
[423]   Wienerisches Diarium Nr. 9/1726, Bericht vom 28. Jänner.
[424]   Wienerisches Diarium Nr. 10/1726, Bericht vom 31. Jänner.
[425]   Wienerisches Diarium Nr. 21/1726, Bericht vom 22. März.
[426]   Sammlung, 35. Versuch, 270, Bericht vom 13. März.
[427]   LÖSCHNIG, STEFL, Wein- und Obstbaukalender, 164. Eine kleinräumige Ausnahme stellte
        Klosterneuburg dar, wo aufgrund von Niederschlägen nur wenig Wein gelesen werden konn-
        te. Es findet sich jedoch kein Hinweis, wann diese Niederschläge auftraten. Vgl. PRIBRAM,
        Materialien, 369.
[428]   Wienerisches Diarium Nr. 84/1726, Bericht vom 17. Oktober.

1727

Auf einen in den Alpen sehr feuchten Winter folgte ein warmer, trockener Sommer, der eine hervorragende Weinlese ergab.

Am 6. Juli ereigneten sich im Bereich zwischen Melk und Wien heftige Unwetter, die große Schäden verursachten:

> ...nach-Mittag alhier geweste mit Donner / Blitz / Platz-Regen / und grossen Hagel-Steinen vermischte schwere Ungewitter / hat nicht allein alhier / sondern auch in denen umligenden Gegenden grossen Schaden verursachet / und unter andern an vielen Orten die Fenster eingeschlagen: und vernimmt man leider von Melk / ein an der Donau 12. Meilen von hier aufwärts liegender Markt / und berühmte Abtey Or. S. Benedicti, daß eben obgedachtes Ungewitter nach Mittag um 4. Uhr auch daselbst einen erschröcklichen Hagel herab geworfen / dergestalten / daß in dem gantzen Bezirk um Melk herum ... alles in Grund geschlagen worden. Es hat zwar dieser Schauer denen Feldern / so ungefehr eine halbe Stunde um Melk herum ligen / nichts geschadet: jedoch ist gleich nach diesem beschehenen Schauer unversehens zu gedachtem Melk eine so heftige Wasser-Ergiessung / welche durch einen in dem Gebürg bey Schallaburg niedergegangenen Wolken-Bruch verursachet worden / erfolget / daß das kleine Bächlein / so von Schrattenbruck her / über die Äcker / und Wiesen / nebst dem Closter-Garten vorbey rinnet / und hinter denen Häusern durch den Markt fliessend / sich bei Fischhof in die Donau giesset...[429]
>
> Praetera grandines in illa vicina, Mauer etc. ..., messem agrorum et vinearum totaliter destruxit.[430]

Am 4. August kam es im Raum Krems zu einer Überschwemmung der Donau, bei der die Brücke im Bereich des Wiener Tores weggespült und der Damm zerstört wurde:

> Item per vehemens alluvium fluvii Krembs dicti, pons Cremsentis ad portam Viennentem fuit deportatus, molendinae ommnes in illis partibus destructae. Danubius ita abundabat comportatis per diversos rivas lignis, et cum parva rate non fuerit transnavigabilis.[431]

Die Wärme hielt bis in den Herbst an, am 27. September wurde von einer ...beständiganhaltenden warmen guten Witterung...[432] berichtet.

1728

Ende Jänner führte ein Eisgang ...wegen des eingefallenen sehr übelen und nassen Wetters...[433] zur Überflutung der Leopoldstadt.[434]

---

[429]   Wienerisches Diarium Nr. 56/1727. Vgl. auch LINDE, Chronik, 152. Das Wasser drang auch in die Kirche ein, wie eine an der nördlichen Kirchenwand angebrachte Markierung zeigt.

[430]   StAGw, Cod. ser. n. 91, pag. 437.

[431]   StAGw, Cod. ser. n. 91, pag. 442.

[432]   Wienerisches Diarium Nr. 78/1727.

[433]   Wienerisches Diarium Nr. 6/1728, Bericht vom 21. Jänner.

[434]   Vgl. dazu auch StAKl, Karton 462, Nr. 14.

126

Ende April herrschte eine ...*gegenwärtige angenehme Frühlings-Zeit*.[435] Anfang Juni wurde jedoch über anhaltende Trockenheit geklagt und in Göttweig eine Bittprozession um Regen abgehalten:

> *Weillen / auf schon so lang anhaltenen truckenem Wetter / welches denen anwachsenden Feld-Früchten in die Länge zum Schaden / und Unvollkommenheit gedeyen dörste...*[436]

> ...*Processionem ex Furth duxit in Wörterkreuz pro impetranda pluvia, cum esset summa terra ariditas et ibidem ad hortationem fecit cum sacro lecto...*[437]

Gegen Ende des Monats kam es zu den erhofften Niederschlägen ...*ungeachtet des eingefallenen Regen-Wetters...*[438] und Anfang Juli berichtete das Wienerische Diarium von einem folgenschweren Unwetter in Mistelbach:

> ...*ein entsetzliches Schauer-Wetter / und Wolken-Bruch nach Mittag um 3. Uhr gewesen / durch welches die schönsten Wein-Gebürge verwüstet / und fast der gantze Ort in Wasser gesetzet worden; also da auch das Wasser die grössesten Bäume / an denen 4. Pferden zu führen gehabt hätten / hergetragen / und also alles verschlemmet / daß manche heut zu Tage vor Menge des Schlams das Viehe nicht aus denen Ställen bringen können; mithin ein unersetzlicher Schaden verursachet worden.*[439]

Trotzdem dürfte sich die Witterung des Sommers zugunsten des Weines entwickelt haben, da sich in den Quellen ausschließlich Hinweise auf qualitativ und quantitativ gute Erträge finden.

Die extreme und lang anhaltende Kälte des folgenden Winters begann Ende November ...*fing der frost an am 25. November, und dauret bis zum 1. April 1729*.[440]

1729

Der Winter dieses Jahres war neben großer Kälte und Feuchtigkeit vor allem sehr lang anhaltend ...*dauret bis zum 1. April*.[441] Das Wienerischen Diarium berichtete neben beiläufigen Anmerkungen zu Wetter und Witterung, wie ...*Bey dem anhaltenden so grossen Schnee...*[442] oder ...*dieser Tage ein frostiges mit Schnee vermengtes Wetter alhier eingefallen...*[443] auch über zahlreiche Schlittenfahrten, die von der kaiserlichen Familie bzw. dem Adel durch die Straßen der Stadt veranstaltet wurden:

> *Nachdeme sich seither 8. Tagen das Regen-Wetter in einen grossen Schnee / und Kälte verändert / als thut sich alhiesiger Adel täglich mit Schlitten-Fahrten belustigen; auf dem Land aber seyn durch den häufig gefallenen Schnee die Wege sehr unbrauchbar gemacht worden...*[444]

[435]   Wienerisches Diarium Nr. 33/1728 und Nr. 34/1728, Berichte vom 24. bzw. 26. April.
[436]   Wienerisches Diarium Nr. 46/1728, Bericht vom 9. Juni.
[437]   StAGw, Cod. ser. n. 91, pag. 487, Eintrag vom 7. Juni.
[438]   Wienerisches Diarium Nr. 52/1728, Bericht vom 30. Juni.
[439]   Wienerisches Diarium Nr. 56/1728, Bericht vom 2. Juli.
[440]   StAKl, Hs. D 73, pag. 31.
[441]   StAKl, Hs. D 73, pag. 31.
[442]   Wienerisches Diarium Nr. 2/1729, Bericht vom 4. Jänner.
[443]   Wienerisches Diarium Nr. 3/1729, Bericht vom 8. Jänner.
[444]   Wienerisches Diarium Nr. 1/1729, Bericht vom 1. Jänner.

Verursacht durch einen kurzfristigen Wärmeeinbuch Anfang Februar kam es nach den vorangegangenen häufigen Schneefällen in und um Wien zu einem Hochwasser der Donau und in weiterer Folge zu einer Überschwemmung der Leopoldstadt. Das Wienerische Diarium schilderte die Ereignisse:

Nach sehr häuffig gehabten grossen Schnee / so diesen Winter alhier / und in dem ganzen Land gefallen / wodurch die Straßen durchgehends fast unbrauchbar gemacht worden / und nach 5. Wochen lang gedaurter sehr grosser Kälte / ist darauf verwichenen Mittwoch ein solch geschwindes mit Regen vermischtes Dau-Wetter alhier eingefallen / daß nicht alleine der Schnee fast völlig davon verzehret / sondern auch die Donau dahier ohne grosser bishero geforchteten Ergiessung / oder Überschwemmung / heute Dienstags / den ersten Februarii wieder eröfnet / mithin der meiste Theil deren Brücken in alhiesigen Donau-Insuln durch das rinnende Eis hinweg-gerissen / und dadurch die Communication mit jenseitigem Land unterbrochen worden.[445]

Nachdeme / wie jüngst gemeldet worden / der hiesige Donau-Strom vorige Woche durch das linde Wetter wieder geöffnet / und von dem stehenden Eis befreyet worden / ist die folgende Täge darauf der Fluß dermassen angewachsen / daß nicht allein die alhiesige Leopoldstadt fast gänzlich unter Wasser / also / daß sich die Leute meistentheils in die Höhe derern Häusern sich begeben müssen / gesetzet / sondern auch das hindere Land dis- und jenseits weit und breit überschwemmet worden; über deme hat sich das Eis / da wieder ein harter Frost eingefallen / dergestalten wieder Fest gesetzet / daß man auf das neue alhier wieder über den Fluß laufen kan / und überall alles mit Eis bedecket ist. Diese unverhoffte Überschwemmung hat nicht allein alhier an Schiffen / Gebäuden / und in denen Kellern / sondern auch in denen Auen / und ober- und unterhalb in anderen Orten grossen Schaden verursachet; wie dann auch mit Briefen von Saltzburg von dem 4ten dieses Monats Februarii zu vernehmen gewesen / wie das Samstag / den 28. Januarii / eben allda ein solch weiches mit Regen vermischtes Wetter eingefallen / wodurch nicht nur allein wegen angeloffenen Wässern die Reisende aufgehalten / sondern auch von denen Bergen herabgehenden Schnee-Lähnen verschiedener Orten 14 Personen nebst einer Anzahl Pferden verschüttet / und würklich getötet...[446]

...wurde die Donau durch den Eisgang so sehr ausgebreitet und erhöhet, daß sich das Wild aus den Auen in die Stadt auf die Basteyen geflüchtet hatte.[447]

Die Kälte hielt bis Ende des Monats an, und Kaiser Karl VI. hatte laut einem Eintrag in seinem Jagdkalender *...Dies monath ... wegen grosser khelter nicht ausgehen können.*[448]

---

[445] Wienerisches Diarium Nr. 10/1729, Bericht vom 1. Februar.

[446] Wienerisches Diarium Nr. 12/1729, Bericht vom 8. Februar.

[447] StAKl, Karton 462, Nr. 14. Der Bericht datiert vom 9. Juni 1729, wobei es sich um einen Schreibfehler handeln muss. Pilgram berichtet ähnliches von dieser Überschwemmung, datiert mit 5. Februar: *...gieng das Wasser bis an das Stadtthor, das Eis thürmte sich an einigen Orten 15 Ellen hoch auf; etliche hundert Stück Wild flüchteten sich bis an die Bastey.* Pilgram, Untersuchungen, 98.

[448] HHStA, Jagdkalender Karl VI., Nr. VI.

Ende März gefror die Donau zum dritten Mal in diesem Jahr. Der Eisstoß Anfang April hatte zur Folge, dass sich ...*die Schollen in der Umgebung Wiens über 14 Ellen hoch aufthürmten...*[449] und erneut eine verheerende Überschwemmung der Donau verursachten.

Noch Ende April regnete es häufig und am 27. ereignete sich ...*bey immer anhaltenden kühlen Tagen / ein solch starkes Donner-Wetter ... / als wann es mitten im Sommer wäre / und hat eine ziemliche Weile gedauret.*[450] Die darauf folgenden Sommermonate waren von großer Hitze und Trockenheit gekennzeichnet, wodurch es ...*Trauben genug [gab]; aber die Beeren fielen von der Hitze getrocknet vor der Lese ab. Man klaubte sie in Mengen auf aß sie wie Corinthen und Zibeben, brauchte sie zum Kochen und Backen.*[451] In Göttweig kam es aufgrund der anhaltenden Hitze am 11. September zu einer Bittprozession um Regen:

> ...*aestivus calor in tantum invalescit et continuat ... processionaliter venerant in Monasterium pro impetranda pluvia.*[452]

Der Wein wurde mit Ausnahme des Bürgerspitals, wo es qualitativ und quanitativ sehr guten Wein gab, als mittelmäßig bis gut bezeichnet.

1730

Über die Witterung der Wintermonate liegen keine aufschlussreichen Quellen vor. Das Frühjahr wurde als warm und regnerisch beschrieben, was sich durch die Aufzeichnungen in den Jagdkalendern Karls VI. bestätigen lässt. Zwischen 24. April und 29. Mai konnte der Kaiser insgesamt 19 Mal wegen Regen und/oder Wind nicht zur Jagd fahren.[453] Der Sommer war ...*auch schön aber sehr viel Donnerwetter...*,[454] die Niederschläge führten jedoch im Juli zu einem gewaltigen Hochwasser der Donau. Bereits am 4. Juli wurde über ...*dieser Orten gewesene häuffige Regen / und die dadurch verursachte grosse Wasser-Güssen...*[455] berichtet, welche am 11. Juli bereits ...*durch einen grossen Sturm / Gewitters / und Wolken-Bruchs angewachsenen Wassers...*[456] ein Hochwasser verursachten. Am 13. Juli kam es zu den ersten Überschwemmungen ...*Da nun bey denen so vielen Wolken-Brüchen / und gefallenen Regen / die angeloffene Wässer / und sonderlich der Donau-Fluß an verschiedenen Orten sehr großen Schaden verursachet...*[457] und wenige Tage später folgten Berichte von Überflutungen in der Wachau ...*Von dem grossen Gewässer wird noch forthin von verschiedenen Unglücken gehört / und unter anderen daß auch bey Crems etliche Häuser und anderes weggeschwemmet worden.*[458] In Wien wurden

449 WEIKINN, Quellentexte IV, 176.
450 Wienerisches Diarium Nr. 34/1729.
451 Weinfechsungsgeschichte, 18.
452 StAGw, Cod. ser. n. 91, pag. 591.
453 Vgl. HHStA, Jagdkalender Karl VI., Nr. VII.
454 StAKl, Hs. 121.
455 Wienerisches Diarium Nr. 53/1730.
456 Wienerisches Diarium Nr. 55/1730.
457 Wienerisches Diarium Nr. 56/1730.
458 Wienerisches Diarium Nr. 57/1730, Bericht vom 19. Juli.

sämtliche Donaubrücken zerstört und alle tiefer gelegenen Vorstädte, wie die Rossau, Leopoldstadt und Weißgärbern, völlig unter Wasser gesetzt. Auch in Oberösterreich kam es zu weitläufigen Überschwemmungen. Der Hallstädter See trat nach anhaltenden Regenfällen aus seinen Ufern[459] und Ende August hat *...bei der Stadt Gmunden ein so starker Wolken-Guß sich geäusseret / und ein so grosses Gewässer verursachet / daß in gemeldter Stadt viel Schaden geschehen.*[460] Die häufigen Niederschläge zeigten ihre Wirkung auch in der Weinlese, da die geringen Erträge durchwegs als schlecht bezeichnet wurden.

1731

Der Winter hat schon den 6. Dezember 1730 mit grosser Kälten [angefangen], *den 3. Jänner ein Eisstoß, die grosse Kälten dauert bis 24. Februar.*[461] Auch das Wienerische Diarium berichtete über *...anhaltenden Frost...*,[462] sowie zahlreiche Schlittenfahrten des Adels. Kaiser Karl VI. konnte *...Dis monath nicht ofter aus von wegen khelter.*[463] Am 27. Jänner zerstörte der Eisstoß die Brücke bei Stein. Auch der Probst des Stiftes Dürnstein schilderte in seinem Schreibkalender die Ereignisse jener Tage:

Eysstoß hoc anno: Den 27. Jan. auf Müttag sich hier gesezt und so weith man hinaufsehen kann, den 28. früh gegen 9 Uhr wider gehend worden und abendts sich wider gesezt und zugeschlosen, den 29. fruh nochmahl gehend worden und eine Öffnung von Endt des Schloß bis unter den Clostergartten gelasen. Bis den 10. Febr. ist er nicht weitters gangen als bis Spütz, nachgehends bis über Mölckh hinauff und in dem Sturm ist der Stoß ehender als herunten gewesen. Als der Stoß sich den 27. Jan. gesezt, hat er die Bruckhen zu Stain von der Wasserstuben bis auf die Joch in der Au weckhgenommen.

Den 1. Martii in der Nacht gegen 10 Uhr über die vorhin bis ob des aus des Stöttels und Thall stehendes leztes Heusl weith daraust und so genantes Loderer Heisl habende Öffnung hat es sich völlig geöffnet und das Eys mit Gereisch gehend worden, daß es durch Blöhung des Wassers dis- und ienseiths von dem Closter über alles Eys weckhgenommen, daß man ohne allen Anstandt überfahren kann, so ist auch heunt, als den 2. Martii ein Tyrollerschiff mit Käs etc. von Linz herab kommen, mithin wo der Schwall alles offen sein mueß, weillen aber unter Oberloiben der Stoß noch stehet, so mueß dises Schiff noch zuwartten. Übrigens von dem Geschloß an und soweith man hünauff sechen kann, ist beederseiths (außer des Schwalls und Rünsall) alles voller und dückh aufeinander geschobenen Eyses, bis etwa dis durch die Blähung auch gehebt wird.

Den 2. Martii in der Nacht ist der Stoß widerum bis unter Crembs gehend worden, wie weith aber ist noch unbekant; so vüll sagen die gestern von Wien hier

459 Vgl. WIROBAL, Klima, 46.
460 Wienerisches Diarium Nr. 71/1730.
461 StAKl, Hs. 121.
462 Wienerisches Diarium Nr. 8/1731, Bericht vom 26. Jänner.
463 HHStA, Jagdkalender Karl VI., Nr. VII.

angekomne, daß 2 Joch zu Wienn an der lezten Bruckhen weckhgenomen worden.[464]

Fluvius Danubiis totaliter glacie congelatus fuit, ita ut pons illius Stainius deportatus...[465]

Anfang März kam es zum Eisstoß der Donau ...*Demnach bey dermaligem gelinden Wetter der Eis-Stoß oberhalb Nußdorf eine Stunde von hier schon seinen Gang in die grosse Donau genomen.*[466] Zu Ende des Monats ereignete sich ein Unwetter. Das Wienerische Diarium berichtete:

> *...Fruhe um 6. Uhr entstunde darhier ein unversehenes starkes mit Hagel / Schnee / Regen / Blitz / und Donner untermischtes Ungewitter / wovon ein Streich einen grossen Stein aus dem Thurn der Kaiserl. Pfarr-Kirche bey St. Michael herunter geschlagen / jedoch keinen weitern Schaden / als nur grossen Schröcken verursachet hat.*[467]

Dieser neuerliche Kälteeinbruch um Ostern (25. März) wurde auch in der Klosterneuburger Weinchronik erwähnt. Zusätzlich befindet sich darin eine kurze Beschreibung der Sommerwitterung:

> *Die Osterfeuertag ein Donnerwether so viel Eis, daß man zusamen schaufeln kann, und hat gefroren bis 21. April hat auch in Pfingstdinstag [15. Mai] einen grossen Schnee geschneibt von da an eine große Hitz der July nichts mehr als Donnerwether der September schön ware bis 15. Oktober.*[468]

Die tiefen Temperaturen des Frühjahres, sowie die zahlreichen Niederschläge, die auch den Sommer über anhielten und von „Donnerwether" begleitet waren, brachten geringe Erträge und schlechte bis mittelmäßige Qualität des Weines. Am 6. Dezember begann der Winter ...*mit grosser Kälte und wenig Schnee.*[469]

1732

Zu Beginn des Jahres herrschte strenge Kälte und auch Kaiser Karl VI. war ...*Nicht weyter ausgangen wegen kelten Ubles wetter.*[470] Am 25. Jänner bildete sich auf der Donau ...*ein Eisstoß und hat durch die trocknen Kälten die Weingärten sauber Gefrert.*[471] Das Eis auf der Donau begann sich erst nach einem Warmlufteinbruch Ende Februar zu lösen, wodurch es in Wien zur Beschädigung einiger Donaubrücken kam:

> *Demnach bey dermaligem gelindem Wetter der Eis-stoß in alhiesigen grösseren Donau-Armen dieser Tage los gegangen / ist auch heute frühe das Eis in dem nahe an dieser Stadt vorbeyfliessenden Donau-Arm losgebrochen; und seynd*

---

464 StAHb, Kopie eines Schreibfragments des Kalendariums von Probst Hieronimus Übelbacher/Dürnstein, o. Signatur.
465 StAGw, Cod. ser. n. 92, pag. 8.
466 Wienerisches Diarium Nr. 21/1731.
467 Wienerisches Diarium Nr. 25/1731, Bericht vom 27. März.
468 StAKl, Hs. 121.
469 StAKl, Hs. 121.
470 HHStA, Jagdkalender Karl VI., Nr. VII., Eintrag unter dem Monat Jänner.
471 StAKl, Hs. 121.

fast an allen hiesigen Donau-Brücken einige Joch von dem Eis mitgenommen...[472]

Das Frühjahr und der Sommer wurden als sehr schön und warm beschrieben, Anfang Mai ist jedoch *...ein Schif mit kostbaren Waaren beladen durch einen Wirbel-Wind unweit Crems auf der Donau verunglücket.*[473] Am 21. Juni ereignete sich im Raum Wien ein heftiges Unwetter mit starkem Regen:

...nach Mittag entstunde alhier gegen 5. Uhr ein mit grossem Platz-Regen vermengtes sehr schwäres Donner-Wetter / davon gegen 7. Uhr Abends ein Feuer-Strahl alhier in der Stadt in den Thurn der Kaiserl. Hof-Kirchen bey denen WW.EE.PP. Augustinern Barfüssern ob denen Glocken-Fenstern durch das steinerne Gesims und dicke Mauer zu denen Glocken hinein geschlagen...[474]

Nachdem die Weinbeeren in Klosterneuburg bereits am 23. Mai blühten und es am 20. Juli weiche Weintrauben gab, erhielt man dort viel Wein von sehr guter Qualität.[475] Auch in Perchtoldsdorf gab es nach zwei mäßigen Weinjahren wieder eine reiche Lese.[476] Die übrigen in dieser Arbeit berücksichtigten Weinreihen berichteten jedoch von geringen Erträgen mit schlechter bis mittelmäßiger Qualität.[477] Nach einem feuchten Herbst begann der Winter am 4. Dezember mit grosser Kälte, weshalb sich bereits am 23. Dezember ein Eisstoß auf der Donau bildete.[478]

1733

Die ersten Monate dieses Jahres waren von anhaltender Trockenheit gekennzeichnet, es gab *...bis 4. May keinen Regen nicht.*[479] Der Wiener Erzbischof sah sich dazu veranlasst, in einer Currende an alle Klöster und Pfarren des Erzbistums zu Gebeten um Regen aufzurufen:

...Allen zu Ende benannten respective Herrn Dechanten, Pfarrern und Pfarrs Verwesern des Erzbistumbs Wien auf dem Land hiemit anzufügen, demnach die bis anhero sich zeigende sonderbahre Trückhne und Dürre der erden denen Lieben Feldfrüchten und Erdgewächsen mit der zeit bey Verner ausbleibenden Regen und anfeuchtung sowohl an dero wachsthum als gedeylichen Vermehrung sehr schädlich und hinterlich zu seyn, ganz billich beförchtet wird ... um erlangung eines ergäbig und heilsamben Regens und denen Feldfrüchthen erspriesslichen wetters über die Vorhin schon in denen Sacrificiis Missa pro Salutari pluvia einzulegen verordnete Collectam, noch Verners gott den allerhöchsten eyfrigst hierumben anzuflehen entschlossen...[480]

---

[472]   Wienerisches Diarium Nr. 16/1732, Bericht vom 22. Februar.
[473]   Wienerisches Diarium Nr. 38/1732, Bericht vom 8. Mai.
[474]   Wienerisches Diarium Nr. 51/1732. Vgl. auch HOLZER, Wetterchronik, 13.
[475]   Vgl. StAKl, Hs. 121.
[476]   Vgl. WITZMANN, Sozialstruktur Perchtoldsdorfs, 198.
[477]   Rüdiger Glaser schätzt diesen Sommer als extrem nass ein, was für den Osten Österreichs nicht nachgewiesen werden konnte. Vgl. PRIBRAM, Materialien, 369; LÖSCHNIG, STEFL, Wein- und Obstbaukalender, 164; PUNTSCHERT, Denkwürdigkeiten, 198; Weinfechsungsgeschichte, 18; GLASER, Klimageschichte, 176.
[478]   StAKl, Hs. 121.
[479]   StAKl, Hs. 121.
[480]   DAW, Karton 2/2; StAKl, Karton 2379, Nr. 17.

132

Am 3. Mai berichtete das Wienerische Diarium von einer Prozession durch die Stadt *...mehr dann durch 3. Monat die Feld-Früchten keine Feuchtigkeit wegen Ermangelung des Schnees und Regens empfangen / also / daß sammentliche Früchten und Feld-Bau zu ersticken in gröster Gefahr gestanden.*[481] Am nächsten Tag kam es zu den ersten Niederschlägen *...nachmit nichts regen.*[482] Diese bis in den Juni anhaltenden Regenfälle waren Mitte Mai von Frösten begleitet *...jüngst hier von Gott verliehenem nützlichen Regen / ein so häufiger Schnee und Hagel 3. Tag nacheinander gefallen / daß er über Ehlen hoch gelegen.*[483] Die großräumigen Niederschläge führten zu Schäden und Überschwemmungen im Norden Wiens:

> *...durch einen entstandenen Schauer / jenseits der Donau um Stockerau und in dasiger Gegend grosser Schaden geschehen seye; wie man dann auch von Zisterdorf jenseits der Donau gegen der March vernommen hat / daß alda nicht allein der Wein-stock / sondern auch die Getreid-Felder Noht gelitten hätten.*[484]

> *...nach-Mittag seynd bey Weitra und Sonnberg 2. Wolken-brüch nacheinander gefallen / welche ein solches Gewässer / wo es zugeflossen / verursachet / daß der eine gute Stunde ober Neu-Schönborn ligende Ort Steltzendorf / sehr hart mitgenommen / überschwemmet / und ein Haus gäntzlich hinweg-gerissen / auch die Weine samt denen Fässern aus den Kellern heraus gehoben worden...*[485]

Der häufige Regen dürfte jedoch in den Weingärten der Umgebung Wiens keine negativen Auswirkungen verursacht haben, da schon am 2. August die Weinhüter bestellt wurden und auch der Lesebeginn bereits am 28. September erfolgte:

> *...seynd auf dem alhiesigen Raht-Haus die Wein-Gart-Hüter aufgenommen worden / und da solche ansonst erst gewöhnlich am H. Laurentii-Tag [10. August] in das Gebürg gehen / so seynd aber solche / wegen günstiger Witterung und vieler zeitigen Weinbeer halber schon Montag darein gegangen.*[486]

Am 16. August wurde die Hoffnung auf eine gute Weinlese durch ein heftiges Unwetter zunichte gemacht:

> *...ein entsetzliches Schauer- und Donner-Wetter gewesen / und solche grosse Schlossen geworfen / daß nicht allein jenes / was von den vorläufigen Reifen verwüstet / und theils wieder empor gewachsen / weiters in Grund hinein zerschlagen...*[487]

Die Frühjahrsfröste dezimierten die Erträge im Weinbau, die Qualität wurde als mittelmäßig bis gut beschrieben. Am 20. Dezember begann der Winter mit starken Schneefällen und großer Kälte.[488]

---

[481] Wienerisches Diarium Nr. 37/1733.
[482] HHStA, Jagdkalender Karl VI., Nr. VIII.
[483] Wienerisches Diarium Nr. 38/1733, Bericht aus Mariazell vom 12. Mai. Vgl. auch derartige Berichte in StAKl, Hs. 121.
[484] Wienerisches Diarium Nr. 43/1733, Bericht vom 27. Mai.
[485] Wienerisches Diarium Nr. 52/1733, Bericht vom 25. Juni.
[486] Wienerisches Diarium Nr. 63/1733.
[487] Wienerisches Diarium Nr. 67/1733.
[488] Vgl. StAKl, Hs. 121.

1734

Der Winter galt als trocken und die große Kälte wurde durch den anhaltend starken Wind noch zusätzlich verschärft:

...Vor-Mittags der schon einige Tag anhaltende grosse Wind alhier sich in einen so heftigen Sturm-Wind verwandelt / daß dadurch nicht allein viel Schaden an denen Häusern / Dächern / Planken / Fenstern und anderen verursachet / sondern auch verschiedenliche Personen von den herabfallenden Dach-Ziegeln und Steinen theils getödtet / theils beschädiget worden...[489]

Voll edl hochweiser stattrath. Es hat der vorgestrig erschräckhliche windt in dem so genandt reichs-hoff-rath binderischen haus, die tachungen, ob der ehemahls daselbst gewest binderischen nunmehro lähr stehenden wohnung, gantz stuckhweis auf- und einige henckh rünnen abgerissen, fenster aus dem bley hineinund an der blanckhen gegen der schleiffmühl über 6 cl. lang umbgeworffen. Die übrige aber gedauchet, nichtweniger ein grosses fenster gätter an dem saal, wo der holländ. h. abgesandte seinen gottsdienst verrichtet, mittels eines darvorstehenden baumbs, auf einer seithen der gestalten losgemachet, das zwey oben aus den stein gerissene grosse starckhe heefft-hägen auf der erden gelegen, auch bey wohl gedachten h. abgesandten ein- und anderen fenster stokh in das zimmer hinein gedruckhet, also das ich nach gestrich eingenohmenen augenschein, wegen ausbesserung der tachung, auf heündt alsobald wegen gegenwärtig nasund feichten zeit, die sach veranstaltet, das übrige aber bis zu bewürthung der gewöhnlicher raths-passirung vorbehalten, besonders da ich wegen obgedachter garten blanckhen anstandt mache...[490]

Wir Carl der sechste von gottes gnaden ... bekennen daß vor unsern stadthalter, canzler, regenten, und räthen des regiments unserer nö. erbfürstenthumen und landen, N. burgermeister und rath unserer stadt Wienn die gehorsamste anzeige gethann, wasmassen der vor einigen tagen entstandene hefftige wind, unter andern im sogenanten reichs hof rath binderischen nunmehro zur stadt Wienn zugehörigen haus verursachten schaden, auch die gegen der schleiffmühl befündliche garten-blancken, fast völlig umgeworfen hätte. Um willen nun aber die diesfällige reparirung keine moram leydete, dieselbe auch keines weegs entgegen wären, sothanne blancken, iedoch salvo jure quorungs, bevorab, da der iezige innhaber ermelter schleiff-mühl sich ausser land befündete, ob periculum in mora indessen in vorigen stand sezen zu lassen, zu dem ende dann dieselbe auch die solenne protestation einzulegen, und sich solchergestalten zu bewahren bemüssiget wären, damit ihnen diese blancken-reparirung in der diesfahls anhängigen stritt-sach kein praejudicium, noch in künfftigen fählen die geringste verfänglichkeit zuezeichen möge. ... Als haben wir ihnen solch gebettenen grichtlichen meld-brief gnädigst erteillen, und wir gebräuchig fertigen lassen, thuen das auch hiemit wissentlich, und in chrafft dies briefs, der geben ist in unserer

---

[489] Wienerisches Diarium Nr. 3/1734, Bericht vom 6. Jänner.
[490] WStLA, HA.-A. 7/1734, Bericht des Unterkämmerers Mathias Joseph Kürchberger.

haubt- und residenz stadt Wienn den 6. February im siebenzehen hundert, vier,
und dreysigisten...
Commissio domini electi imperatoris in consilio
Sig. Frid. gr. Khevenhüller statthalter[491]

Anfang Februar wurden aufgrund der anhaltenden Kälte in der näheren Umgebung
Wiens auch zahlreiche Wölfe gesichtet *...Da wegen der einigen Tagen gewesten sehr*
grossen Kälte die Wölfe sich in denen benachbarten hiesigen Wäldern ziemlich ver-
spühren lassen.[492] Zur Monatsmitte hatte sich jedoch bereits durch *...die gelinde*
Witterung das Eis in dem Donau-Strohm gäntzlich verzehret.[493]
Im März war es sehr mild, es kam jedoch zu häufigen Niederschlägen und Kaiser
Karl VI. blieb *...Dis monath one fang wegen regen.*[494] Im Mai konnte er an neun
Tagen wegen Regen und/oder Wind nicht ausfahren.
Anfangs Sommers bis Ende Herbstes, war meist kühles, oft kaltes Wetter. In war-
men Lagen gerieth der Wein ziemlich gut; in kältern aber schlecht.[495]
Am 1. November fiel in Klosterneuburg der Schnee auf das noch grüne Laub und in
weiterer Folge wurden durch die einfallende Kälte bzw. Fröste die Weinstöcke
beschädigt.[496]

1735

Nach der Anfang November 1734 einsetzenden Kälte begann die Temperatur Ende
Februar wieder zu steigen. Kaiser Karl VI. konnte in diesem Monat jedoch *...Nicht*
aus wegen Übel waichen wetter nicht ins feldt können.[497] Auch vom 1. bis 24. Mai
wurde er insgesamt zwölf Mal, von 7. bis 17. Juni sechs Mal wegen Regen und/oder
Wind an einer Jagd gehindert. Am 9. Juni konnte in Göttweig eine Prozession
wegen regnerischem Wetter nur innerhalb des Kloster abgehalten werden *...ob plu-*
viosam tempestatem Processio non potuit fieri ex monasterium, sed intra tectos mu-
ros.[498]
Von *...1. July bis 9. September* [gab es] *keinen Regen nicht, den 23. September ein*
Donnerwether mit Eis...,[499] weshalb die vermutlich wegen der Trockenheit geringe
Weinlese durchwegs als mittelmäßig bezeichnet wurde.
In den Alpen blieben die Temperaturen des Sommers auf sehr niedrigem Niveau. Es
kam zu häufigen Niederschlägen, die in Steyr eine außergewöhnliche Überschwemmung verursachten.[500] Für den Osten Österreichs liegen keine derartigen Überlieferungen vor.

---

491   WStLA, HA.-A. 7/1734.
492   Wienerisches Diarium Nr. 11/1734, Bericht vom 5. Februar.
493   Wienerisches Diarium Nr. 14/1724, Bericht vom 16. Februar.
494   HHStA, Jagdkalender Karl VI., Nr. VIII.
495   Weinfechsungsgeschichte, 18 f.
496   Vgl. StAKl, Hs. 121.
497   HHStA, Jagdkalender Karl VI., Nr. VIII.
498   StAGw, Cod. ser. n. 92, pag. 411.
499   StAKl, Hs. 121.
500   Vgl. SONKLAR, Gletscherschwankungen, 182; PRITZ, Beschreibung, 68.

1736

Die am 24. Dezember 1735 eingefallene große Kälte hielt auch den gesamten Monat Jänner über an. Im Februar waren die Abschusszahlen der von Kaiser Karl VI. in seinen Jagdkalendern geführten Aufzeichnungen *...wegen Übelen wetter und tiefen feldtern ... gering.*[501] Die tiefen Temperaturen dauerten bis Mitte März an.[502]

Nachdem der Kaiser bereits vom 26. bis 28. April seine Jagden wegen Wind und/oder Regen absagen musste, konnte er vom 1. bis 28. Mai 16 Mal, vom 9. bis 19. Juni acht Mal aus diesem Grund nicht ausfahren.[503]

Im Juli ereignete sich ein gewaltiges Hochwasser der Donau und ihrer Zubringerflüsse. Nachdem es in Oberösterreich schon am 18. Juli zu Überschwemmungen mit großen Schäden durch die Flüsse Inn, Traun, Steyr und Enns gekommen war,[504] konnte man am *...21ten in Prater wegen wasser nicht gehen.*[505] Zahlreiche Berichte überliefern das Ausmaß der Überflutungen, die sich im Juli und auch noch Anfang August ereigneten:

> *Ausser dem schon genugsam bekannten Wassers-Elend zu Böhmen / Schlesien / und Mähren / ist auch in Österreich durch ergiessung deren Flüssen besonders der Donau sowohl in alhiesiger Gegend / als anderen Orten unbeschreiblicher Schaden mit hinweg-führung vieler Häuser / Mühlen / Brücken / und anderen Gebäuden / verursachet / und darbey viele Leute zu grund gerichtet worden ... Auch ist endlich nach so vielen Wochen gedauerten Regen durch die Barmherzigkeit des Allerhöchsten das Land wiederum mit schönem Wetter erfreuet worden / und beginnen die Wässer um ein merkliches zu fallen.*[506]

> *Große Wasser giß: Den 18. Julii hat die Donau sich zu ergießen angefangen unnd also gewachsen, daß es den 19. auf die Nacht und 20. die Stainer Bruckhen bis auf das Joch der Wasserstuben und das Joch, so dran ist, dies- und ienseiths hinweckhgenommen, daß nur 5 oder 6 Joch in der Mütte der Au stehen geblüben. Man gedenckhet kaum ein so großes Wasser, wie dan die Rundeln bey den Thurn bis auf ein kleinen Span gestanden.*[507]

> *Außer vielen von denen zeithero vorgewesenen starken Wasser Güssen hie und da / diß- und jenseits der Donau in den flachen Feldern ausgeübten grossen Schaden / hat sonderlich das Tulner- und March-Feld / welche sonsten die schönsten Getreid-Böden in Nieder-Österreich seynd / wie auch die Insul Schütt bey Preßburg / auf etliche Meilen weit und breit darunter leiden müssen.*[508]

501 HHStA, Jagdkalender Karl VI., Nr. IX.
502 Vgl. StAKl, Hs. 121.
503 Vgl. HHStA, Jagdkalender Karl VI., Nr. IX.
504 Vgl. WEIKINN, Quellentexte IV, 224 ff. Wassermarken, die in Erinnerung an das Hochwasser befestigt wurden, befinden sich u. a. in Gmunden, Enns und Stein.
505 HHStA, Jagdkalender Karl VI., Nr. IX.
506 Wienerisches Diarium Nr. 59/1736, Bericht vom 24. Juli.
507 StAHb, Kopie eines Schreibfragments des Kalendariums von Probst Hieronimus Übelbacher/Dürnstein, o. Signatur.
508 Wienerisches Diarium Nr. 60/1736, Bericht vom 27. Juli.

Am 3. Aug. 1736 ist durch die grosse Wassergüß auf der Donau ... ein Knabl von 13 Jahren alt zugeschwummen...[509]
Die Feuchtigkeit des Sommers erbrachte in ganz Ostösterreich qualitativ schlechten Wein, da die Trauben verfaulten.

1737

Während in Hallstadt der zugefrorene See mit Pferdefuhrwerken befahren werden konnte,[510] berichtete die Klosterneuburger Weinchronik *...Von diesen Winter ist gar nichts zu sagen, man hat den ganzen Winter Arbeiten können und immer trocken und Warm.*[511] Trotzdem hatte Kaiser Karl VI. laut der Einträge in seinen Jagdkalender im Jänner am *...26ten nachmit das erst mahl dis monath wegen Üblen wetter ausgehen können...* und Anfang Februar *...Bis den 15ten wegen Üblen wetter nit aus können.*[512] Auch im Mai wurde er wegen *...windt...* und *...sturmb...* zehn Mal an der Jagd gehindert.
Am 14. Juni sind in Klosterneuburg durch einen *...Schauer in Gebürg ... die Weinber balt alle wegefallen...,*[513] und die im ganzen Untersuchungsgebiet quantitativ geringe Lese erbrachte mittelmäßigen bis guten Wein.
Anfang November hatte der Kaiser *...Dise tag wegen fest Üblen wetter nicht ausgehen können bis 8ten...* und ab 20. Dezember war er *...dies tag all wegen Uebel nacher wegen heyl tag nicht aus.*[514]

1738

Die ersten drei Monate dieses Jahres zeichneten sich durch Schneefälle und anhaltende Kälte aus, weshalb Kaiser Karl VI. vom 4. bis 17. Jänner *...All dise tag wegen kelten undt Üblen wetter nicht aus können.*[515] Der Adel vergnügte sich indes bei einer *...herrlichen Schlittenfahrt...*[516] in den Straßen der Stadt. Im Februar hatte der Kaiser *...Den ganzen monath nicht aus können weyl ... Schnee und kelten sehr gros...* und *...Auch in Mertzen eben der Ursach nit aus bis 26ten.*[517] Zu diesem Zeitpunkt begann sich auch der Eisstoß auf der Donau zu lösen.
Vom 25. April bis 27. Mai wurde in den Jagdaufzeichnungen insgesamt 22 Mal vermerkt, dass der Kaiser wegen Regen und/oder Wind bzw. Sturm an seinen waidmännischen Vergnügungen gehindert wurde. Anfang Mai kam es sogar zu Schneefällen *...seither einigen Tagen häuffig gefallenen Regen / und Schnee dermalen hochangeschwollene Donau einige Verhindernuß verursacht...,*[518] und am 11. Mai war

[509] StAGw, Hs. Gedenckh-Buch Mauttern 1665–1776.
[510] Vgl. WIROBAL, Klima, 46.
[511] StAKl, Hs. 121.
[512] HHStA, Jagdkalender Karl VI., Nr. IX.
[513] StAKl, Hs. 121.
[514] HHStA, Jagdkalender Karl VI., Nr. IX.
[515] HHStA, Jagdkalender Karl VI., Nr. IX.
[516] Wienerisches Diarium Nr. 5/1738, Bericht vom 15. Jänner.
[517] HHStA, Jagdkalender Karl VI., Nr. IX.
[518] Wienerisches Diarium Nr. 38/1738, Bericht vom 3. Mai.

nach einer Frostnacht in *...Berg Thal alles erfroren, das nicht ein grünes Laub zu sehen.*[519]

Nachdem es von 23. August *...nachmit beyzt nit aus wegen regen...*[520] bis *...15. September nichts mehr als Regen Tag und Nacht...*[521] gab, waren auch die Weintrauben im Raum Wien von mittelmäßiger Qualität und Menge. Diese Beeinträchtigungen dürften allerdings nur von regionalem Ausmaß gewesen sein, da aus Poysdorf und Retz Berichte über gute bis sehr gute Weinqualitäten vorliegen.[522]

Am 11. November brach anhaltende Kälte ein, weshalb sich am 24. November ein Eisstoß auf der Donau bildete.[523]

1739

Die im November des Vorjahres eingefallene Kälte dauerte bis 21. Jänner an. Danach begannen die Temperaturen zu steigen, weshalb Kaiser Karl VI. im Februar mit Ausnahme von vier Tagen *...Dis monath ... wegen übel wetter waiches feldt nicht öfter aus können.*[524] Nachdem es Ende März neuerlich zu Schneefällen kam, war auch der April von Kälte und Niederschlägen gekennzeichnet, wie die Aufzeichnungen in den Jagdkalendern Karls VI. überliefern:

Dis monath auch nit aus gehen können wegen kalt naass üblen wetter auch wegen Eis bis 27ten...

28ten ...gleich windt regen nichts.

29ten früh windt nicht nachmit auch nichts windt regen.

30ten früh windt nichts nachmit auch nichts windt.[525]

Zusätzlich kam es am 7. April im Raum Klosterneuburg zu einem Unwetter mit Hagelschlag. Das Wienerische Diarium berichtete:

...ist Nachmittag in der Gegend Kloster-Neuburg 2. Stunden von hier ein starkes bey dieser Jahreszeit ungewöhnliches Donner-Wetter gewesen / dabey Schlossen einer kleinen Hasel-Nuß groß gefallen / welches aber / da in denen dort herum liegenden Weingärten noch nichts hervor gewachsen / keinen Schaden verursachet hat.[526]

Die Witterung der Sommermonate bewirkte schließlich eine qualitativ gute Weinlese von mittelmäßigem bis gutem Ertrag.

Nachdem aus Oberösterreich bereits Ende Oktober von zugefrorenen Flüssen und Seen berichtet wurde,[527] fing im Osten Österreichs *...nach einen fürchterlich heissen*

---

519 StAKl, Hs. 121. Vgl. auch StAKl, Hs. D 65, pag. 132.
520 HHStA, Jagdkalender Karl VI., Nr. IX.
521 StAKl, Hs. 121.
522 Vgl. LÖSCHNIG, STEFL, Wein- und Obstbaukalender, 164; PUNTSCHERT, Denkwürdigkeiten, 198; Weinfechsungsgeschichte, 19.
523 Vgl. StAKl, Hs. 121.
524 HHStA, Jagdkalender Karl VI., Nr. X.
525 HHStA, Jagdkalender Karl VI., Nr. X.
526 Wienerisches Diarium Nr. 29/1739.
527 *Schon am 2. Oktober trat nach einem sehr heißen Sommer eine ungewöhnliche Kälte ein. Dann folgte Hagel, Schnee und Nässe. Ende Oktober froren die Flüsse zu.* Aus der Chronik von St. Willibald/OÖ zit. WEINBERGER, Klimageschichte, 364.

sommer die kälte am 4. November an, am 5ten waren schon die meisten Flüsse mit eis bedeket.[528]

1740

Der Winter dieses Jahres zählt zu den *...grossen ... die östlichen Länder ein gelindes Wetter, die westlichen aber eine grosse Kälte hatten.*[529] Über den Höhepunkt der Kälte am 9. Jänner wurde – etwas überzeichnet – berichtet:

> *...war die kälte am stärksten, reisende erstarten auf den wagen sammt ihren Pferden, andere kammen, so wie sie auf dem schlitten sassen, todt an den thoren der stadt an, alles jungvieh erstarte, den kühen wurden die striche, dem hornvieh die klauen und hinterbeine beschädiget. Die kühe verrekten, hühner und gänse lagen in den stallen hingereket, reh und hirschen wurden in den wäldern todt gefunden, feldhünner liessen sich mit händen fangen. In dem frühjare fand man ratten und mäuse erfroren, wein, bier und essig wurden, wan man damit über die gasse gienge, zu eise. Die haut zersprang in gesicht, als ob sie verbrannt wäre, ohne gefahr konte weder gewaschen, noch das vieh getränket, auch nach den wäldern gefahren werden.*[530]

In den ersten beiden Februarwochen wurde in den Jagdaufzeichnungen Kaiser Karls VI. vermerkt *...Dise tag wegen Schne kelten nit aus können.*[531] Heftiger Wind verstärkte die Kälte und war dem Wein äußerst schädlich *...per totam noctem contienus et vehemens ventus fuit, que vinibus omnia vias destruxit.*[532] Am 24. überzog sich der Traunsee in Oberösterreich gänzlich mit Eis und blieb sechs Wochen völlig geschlossen.[533]

Im März *...Die kelten und Schnee auch dis monath ... continuirt. Das ganze monath kein tag nicht aus können.*[534] Am 12. März berichtete das Wienerische Diarium:

> *...grosse Menge Schne im ganzen Land ... Ansonsten haltet noch immer eine ausserordentliche Kälte / unangesehen des herannahenden Frühlings aller Orten an...*[535]

Am 14. März sah sich der Wiener Erzbischof in einer Currende veranlasst, die Gläubigen seines Erzbistums zu Gebeten um eine Abwendung von bevorstehenden Überschwemmungen aufzufordern:

> *Demnach von der biß anhero hat beständig angehaltenen scharffen Witterung und darbey eingefahlenen sonders grossen Schnee und Kälte – auch bey erfolgenden gelinderm Wetter, vermuthlich entstehender Ergiessung und überschwemmung deren Flüssen und gewässer an denen zu allgemainer Nährung erforderlichen Lieben Erd- und Feld-Früchten, ein Mercklicher abgang und*

---

[528] StAKl, Hs. D 73, pag. 31.
[529] Wienerisches Diarium Nr. 6/1789.
[530] StAKl, Hs. D 73, pag. 31.
[531] HHStA, Jagdkalender Karl VI., Nr. X.
[532] StAKl, Hs. D 65, pag. 213.
[533] Vgl. WEIKINN, Quellentexte IV, 256.
[534] HHStA, Jagdkalender Karl VI., Nr. X.
[535] Wienerisches Diarium Nr. 21/1740.

schaden – mithin Theurung und andern Trangsallen ganz billig zu Beförchten
kommen. Alß sollen alle Priester Gott den Allmächtigen umb Verhüettung und
gnädigste abwendung alles dises, in dem Heyl. Meeß opffer mit Einlegung der
Collecta pro quacumque necessitate: Deus Refugium nostrum, zu bitten, sich
bestens angelegen seyn lassen.[536]

Am 19. März kam es schließlich zur Auflösung des über zehn Wochen anhaltenden
Eisstoßes auf der Donau. Die daraufhin folgenden Überschwemmungen hinterließen Schäden an den Brücken *...wurde die Brücke von dem Eisstoß ganz abgeris-*
sen.[537] Erneut berichtete das Wienerische Diarium:

Nachdeme die fast durch 5. Monat angehaltene sehr strenge Kälte endlich zu
Anfang dieser Woche sich zu brechen angefangen / und das Wetter von Tag zu
Tag linder worden / ist nicht allein durch das selbe fast aller Schnee bereits ver-
schmolzen, sondern es hat auch das dadurch hin und her angewachsene große
Gewässer an unterschiedlichen Orten nicht geringen Schaden ... verursachet.[538]

Gleichwie nun das gelinde Wetter seit einigen Tagen mehr und mehr anhaltet /
als ist nicht allein der sehr häuffig den verflossenen Winter hindurch gefallene
Schnee sowohl auf dem flachen Land / als in dem Gebürg ziemlich verschmol-
zen / sondern es ist auch der Eisstoß in dem alhiesigen Donaustrom dieser Ta-
gen bereits gehend worden...[539]

In der Wachau verursachte die Auflösung des Eisstoßes weit größere Schäden:

Nachdem vor etlich wenig Tagen die starke Kälte sich gebrochen und durch das
gelinde wötter die Schnee zerflossen, die gewässer angeloffen, und mithin die

Abb. 14: Eisstoß auf der Donau

536 DAW, Karton 2/2.
537 StAKl, Karton 462, Nr. 14, Bericht vom 22. März.
538 Wienerisches Diarium Nr. 23/1740, Bericht vom 19. März.
539 Wienerisches Diarium Nr. 24/1740, Bericht vom 22. März.

Donau auch angewachsen, sozwar, daß von oberhalb Tyrnstain der Eisstoß sich gebrochen, auch von obern herab der Stoß bey eytler Nacht zwischen dem 18. und 19. Martii ist gehend worden iedoch nicht weiter den nur biß ober oder außerhalb der statt Stain, allwo der ganze Stoß in das Stecken geraten, und sich über haus hoch auf ein ander von oben herab einander Eüs Gehauffet, daß darum eine entsötzliche blähung der Donau entstanden, daß sich dieselbe bei Hundsstaimb hat anfangen auszugießen und auszubraiten, dises ganze dörflein und alle äcker und weingärten mit .... hochen gewässer in die häuser ein und durch geronnen...[540]

Im April änderte sich die Witterung kaum, wodurch der Kaiser auch weiterhin an der Jagd gehindert wurde *...Auch dis monath nach anfang wegen kelten naher wegen Übel nicht ausgehen können.*[541] In den ersten drei Tagen des Monats ereigneten sich Schneefälle:

Initium hujus mensis iterum erat frigidum, ita ut 3 dies a 1 Aprilis ad 3 nives decisserint, licet in exigua quantitate.[542]

Mitte April kam es in Wien neuerlich zu einem Eisstoß und die folgende Überschwemmung hielt eine ganze Woche an.[543]

Niederschläge in Form von Regen und Schnee fielen auch im gesamten Monat Mai, wie in den Jagdkalendern des Kaisers vermerkt wurde:

3ten früh windt regen ... nachmit nichts wegen stark wasser.
4ten früh nichts wegen windt nachmit nichts windt.
7ten...nachmit nichts wegen sturmbwindt.
8ten nachmit nichts windt regen.
9ten früh ... schnee ... nachmit nichts wegen sturmb windt.
11ten früh nichts windt...
12ten nachmit nichts sturmbwindt.
13ten früh nachmit gantzen tag windt regen schnee nit aus.
15ten nachmit sturmb nichts.
19ten früh sturmb nichts...
22ten windt...
23ten früh nachmit gantzen tag nichts wegen regen windt.
24ten früh nichts regen windt ... nachmit ... windt auch nichts.
25ten früh nachmit gantzen tag windt.
30ten...nachmit nichts regen windt.[544]

Aus Anlass dieses außergewöhnlich kalten und lang anhaltenden Winters wurde eine Gedenkmünze geprägt, die folgende Aufschrift trägt:

Weil Lieb' und Andacht sind in Kaelt und Eys verkehrt –
hat hart und langer Frost das arme Land beschwert.[545]

---

540 StAGw, Cod. ser. n. 93, pag. 187 f.
541 HHStA, Jagdkalender Karl VI., Nr. X.
542 StAKl, Hs. D 65, pag. 220.
543 Vgl. Wienerisches Diarium Nr. 28/1740, Bericht vom 18. April.
544 HHStA, Jagdkalender Karl VI., Nr. X.
545 Vgl. WEINBERGER, Klimageschichte, 364.

Auch in den Sommermonaten hielt die kühle Witterung an. Der Abt von Klosterneuburg sah sich daraufhin veranlasst, einen Aufruf an alle dem Stift inkorporierten Pfarren um Gebete für eine reiche Ernte zu versenden:

> *...die vielen Erdfrüchten so wohl in dero Wachsthumb mittls göttlichen Segen erhalten, und befördert, die bereits reiff und zeitig worden, aber bey gutter Witterung ohne schaden eingefexent, und eingesamblet werden...*[546]

Nach einem in der Nacht vom 11. auf den 12. September erfolgten Reif *...hat es Gefrorn das es einen Geladenen Wagen getragen hat...*,[547] bewirkte die Witterung schließlich ein absolutes Fehljahr im Weinbau. Da die Trauben nicht reiften, zögerte das Wiener Bürgerspital den Beginn der Weinlese hinaus, musste aber nach einsetzenden Schneefällen ab dem 9. Oktober *...laydter nichts ... wegen regen schnee nässe...*[548] mit der Lese am 17. beginnen.

> *Nachdeme durch einen am verstrichenen Sonntag Nachts unverhofft gefallenen heftigen Reif das sich reichlich gezeigte Weinlösen sehr gelitten, und fast im gantzen Land die Wein-Gewächs stark gebrennet worden, auch seithero das eingefallene kalte Schnee- und Regenwetter noch anhaltet, und dahero die heurige Weinlösens Zeit keinen fernern Aufschub leidet...*[549]

Viele Trauben blieben an den Stöcken hängen, der *...Most war herb, der Wein davon sauer, wurde aber mit Milch gemildert nach Mähren ins Preuß. Lager geführt, dort doch verkauft.*[550]

1741

Nach anfänglich milder Witterung mit geringen Niederschlägen hat es *...den 2. März stark geschneibt und hat gedauert bis die Hälfte Aprill mit einen großen Schnee und kalt bis 16. May.*[551] Zusätzlich ereigneten sich im März heftige Stürme, wie beispielsweise am 12. und 13. *...heftige Winde...*,[552] oder am 19. des Monats *...war hier in der Frühe ein außerordentlicher Sturmwind.*[553] Am 24. Mai kam es in der Wachau aufgrund anhaltender Trockenheit zu einer Bittprozession:

> *P. Victorinus zog mit einer feierlichen Prozession von der Stadtkirche nach Maur zur Seligen Jungfrau Maria vom grünen Anger, denn da es schon seit Ostern, meist herrschte Kälte, nicht geregnet hatte, schienen die Äcker, Weingärten und Knospen zu verdorren, und eine Teuerung des Getreides zu drohen. ... Noch am selben Tag (es war ein Quatembermittwoch) ungefähr um 4 nachmittags ... fielen die rettenden Regenfälle, welche sich hierauf durch mehrere Tage fortsetzten, sodaß sich die Früchte/das Getreide in sich das Naß aufnehmen konnten.*[554]

[546]   StAKl, Karton 2380, Nr. 3.
[547]   StAKl, Hs. 121.
[548]   HHStA, Jagdkalender Karl VI., Nr. X., Eintrag vom 12. Oktober.
[549]   Wienerisches Diarium Nr. 83/1740, Bericht vom 15. Oktober.
[550]   Weinfechsungsgeschichte, 19.
[551]   StAKl, Hs. 121.
[552]   StAKl, Karton 462, Nr. 14.
[553]   PILGRAM, Untersuchungen, 20.
[554]   StAM, Pfarrchronik Melk 1722–1781, pag. 74.

Anfang Juni führten heftige Unwetter mit starken Regenfällen zu Überschwemmungen sämtlicher durch Wien fließender Bäche. Vor allem die an den Wienfluss grenzenden Ortschaften waren davon stark betroffen, wo durch die Wassermassen an Gebäuden und Gewächsen großer Schaden verursacht wurde:

> *Nachdeme obgemeldtes starke Ungewitter, so von 3. Seiten zusammen gestossen, bis in die späte Nacht mit häuffigen Regen gedauret, und in dem Gebürg so gar in einem heftigen Wolken-bruch ausgebrochen, seynd dadurch die in die alhiesige Linie einfliessende Berg-Bäche dermassen angeschwollen, daß solche denen anligenden Inwohneren absonderlich am Neu-Stift, bey St. Ulrich, wie auch am Alserbach, in die Zimmer, Gärten und Kellern eingedrungen ... der alhier vorbeyfliessende Wien-Fluß aber hat sich dermassen ergossen, daß solcher von aus dem Wald an, nicht allein zu Burkerstorf, sondern auch an allen daran ligenden Orten, Gebäuden, Gärten und Mühlen mit Hinterlassung einer grossen Verwüstung, und Niederreissung von Mauren und planken, und Hinwegschwemmung vielen Haus-Geräts, und Holzes bis zu seinem Einfluß alhier in die Donau, einen überaus grossen Schaden verursachet, und unter andern nicht allein vor dem Kärntner-Thor nächst der Wieden stehende Bern-Mühl zertrümmert...*[555]

Auch die Leopoldstadt wurde *...überschwemmt ... durch die starke Ergiesung des Wienflusses*.[556] Im Juli kam es neuerlich zu einem Hochwasser, das diesmal jedoch nicht durch Regenfälle in und um Wien verursacht wurde. Starke Niederschläge im Raum Bayern und Tirol ließen die Donau aus den Ufern treten:

> *Der Donau-Strom ist dieser Tagen von seinem Ufer aus das neue in etwas ausgetretten, dahero auch die gewöhnlich ankommende Schiffe als hier nicht eingetroffen.*[557]

> *Durch den seit voriger Wochen sich täglich weiter ausgegossenen Donau-Strom, höret man sowol auf- als abwerts von vielen Schaden ... welchem man die Ursach gibet, daß in Tyrol, und Beyern ausgebrochene Regen- und Schauer-Wetter die in die Donau einfallende Flüsse dergestalten angeschwollen...*[558]

> *Demnach durch 3. Täge anhero die Höhe des Donau-Stroms um ein merkliches gefallen...*[559]

Am 8. August ereignete sich ein *...Donnerwether mit Schnee...*[560] und am 24. September gab es in Klosterneuburg den ersten Frost. Die Erträge der Weinlese waren sehr gering, der Wein wurde als mittelmäßig bis sauer bezeichnet.

---

[555] Wienerisches Diarium Nr. 45/1741, Bericht vom 5. Juni. Vgl. auch LAICHMANN, Bäche und Flüsse, 12.
[556] StAKl, Karton 462, Nr. 14.
[557] Wienerisches Diarium Nr. 58/1741, Bericht vom 22. Juli.
[558] Wienerisches Diarium Nr. 59/1741, Bericht vom 26. Juli.
[559] Wienerisches Diarium Nr. 60/1741, Bericht vom 29. Juli.
[560] StAKl, Hs. 121.

1742

Der Winter hatte ...*erst im Jänner mit viel Schnee und großer Kälte angefangt und hat getauret bis 15. Aprill.*[561] Mitte Februar kam es zu einem kurzfristigen Wärmeeinbruch. Die kaiserliche Familie entschloss sich, bei ...*dermaliger sehr angenehmen Witterung nacher Schönbrunn spatzieren zu fahren.*[562]

Auf einen kühlen Mai folgte ein warmer Juni. Zu Beginn des Monats ereignete sich eine Überschwemmung der Donau und des Wienflusses. Die Kirche der Elisabethinerinnen auf der Landstraße wurde dadurch stark beschädigt.[563]

Bis Mitte August herrschte kühle Witterung vor. Danach folgte ein sehr warmer Herbst ...*den 17. Oktober wurde das Weinlösen angeschrieben, weil aber die Zeit so schön war, so warten die Leut bis den 23. Oktober...*,[564] weshalb der Wein qualitativ auch etwas besser als im Vorjahr geriet.

Nachdem sich Ende November die Wetterlage nochmals etwas gebessert hatte ...*bey eingefallener angenehmer Witterung...*,[565] führte die Donau Anfang Dezember leichtes Hochwasser ...*einige Tag her angehaltene Regen-Wetter ist der alhiesige Donau-Arm etwas angeschwollen.*[566] Gegen Ende des Monats fror der Fluss bei anhaltender Kälte stellenweise zu ...*seither 3. Tagen eingefallen grosse Kälte der hier vorbey fliessende Zeithero etwas klein geflossene Donau-Arm zugefroren.*[567]

1743

Der Ende Dezember des Vorjahres entstandene Eisstoß löste sich nach einem Warmlufteinbruch um den 12. Jänner auf:

> ...*einige Tage her eingefallene Witterung der hier vorbey fliessende und dis überfroren geweste Donau-Arm theils Orten schon wiederum offen worden.*[568]

> ...*eine solche Menge Eiß hier angeschwollen, daß auch die hiesige Schlag-Brücken vom roten Thurn in der Leopoldstadt in Gefahr gestanden ... Ingleichen vernimmet man, daß auch der obere Eis-Stoß los-gegangen, und die Brucken zu Krems zerrissen habe.*[569]

Ende Jänner sanken die Temperaturen in dem Ausmaß, dass sich erneut Eis auf der Donau bildete. Wenige Tage später konnte der Fluss sogar befahren werden:

> ...*seit etlichen Tagen wiederum eingefallenen kalten Witterung, der hier vorbey lauffende Donau-Arm schon wiederum theils Orten mit Eis überschlossen.*[570]

> *Übrigens ist bey jetziger abermalen anhaltenden rauhen Kälte, der gantze Donau-Strom alhier wiederum dermassen dik mit Eis überfroren, daß man allschon mit schwärbeladenen Wägen darüber fahren kan.*[571]

---

561 StAKl, Hs. 121.

562 Wienerisches Diarium Nr. 14/1742, Bericht vom 14. Februar.

563 Vgl. SONKLAR, Gletscherschwankungen, 122.

564 StAKl, Hs. 121.

565 Wienerisches Diarium Nr. 95/1742, Bericht vom 27. November.

566 Wienerisches Diarium Nr. 98/1742, Bericht vom 8. Dezember.

567 Wienerisches Diarium Nr. 102/1742, Bericht vom 22. Dezember.

568 Wienerisches Diarium Nr. 4/1743, Bericht vom 12. Jänner.

569 Wienerisches Diarium Nr. 6/1743, Bericht vom 16. Jänner.

570 Wienerisches Diarium Nr. 8/1743, Bericht vom 26. Jänner.

571 Wienerisches Diarium Nr. 9/1743, Bericht vom 30. Jänner.

Diese Tatsache machten sich Teile der Bevölkerung zugute, indem sie das nun über die Eisfläche zugängliche Holz in den Donauauen schlägerten und verkauften. Der Probst des Stiftes Klosterneuburg sah sich dadurch genötigt, die in „Jägerey Sachen aufgestellte Commission" um Aufsicht und Unterbindung dessen zu ersuchen:

> ...mit Gelegenheit des Eisstoß auf der donau den übrig auen nächst und ausser und umb den tabor herumb der untergang beizubringen, indeme selbe täglich ... in die auen einfallen, das schönst Holz als wann sie bestellte Holzhacker wären, abreissen, darvon bringen, und nicht allein zu ihrer nothdurft verbrennen, sondern öfentlich damit handlen...[572]

Der Eisstoß hielt vier Wochen an und löste sich am 23. Februar, ohne jedoch eine Überschwemmung zu verursachen:

> Durch das einige Tage her geweste Regnerische Wetter ist der Eis-Stoß in dem grossen Donau-Arm zum zweytenmal gebrochen, und eine ungemeine Menge Eis hier vorbey geschwommen, mithin seynd die angeschwollenen Gewässer hierdurch wiederum gefallen...[573]

Nachdem es am 29. April noch einmal einen ...schuhtiefen Schnee geschneibt...[574] hatte, verliefen Frühjahr und Sommer ohne außergewöhnliche Witterungserscheinungen. Im Wienerischen Diarium finden sich in regelmäßigen Abständen Bemerkungen wie ...bey dermalen angenehmen Frühlings-Witterung...[575] oder ...bey angenehmer Witterung.[576] Am 18. September wurde von ...etwas rauher Herbst-Witterung...[577] berichtet. Einen Monat später begann man mit der Weinlese. In Klosterneuburg war der Ertrag gut, ebenso in Retz, wo der Sommer als heiß bezeichnet wurde.[578]

Anfang Dezember führte die Donau Niederwasser, weshalb im Bereich von Wien die Schiffe durch ...dermalige Schwäche des Wassers nicht herein passiren können.[579]

1744

Der Winter dieses Jahres war besonders kalt und lang anhaltend. Am 7. Jänner kam es zum Eisstoß der Donau und die zahlreichen Berichte im Wienerischen Diarium über Schlittenfahrten des Adels und der kaiserlichen Familie deuten auf eine kontinuierliche Schneedecke bis Ende Februar.

Anfang März führte ein Warmlufteinbruch, begleitet von Niederschlägen, zu einem raschen Abschmelzen des Eises und in Folge zu einer verheerenden Überschwemmung der Stadt ...daß sich die Inwohner auf die Dächer retten mußten.[580] Das Wienerische Diarium berichtete ausführlich:

---

572   StAKl, Karton 2599, Nr. 10.
573   Wienerisches Diarium Nr. 16/1743.
574   StAKl, Hs. 121.
575   Wienerisches Diarium Nr. 38/1743, Bericht vom 9. Mai.
576   Wienerisches Diarium Nr. 46/1743, Bericht vom 6. Juni.
577   Wienerisches Diarium Nr. 76/1743.
578   Vgl. StAKl, Hs. 121; LÖSCHNIG, STEFL, Wein- und Obstbaukalender, 165.
579   Wienerisches Diarium Nr. 99/1743, Bericht vom 8. Dezember.
580   PILGRAM, Untersuchungen, 19.

Durch die sich abgeänderte gelinde Witterung ist ... der hier vorbey lauffende kleine Wien-Fluß von dem Eis befreyet, und durch das aus dem Gebürge häufig eingeflossene Gewässer dergestalten angeschwollen, daß selbes Flüßlein nicht nur seine Schranken überschritten, sondern auch an denen daran ligenden Mühlen und Häusern viel Schaden verursachet ... Abends gegen 10. Uhr der Eis-Stoß auf denen alhier vorbeyfliessenden groß- und kleinen Donau-Armen auf einmal loßgebrochen, und hat durch das häuffig zugeschwommene Eis nicht nur alle Brüken in der Leopoldstadt, und am Thabor gäntzlich weggeführt, sondern es ist auch durch das Regen-Wetter das Wasser dergestalten angeschwollen, daß es das Gestatt überstiegen, in denen hiesigen Vorstädten Rossau, und Leopold-Stadt in die Häuser eingedrungen, und sehr grossen Schaden verursachet ... auch ist der gantze Donau-Strom dergestalten hoch angeschwollen, daß dergleichen grosse Überschwemmung alhier nicht sobald gesehen worden...[581]

...Nachts trat von der Donau die fürchterlichste Überschemmung ein; das Wasser stand durch 8 Tage Manneshoch, und man fürchtete die Versenkung. Nur die Höhe bei den Karmeliten und Barmherzigen Brüdern blieb wasserfrey, das tröstende in dieser Gefahr ware, daß Kaiser Franz der I. zu Schiffe zu den Unglücklichen kam, und unter ihnen Nahrungsmittel, Geld und Kleidungsstücke vertheilt hatte.[582]

Die Witterung im Frühjahr und Sommer wurde als angenehm beschrieben. Am 30. Mai hinderte im Bereich von Klosterneuburg ein Sturm die Schiffe an der Überquerung der Donau *...der starkhe Wind, bey welchen unfehlbahr niemand wird über das wasser haben fahren können.*[583]

Nach einem warmen September erfolgte die Weinlese durchwegs ab Mitte Oktober, der wenige Wein war qualitativ gut. Am 30. November gab es einen Kälteeinbruch, der von heftigen Schneefällen begleitet war.[584]

1745

Die Schneedecke, die sich Ende November des Vorjahres gebildet hatte, blieb auch im Jänner und Februar erhalten, wovon Berichte über Schlittenfahrten im Wienerischen Diarium zeugen. Am 14. Februar bildete sich bei anhaltend tiefen Temperaturen ein Eisstoß, der bis Mitte März anhielt. Die in dieser Zeit währende große Kälte fügte den Reben in Klosterneuburg großen Schaden zu und die *...March und Gegensäulen* [sind] *durch den Anno 1745 gemachten Eisstoß mercklich zerissen worden.*[585] Ende April/Anfang Mai kam es zu einem *...einige Täge her anhaltenden*

---

581 Wienerisches Diarium Nr. 20/1744, Bericht vom 4. März.
582 StAKl, Karton 462, Nr. 14.
583 StAKl, Karton Briefe Probst Ernest Perger I, Nr. 45.
584 Vgl. StAKl, Hs. 121. In Linz hat das Jahr *...mit so ungestümben Wetter und zugleich großen Gewässer geendet, das man die heilligen Feyertäg nicht über Wasser und in die Pfarrkirchen komen können.* Aus dem Tagebuch des Genealogen Johann Georg Hoheneck zit. bei WACHA, Wetterchronik, 29.
585 StAKl, Karton 1156, Grund-, Au- und Wasser-Marchung.

Regenwetter.[586] Über den Witterungsverlauf der Sommermonate existieren punktuelle Aufzeichungen, die übereinstimmend von häufigen Niederschlägen berichten.[587] Der Wein dieses Jahres, der in mittelmäßiger Menge vorhanden war, wurde durchwegs als gut bezeichnet.

Anfang November konnte die Donauschifffahrt *...wegen der Schwäche des Wassers...*[588] bzw. *...wegen allzu seichten Wassers...*[589] nur mit Mühe aufrecht erhalten werden.

Am 15. Dezember erfolgte ein großer Kälteeinbruch, der elf Tage später zur Bildung eines Eisstoßes auf der Donau führte.[590]

1746

Der Ende Dezember 1745 entstandene Eisstoß auf der Donau begann sich nach einem Warmlufteinbruch bereits am 5. Jänner wieder aufzulösen:

> *Dieser Tagen ist der schon mit Eis überzogen geweste Donau-Arm durch die etliche Täge her anhaltende linde Witterung gantz unvermutet von dem Eis befreyet worden...*[591]

Danach fror das Wasser der Donau erneut zu. Das Wienerische Diarium berichtete am 6. Februar, dass *...wegen eingefallener gelinden Witterung der Eis-Stoß alhier in dem kleinen und grossen Donau-Strom völlig aufgebrochen.*[592] Am 2. März hatte sich allerdings der *...bey der anhaltenden kalten Witterung der unter hiesigen Stadt-Mauren vorbey fliessende kleinere Donau-Arm abermalen an ein und anderen Orten mit Eis überzogen.*[593] Diese Eisdecke war jedoch nicht von langer Dauer, da am 5. März *...bey nun nachgelassener rauhen, und kalten Winters-Zeit die angenehm gelinde Witterung herzu nahet.*[594]

In den Monaten April und Mai schrieb das Wienerische Diarium oftmals über angenehme Witterung, die allerdings von großer Trockenheit begleitet war. Am 21. Mai forderte der Wiener Erzbischof schließlich die ihm unterstehenden Pfarren auf, in einer „Collecta pro pluvia salutari" um Regen zu beten:

> *...anhaltende Trückhne denen lieben Feldfrüchten und gewächsen ein merck-licher schaden zu beförchten. Durch gedeylichen und fruchtbahren Regen aber das wachsthumb sowohl als die Vermehrung ermelter Früchten mit Beystand göttlichen Seegens ganz sicherlich zu hoffen komet...*[595]

586   Wienerisches Diarium Nr. 35/1745, Bericht vom 1. Mai.
587   Vgl. z. B. StAGw, Cod. ser. n. 94, pag. 162, 167, 180, 190.
588   Wienerisches Diarium Nr. 88/1745, Bericht vom 3. November.
589   Wienerisches Diarium Nr. 90/1745, Bericht vom 10. November.
590   StAKl, Hs. 121.
591   Wienerisches Diarium Nr. 2/1746.
592   Wienerisches Diarium Nr. 12/1746.
593   Wienerisches Diarium Nr. 18/1746.
594   Wienerisches Diarium Nr. 19/1746.
595   DAW, Karton 3/1.

Die Trockenheit wurde Mitte Juli durch die *...seit einigen Tagen anhaltenden über-aus grossen Hitze...*[596] noch zusätzlich verstärkt. Der Erzbischof rief nun in einer Diözesancurrende zu Gebeten vor dem ausgestellten Altarsakrament auf:

...Demnach durch die noch forthdaurende grosse Hütz und ferner außbleibung eines Regens Gott der allerhöchste unserer Sünden wegen billig erzürnet, dem ganzen land so wohl Menschen als Vieh einen empfindlichen schaden und noth gerechtest androht. Solchem nach haben Ir. Hochfürstliche Eminenz Ihres Ambts zu seyn befundten, über das bereits in dero Metropolitan Kirchen letzhin gehaltene allgemeine gebett noch ferners hin umb den erzürnten Gott zu besänfftigen, alle und jede zur wahren Reu und buß zuermahnen, und in allen Pfarr- und Clöster-Kirchen in und Vor der Stadt Vor- und nachmittag durch eine Stund das Hochwürdigste Altars-Sacrament nach Thunligkeit jedwedern orths auszustellen ... umb ... ertheilung eines fruchtbahren Regens und ersprieslicher Witterung inständigst anzuflehen, auch mit solchen gebett biß zuerhaltung eines ersprieslichen Regens zu continuieren hiemit veranlassen wollen...[597]

Die Trockenheit hielt weiter an, weshalb am 14. September der nächst der Stadt gelegene Donauarm beinahe völlig ausgetrocknet war und Ende September der Schiffsverkehr eingestellt werden musste.

...ist seit etlichen Tagen der hiesige Stadt vorbey streichende kleine Donau-Arm dergestalten ausgetroknet, daß man an theils Orten durchreiten, fahren, und gehen kan...[598]

...ist in den alhier vorbey streichenden kleinen Donau-Arm bey dermalig annoch anhaltender grossen Trükne so wenig Wasser, das die schwär-beladene Schiffe alhier bey der Stadt weder an noch abfahren können.[599]

Erst am 8. Oktober war *...der bey hiesiger Stadt vorbey streichende kleine Donau-Arm seit etlichen Tagen etwas angewachsen.*[600] Dies wurde jedoch nicht von Niederschlägen im Raum Wien verursacht, sondern war entweder auf Regen in weiter westlich gelegenen Gebieten oder Schmelzwasser aus den Alpen, das über die Zubringerflüsse in die Donau kam, zurückzuführen.

Der Wein dieses Jahres wurde als sehr gut bezeichnet, der Traubenmost *...war so dick, daß er wie Öl von der Presse rann.*[601] Die Weinbauern von Gumpoldskirchen litten jedoch wegen der kühlen Witterung vergangener Jahre und der Frostschäden in den Weingärten große Armut:

Die Bürgerschaft ist durch die in ihren Weingärten schon viele Jahr gelittenen Schauer und Gefrier in solchen Armutsstand gesetzt, daß selbe kaum vermögend ist, sich und den Ihren das truckene Brot zu verschaffen und den Hunger zu stillen oder zur Pflegung deren Weingärten nur die notwendigsten Unkosten

---

596   Wienerisches Diarium Nr. 57/1746, Bericht vom 14. Juli.
597   DAW, Karton 3/1.
598   Wienerisches Diarium Nr. 75/1746.
599   Wienerisches Diarium Nr. 78/1746, Bericht vom 28. September.
600   Wienerisches Diarium Nr. 81/1746.
601   LÖSCHNIG, STEFL, Wein- und Obstbaukalender, 165.

zu machen. Ja, es würden die mehristen Bürger gezwungen sein, Haus und Hof
nebst ihren Grundstücken zu verlassen, wann man sie zur gänzlichen Bezah-
lung der Ausstände ... verhalten wollte.[602]

1747

Anfang Jänner fiel Kälte ein ...*Diese 3. letzten Tagen, als Mittwoch, Donnerstag und*
Freytag ... eingefallenen, und anhaltenden kalten Witterung...,[603] die am 20. zur Bildung eines Eisstoßes auf der Donau führte. Wenige Tage später kam es jedoch
durch einen Warmlufteinbruch zur Auflösung des Eises:

> *Demnach seit etlichen Tagen die kalte Witterung dergestalten nachgelassen, daß*
> *anderch der Eis-Stoß sowol in dem bey hiesiger Stadt verbey-lauffenden klei-*
> *nen, als auch in dem sogenannten Tabor vorbey fliessenden grossen Donau-*
> *Strom gebrochen, und hierdurch an der grossen Donau-Brucken 3. Joch zerris-*
> *sen worden...*[604]

Am 4. Februar war ...*der grosse Donau-Strom durch das etliche Täge anhaltend ver-*
mischte Schnee- und Regen-Wetter ziemlich hoch angewachsen...,[605] weshalb sich
bei ...*dermaligen gelinden Witterung...*[606] am 17. Februar eine Überschwemmung ereignete:

> ...*durch das schon etlicher Tägen gewesten Regen-Wetter der hiesige Donau-*
> *Strom ziemlich hoch angeschwollen, also das derselbe an unterschiedlichen*
> *Orten aus seiner gewöhnlichen Lage getretten.*[607]

Bis Ende März blieb der warme Charakter der Witterung erhalten. Im April berichtete das Wienerischen Diarium häufig von ...*unbeständig frostiger Witterung...*[608]
oder ...*unangenehmer frostig- und regnerischen Witterung.*[609]

Die Monate Mai und Juni waren von großer Trockenheit gekennzeichnet. Am
13. Juni wurde nach einem entsprechenden Aufruf des Wiener Erzbischofs von Gebeten um Regen berichtet:

> ...*die allzutrockene und ungemein warme Witterung schon einige Wochen an-*
> *haltet, so seynd auf Anordnung hoher Obrigkeit in denen Gottes-Häusern Heil.*
> *Messen bey ausgesetzten Hochwürdigsten Altars-Sacrament, mit zahlreicher*
> *Beywohnung des andächtigen Volks gehalten worden, um von Gott dem All-*
> *mächtigen einen fruchtbaren Regen zu erbitten.*[610]

Eine Woche später kam es zu den erhofften Niederschlägen:

> *Item wurde auf Anordnung des hiesigen Hrn. Cardinaln Ertz-Bischofen von*
> *Kollonitz hochfürstl. Eminenz in alhiesiger St. Stephans Metropolitan-Kirchen*

---

[602] Aus den Quellen des Marktarchivs zit. bei HAGENAUER, Gumpoldskirchen, 166.
[603] Wienerisches Diarium Nr. 4/1747, Bericht vom 11. Jänner.
[604] Wienerisches Diarium Nr. 9/1747, Bericht vom 30. Jänner.
[605] Wienerisches Diarium Nr. 10/1747.
[606] Wienerisches Diarium Nr. 12/1747, Bericht vom 9. Februar.
[607] Wienerisches Diarium Nr. 14/1747.
[608] Wienerisches Diarium Nr. 34/1747, Bericht vom 26. April.
[609] Wienerisches Diarium Nr. 34/1747, Bericht vom 28. April.
[610] Wienerisches Diarium Nr. 47/1747.

ein 3. tägiges Gebett, wegen schon etliche Wochen anhaltender warmen und trockenen Witterung, bey ausgesetzten Hochwürdigsten Altars-Sacramenten angefangen, wohin sich die hiesige Pfarren in und vor der Stadt mit dem häuffigen Volk processionaliter verfügen, und die Bett-Stunden halten, um von Gott einen fruchtbaren Regen zu erbitten; wie dann auch würklich eben diesen Nachmittag der barmhertzige Gott das inbrünstige Gebet erhöret, und einen fruchtbaren zwey-stündigen Regen geschicket hat.[611]

Im Verlauf des Sommers ereigneten sich zahlreiche Gewitter und Regenschauer, wie die folgenden Berichte beispielhaft zeigen:

Diesen Nachmittag ist in der Gegend Berchtoldsdorf ein starkes Schauer-Wetter niedergegangen, welches sich auf etliche Stunden weit ausgebreitet, und nicht nur denen herumligenden kostbaren Wein-Gebürgen deren besten Österreicher-Gewächsen, zu Berchtoldsdorf, Medling, Brun, Enzerstorf, und mehr anderen Orten, sondern auch denen Feldfrüchten einen grossen Schaden zugefüget.[612]

...brennte ein Donnerstrahl hier den Kirchthurm bey St. Anna, einen unserer prächtigsten Thürme, ab.[613]

...diesen Abend ist alhier ein heftiges Ungewitter entstanden...[614]

Eodem Nachmittag ware abermalen ein starkes Ungewitter entstanden, welches hernach in einen starken Regen ausgebrochen, und in hiesigen Vorstädten an 5. Orten, jedoch ohne besonderen verursachten Schaden, eingeschlagen.[615]

Der Wein, der in Wien ab dem 9. Oktober gelesen wurde, war qualitativ gut, von der Menge her jedoch in unterschiedlichem Ausmaß vorhanden.

1748

Am 20. Dezember 1747 kam es zum Eisstoß auf der Donau, und in der Stadt bildete sich um diese Zeit auch eine Schneedecke. Mehrmals berichtete das Wienerische Diarium im Jänner von Schlittenfahrten des Adels. Im Februar hatte sich der Eisstoß vermutlich kurzfristig gelöst. Am 9. März wurde jedoch berichtet, dass *...durch die schon etliche Tagen anhaltende sehr kalte Witterung der bey hiesiger Stadt vorbeylauffende Donau-Arm wieder zugefroren, der grosse Donau-Arm ist der Zeit noch offen.*[616] Am 22. März war *...sowol der grosse als der kleine Donau-Arm meistens von dem Eis-Stoß wieder frey worden...*[617] und bereits Anfang April konnten Schiffe die Donau passieren:

611   Wienerisches Diarium Nr. 49/1747, Bericht vom 20. Juni.
612   Wienerisches Diarium Nr. 51/1747, Bericht vom 24. Juni.
613   PILGRAM, Untersuchungen, 31, Bericht vom 25. Juni.
614   Wienerisches Diarium Nr. 51/1747, Bericht vom 25. Juni.
615   Wienerisches Diarium Nr. 56/1747, Bericht vom 13. Juli.
616   Wienerisches Diarium Nr. 20/1748.
617   Wienerisches Diarium Nr. 24/1748.

...seit einigen Tagen das Wasser des hier vorbeystreichenden kleinen Donau-Arm gewachsen, so seynd auf selben schon verschiedene Victual- und Oberländische Schiffe mit Kaufmanns-Waaren alhier angekommen.[618]

Im Mai ereigneten sich vereinzelte Unwetter. Am 3. Mai *...ein Donnerwether mit viel Wasser und Eis und hat balt alles zu Grunde gerichtet.*[619] Auch am 20. Mai hat sich *...ein starkes Unwetter erhoben, so mit Regen, und Hagel vermischet ware, welches dem Vernehmen nach in denen hiesig-benachbarten Orten einigen Schaden gemacht.*[620] Von diesen Einzelereignissen abgesehen, herrschte auch in diesem Frühjahr große Trockenheit. Der Wiener Erzbischof sah sich erneut zur Anordnung einer „Collecta pro pluvia salutari" veranlasst:

...anhaltenden Trückhne denen lieben Feldfrüchten und erdgewächsen ein mercklicher schaden zu beförchten, durch gedeihlichen und fruchtbahren Regen aber das wachsthum sowohl als die Vermehrung ermelter Früchten mit Beystand göttlichen Seegens ganz sicherlich zu hoffen kommet...[621]

Am 12. Juni war der bei *...hiesiger Stadt vorbey lauffende kleine Donau-Arm ... seit etlichen Tagen sehr hoch angeschwollen...,*[622] die Gründe dafür wurden jedoch nicht genannt.

Im August ereigneten sich neben andauernden Niederschlägen zahlreiche Unwetter. Jenes vom 7. August verursachte an verschiedenen Gebäuden der Stadt große Schäden:

Diesen Abend ware alhier ein überaus starkes Ungewitter entstanden, welches an unterschiedlichen Orten in und vor der Stadt eingeschlagen, und die Fürstl. Schwarzenbergische Reit-schul samt darzu gehörigen Gebäude mit allem Vorrat in die Asche geleget; wie dann auch unter andern ein in die St. Caroli Borromäi Kirche gefallener Strahl einigen Schaden in derselben hin und wieder gemacht. Ingleichen vernimmt man, daß dieses Ungewitter in unterschiedlichen Orten auf dem Land Feuers-Brunsten, und grossen Schaden verursachet.[623]

Der Wein dieses Jahres, der in den Besitzungen des Wiener Bürgerspitals ab dem 23. September in großer Menge gelesen wurde, war von guter Qualität. Eine Ausnahme bildete Klosterneuburg, wo durch den Regen der Ertrag dezimiert wurde.[624] Am 24. November lautete eine kurze Bemerkung im Wienerischen Diarium *...wegen des eingefallenen rauhen und kalten Wetters...,*[625] der weitere Verlauf der Witterung in den letzten Wochen dieses Jahres konnte aufgrund der nur sehr punktuell vorliegenden Berichte nicht ausreichend rekonstruiert werden.

---

[618]   Wienerisches Diarium Nr. 27/1748, Bericht vom 3. April.
[619]   StAKl, Hs. 121.
[620]   Wienerisches Diarium Nr. 41/1748.
[621]   DAW, Karton 3/1, erzbischöfliche Currende vom 24. Mai.
[622]   Wienerisches Diarium Nr. 47/1748.
[623]   Wienerisches Diarium Nr. 63/1748.
[624]   Vgl. PRIBRAM, Materialien, 369.
[625]   Wienerisches Diarium Nr. 95/1748.

1749

Die Witterung der Wintermonate ist in den Quellen nicht dokumentiert. Es finden sich lediglich für den 10. und 12. Februar Hinweise auf eine vorhandene Schneedecke in Wien, da der Adel *...mit Renn-Schlitten in der Stadt zu belustigen sich geruhet.*[626] Im Mai kam es zu einigen Unwettern. Das Wienerische Diarium berichtete:

...Nachmittag ist dahier ein starkes Ungewitter entstanden ... verschiedenen starken Ungewittern, wie dann in voriger Woche eines dergleichen in der Gegend Eisenstadt gewesen, wodurch etliche Personen getödtet, und andere beschädiget worden.[627]

Anfang Juli führte die Donau Hochwasser, den Aufzeichnungen ist die Ursache dafür jedoch nicht zu entnehmen:

Der hier vorbey fliessende Donau-Strom ist seit etlichen Tagen dergestalten hoch angeschwollen, daß selber seinen Ufer übersteiget, und bis an hiesige Stadt-Wällen sich ausbreitet...[628]

...auf dem Donau-Strom, welcher annoch sehr hoch angeschwollen...[629]

Zu Ende des Monats ereignete sich ein weiteres Unwetter:

...Abend hatte man alhier ein starkes Ungewitter, welches zwar in den Meyer-Hof des Guts Hunds-Thurm an der Wien inner denen alhiesigen Linien eingeschlagen ... daß also solches keinen weiteren Schaden verursachet hat.[630]

Der Wein dieses Jahres wurde in Ertrag und Güte als mittelmäßig bezeichnet, stellenweise war er jedoch von guter Qualität.[631]

1750

Die Kälte dieses Winters verursachte Anfang Jänner die Bildung eines Eisstoßes auf der Donau und wurde von Schneefällen begleitet, wie die zahlreich veranstalteten Schlittenfahrten der kaiserlichen Familie und des Adels durch die Stadt bezeugen.[632] Am 6. Februar wurden wegen der *...schon etliche Wochen anhaltende sehr rauhe Winters-Zeit in allergnädigster Erwegung gezogen, und zum Behuf deren Armen 500. Klafter Holz angeschaffet.*[633] Nachdem noch am 13. Februar von der *...bis anhero angehaltenen rauhen Winterszeit und gefallenen häuffigen Schnee...*[634] berichtet wurde, kam die Stadt wenige Tage später in den Bereich einer wärmeren Luftströmung:

...da der lang angehaltene rauhe Winter sich auf einmal in eine ganz gelinde Witterung abgeändert und vermutlich der Eisstoß auf der Donau mit ehesten brechen dürfte...[635]

626 Wienerisches Diarium Nr. 13 und Nr. 14/1749.
627 Wienerisches Diarium Nr. 42/1749, Bericht vom 24. Mai.
628 Wienerisches Diarium Nr. 55/1749, Bericht vom 9. Juli.
629 Wienerisches Diarium Nr. 56/1749, Bericht vom 12. Juli.
630 Wienerisches Diarium Nr. 62/1749, Bericht vom 30. Juli.
631 Vgl. LÖSCHNIG, STEFL, Wein- und Obstbaukalender, 165.
632 Vgl. die Berichte vom 8., 26., 28. Jänner und 2. Februar im Wienerischen Diarium.
633 Wienerisches Diarium Nr. 11/1750.
634 Wienerisches Diarium Nr. 13/1750.
635 Wienerisches Diarium Nr. 14/1750, Bericht vom 17. Februar.

152

*Nachdeme durch die anhaltende gelinde Witterung der Eisstoß des alhier vor-
beystreichenden kleinen Donauarm sich nach und nach geöfnet, so hat man bis
nun von keinem schädlichen Unglücke zu hören gehabt; dieweilen aber dergleichen jedoch durch den Eisstoß und häuffig zerfliessenden Gebürgschnee in
Ober-Österreich und Bayern Schaden beschehen könte...*[636]

Über die Witterung der folgenden Monate existieren nur wenige Angaben ...*der
März warm ... den 8. und 9. April viell Gefrorn und ist alles erfrorn, den 1. May ein
Reif.*[637] Das Frühjahr dürfte jedoch insgesamt sehr feucht gewesen sein. Vom 13. Juli
stammt eine Currende des Wiener Erzbischofs, in der alle Geistlichen der Stadt zu
Gebeten ...*umb ersprießliches Wetter*... aufgerufen wurden:

*...demnach auß der schon eine geraume Zeit anhaltenden Regnerisch- und näß-
lichen Witterung denen Zu unserer leibs nothdurfft nöthigen lieben Feldtfrüch-
ten sowohl an derer Wachsthumb, als auch bereiths Vorhandenen Einsamblung
ein merklicher Schaden gantz billig zu beförchten, derrenthalben dann Gott der
Allerhöchste umb ersprießliches Wetter gantz Inständigst anzuflehen ist ... Also
haben eingangs ermelt. S. Hochfürst. Eminenz zu diesen Zihl und Ende hiemit
die Veranstaltung machen wollen, daß alle Priester in ihren S. Sacrificiis Missa
die Collectam pro Serenitate nehmen, auch der gesambte Clerus ihre geistliche
Übungen, und gebett Gott dem allmächtigen in diesen allgemeinen anligen aufopffern möchten.*

Gleichzeitig wurde eine Sammlung für die Not leidende Bevölkerung bewilligt:

*...durch Wassergüsse verunglückten Unterthanen im Dorfe Hüttendorf ... eine
Allmosensammlung im ganzen Lande NÖ mit Ausschluß der Stadt Wien zu bewilligen befunden.*[638]

Zwei Tage später kam es in Wien zu einer Überschwemmung ...*Die Donau ist alhier
durch das etliche Tage angehaltene starke Regen-wetter dermassen hoch angewachsen, daß dieser Fluß seine Ufer übersteiget.*[639]
Nachdem die Regenfälle weiter anhielten, sah sich der Erzbischof veranlasst, die
drei großen Pfarren mit ihren jeweiligen Bruderschaften zu bestimmten Zeiten in
St. Stephan zu versammeln, um vor dem ausgestellten Altarsakrament für eine Besserung des Wetters zu beten:

*...demnach aus der schon eine geraume Zeit anhaltenden Regnerisch- und näßli-
chen Witterung denen zu unserer Leibs-Nothdurfft nöthigen lieben Erdt-Früchten sowohl an derer wachsthumb, als auch bereiths Vorhandenen einsamblung ein merklicher Schaden gantz billig zu beförchten, derrenthalben dem
Gott der Allerhöchste umb ersprießliches wetter gantz inständig anzuflehen ist
... auf künfftigen Sontag, das ist den 19ten dieses Monaths July in der Metropolitan Kirchen bey St. Stephan allhier Vor- und Nachmittag Vor ausgesezten
Allerheyligsten Altars-Sacrament ein allgemeines gebett Verrichtet werden solle,*

636 Wienerisches Diarium Nr. 15/1750, Bericht vom 20. Februar.
637 StAKl, Hs. 121.
638 DAW, Karton 3/1.
639 Wienerisches Diarium Nr. 56/1750, Bericht vom 15. Juli.

mithin Verordnet, daß Sie Pfarr ad S. Stephanum an obbemelten Tag Vormit-
tag Von 9 biß 10 Uhr, Sie Pfarr Zu St. Michael Von 10 biß 11 Uhr, und Sie
Pfarr Zum Schotten Von 11 biß 12 Uhr, und Nachmittag widerumb Sie St. Ste-
phans-Pfarr Von 4 biß 5 Uhr, Sie S. Michaelis-Pfarr Von 5 biß 6 Uhr, und Sie
Pfarr Zum Schotten Von 6 biß 7 Uhr jederzeit mit ihren Bruderschafften
erscheinen, und Gott den Allmächtigen zu obgedachten Zill und Ende mit ihren
gebett inständig anflehen sollen.[640]

Es konnte nicht nachgewiesen werden, ob diese Gebete am 19. Juli tatsächlich verrichtet wurden. Das Wienerische Diarium berichtete zwei Tage später ...*Da nun-*
mehr das starke Regen-Wetter seit 3. Tagen nachgelassen, so ist alhier das gewste
hoch angeschwollene Gewässer des Donau Flusses um ein merkliches gefallen.[641]

Ende August ereignete sich in Krems ein starkes Unwetter, das schwerwiegende
Folgen für den Weinbau hatte:

...entsetzliche Ungewitter in aldasiger nachbarschaft eines grossen Strich Landes
die Wein-stöcke solchergestalten zu Boden geschlagen, und das nachgefolgte,
grosse Gewässer abgeschwemmet, daß für heuer wenig, oder gar keine Fechsung
alda zu hoffen.[642]

Auch in Retz waren die Weinerträge gering, allgemein wurde jedoch von einer zu-
friedenstellenden Lese und guter Weinqualität berichtet.

Mitte Oktober kam es nochmals zu einem Hochwasser der Donau und in weiterer
Folge einer Überschwemmung der Stadt:

Durch das schon seit 8. Tagen anhaltende Regen-wetter ist allhier der Donau-
strom dermassen hoch angeschwollen, daß selber die Schranken seines Ufers
bereits weit übersteiget.[643]

Am 4. November setzten mit Regen- und Schneefällen winterliche Verhältnisse ein,
die bis Jahresende anhielten.[644]

1751

Anfang Jänner fiel große Kälte ein. Am 15. Jänner kam es zur Bildung eines Eisstoßes auf der Donau, der sich erst Ende Februar aufzulösen begann. In den Früh-
jahrs- und Sommermonaten herrschte tendenziell feuchte und kühle Witterung. Zusätzlich wurden auch einige Berichte von Unwettern überliefert:

...von verschiedenen Orten die betrübte Nachricht ein, daß hin und wieder das
Schauerwetter einen grossen Schaden an denen Feldfrüchten verursachet
habe.[645]

640 DAW, Karton 3/1, erzbischöfliche Currende vom 17. Juli.
641 Wienerisches Diarium Nr. 58/1750, Bericht vom 21. Juli. Ein Eintrag in der Melker
    Pfarrchronik vom 19. Juli lautet: *Um wegen der andauernden Regenfälle heiteres Wetter zu*
    erreichen, wurde eine Prozession von der Stadtkirche nach Mayrhoffen abgehalten. ... Gerade
    an diesem Tag kehrte bereits das heitere Wetter zurück. StAM, Pfarrchronik Melk 1722–1781,
    pag. 101.
642 Wienerisches Diarium Nr. 71/1750, Bericht vom 28. August.
643 Wienerisches Diarium Nr. 85/1750, Bericht vom 23. Oktober.
644 StAKl, Hs. 121.
645 Wienerisches Diarium Nr. 44/1751, Bericht vom 30. Mai.

> *...ein so erschreckliches mit grossen Hagel-steinen vermischtes Ungewetter gewesen, daß es viele Meilen herum alles Getreid, und die Weinstöck aus dem Grund ausgeschlagen, und habe dieses Ungewitter bis auf Berchtoldsdorf und Brunn sich ausgebreitet, und überall überaus grossen Schaden gemacht.*[646]

Kaltes und regnerisches Wetter verzögerte auch die Weinlese, die in den Besitzungen des Wiener Bürgerspitals am 17., in den Weingärten des Stiftes Klosterneuburg am 18. Oktober begonnen wurde. Der Wein galt als mittelmäßig bis sauer und war nur in geringer Menge vorhanden.

1752

Nachdem Anfang Dezember des Vorjahres große Kälte und Schneefälle einsetzten, bildete sich am 1. Jänner ein Eisstoß auf der Donau. Dieser begann sich allerdings schon nach einer Woche wieder aufzulösen.

Am 14. Februar ereignete sich in Klosterneuburg ein *...Donnerwether und kalte Wind...*,[647] der weitere Verlauf der Witterung in den Monaten März bis Juli konnte anhand der Quellen nicht ausreichend rekonstruiert werden.

Im August ereigneten sich anhaltende Niederschläge, die schließlich zu einem Hochwasser der Donau führten:

> *Ansonsten ist durch das schon 3. Tägen anhaltende starke Regen-Wetter der hier vorbey streichende kleine Donau-Arm an dem Gewässer dermassen hoch angeschwollen, das solcher allenthalben seine Ufer übersteiget, und deswegen wenig Schiffe paßieren können.*[648]

> *...den 12. August fangst zum Regen an und Regent drei volle Wochen Tag und Nacht, da haben die Gemeinden Brozession angestellt zum heil. Leopold, da hat man das Haupt Leopolds zu küsen bekomen, von da an ist ein schönes Wetter worden...*[649]

> *Das bald 14. Tägen angehaltene starke Regen-Wetter hat sich endlich wiederumen in gute Witterung abgeändert...*[650]

Anfang Oktober begann man *...wegen anhaltender kühlen Witterung...*[651] in den Weinanbaugebieten Wiens mit der Lese der Trauben *...daß Mann den Sibenten lauffenden Monaths Octobris in der Ebene zu lesen anfangen, und den 9ten Octobris daß gebürg eröffnen würde.*[652] Die Qualität des Weines war in diesem Jahr mittelmäßig bis gut. Die Witterung dürfte sich während der Lese allerdings zum Besseren gewendet haben, da mehrmals von der *...so guten fortdauernden Witterung...*[653]

---

[646] Wienerisches Diarium Nr. 50/1751, Bericht vom 17. Juni.
[647] StAKl, Hs. 121.
[648] Wienerisches Diarium Nr. 67/1752, Bericht vom 17. August.
[649] StAKl, Hs. 121.
[650] Wienerisches Diarium Nr. 69/1752, Bericht vom 26. August.
[651] Wienerisches Diarium Nr. 81/1752, Bericht vom 5. Oktober.
[652] AMP, Karton 159, Faszikel 2, Verfügung des Perchtoldsdorfer Marktrates über den Beginn der Weinlese vom 3. Oktober.
[653] Wienerisches Diarium Nr. 82/1752, Bericht vom 10. Oktober.

berichtet wurde und die Donau zu Ende des Monats sogar Niederwasser führte
...*wegen der Schwäche des Wassers.*[654]

Den November kennzeichneten tiefe Temperaturen, am 22. wurde ...*wegen der lang anhaltenden rauhen Witterung...*[655] geklagt.

1753

Das Jahr begann mit Kälte und Schneefällen, wodurch es dem Adel ermöglicht wurde, sich mit zahlreichen Schlittenfahrten durch die Stadt zu amüsieren ...*diesfalls günstiger kalten Schnee-Witterung haltenden Schlittenfahrten.*[656]

Am 17. Februar ...*hat die Kälte nachgelassen, und ist ein sehr gelindes Wetter eingefallen, so daß man hoffet, es werde der hier vorbey streichende Donau-fluß bald völlig vom Eis befreyet werden.*[657] Dies geschah noch am selben Tag:

> ...*ein sehr gelindes Thau-Wetter eingefallen, und das Eis auf dem hier vorbeystreichenden Donau-Fluß gehend worden, als ist eben am Samstag gegen Mittag von dem Eisstoß ein guter Theil von der alhiesigen grossen Donaubrucken hinweg gerissen worden.*[658]

Bereits wenige Tage später konnten Schiffe die Donau passieren:

> ...*daß Gewässer dieses Flusses ist seit zwey Tagen merklich gefallen, so daß bereits einige Schiffe alhier angeländet.*[659]

Nachdem man sich Mitte April ...*des eingefallenen schönen und hellen Wetters...*[660] erfreute, kam es Anfang Mai zu einem neuerlichen Temperaturrückgang:

> *Die eine geraume bishero gewesene angenehme Frühlingswitterung hat sich seit drey Tagen in kalten Regen und starke Winde abgeändert; auch in denen Gebürgen Schnee geworfen, wobey ein starker Reif gefallen, welcher von verschiedenen Ortschaften eingeloffenen Nachrichten zufolge in denen Wäldern, Obst- und Weingärten grossen Schaden gemacht, an denen Feldfrüchten aber ... ist nichts zu bemerken.*[661]

Ende Mai waren aufgrund von anhaltender Trockenheit Schäden in der Landwirtschaft zu befürchten, weshalb in einer erzbischöflichen Currende zu Gebeten um Regen aufgerufen wurde:

> ...*demnach aus der anhaltenden Trückne denen lieben Feldfrüchten und Erdgewächsen ein mercklicher Schaden zu beförchten, durch gedeylichen und fruchtbahren Regen aber das Wachsthumb sowohl als die Vermehrung ermelter Früchten mit beystand göttlichen Seegens ganz sicherlich zu hoffen kommet ... zu diesem Ende die Collectam pro Salutari pluvia einlegen, auch in denen*

---

654 Wienerisches Diarium Nr. 87/1752, Bericht vom 28. Oktober.
655 Wienerisches Diarium Nr. 94/1752.
656 Wienerisches Diarium Nr. 2/1753, Bericht vom 6. Jänner.
657 Wienerisches Diarium Nr. 14/1753.
658 Wienerisches Diarium Nr. 15/1753, Bericht vom 17. Jänner.
659 Wienerisches Diarium Nr. 16/1753, Bericht vom 24. Jänner.
660 Wienerisches Diarium Nr. 31/1753, Bericht vom 15. April.
661 Wienerisches Diarium Nr. 37/1753, Bericht vom 8. Mai.

156

Clöstern die gewöhnliche Übungen dahin aufopffern, und so lang bis der aller-
höchste diese Bitt uns genehret, continuiren sollen.[662]

Nachdem sich auch Anfang Juni keine Niederschläge einstellten, sah sich der
Wiener Erzbischof erneut veranlasst, in einer Currende zu entsprechenden Gebeten
aufzurufen. Diesmal allerdings vor dem Altarsakrament im Stephansdom:

> *...demnach die biß anhero sich zeigende sonderbahre trückhne und dürre der*
> *Erde denen lieben Feld Früchten und Erdgewächsen mit der zeit bey Verrner*
> *außbleibenden Regen und aufrichtung sowohl an dero wachsthumb als gedeyli-*
> *chen Vermehrung sehr schädlich und hinderlich zu seyn ganz billig beförchtet*
> *wird ... in denen SS. Sacrificiis pro Salutari pluvia einzulegen verordnete Collec-*
> *tam, noch Verrners Gott den allerhöchsten eifrigst anzuflehen entschlossen.*
> *Denenhero den auf nächst kommenden Montag als den 11. dieß Monaths Juny*
> *in der St. Stephans Metropolitan Kirchen allhier Vormittag von 9 biß 12 Uhr*
> *und nachmittags aber Von 3 biß 6 Uhr bey aussetzung des Hochwürdigsten*
> *Altars Sacrament umb erbittung eines Heylsamben und ergäbigen Regens, ein*
> *allgemeines gebett veranstaltet, worzu der gesamte Clerus Saecularis, et Regu-*
> *laris wie auch die in der Statt und Vorstätten befindlichen Pfarren, Bruder-*
> *schafften, Schullen, sonderbahr aber die kleine unschuldige Jugend und sonsten*
> *jedermänniglich nach denen Ihnen bey denen dreyen Haupt Pfarren in der*
> *Statt als bey St. Stephan, St. Michael und zum Schotten ... fleissig zu erscheinen,*
> *und Gott den allmächtigen zu eingang gemelter Intention und meinung instän-*
> *digst anzuflehen...*[663]

Erst Anfang Juli kam es zu den erhofften Niederschlägen, die von zahlreichen Unwettern begleitet waren. Das Wienerische Diarium berichtete:

> *...schon etwelche Tagen anhaltende sehr grosse Hitze, und Trockne ist ...*
> *Abends ein sehr starkes Ungewitter mit Hagel und Regen ausgebrochen, wel-*
> *ches bis gegen Mitternacht gedauret, und man hat heute fruhe hierüber das un-*
> *glückliche Schicksal zu vernehmen gehabt, wie solches Wetter in dem eine*
> *Stund weit von hier nächst an dem sogenannten Nußberg gelegenen Flecken*
> *Krinzing in den Kirchthurn eingeschlagen...*[664]

> *Von Crems wird berichtet, daß vor heute von dem Weinlesen in selbiger Ge-*
> *gend wiederum wenig zu hoffen scheinet, indeme daselbsten den 9. dieses ein so*
> *erschröckliches mit Blitz, Donner und Hagel vermischtes Wetter gewesen, daß*
> *das in der weiten Revier um Crems herum sehr schön gestandene Weingewächs*
> *fast über die Helfte zu Boden geschlagen worden, und die Früchten auf dem*
> *Felde nicht wenig erlitten haben ... heftigen Sturmwind ... und schon das dritte*
> *Jahr ist, daß das Ungewitter dergestalten in selbigen Gegenden gewütet hat,*
> *und ein Donnerkeil in einem lähren Stadtthurn gefahren, denselben in 2. Theil*
> *zertheilet, und die Helfte davon in kleine Stücke zerschmettert hat.*[665]

---

662   DAW, Karton 3/2, erzbischöfliche Currende vom 25. Mai.
663   DAW, Karton 3/2, erzbischöfliche Currende vom 6. Juni.
664   Wienerisches Diarium Nr. 55/1753, Bericht vom 9. Juli.
665   Wienerisches Diarium Nr. 57/1753, Bericht vom 9. Juli.

Anfang September kam es erneut zu Niederschlägen ...*Durch das schon einige Tage anhaltende starke Regenwetter ist die alhier vorbeyfliessende Donau sehr hoch angeschwollen.*[666]
Der Wein dieses Jahres wurde als mittelmäßig bezeichnet, wobei Klosterneuburg und Retz mit sehr guter Weinqualität Ausnahmen bildeten.[667]

1754

Der noch am 2. Februar ...*anhaltenden starken Kälte*...[668] folgte zu Mitte des Monats ein Witterungsumschwung:

Da nun schon etwelche Tage her die Luft ganz gelind, und meistens Regenwetter, mithin der Schnee nicht nur in der Ebene, sondern auch in denen Gebürgen zerschmolzen, und so ist der dahero die Gewässer des Donauarms sich nur in etwas angeschwollene Eisstoß des kleinen Donauarms succesive abgetrieben worden ... beynebst der grosse Donau-arm offen, und das Eis zu ablauffen Raum genug hat.[669]

Während der März von tiefen Temperaturen gekennzeichnet war, herrschte in den Monaten April und Mai warme Witterung vor. Mangelnde Niederschläge ließen Mitte Mai Einbußen in der Landwirtschaft befürchten. In einer erzbischöflichen Currende wurde – ohne die sonst übliche vorangehende „Collecta pro salutari pluvia" – gleich zu Gebeten vor dem Altarsakrament in St. Stephan aufgerufen. Dies kann als Hinweis auf eine in großem Ausmaß vorherrschende Trockenheit gewertet werden:

...Es haben Ihre Hochfürst. gnaden unser gnädigster Herr Ordinarius in allhiesiger Metropolitan Kirche bey St. Stephan auf den nächst kommenden Sonntag, Donnerstag und Freytag als den 19. 23. und 24. dies Monats May vor ausgesezten Hochwürdigsten Altars Sacrament und zwar Vormitag jedesmahl von 9 bis 12. nachmittags aber von 3 bis 6 Uhr ein allgemeines gebet umb Von Gott dem allmächtigen einen fruchtbaren und heilsamen Regen, und eine denen sammentlichen Feldfrüchten erspriesliche Witterung zu erbitten, anzuordnen, sich entschlossen, worzu Sie eingang ernänte mit ihren Bruderschaften sonderbahr aber die kleine unschuldige Jugend und sonsten jedermänniglich nach denen Ihnen bey denen dreyen Haupt Pfarren in der Statt, als bey St. Stephan, St. Michael, und zum Schotten ... schrifftlichen ordnung außgetheilten stunden fleissig zuerscheinen, und Gott den allerhöchsten zu eingangs vermelter intention und meinung inständig anzuflehen, eingeladen und beruffen werden.[670]

Wenige Tage später kam es zu den erhofften Regenfällen. Das Wienerische Diarium berichtete am 25. Mai:

...seynd auch wegen der anhaltenden Dörre, um von Gott dem Allmächtigen einen für die Feldfrüchte höchstnothwendigen Regen zu erbitten, drey außer-

666 Wienerisches Diarium Nr. 71/1753, Bericht vom 5. September.
667 Vgl. StAKl, Hs. 121; LÖSCHNIG, STEFL, Wein- und Obstbaukalender, 165.
668 Wienerisches Diarium Nr. 11/1754.
669 Wienerisches Diarium Nr. 14/1754, Bericht vom 16. Februar.
670 DAW, Karton 3/3, erzbischöfliche Currende vom 17. Mai.

ordentliche allgemeine Betttäge mit stündlicher Abwechslung ... gehalten wor-
den ... das würklich vorgestern und heutige Nacht mit einem diesfällig er-
wünschtem Regen (welcher besonders auf dem Land sich ergiebiger verspühren
lassen) erfreuet worden seynd.[671]

Die in den folgenden Wochen zahlreich auftretenden Niederschläge führten zu
einem tendenziell feuchten und eher kühlen Sommer, der nur von einer warmen
und sonnigen Phase im August unterbrochen wurde.

Durch das einige Tage her angehaltene Regen-wetter ist der alhier vorbey-
streichende Donauarm besonders hoch angeloffen...[672]

...ein gewaltiges Schauer-wetter allda gewesen, welches drey ganzer Viertl
Stund gedauret, und die Feld-früchten samt denen Weingebürgen meistentheils
zu Grunde geschlagen. Man vernimmt auch vieles von grossen Wassergüssen,
welches hier und auf dem Lande vielen Schaden gemacht.[673]

...das grosse Wasser auf dem hier vorbeystreichenden kleinen Donau-arm etwas
gefallen, so siehet man nun alle Tag viele Oberländische Schiffe mit Kauf-
mannswaaren und anderen Gerätschaften eintreffen...[674]

Die Weinlese fiel in Qualität und Quanität mittelmäßig aus, in Klosterneuburg war
es *...ein gutes Lösen aber friescher Wein.*[675] Im Dezember herrschte sehr trockene
Kälte, wodurch sich ein Eisstoß auf der Donau bildete.

1755

Die trockene Kälte der vergangenen Wochen hielt auch in den ersten Monaten dieses Jahres an. In Wien befand sich eine zumindest für Schlittenfahrten ausreichende
Schneedecke, wie das Wienerische Diarium mehrmals berichtete.[676] Am 8. März
begann sich der Eisstoß zwischen Krems und Wien aufzulösen:

...der Stoß von Crems herab bis hieher auf dem alhier vorbey fliessenden gros-
sen Donaustrom aufgegangen, und so sehr man wegen des über Klafter dick
gewesten Eises eines grösseren Unglücks in Sorgen gestanden ... kein anderer
Schaden geschehen, als daß von der äussersten grossen Brücken 11. Joch wegge-
rissen.[677]

Nachdem im April mehrfach von der *...angenehmen Frühlingsluft...*[678] berichtet
wurde, ereigneten sich Anfang Mai Fröste, die für den Weinbau sehr schädlich
waren.
Zur Mitte des Monats herrschte neuerlich überaus große Trockenheit. Wie im Vorjahr wurde in einer erzbischöflichen Currende gleich zu Gebeten vor dem Altar-

---

[671] Wienerisches Diarium Nr. 42/1754.
[672] Wienerisches Diarium Nr. 46/1754, Bericht vom 8. Juni.
[673] Wienerisches Diarium Nr. 52/1754, Bericht vom 24. Juni.
[674] Wienerisches Diarium Nr. 64/1754, Bericht vom 10. August.
[675] StAKl, Hs. 121.
[676] Vgl. Wienerisches Diarium Nr. 10 und Nr. 12/1755, Bericht vom 1. und 6. Februar.
[677] Wienerisches Diarium Nr. 21/1755.
[678] Wienerisches Diarium Nr. 35/1755, Bericht vom 28. April.

sakrament in St. Stephan aufgerufen. Nach vereinzelten Regenschauern begnügte man sich schließlich mit Stoßgebeten um vermehrte Niederschläge während der Pfingstfeiertage:

...Es hätten Ihre Hochfürstl. Gnaden unser gnädigster Herr Herr Ordinarius in allhiesiger Metropolitan Kirchen bey St. Stephan auf nächst kommende drey Pfingstfeyertäg als Sonntag, Monntag und Erchtag, das ist den 18. 19. und 20. dieses Monaths Mai Vor ausgesetzen Hochwürdigsten Altars Sacrament, und zwar Vormittag von 9 bis 12 Uhr, nachmittag aber Von 3 bis 6 uhr ein allgemeines gebet umb einen heylsamben fruchtbahren Regen und ersprießliche Witterung für die sammentliche Feld-Früchten anzuordnen sich gnädigst entschlossen. Nachdem aber bißhero gleichwohlen da und dorth einiger Regen gefallen, somit eine allgemeine noth zu dato nicht Vorhandten ist: als haben Ihre Hochfürstl. Gnaden die Clerisey, das Volk, bruderschafften, und Schuljugend in ausgetheilten stunden processionaliter nacher St. Stephan zugehen gnädigst dis-pensiret, sondern nur anbefohlen, das Volk Von der Cantzl dahin mit mehrern Eiffrigsten Zumahnen, daß selbes durch obbesagte drey Betttäge in der St. Stephans-Metropolitan-Kirchen fleissig erscheinen, und Gott den Allmächtigen zu Eingangs Erwehnter Intention, und Meinung inbrünstigst anflehen, die in denen Frauen Clöstern befindliche Persohnen auch ihr gebet und guthe wercke dahin aufopfern sollen.[679]

Die Schäden im Weinbau, die die Witterung der Winter- und Frühjahrsmonate bedingte, waren bereits im Juli ersichtlich. Ein Schreiben von zehn Grundholden an das Stift Klosterneuburg enthält eine Bitte um Steuernachlass:

...welchen gestalten uns die fürgeweste harte Witterung nemlichen der unbeschreibliche Schauer und Raiff in unser unter Euer Gnaden Grundbuch gehörig ... Weingärtten einen dergestaltigen Schaden versezet hat, daß wir sothanen Weingärtten einige Jahr hindurch zu erhollen, und in vorigen Stand an widerum zu sezen nicht wohl gedenken ... aus besonderer Gnad auf die 3. Jahr 755, 56 et 57 bis auf die Helfte gegen jene Limitirt- und nachgesehen haben; daß die Supplicanten ihre Weingärten wohl und gut pflegen und die andere Helfte des Bergrechts richtig bezahlen und abführen sollen.[680]

Die niederschlagsreiche Witterung hielt auch den Sommer über an, der September wurde zusätzlich als besonders kalt beschrieben.[681] Einige Untertanen des Stiftes Klosterneuburg sahen sich veranlasst, mit einer Bitte um Dezimierung der Steuern an den Probst heranzutreten:

...anheuer der übermässig kalte Trukhene Winther eingefallen, folgsam hat die halbe Stockh Todt verbliben und ebenfalls müssen ausgehaut werden, ein folglich hierauf der Reiff erfolget, und was Gott geschikhet hat alles hinweckgenohmen, daß sich der Stockh zu erfolgenden Nachtrieb, in 2. 3. Jahren zu einen aufrechten Holtz nicht mehr erhollen können, entlichen was durch den Reiff

679 DAW, Karton 3/3, erzbischöfliche Currende vom 14. Mai.
680 StAKl, Karton 900, Nr. 15, Schreiben vom 12. Juli.
681 Vgl. StAKl, Hs. 121.

über eis geblieben, der herauf erfolgende Schauer alles hinweckhgenohmen und die Weingärten dergestalten ruiniert worden, daß in einigen Jahren kein Tropf zu hoffen...[682]

...das allhiesige Weingebürg nicht allein durch die Winter gfrür und darauf erfolgten starken Reiff, sondern auch durch den lezten grossen Schaur einen merklichen Schaden erlitten...[683]

...von der gefrühr und dem Reiff unseren Weingärten zugewachsenen schadens...[684]

Die Weinlese erfolgte im Oktober bei warmer Witterung, das Weinjahr wurde als mittelmäßig bezeichnet.

1756

Der Winter dieses Jahres war sehr mild. Frost und Schneefälle gab es erst in den Monaten April und Mai ...*In diesen Jahr haben wir keinen Winter, keinen Schne, keine Kälte, den 29. März ein Donnerwether, den 4., 5. und 6. Aprill ein großer Schnee Geschneibt, den 1. May Gefrorn, den 12. und 13. May Geschneibt und den 16. May gefrorn, von da an Warm.*[685] Die Witterung der folgenden beiden Monate konnte nicht rekonstruiert werden. Der August war kalt und im September kam es zu häufigen Niederschlägen mit Gewittern, wie jenem vom 20. des Monats:

...ein sehr heftiges Donner-wetter alda gewesen, wobey zugleich ein Wolkenbruch die ganze untere Stadt so in der Ebene ligt, unter Wasser gesetzt habe. Das Donnern und Blitzen, nebst dem erschrecklichen Regen habe bis Mittag gedauret...[686]

Da die Trauben durch den häufigen Regen zu faulen begannen, fiel die Weinlese wie in den vorangegangenen Jahren mittelmäßig aus, der Wein wurde meist als sauer bezeichnet.

Nach dem 11. November war es sehr kalt, weshalb sich am 22. Dezember ein Eisstoß auf der Donau bildete.[687]

1757

Eine am 22. Jänner durchgeführte Schlittenfahrt des Adels durch die Straßen der Stadt lässt für diese Zeit auf eine ausreichende Schneedecke schließen.[688]

Der Eisstoß, der die Donau seit Ende Dezember bedeckte, begann sich am 19. Februar zu lösen ...*durch den aufgegangenen Eis-Stoß die Brücken bey Wien über die donau*

---

682   StAKl, Karton 900, Nr. 15, Schreiben vom 22. September.
683   StAKl, Karton 900, Nr. 15, Bitte der Grundholden von Weinhaus um Steuernachlass vom 16. September.
684   StAKl, Karton 900, Nr. 15, Bitte der Grundholden von Nußdorf, Heiligenstadt und Unterdöbling um Steuernachlass.
685   StAKl, Hs. 121.
686   Wienerisches Diarium Nr. 78/1756.
687   StAKl, Hs. 121.
688   Wienerisches Diarium Nr. 7/1757.

zum Theil hinweg gerissen seynd.[689] Wenig später kam es neuerlich zu einer Vereisung. Am 3. März wurde berichtet, dass *...in der Nacht ... durch den Eisgang auf der alhiesigen grossen Donau an dasigen Brücken 5. Joch weggerissen worden.*[690] Eine Schneedecke blieb in diesem Jahr bis April erhalten, weshalb *...alle Getreidfelder ausgefäuert, das balt keines zu bekommen ist.*[691] Zusätzlich wurde der Landwirtschaft durch häufige Niederschläge großer Schaden zugefügt, wie der Aufruf zu Gebeten um bessere Witterung, der „Collecta pro serenitate", in einer erzbischöflichen Currende vom 6. Juli vermittelt:

...demnach jezig-unstättes Regenwetter, falls es weithers continuiren solte, denen noch in Veld befindlichen früchten merklichen Schaden gefügen mächte, dahero von dem allergüttigsten Gott die abwendtung dessen, und ertheilung eines erspriesslichen wetters, auch Verleihung alles dessen, was zu unserer leibs Nothdurfft von nöthen ist. So wird hiemit Verordnet, und anbefohlen, daß alle Priester in dem heiligen Meeßopfer die Collectam pro Serenitate nehmen, und mit diesem in so weith continuiren sollen, als erforderlich zu seyn wird befundten werden...[692]

Der feuchte Sommer schadete der Qualität des Weines jedoch nur in geringem Ausmaß. Aufgrund der Frühjahrsfröste war er allerdings nur in geringen Mengen vorhanden. Am 9. Dezember begann sich kalte Witterung mit Regen und Schnee einzustellen.[693]

1758

Bereits zu Beginn des Jahres war die Donau im Bereich von Wien zugefrohren. Am 15. Jänner wurde berichtet, dass *...das Eis auf alhiesigen Donau-Strom, durch die selbiger Zeit eingefallene gelinde Witterung ganz unverhofft losgebrochen und andurch von der aussersten deren grossen Brücken 4. Joch weggerissen worden.*[694] Die milde Witterung war allerdings nur von kurzer Dauer, da am 22. Jänner bereits wieder *...die Wägen über den Stos gefahren...*[695] sind.
Am 23. Februar begann sich der Eisstoß aufzulösen und am 26. Februar wurde aus der Leopoldstadt berichtet *...war ein starker Eisgang, und trieb Wasser und Eisschollen bis vor unsere Hausthüre.*[696]
Im April führten die Niederschläge *...anhaltenden sehr üblen Wetters, da unter ander erst gestrige Nacht mehrmalen ein häuffiger Schnee gefallen...*[697] sogar zu Hangrutschungen:

689 StAKl, Karton 2602, Nr. 4, Bericht der k. k. Repräsentation und Kammer an den Abt bezüglich eines Getreidetransportes vom 22. Februar.
690 Wienerisches Diarium Nr. 18/1757.
691 StAKl, Hs. 121.
692 DAW, Karton 4/1.
693 StAKl, Hs. 121.
694 Wienerisches Diarium Nr. 5/1758.
695 StAKl, Hs. 121.
696 StAKl, Karton 462, Nr. 14.
697 Wienerisches Diarium Nr. 30/1758, Bericht vom 15. April.

162

...den 15. Aprill hats Geschneibt, Gefrorn, dieser Schnee hat eine solche näße verursacht, das manche Gestetten herunter Gefallen ist...[698]

Der Witterungsverlauf der folgenden Monate konnte aufgrund der nur sehr punktuell vorhandenen Quellen nicht ausreichend nachvollzogen werden. Der Wein galt als mittelmäßig.

1759

Der Winter dieses Jahres zählt zu den milden und auch aus Klosterneuburg wurde berichtet *...In diesen Jahre haben wir keinen Winter nicht, immer trocken.*[699] In Melk misslang wie im Vorjahr *...der Absatz verfertigter Pelzwaren ... wegen der 2 hintereinander eingetrethenen gelinden Winter.*[700]

Ansonsten ist dieses Jahr in den Quellen sehr schlecht dokumentiert, von einigen wenigen Berichten über Frost am 17. April oder ein Unwetter mit Hagel am 19. September abgesehen. Im August wurde aus Göttweig über ein *...grosses Donau Wasser...*[701] berichtet.

Der Wein galt als mittelmäßig, Ausnahmen stellten Retz *...ziemlich gutes Weinjahr...*[702] und Klosterneuburg *...war ein gleines Weinlösen und guter Wein...*[703] dar.

1760

Im Jänner herrschte große Kälte und die zahlreichen Berichte im Wienerischen Diarium über adelige Schlittenfahrten in der Stadt weisen auf eine kontinuierlich vorhandene Schneedecke hin.[704] Am 23. Jänner bildete sich ein Eisstoß auf der Donau und vom 27. wird aus der Leopoldstadt berichtet *...warf der Eisgang unsere Schlagbrücke um, und hemmte auf einige Zeit die Communication mit der Stadt.*[705]

Nach Regenfällen kam es Mitte März zu einer Überschwemmung der Vorstädte Rossau und Leopoldstadt. Einer Kalendernotiz ist zu entnehmen:

> *Die Tonau angefangen sich zu ergüessen bis 17 dito und ist so gross gewessen, das nur 2¹/₂ schuech abgangen so währe es wie Anno 736 gewessen.*[706]

[698] StAKl, Hs. 121.
[699] StAKl, Hs. 121.
[700] StAM, 7/Patres, Karton 23, Tagebuchfragmente von Heinrich Weiss.
[701] StAGw, Hs. Gedenckh-Buch Mauttern 1665–1776. In Böhmen herrschte in diesem Sommer große Trockenheit: *Vom 20. Juli bis 19. August war weder ein Gewitter noch Regen, sondern die ganzen Hundstage hindurch herrschte eine solche Hitze, dass alles verdorrte, die Quellen sich verloren und ein solche Wassernoth entstand, dass man alltäglich das zur Nothdurft des Bräuhauses und der Bürgerschaft erforderliche Wasser aus der Elbe zuführen musste. Wegen dieser Dürre sind die Erbsen, Linsen, Bohnen, das Obst und der Hopfen wenig gerathen. Auch das Hornvieh wegen des Mangels an Gras vile Noth erleiden müssen.* KATZEROWSKY, Aufzeichnungen, 27.
[702] LÖSCHNIG, STEFL, Wein- und Obstbaukalender, 166.
[703] StAKl, Hs. 121.
[704] Vgl. Wienerisches Diarium Nr. 3, Nr. 6 und Nr. 7/1760, Berichte vom 9., 19. und 20. Jänner.
[705] StAKl, Karton 462, Nr. 14.
[706] StAKl, ClCal 1760.

Abb. 15: Die Schlagbrücke vor dem Rotenturmtor, 1780

Mit Ausnahme von den am 23. Juni in Horn *...eingefallenen grossen wassergüß ... grosse Schäden gelitten...*[707] war der Sommer warm und trocken, der Wein *...gut, wie Oel und viel.*[708]

1761

Dieser Winter war als wen es im Sommer wäre, bleibt schön und Warm bies Februar, von da an kalt bies ende Februar.[709] Die Kälte im Februar dürfte jedoch nicht sehr lang anhaltend gewesen sein, denn bereits Mitte März *...fiengen die Bäume auszuschlagen an, und es folgte keine merkliche Kälte mehr nach.*[710] Gleichzeitig kam es aufgrund des Schmelzwassers in den Alpen zu einem Hochwasser der Donau und in weiterer Folge zur Überschwemmung der Stadt:

> *Der schon einige Tage anhaltende Regen, hat den noch in denen Bergen und Wäldern übrigen Schnee dergestalten zerschmolzen, und in den alhiesigen Donaustrom geleitet, daß selbiger wegen Übermaaß des Wassers aus seinen Ufern getreten ... einen großen Schaden verursachet hat.*[711]

[707] StAKl, Karton 2167, Korrespondenz.
[708] Weinfechsungsgeschichte, 20.
[709] StAKl, Hs. 121.
[710] PILGRAM, Untersuchungen, 20.
[711] Wienerisches Diarium Nr. 23/1761, Bericht vom 19. März.

Die nachfolgenden Monate waren wie im Vorjahr von großer Hitze und Trockenheit gekennzeichnet. Anton Pilgram vermerkte über die hohen Temperaturen Ende Mai:

> ...klagte nicht jedermann A. 1761 über die nun das Ende dieses Monats gäh eingefallene Hitze, welche jene des Heumonats, ob sie schon nicht kleiner war, doch erträglicher schien.[712]

Der Mangel an Feuchtigkeit war im August bereits so groß, dass die Gläubigen in einer erzbischöflichen Currende zu Gebeten um einen ...Fruchtbahren und heylsammen Regen... vor dem ausgestellten Altarsakrament in St. Stephan aufgefordert wurden:

> Es haben Sr. Hochfürst. Gnaden unser Gnädigster Herr Herr Ordinarius in alhiesiger Metropolitan-Kirchen bey St. Stephan auf dem kommenden Dienstag, Mitwoch und Donnerstag als den 11ten, 12ten und 13ten dieses Monaths vor ausseztem Hochwürdigstem, und zwar Vormittag jedesmahl von 9 bis 12 Uhr, Nachmittag aber von 3 bis 6 Uhr ein allgemeines Gebet um von Gott dem Allmächtigen einen Fruchtbahren und heylsammen Regen, auch eine den Feld-Früchten erspriesliche Witterung zuerbitten, anzuordnen, sich gnädigst entschlossen...[713]

Wann es zu den ersten Niederschlägen kam, konnte anhand der Quellen nicht eruiert werden. Dem Wein war die Witterung jedoch sehr zuträglich. Er wurde als sehr gut bezeichnet und war in manchen Gegenden qualitativ noch besser als im Vorjahr.

1762

Der Winter und das Frühjahr dieses Jahres dürften von eher milder, der Sommer von warmer Witterung gekennzeichnet gewesen sein. In den unterschiedlichsten Quellen wurde oftmals von ...angenehmer Witterung..., der ...fürdauernden schönen Witterung... oder der ...anhaltend schönen Witterung... berichtet.[714] Auch liegen keine Überlieferungen von kleinräumigen Witterungsanomalien vor.

Im September kam es häufiger zu Niederschlägen, ...den 7. Oktober zum Regen angefangt bies ende Oktober, das balt kein grünes Kerndel zu sehen war.[715] Auch Leopold Mozart berichtete Mitte Oktober in einem Brief über seine Reise von Linz nach Wien von der anhaltend regnerischen Witterung:

> ...Wir hatten auf der Reise beständig Regen und viel Wind. der Wolfgangl hatte schon in Lintz einen Catharr, und aller Unordnung, frühen aufstehen, unordentlich Essen und Trincken Wind und Regen ohngeacht blieb er gott Lob, gesund. ... Nun sind wir schon 8 täge hier und wissen noch nicht wo die Sonne in Wienn aufgehet: denn bis diese Stunde hat es nichts als geregnet und unter einem beständigen Wind zu Zeiten ein wenig geschnien, daß wir so gar ein bischen Schnee auf den Dächern sahen. dabey war es auch, und ist wirklich noch wo nicht recht-

---

[712] PILGRAM, Untersuchungen, 207.
[713] DAW, Karton 4/3, erzbischöfliche Currende vom 7. August.
[714] Vgl. Wienerisches Diarium Nr. 5, Nr. 42 und Nr. 59/1762, Berichte vom 14. Jänner, 26. Mai und 24. Juli; StAKl, Hs. 121.
[715] StAKl, Hs. 121.

schaffen kalt, doch rechtschaffen frostig. ... Bis itzt sind wir, ohneracht des abscheulichsten Wetters, schon bey einer Accademie des graf Collalto gewesen...[716]

Über den 4. November schrieb er *...es war einer der schönsten Tägen, denen wir, seit der zeit, als wir hier sind kaum 3. oder 4. gehabt haben. Sagen sie, war dann in Salzburg auch immer so ein abscheuliches Regenwetter? – hier hat es auch schon geschnieen, und heut ist ein vollkommenes April=Wetter.*[717]

Die Feuchtigkeit hatte zu dieser Zeit jedoch keinen Einfluss mehr auf die Qualität des Weines, da ausschließlich von guten Erträgen berichtet wurde.

Ende Dezember kam es zur Bildung eines Eisstoßes auf der Donau. Leopold Mozart berichtete am 29. Dezember neuerlich in einem Brief an Lorenz Hagenauer über die große Kälte in Preßburg bzw. Wien:

> *Bey diesem traurigen Umstande musste ich mich mit dem trösten, daß wir ohne hin wegen der ungewöhnlich stark eingefallenen Kälte im arrest waren; denn die flügende Brücke wurde ausgehoben und ... konnte man nur etwa das Post Paquet über die Donau hinüber bringen, da dann der Postillion auf einem BauernPferd weiter kommen muste. Ich muste demnach warten bis Nachricht kamm, daß die Mark oder March (ein wasser, das nicht groß ist) zu gefrohren ware. Ich nahm also am hl: Abend umb halbe 9 uhr Morgens von Presburg Abschied und kamm auf einem ganz besondern Weeg um halbe 9 uhr Nachts in Wienn in unserm quartier an. wir reisten diesen Tag nicht sonderlich bequemm, indem der weeg zwar ausgefrohren, allein unbeschreiblich knopericht und voller tieffer gruben und schläge war...*[718]

Auf dem Briefumschlag betonte er: *Hier hat es einige Täge her eine erstaunliche kälte; und eben heut ist es wieder ganz ausserordentlich kalt.*[719]

1763

Der seit Ende Dezember 1762 anhaltende Eisstoß auf der Donau begann sich, nach großer Kälte im Jänner, am 10. Februar aufzulösen:

> *...einige Tage her angehaltene gelinde Witterung schon ... Nachts das Eis auf der grossen Donau gebrochen, so sind durch den Eisstoß 13. Joch von den äussern grossen Donaubrücken hinweggenommen...*[720]

Am 4. März kam es zu Schneefällen und die darauf folgende Kälte dieses Monats, die zusätzlich durch Nord- und Nordwestwinde verstärkt wurde, führte zu nachhaltigen Schäden im Weinbau und der Landwirtschaft. Die Monate April und Mai brachten häufige Niederschläge. Der 9. April *...war hier voll Hagel...*[721] und am 15. Mai *...unterhielten sich die höchsten Herrschaften zu Laxenburg wegen des fürdauernden Wetters in dem Schlosse.*[722] Die erste Junihälfte war von *...anhaltend*

---

[716] Mozart I, 51, Brief vom 16. Oktober an Lorenz Hagenauer.
[717] Mozart I, 58, Brief vom 6. November an Lorenz Hagenauer.
[718] Mozart I, 65 f.
[719] Mozart I, 67.
[720] Wienerisches Diarium Nr. 13/1763.
[721] PILGRAM, Untersuchungen, 209.
[722] Wienerisches Diarium Nr. 40/1763.

schöner Witterung...[723] geprägt, danach kam es neuerlich zu anhaltenden Regenfällen. Im Hochsommer waren laut Anton Pilgram *...Nur der Julius, und die letzte
Helfte des Augustus ... hier sehr warm.*[724] Anfang August ereigneten sich nördlich
von Wien heftige Niederschläge:

> *...Nachts entstandene starke Regenwetter hat in der Gegend Wolkersdorf
> großen Schaden gemacht und ganze Felder überschwemmet.*[725]

Die Monate Oktober und November verliefen *...besonders trocken, beyde zusammen hatten nur 6 regnerische Tage...,*[726] was für den Weinbau jedoch keine positiven
Auswirkungen zur Folge hatte. Dieses Jahr galt als Missjahr, der wenige Wein wurde als mittelmäßig bis sauer bezeichnet *...nicht aus Mangel der Sommerhitze, sondern wegen der Kälte des Märzen.*[727]

1764

Die Wintermonate waren sehr mild und *...bey gegenwärtiger angenehmen Witterung dergleichen man sich kaum erinnert, bey Mannsgedenken erlebet zu haben...*[728]
gab es kaum Schneefälle.

Anfang April kam es zu Frösten und auch der Mai wurde als kalt beschrieben. Ende
Juli/Anfang August waren laut Anton Pilgram die wärmsten Tage dieses Sommers, die
in manchen Gegenden zur Qualitätssteigerung des Weines beitragen konnten. Mit Ausnahme der Aufzeichnungen des Wiener Bürgerspitals, in denen der Wein dieses Jahres
als mittelmäßig und wenig beschrieben wurde, gab es durchwegs gute Erträge.[729]

In einer Currende vom 2. Dezember rief der Wiener Erzbischof zu Gebeten um
Wetterbesserung auf. Für die Monate Oktober und November fanden sich in den
Quellen keine übereinstimmenden Berichte über extreme Witterungsanomalien,
weshalb die eigentliche Ursache nicht geklärt werden konnte.

> *Den 2ten Xbris 1764 ist die Collecta pro Serenitate aeris in allen Kirchen in- und
> Vor der Stadt mündlich absque Decreto rechtens intimiret worden.*[730]

1765

Zu Beginn des Jahres war in der Stadt eine gleichmäßige Schneedecke vorhanden.
Das Wienerische Diarium vom 1. Jänner berichtete:

> *Ausser einigen Abendschlittenfahrten in und vor der Stadt, womit sich seit dem
> hier gefallenen Schnee der hiesige hohe Adel ... belustigt hat, ist eine grössere
> von Rennschlitten ... Abends durch die Hauptgassen der Stadt gehalten
> worden.*[731]

---

[723] Wienerisches Diarium Nr. 48/1763, Bericht vom 15. Juni.
[724] PILGRAM, Untersuchungen, 124.
[725] Wienerisches Diarium Nr. 63/1763, Bericht vom 4. August.
[726] PILGRAM, Untersuchungen, 176.
[727] PILGRAM, Untersuchungen, 124.
[728] Wienerisches Diarium Nr. 15/1764, Bericht vom 22. Februar. Im Salzkammergut fiel beispielsweise in diesem Winter kein Schnee. Vgl. WIROBAL, Klima, 47.
[729] Vgl. PRIBRAM, Materialien, 370.
[730] DAW, Karton 5/1.
[731] Wienerisches Diarium Nr. 1/1765.

Auch aus dem Monat Februar existieren zahlreiche Schilderungen von derartigen Schlittenfahrten, die innerhalb der Stadt, sowie nach Hetzendorf oder Laxenburg unternommen wurden.

Ein Ende Dezember entstandener Eisstoß auf der Donau löste sich Anfang März durch die *...dermalig schöne und gelinde Witterung...*[732] auf. Danach kam es neuerlich zu einem Witterungsumschwung, der bis Ende April Kälte und Schneefälle mit sich brachte.

Am 9. Mai ereigneten sich in Laxenburg *...wegen des vielen Regenwetters, und der in dortiger Gegend ausgetretenen Wässer...*[733] Überschwemmungen. Die niederschlagsreiche Witterung blieb auch für die Sommermonate charakteristisch. Erst *...den 25. August wird es warm, der September große Hietz, der October auch warm.*[734] Eventuelle Defizite in der Weinqualität – die in diesem Jahr als gut bezeichnet wurde – konnten damit offensichtlich ausgeglichen werden. In Retz klagte man allerdings über Schädlinge in den Weingärten, die so genannten „Rebenstecher", weshalb der Ertrag nur mittelmäßig war.[735]

1766

Die ersten vier Monate des Jahres wurden von Anton Pilgram folgendermaßen beschrieben:

Kalter, aber sehr unterbrochner Winter. Die erste Helfte des Jäners war hier sehr kalt, das Thermometer stand den ersten so wie den letzten Tag des verfloßenen Jahrs auf -11 den 7ten -15, den 9ten -14 1/2, den 10ten -17. Der Jäner war trocken, der Februar schneereich, gegen dessen Mitte sich die Kälte brach. Der März war rauh, den 23ten und 24ten fieng ein neuer Winter an. Der April war gelind.[736]

Der Eisstoß der Donau, der sich Ende Dezember 1765 gebildet hatte, begann sich Anfang März wieder aufzulösen:

Da bey dem itzigen gelinden Wetter das Eis, womit die Donau vorher in einigen Orten gedecket war, wieder aufgehet, und bricht, so wurden gestern Vormittag auf dem grossen Donauarm durch den Stoß eines solchen Eisplattes 2. Joch der dortigen Brücke weggerissen, und eines beschädiget.[737]

In den Monaten Mai und Juni ereigneten sich keine Witterungsanomalien. Mitte Juli kam es jedoch nach anhaltenden Regenfällen zu einem Hochwasser der Donau:

Wegen des bisherigen starken Regenwetters, und der grossen Wassergüsse, welche anderer Orten grossen Schaden gethan, ist der Donaustrom so hoch angeschwollen, daß er das Ufer überstiegen, und bey nahe die grosse donaubrücke gehoben hat: Seit ein paar Tagen aber ist das Wasser um ein merkliches gefallen.[738]

---

[732] Wienerisches Diarium Nr. 20/1765, Bericht vom 9. März.
[733] Wienerisches Diarium Nr. 38/1765.
[734] StAKl, Hs. 121.
[735] Vgl. LÖSCHNIG, STEFL, Wein- und Obstbaukalender, 166.
[736] PILGRAM, Untersuchungen, 99. Vgl. dazu auch KRETSCHMER, Extremwerte, 240 ff.
[737] Wienerisches Diarium Nr. 18/1766, Bericht vom 1. März.
[738] Wienerisches Diarium Nr. 59/1766, Bericht vom 23. Juli.

Auch eine erzbischöfliche Currende, in der zu Gebeten aufgefordert wurde, verweist auf die niederschlagsreiche Witterung:

> *Es ist auf Verordnung Sr. Hochfürstl. Eminenz unsers Allergnädigsten Herrn Herrn Ordinarii in- und Vor der Stadt in allen Kirchen mündlich ohne ergangenen Decret die Collecta pro Serenitate aeris angesagt, und rechtens intimiret worden.*[739]

In der zweiten Jahreshälfte änderten sich die Witterungsverhältnisse. Von August bis Dezember berichteten zahlreiche Quellen von großer Trockenheit.[740] Der Wein war daher zwar von sehr guter Qualität, jedoch nur in geringer Menge vorhanden. Fehlende Niederschläge und hohe Temperaturen führten in weiterer Folge zu einer Dezimierung des Viehbestandes. Der Wiener Erzbischof sah sich neuerlich in einer Currende zur Anordnung von speziellen Messen veranlasst, diesmal wurde allerdings um einsetzenden Regen gebetet:

> *Es habe das Referendissimum Officialium für höchst nöthig zu seyn erachtet, daß von allen Pfarrern, PfarrVerweesern, KlösterVorstehern, Curaten, und Beneficiaten die Collecten sowohl wegen Abwendung des Vieh-Umfalls, als wegen Erbittung eines Regens alsogleich in den heyl. Meesen genohmen werden solle.*[741]

Erst Ende Dezember kam es zu den erhofften Niederschlägen *...Die Kälte samt dem häufig gefallenen Schnee hat vom 25ten Christmonat 1766. bis den 13. Jänner täglich zugenommen.*[742]

1767

Nachdem im *...December eine beständige Gefrier war, fiel es im durchaus kalten Jäner weit tiefer ... Es fiel häufiger Schnee.*[743] Zu Beginn des Monats bildete sich ein Eisstoß auf der Donau, der bis Mitte Februar anhielt *...der Eisgang die Brücken zusammengeworfen ... war wie vor 60. Jahren die Donau bis auf den Grund gefroren.*[744] Im März gab es eine neuerliche, jedoch nicht so große Kälte und am 23. *...schnie es gewaltig.*[745] Der April *...ließ sich gelind an; um die Mitte war abermal neue Gefrier und Schnee ... es gefror sogar im Anfang Mai...,*[746] wodurch die Weinstöcke großen Schaden litten. Anfang Juni ereignete sich im Süden Wiens ein heftiges Unwetter:

> *Ein Donnerwetter war so gewaltig, daß obwohl es zu Altmanstorf, mehr denn eine Stunde weit von hier, einschlug, und dorten ein großes Feuer erweckte, es doch schien, als ob der Schlag zu Wien selbst geschehen wäre.*[747]

---

[739] DAW, Karton 5/2, erzbischöfliche Currende vom 25. Juli.
[740] Vgl. PILGRAM, Untersuchungen, 176.
[741] DAW, Karton 5/2.
[742] Wienerisches Diarium Nr. 4/1767.
[743] PILGRAM, Untersuchungen, 99.
[744] StAKl, Karton 462, Nr. 14.
[745] PILGRAM, Untersuchungen, 99.
[746] PILGRAM, Untersuchungen, 99.
[747] PILGRAM, Untersuchungen, 29.

Die Monate Juli und August wurden in den Quellen als kühl beschrieben. Am 1. August stürmte ein heftiger Nordwestwind durch die Stadt:

> ...war hier den ganzen Tag hindurch ein so heftiger Nordwest, daß er Wägen auf der Strassen umwarf, und ungemein viel Staub erregte; er dauerte den ganzen Tag hindurch. Abends legte er sich mit einem bald vorübergehenden Donnerwetter.[748]

Ende September ereigneten sich starke Niederschläge, was sich auch negativ auf den Weinbau auswirken sollte. Die Erträge wurden als gering bis mittelmäßig, die Qualität des Weines als sauer bis mittelmäßig bezeichnet. Am Ende des Jahres gab es große Kälte und ...häufigen Schnee.[749]

1768

Anfang Jänner bildete sich bei anhaltender Kälte ein Eisstoß auf der Donau, die ...Gefrier, und tiefer Schnee dauerten den ganzen Monat hindurch, jedoch nahm die Kälte ab, die aber mit Hornung abermal stieg.[750] Leopold Mozart berichtete seinem Freund Lorenz Hagenauer am 12. Jänner über die Witterungsverhältnisse der vergangenen Tage:

> ...Wir sind den 9.*ten* aus Brünn abgereiset; und obwohl der auf die grausame frühe Kälte eingefallene ungemein häufige Schnee die Strassen so bedecket, und der Wind die Weege mann hoch überwehet, und mit schnee bedecket hatte, daß die Posten theils ausgeblieben theils später eingetroffen und der Postwagen 9. Stunden auf einem Platze allein stecken geblieben; so sind wir doch glücklich mit 4. Postpferden den nämlichen Abend um 6. Uhr in Poyßdorff angelanget: Wo wir aber 6. Pferde nahmen und Sonntags den 10. diess um 8. Uhr wegfuhren und Abends schon um 5. Uhr auf dem Tabor unter den Händen der Visitierer waren, die uns bald abgefertiget hatten. Wir haben den erstaunlich häuffigen Schnee so glücklich durchschnitten, daß wir niemals umgeworffen worden, obwohl es ein paar mahl sehr nahe daran ware. ... War in Salzburg auch eine so grausame Kälte? und fiel auch so viel Schnee? Seit heute frühe ist ein wärmere Witterung eingefallen, und es ist abscheulich anzusehen, was hier für koth, und gewässer in allen Gassen ist, ohnerachtet viel 100. Fuhren beschäftiget waren den Schnee aus der Statt zu führen. Die grosse Schlittenfarth, die heute um 12. Uhr Mittags hätte seyn sollen, ward also eingestellt. Vielleicht ändert sich das Wetter; und ich wünschte herzlich eine schöne Schlittenfarth zu sehen...[751]

Im Februar ...war die Donau bis auf den Grund gefroren ... staute sich das Eis, zerstörte alle Brücken.[752] Am 19. Februar ...war noch eine empfindliche Kälte. am folgenden Tag ist ein einen Schuh hoher Schnee gefallen, und am 22. trat ein warmer bis auf den 24. angehaltener Regen ein, der allen Schnee aufgelöst hatte.[753] Dieser

[748] PILGRAM, Untersuchungen, 36.
[749] PILGRAM, Untersuchungen, 99.
[750] PILGRAM, Untersuchungen, 99.
[751] Mozart I, 252.
[752] WStLA, Hs. B 25/1, pag. 24.
[753] StAKl, Karton 462, Nr. 14. Ein Göttweiger Schreibkalender berichtet über Nebel. Vgl. StAGw, Karton E 29, Schreibkalender 1768.

kurzfristige, von Regenfällen begleitete Temperaturanstieg führte zu zahlreichen Überschwemmungen *...traten alle Flüsse in Österreich aus ihrem Bette, Bäche breiteten sich in die Ebene aus, und die Donau erhöhte sich in der Leopoldstadt bis an den ersten Stock.*[754] Das Wienerische Diarium schilderte die Ereignisse:

> *Durch das einige Tage her eingefallene Thau- und Regenwetter ist der häuffig um hiesige Gegenden liegende Schnee größtentheils, und zwar so gähling geschmolzen, daß die Kanäle in den Vorstädten, und die vorbeiströhmende Wien durch das gewaltig eingedrungene Wasser ungemein hoch angeschwollen: die nächst gelegenen Häuser sind überschwemmet, auch an theils Orten die Liniengräben mit Wasser angefüllet worden, wodurch die Einwohner besagter Häuser in große Gefahr, und sich zu flüchten genöthiget sahen. Montags Abends hörte es endlich wieder auf zu regnen, und die Wut des Wassers nahm ab. Der allhiesige Donauarm ist noch nicht völlig offen, aber der Eißbruch stündlich zu vermuten. In dem Oberlande soll das Eis schon gebrochen seyn, und von daher an verschiedenen Orten, besonders zu Stein und Crems grossen Schaden verursachet haben, davon die Bestättigung mit mehreren Umständen zu erwarten ist.*[755]

> *Donnerstags Nachmittag gegen 1. Uhr ist das Eis auf den kleinen Donauarm mit solcher Gewalt gebrochen, daß es die Schlagbrücke völlig bis auf das letzte Joch an der Leopoldstadt auf einem Stoß zugleich hinweggenommen, und da der Arm unter der Brücke schon offen war, ist das Eis nicht sonderlich hoch an die beiden Ufer ausgeschoben worden, auch den Schiffen kein Schaden geschehen: hingegen hat das Gewässer die nächstliegenden Auen, und die Jägerzeil, einen Theil der Leopoldstadt überschwemmet, so, daß die dortigen Einwohner nicht aus den Häusern tretten. Seit gestern aber hat das Wasser die Schranken seiner Ufer weit überstiegen, und ist zu beiden Seiten übertretten, auch sogar bey dem Rothen Thurm in die Stadt hereingedrungen: wie denn auch die Leopoldstadt gutentheils unter Wasser steht. Das Eiß auf dem großen Strohm ist ebenfalls gebrochen, ohne daß man noch weiß, wie es der großen Donaubrücke gegangen, und ob die benachbarten Flecken gelitten haben. Inmittelst ist die Communication auf dieser Straße gesperrt; man ist aber auf Überfahrten in Schiffen bedacht, sobald das noch stark treibende Eiß sich verlohren haben wird, gleichwie auch zur Herstellung der Brücke sogleich Hand angeleget werden wird, wozu das Holz vorausgerichtet ist.*[756]

Anfang März kam es zu einem neuerlichen Kaltlufteinbruch, der bis zur Mitte des Monats anhielt und ein weiteres Mal zur Eisbildung auf der Donau führte:

> *Die Kälte, und das stürmische Wetter, welches den 3. dieses unsere wienerische Gegenden in die Mitte eines neuen Winters versetzet hatte, haltet noch beständig an, der kalte mit Schneeflocken stürmende Nordwind dauert noch.*[757]

754 StAKl, Karton 462, Nr. 14.
755 Wienerisches Diarium Nr. 16/1768, Bericht vom 24. Februar.
756 Wienerisches Diarium Nr. 17/1768, Bericht vom 27. Februar.
757 Wienerisches Diarium Nr. 20/1768, Bericht vom 9. März.

Wir haben hier Landes schon ein paar Wochen ein außerordentlich kaltes Wetter; die kleinen Gewässer sind wieder dichte überfroren, und die Donau treibt vieles Eis.[758]

Während der letzteren großen Kälte ist zwar der kleine Donauarm zum zweytenmale zugefroren, das Eiß aber bald darauf durch den häufig gefallenen, und so fort von einem warmen Wind und Regen geschmolzenen Schnee angegriffen worden: so daß es ganz gemächlich geschmolzen und sich abgelediget: folglich der Fluß ohne weiters besorglicher Gefahr wieder offen ist.[759]

Die rauhe Witterung hielt auch im April an. Regenfälle um den 20. April ließen die Donau, die kurz zuvor noch Niederwasser geführt hatte, erneut ansteigen:

...wiewohl das Wasser des Flusses wegen der nächtlichen Frosten auf eine in dieser Jahreszeit ganz außerordentliche Weise gefallen, auch ein widriger Wind sich erhoben hatte...[760]

Von dem einige Tage gedaurten Regen ist der ziemlich schwach gewesene Donaustrohm wieder merklich angeschwollen ... Bey dieser gelinden Frühlingswitterung...[761]

Anfang Mai kam es zu einem raschen Temperaturanstieg, der jedoch von einem heftigen Gewitter am 8. Mai und einigen kühlen Tagen Anfang Juni unterbrochen wurde:

Seit dem letzten April haben wir hier eine so merkliche Hitze, daß das reaumurische Thermometer täglich über 21. Grade hoch gestanden, wozu ein immer anhaltender Südwind nicht wenig beygetragen.[762]

Die Hitze hat hier so zugenommen, daß den 4. dieses das Reaumurische Thermometer bis über den 24. Grad gestiegen, welches sonsten nur in den heißesten Sommertagen hier gewöhnlich ist, doch hat ihn ein selbe Nacht entstandenes Donnerwetter, und der darauf folgenden Ostwind wiederum auf den zu dieser Jahreszeit gewöhnlichen Punct durch diese Täge gebracht.[763]

Seit dem starken Donnerwetter vom 8ten dieses haben wir etweliche Tage kühle Luft: der Hagel hat hie und da auf dem Lande, besonders in der Gegend St. Pölten großen Schaden gethan: so ist auch das Gewässer dermassen hoch angelaufen, daß es in die Häuser und Keller eingedrungen. Der starke Reifen in der Nacht zwischen dem Mittwoch und Donnerstag ist den Weinbergen, und Obstgärten an theils Orten schädlich gewesen. Der Donauarm war einige Tage her so hoch angeschwollen, daß er die Schranken seines Ufers überstiegen, seit gestern [13.] aber ist er wieder etwas gefallen.[764]

---

758 Wienerisches Diarium Nr. 21/1768, Bericht vom 12. März.
759 Wienerisches Diarium Nr. 22/1768, Bericht vom 16. März.
760 Wienerisches Diarium Nr. 31/1768, Bericht vom 14. April.
761 Wienerisches Diarium Nr. 34/1768, Bericht vom 27. April.
762 Wienerisches Diarium Nr. 36/1768.
763 Wienerisches Diarium Nr. 37/1768.
764 Wienerisches Diarium Nr. 39/1768, Bericht vom 14. Mai.

...Die ersten May täge waren hier ganz ausserordentlich heiss. Nun aber waren immer Kalte Morgen und Abend und überhaupts allzeit frische Täge. Ein ganz ohngewöhnliche Witterung!...[765]

Bis Mitte Juli herrschte warme Witterung vor, vereinzelt ereigneten sich Gewitter:

Ein diesen Tag entstandenes Donnerwetter, und der darauf folgende, und die ganze Nacht anhaltende Regen haben zwar den 12. die Hitze sehr gemindert, doch hat selbe heute wiederum stark zugenommen; wenn sie so anhält, können wir das heuerige eines unserer heißesten Jahre nennen.[766]

Kurz darauf setzte eine niederschlagsreiche Periode ein, weshalb am 23. Juli durch *...das schon seit etlichen Tagen anhaltende Regenwetter ... der Donaustrohm sehr angeschwollen.*[767] Einen Tag später rief der Wiener Erzbischof in einer Currende zu Gebeten um schöneres Wetter, einer „Collecta pro serenitate aeris", in allen Kirchen inner- und außerhalb der Stadt auf.[768] Die Regenfälle waren nur von kurzer Dauer, führten im Raum Wien allerdings zu Überschwemmungen der Donau und des Wienflusses:[769]

Durch das Regenwetter, so in voriger Woche einige Tage angehalten hat, ist der kleine Wienfluß dermassen hoch angelaufen, daß er an vielen Orten die Schranken seines Ufers überstiegen, und Schaden verursacht hat ... Der Donauarm war eben so sehr angeschwollen, das er aus dem Ufer getretten: doch ist von Schäden nichts zu hören gewesen. Dieser gähe Wasserguß hat sich in einer Nacht gänzlich verloren und ist hievon an vierigem Sonntag nichts mehr als die Merkmale seiner Wuth zu sehen gewesen.[770]

Ende Juli begann sich warme Witterung durchzusetzen, die bis in den Herbst anhielt und qualitativ gute Weinerträge hervorbrachte. Die Lese fand bei einer *...außerordentlich angenehmen Herbstwitterung...*[771] statt.

Ab dem 10. Dezember *...war eine beständige Nacht, so, daß man auch zu Mittag bey dem Kerzenlicht zu Speisen gezwungen ward ... Die Witterung ist seit wenigen Tagen sehr rauh geworden.*[772]

---

[765] Mozart I, 267, Brief von Leopold Mozart an Lorenz Hagenauer vom 4. Juni.
[766] Wienerisches Diarium Nr. 56/1768, Bericht vom 13. Juli.
[767] Wienerisches Diarium Nr. 59/1768.
[768] Vgl. DAW, Karton 5/2, erzbischöfliche Currende vom 24. Juli.
[769] Der Wienfluss, der heute als kanalisiertes Gerinne den westlichen Bereich der Stadt durchquert, trägt den Charakter eines Gebirgsflusses, der in kurzer Zeit stark und wild anschwellen kann. Er entspringt in 820 Metern Seehöhe bei Rekawinkel/NÖ und mündet, nachdem er 124 Wienerwaldbäche in sich aufnimmt, nach 34 Kilometern in den Donaukanal. Im Bereich des heutigen 13. und 14. Gemeindebezirks bildete die Wien in früheren Jahrhunderten ein weitverzweigtes Augebiet, das seine Gestalt und Ausdehnung ständig veränderte. Das größte bekannte Hochwasser mit der geschätzten Wassermenge von 600 m³/sec. im Bereich des Donaukanals ereignete sich am 18. Mai 1851, an dessen Ausmaß in weiterer Folge die Wienflussregulierung ab dem Jahr 1895 orientierte. Vgl. LAICHMANN, Bäche und Flüsse, 10.
[770] Wienerisches Diarium Nr. 60/1768, Bericht vom 27. Juli.
[771] Wienerisches Diarium Nr. 82/1768, Bericht vom 12. Oktober.
[772] Wienerisches Diarium Nr. 101/1768, Bericht vom 17. Dezember.

1769

Im Winter herrschte sehr milde Witterung ...*Wenn man die 5 ersten Tage des Hornungs ausnimmt, in welche die Kälte 2 mal auf -8 kam, ein gelinder Winter ... Im Märzen gefror es (in der Stadt) gar nicht mehr ... Der April war größtentheils angenehm.*[773] Tiefe Temperaturen und Schneefälle stellten sich Anfang Mai ein:

Wir haben seit einigen Tagen eine so rauhe Witterung, daß sich ein neuer Winter anzufangen scheint. Ein anhaltender Nordwind bedeckte alle uns nahe Berge mit Schnee, ja wie die Berichte melden, soll dieser in Steyermark Knie tief gefallen sein. Hier hatten wir davor einen fortdaurenden Regen, welcher doch öfters auch Schneeflocken mit sich führte. Das reaumurische Thermometer fiel bis auf 2. und 3. Grad ober dem Eispunkte, und blieb den ganzen Tag über in dieser Stellung.[774]

Die folgenden Monate waren von sehr wechselhafter Witterung und häufigen Niederschlägen geprägt, sodass Ende Juni in einer Currende ein Aufruf des Wiener Erzbischofs zu Gebeten um Wetterbesserung veröffentlicht wurde:

Den 27ten Juny 1769 wurde in allen Kirchen in- und vor der Stadt die Collecten pro serenitate aeris, und pro iter agentibus, mündlich absque Decreto angesaget.[775]

Zusätzlich ereigneten sich in diesem Sommer zahlreiche Unwetter, wie die folgenden (Schadens-)Berichte zeigen:

...wurde ich durch einen Donnerschlag betäubet, dergleichen ich nie gehöret habe. Er schlug eine Ecke eines der hiesigen Sternwarte nahe gelegenen Hauses hinweg, und schien die ganze Sternwarte zerschmettert zu haben.[776]

...ein grosses Gewitter über die Stadt Wien, welches aber in die Gegenden um Wien mit einem großen Schauer ausgebrochen, und die Weingebürge bey Sievring, Krinzing, Petzelsdorf, Heiligenstadt, Nußdorf und anderer Orten ziemlich hart beschädiget hat.[777]

...allhier täglich ein mit Sonn- und Regen vermischtes Wetter gehabt, und der des Tages öfters plötzlich gefallene Regen hat besonders zu Nußdorf und Heiligenstadt sowohl an den dasigen Gebäuden als Gärten, und Weingebürgen großen Schaden verursachet.[778]

Es hatte nämlich den 21. 22. 23. und besonders den 24. dieses gegen Mittag ein außerordentliches Regenwetter, gleich einem Wolkenbruch, sowohl in dem fernen Gebürg, als in der Gegend Gutenstein und Hainfeld sich ergeben, worauf den 25. fruh Morgens um 3. Uhr mit Beyhülfe ein und anderer ausgetrettener

---

773 PILGRAM, Untersuchungen, 105. Die kalten Tage zu Beginn des Monats Februar wurden auch im Wienerischen Diarium Nr. 9/1769 beschrieben: *Die Witterung ist seit letzt abgewichenem Montag bey einem starken Nordwind, so rauh geworden, daß, wenn sie noch einige Tage in diesem Grade fortdauret, die Donau noch Eis machen, oder gar zufrieren wird.*
774 Wienerisches Diarium Nr. 37/1769, Bericht vom 10. Mai.
775 DAW, Karton 5/2.
776 PILGRAM, Untersuchungen, 209, Bericht vom 1. Juli.
777 Wienerisches Diarium Nr. 57/1769, Bericht vom 17. Juli.
778 Wienerisches Diarium Nr. 59/1769, Bericht vom 22. Juli.

Bergklüftwässer eine bey Mannsgedenken in der Gegend nicht gesehene unvermuthete Überschwemmung erfolget, so, daß die sämmtliche diesortige Wasserrinnsäle nicht nur ihre Grenzen und Gestade gar bald überstiegen, wodurch die meisten Wehren und Dämme sowohl an den Mühlen, Sägen, Eisen- und Kupferhämmern, ungeachtet darunter einige von großen Quatersteinen neu erbaut, auch alle Wasserfallen aufgezogen waren, dennoch samt vielen Bäumen aus dem Grunde gerissen, ganze Mauren eingeworfen, die Werker völlig mit Sand und Schlam überdecket, und von den Äckern die Frücht weggespielet worden...[779]

...nicht allein daß gewässer widerholter massen, durch in die Weingarten getragenen Schotter und Steiner Ihre Grundt zum theil verschittet, Weeg und Strassen unbrauchbahr gemacht, die Felder überschwemmet, die Bäch Mühlen ruinirt, gä durch Schauer Wetter die Weingarten von welchen doch der Arme Hauers Mann seine Nahrung solte suchen in einen erbarmungswürdigen Stant gestellet...[780]

...erlittenen übergrosse Wasser Güßen worvon meine eigene Windmühl in Weidling gänzlich verwüstet, und die ebene weingarten meistentheills verschittet worden...[781]

Die häufigen Niederschläge ließen die Trauben verfaulen und erbrachten eine mittelmäßige Weinlese, die im Oktober bei einer *...lang anhaltenden rauhen Witterung...*[782] stattfand. Anfang November ereigneten sich weitere Gewitter, es wurde jedoch etwas wärmer:

Wir haben den 6. dieses hier zwey Donnerwetter gehabt, welches eine von vielen Jahren her um diese Jahreszeit hier ungewöhnliche Sache ist. Das erste war um 6. Uhr, das zweyte um 9. Uhr Abends; es gieng beydes Mal ein heftiger Nordost voraus, welchem sehr lebhafte Blitze, und einige Donner folgten, es fiel sodann jedes Mal ein heftiger Platzregen. Die Witterung, welche verflossenes Monat so rauh war ... hat sich so geändert, daß wir itzt einen recht angenehmen Herbst haben, und das reaumurische Thermometer durch dieses ganze Monat zu Mittag auf 14. und 16. Grad gestiegen, ja noch zu Nachts um 10. Uhr täglich 10. und 12. Grad hochgestanden.[783]

Ende November kam es zu den ersten Schneefällen. Die anhaltenden Niederschläge waren im Dezember von heftigen Stürmen begleitet und führten um Weihnachten zu einem Hochwasser der Donau:

Die Witterung war hiebey meistens sehr trüb, und ungestüm, manchesmal war sie mit einem Regen, bald wiederum mit einem wenigen Schnee vermischt. Die

[779] Wienerisches Diarium Nr. 60/1769, Bericht vom 25. Juli.
[780] StAKl, Karton 2604, Nr. 20, Schadensbericht des Grundschreibers von Grinzing, datiert mit 8. August.
[781] StAKl, Karton 192, Nr. 94 NR, fol. 247v.
[782] Wienerisches Diarium Nr. 80/1769, Bericht vom 7. Oktober.
[783] Wienerisches Diarium Nr. 89/1769.

Kälte war hiebey nicht groß, indem das Thermometer kaum den Eispunkt berühret.[784]

Seit einigen Tagen her hat sich die Witterung in Regen, Schneeflocken, und Wind verändert, daß der vorhin gefallene Schnee gänzlich zerschmolzen und dadurch der hiesige Donauarm in der Leopoldstadt sehr hoch angewachsen ist.[785]

Die Witterung welche wir durch ein paar Wochen hindurch haben, ist so stürmisch und veränderlich, als man zu dieser rauhen Jahreszeit immer erwarten kann. Der Himmel überzog sich immer mit neuem Gewölke, ein anhaltender Nordwestwind belästigte uns immer, und zuweilen mit einer solchen Ungestümme, daß er hin und wieder merklich Schaden verursachte.
Das Barometer machte sehr große Veränderungen.[786]

1770

Die heftigen Stürme hielten auch zu Beginn dieses Jahres an:

Die heftigen Winde, welche durch diese Täge immer von Nordwest stürmten, haben uns eine zwar in sich nicht große doch sehr empfindliche Kälte gebracht. Das Thermometer fiel zuweilen 5. und 6. Grad unter den Eispunkt. Die Weege und Straßen sind alle mit häufigen Schnee bedeckt. Das Barometer machte gewaltige Veränderungen. Den 4. Jenner war selbes 28. Zoll 1. Linie Wiener Zoll hoch, biß den 6. frühe fiel es auf 27. zoll, 3²/₃ Linien, bis den 8ten frühe stieg es wiederum auf 24. Zoll 10 Linien, in welcher Stellung es ein Paar Täge ruhig verblieb. Den 7. frühe etwas vor 6. Uhr sah man gähling einen gewaltigen Blitz, und eine schlangenförmige Entzündung in der Luft, welche einem Donnerkeil an der Gestalt doch nicht an der Geschwindigkeit gleichte, es brachte jedoch keine weitere Folgen nach sich.[787]

Die Schneedecke blieb während des gesamten Monats Jänner erhalten. Im Wienerischen Diarium finden sich während dieser Zeit zahlreiche Berichte über adelige Schlittenfahrten. Mitte März kam es zu einem neuerlichen Wintereinbruch, wodurch das Alltagsleben in der Stadt erheblich behindert wurde:

Wir haben seit zwey Tagen ein so heftig und stürmisches Schneewetter, als man sonst immer im tiefsten Winter hier erfahren hat. Den 19ten schnie es frühe, jedoch sehr wenig, der Tag war trüb; zu Nachts kam ein gewaltiger Regen, welcher sich nach Mitternacht in Schneeflocken verwandelte.[788]

...Schnee ... so häufig gefallen, daß er alle Gräben angefüllt, und viele Wege ungangbar gemacht hat...[789]

Die in diesen Tagen gefallenen Schneemengen schmolzen erst durch einen Warmlufteinbruch am 3. April, wodurch es zu Überschwemmungen kam:

784 Wienerisches Diarium Nr. 96/1769, Bericht vom 30. November.
785 Wienerisches Diarium Nr. 102/1769, Bericht vom 23. Dezember.
786 Wienerisches Diarium Nr. 103/1769, Bericht vom 27. Dezember.
787 Wienerisches Diarium Nr. 3/1770, Bericht über den 4. bis 7. Jänner.
788 Wienerisches Diarium Nr. 23/1770.
789 Wienerisches Diarium Nr. 27/1770, Bericht vom 20. März.

*Die Kälte ... hat sich endlich, der Jahreszeit gemäß, in ein gelindes Frühlings-
wetter verändert, das Thermometer, welches beständig unter dem Eispuncte
stund, ist itzt schon frühe Morgens auf den 8ten und 9ten Grad der reaumurschen
Eintheilung; durch die erwärmte Luft, und öfteren Regen ist der häufige Schnee
so stark geschmolzen, daß nur noch wenige Überbleibsel hievon auf den Gebürgen zu sehen sind, daß derselbe den 20. März so häufig gefallen, daß er alle
Gräben angefüllt, und viele Wege ungangbar gemacht hat, sind nun durch sein
gähes Schmelzen die Bäche und Flüsse stark angeschwellet worden.*[790]

Ende April ereigneten sich neuerlich anhaltende Regenfälle. Diesmal trat der Wienfluss über seine Ufer:

*Wir haben bereits über 8. Tage hier Landes unbeständig regnerisches Wetter ge-
habt, welches die Straßen beschwerlich gemacht, und Theils Orten Wasserschäden verursachet hat. Der Donaustrohm ist zwar etwas gestiegen, er hat aber
doch seinen ordentlichen Laufe behalten ... der Wienfluß aber ist durch die
Bäche und Bergwäßer dergestalt angewachsen, daß er die Schranken seines
Ufers weit überstiegen, in die demselben nahe liegende Ortschaften und Häuser
eingedrungen, verschiedene Beschlächte und Mauren eingerissen, Steege abgetragen, und andere Schaden verursachet hat. Ein paar Tage her haben sich zwar
fürchterlich angeschienene, aber doch halb, und ohne Schaden vorüber gezoge-
ne Ungewitter geäußert; Seit Gestern will es das Ansehn gewinnen, ob sollte
Heiter, und beständiges Wetter werden, und die Verderblichen Gewässer sind
um ein merkliches gefallen.*[791]

In der Wachau führten die Niederschläge zu einem Hochwasser der Donau, weshalb die jährliche Prozession nach Maria Taferl verschoben werden musste:

*6. Sonntag nach Ostern: Die Prozession der Stadt, die nach Maria Taferl zu
führen war, wurde wegen Hochwasser der Donau auf den 4. August verschoben,
obwohl wir auch an diesem Tag nicht ohne Gefahr diese Wallfahrt abhielten.*[792]

Weitere Niederschläge Ende Mai/Anfang Juni begannen nun in der Landwirtschaft
große Schäden zu verursachen:

*Die Witterung hier Landes ist einige Zeit her so angenehm gewesen ... Seit
gestern haben wir Regenwetter, das in dem Oberlande um so stärker gewesen
seyn muß, weil der hier vorbeyströhmende Donauarm dermassen hoch angeschwollen, daß derselbe an theils Orten die Schranken seines Ufers, doch ohne
Schaden, überstiegen ... Gegen die hungarischen Gränzen ist der Donaustrohm
durch die sich hierein ergießenden Bäche und Flüsse sehr stark angeschwollen,
und hat auch bereits einige Überschwemmungen verursachet.*[793]

*Durch das stete Regenwetter schwellen die Gewässer dermassen gewaltig, daß
nicht nur der Donaustrohm, sondern auch alle andere kleine Flüße allenthalben*

[790] Wienerisches Diarium Nr. 27/1770.
[791] Wienerisches Diarium Nr. 35/1770, Bericht vom 2. Mai.
[792] StAM, Pfarrchronik Melk 1722–1781, Bericht vom 15. April.
[793] Wienerisches Diarium Nr. 42/1770, Bericht vom 25. Mai.

die Schranken ihres Ufers übersteigen, die Weege und Strassen verderben, und dem Landmann mit Überschwemmung der Wiesen und Felder großen Schaden verursachen. Derley übel von niedergegangenen Wolkenbrüchen, Ergießung der Flüssen und Überschwemmung, wird durch Briefe aus dem Oberlande, Böhmen, und Hungarn einberichtet, mit dem Bedauren, daß bey dem so lange anhaltend üblen Wetter die Feldfrüchten an vielen Orten gänzlich verdorben und für Heuer wenig, oder gar kein Wachsthum anzuhoffen ist.[794]

Bey der forthin anhaltend unbeständig und regnerischen Witterung sind die Ströhme und Flüße hier Landes noch sehr groß, und übersteigen allenthalben die Schranken ihrer Ufer, doch mit Veränderung, daß dieselben fallen, und wieder wachsen. Der Donaustrohm ist einige Tage sehr groß gewesen. Es hat derselbe den Bratter, nebst dem Stadtgut meistentheils unter Wasser gesetzt, ist auch in die nächst anliegende Vorstädte ausgetretten ... Die äußere große Donaubrücke war der Gefahr ausgesetzet, von der Gewalt des starken Wassers gehoben zu werden ... Wie man durch Reisende zu vernehmen hat, ist dieser Strohm in dem Oberlande so hoch, daß viele Schiffe mit Holz, und anderen Geräthschaften beladen, oberhalb Stein anländen müßen, weil selbe nicht durch die dasige Brücke schiffen können.[795]

Den 10ten ... Tonerwetter mit Schlossen
Den 17ten ... Donnerwetter. Wolken Bruch.
Den 28ten ... abscheüliches Wetter.[796]

Noch am 27. Juni war wegen des ...*ein paar Tage fürgeweste[n] starke[n] Regenwetter ... allhier kühle Luft, zumalen dem Vernehmen nach, in den herumliegenden Örtern schädliche Schauer und heftige Regenwetter sich geäußert haben.*[797]

Die Feuchtigkeit hielt auch im Juli an, weshalb es in der Stadt auf erzbischöfliche Anordnung zu Gebeten um Besserung des Wetters kam:

Den 8ten July 770 ist die Collecta Pro Serenitate aeris in allen Kirchen in- und vor der Stadt angesagt worden. Und dieses mündlich absque Decreto.[798]

Im Raum Wien stellte sich zur Mitte des Monats sommerliche Witterung ein, wodurch sich die Ernteausfälle in Grenzen hielten. In weiten Teilen Böhmens und Mährens kam es in diesem Jahr aufgrund der Niederschläge jedoch zu einer völligen Missernte:

Die heurige Erndte hat schon die abgewichene Woche angefangen. Die trübe regnerische Witterung hat sich ausgeheiteret; der Wienfluß und der Donaustrom sind um ein merkliches gefallen ... Obschon die Winterfrucht durch das häufige Wasser und Schnee etwas Schaden gelitten, so haben wir doch, Gott sei Dank! ein so günstig warmes Wetter, daß von der Sommerfrucht und den Weinbergen noch ein reicher Seegen zu hoffen ist.[799]

794 Wienerisches Diarium Nr. 43/1770, Bericht vom 30. Mai.
795 Wienerisches Diarium Nr. 44/1770, Bericht vom 2. Juni.
796 StAGw, Karton E 31, Schreibkalender 1770.
797 Wienerisches Diarium Nr. 51/1770.
798 DAW, Karton 5/2.
799 Wienerisches Diarium Nr. 58/1770, Bericht vom 21. Juli.

Es ereigneten sich jedoch auch im Raum Wien vereinzelte Unwetter:

> *Eben am vergangenen Samstag Mittags vor 12. Uhr hat die einige Tage fürge-*
> *wesene warme Witterung sich abgeänderet, da dieselbe ganz gähling in einen*
> *gewaltigen Regen und heftiges Donnerwetter ausgebrochen. Das Wetter hat ein*
> *Viertel nach 12 Uhr mit einem erschröcklichen Streiche in die Kirche des Colle-*
> *gii S. J. folglich durch mehrere Streich in einem Gärbergewölbe im Fischhofe*
> *nächst am hohen Markt, dann auf der Wien in der Behausung zum weißen*
> *Ochsen eingeschlagen, und am letzten Orte eine alte Wittwe getödtet. Das*
> *Ungewitter hat bis 3. Stunden unaussetzlich der Regen aber bis späten Abend*
> *angehalten. Obschon das Wetter, dergleichen man geraume Jahre her nicht ge-*
> *denket, sehr gefährlich ausgesehen, haben doch, Gott sey Dank! weder die*
> *Donnerschläge eine Feuersbrunst, noch das schnell und häufig angewachsene*
> *Wasser einen Schaden verursachet, und ist auch vom Lande gar kein Schauer-*
> *schaden zu hören. Seit dem haben wir wieder trockenes Wetter, und eine außer-*
> *ordentliche Hitze.*[800]

Ende August kam es erneut zu Niederschlägen und das Hochwasser der Donau machte die notwendigen Reperaturen an den Brücken vorerst unmöglich:

> *Die Witterung ist hier Landes noch sehr unbeständig. Man höret noch immer*
> *von starken Regen und Hagelwetter, welches verursachet, daß der Donau*
> *strohm eine geraume Zeit nicht in seine gewöhnliche Schranken kommet, und*
> *die grossen Wässer nicht zugelassen haben, die Donaubrücke zum verfertigten*
> *Stande zu bringen, folglich die Überfahrt von den Reisenden und Frachtfuhren*
> *noch sehr überlegen ist.*[801]

Die Witterung besserte sich auch im September nicht, weshalb für den 10. eine neuerliche „Collecta pro serenitate aeris" in den Kirchen Wiens abgehalten wurde.[802] Ende September setzte sich schließlich wärmere und trockenere Witterung durch und war *...den Weinbergen zeither so günstig gewesen, daß die Trauben bey guten Wachsthum unbeschädiget erhalten worden.*[803] So gab es zwar eine geringe Weinmenge, diese war jedoch von guter Qualität.

Im Raum Wien änderte sich die *...eine geraume Zeit fürgeweste sehr angenehme Witterung...*[804] erst Mitte November, während die umliegenden Gebiete über anhaltendes Hochwasser klagten:

> *Die fürgewesenen überhäuften Wässer, beklagen die benachbarten Länder mit*
> *einem großen Schaden, den dieselbigen an einigen Orten gemacht haben. Der*
> *Donaustrohm samt dem kleinen Arm aber ist dermal kleiner als er das ganze*
> *Jahr einmal gewesen...*[805]

---

[800] Wienerisches Diarium Nr. 59/1770, Bericht vom 21. Juli.
[801] Wienerisches Diarium Nr. 69/1770, Bericht vom 29. August.
[802] DAW, Karton 5/2.
[803] Wienerisches Diarium Nr. 79/1770, Bericht vom 3. Oktober.
[804] Wienerisches Diarium Nr. 91/1770, Bericht vom 15. November.
[805] Wienerisches Diarium Nr. 91/1770, Bericht vom 14. November.
[806] Wienerisches Diarium Nr. 94/1770, Bericht vom 23. November.

In der letzten Novemberwoche, sowie im Dezember hielt ...*die Zeither immer abwechslende Witterung mit häufigen Schnee und heftigen Winden* [an] ... *machen die Wege allenthalben sowohl zum gehen als fahren sehr beschwerlich...*,[806] weshalb es Ende Dezember zu Überschwemmungen kam:

Was dermal hier Landes das Merkwürdigste, ist die veränderliche Witterung: Am letzt vergangenen Sonntag [16.] *in der Nacht hörte man durchgehends ein gewaltiges Donnerwetter mit Blitzen, worauf ein stürmischer Wind sich erhoben, mit starkem Regen, der einige Stunden angehalten. Mittwochs darauf* [19.] *in der Nacht war abermal ein derley stürmischer Wind. Beyde diese ungestüme Witterung haben auf dem Lande an den Hausdächern, Gärten, Blanken und Zäunen, auch hier an Dächern und Fenstern vielen Schaden gemacht; und wie man aus Hungarn zu vernehmen hat, sind an den Schiffbrücken zu Preßburg und Pest einige Joche zerrissen. Anbey sind die Wässer anoch sehr groß und schadhaft. Der Donaustrohm war wieder so hoch, daß man Sorgen gestand, es würden die großen Brücken Noth leiden, die übrigen Flüße haben sich auf die Wiesen und Felder ergossen, und in den Kellern giebt es nicht minder Wasser. Seit Vorgestern ist das Wetter trocken, und kalte Luft.*[807]

1771

Das neue Jahr begann mit einem Einbruch wärmerer Luftmassen ...*so eine gelinde Witterung, daß das Thermometer auf 10 stand; und man, wie im Frühling spazieren gieng.*[808] Erst zur Monatsmitte hin war ...*die Witterung kalt und trocken, die kleinen Flüße haben etwas Eiß der Donaustrohm aber ist noch allenthalben offen.*[809] Der Monat Februar ...*war kälter, als der Jäner ... beyde Monate hatten häufigen Schnee...*,[810] was wiederum durch zahlreiche Berichte über Schlittenfahrten im Wienerischen Diarium bestätigt wird. Allgemein galt der Winter aber als außerordentlich mild, was ...*eherdem den meisten menschen bekant.*[811]

März und April wurden von Anton Pilgram als feucht beschrieben, wobei es in der ersten Aprilhälfte zusätzlich sehr kalt war.[812] Auch in einer erzbischöflichen Currende ist eine ...*Collecta pro serenitate aeris ... in allen Kirchen in und vor der Stadt absque decreto intimiret worden.*[813] Durch die anhaltenden Niederschläge ...*hat sich auch der schwarze Brand sehen lasen, in der Eben Weingärten haben die Weinber geschwind verblüht, im Gebürg aber hat der schwarze Brand Weinber Holz verzert, die Reben sind nicht länger als spanlang zu dieser Zeit.*[814] Anfang Mai kam es zu einem Witterungsumschwung. Große Wärme und Trockenheit gaben am 11. Mai Anlass zu einer erzbischöflichen Currende, in der zu

807 Wienerisches Diarium Nr. 102/1770, Bericht vom 22. Dezember.
808 PILGRAM, Untersuchungen, 11, Bericht vom 1. Jänner.
809 Wienerisches Diarium Nr. 4/1771, Bericht vom 12. Jänner.
810 PILGRAM, Untersuchungen, 100.
811 StAKl, Hs. D 73, pag. 31.
812 Vgl. PILGRAM, Untersuchungen, 100.
813 DAW, Karton 5/3, erzbischöfliche Currende vom 21. April.
814 StAKl, Hs. 121.

180

Gebeten um Regen aufgerufen wurde ...*Collecta pro salutari pluvia hoc fuit inimatum in omnibus Ecclesiis in et extra civitatem die 11ᵐᵃ May 771 absque decreto.*[815]
Im Juni ereigneten sich starke Niederschläge, weshalb die Donau über ihre Ufer trat und große Schäden an den Brücken verursacht wurden:

> *...stets fürdaurende starke Regenwetter ist sowohl der Donaustrohm als andere Flüße und Bäche dermassen groß, daß dieselben die Schranken ihres Ufers weit überstiegen, und die Wege und Strassen beschwerlich gemacht haben, auch dadurch die Wiederherstellung der großen Donaubrücke verhindert wird.*[816]

> *Bey der seit 4. Wochen anhaltenden ungewöhnlichen Überschwemmung des Donaustrohms, und daher entstandener Zerreißung der äußeren großen Donaubrücke...*[817]

> *Das allhier gewaltig angewachsene Wasser des ausgetrettenen Donaustrohms ist seit letztem Posttage merklich gefallen, und die Wege und Strassen scheinen wieder etwas besser zu seyn.*[818]

Die gewaltigen Überschwemmungen der Donau hielten auch im Juli weiter an:

> *Durch die einige Tage angehaltene starke Regen ist sowohl der Donaustrohm, als auch der Wienfluß dergestalten angelaufen, daß sie die Schranken ihres Ufers weit überstiegen, so, daß der erste bis in die Jägerzeil der Leopoldstadt, und die nächst daran liegende Bratteraue sich ausgegossen, der zweyte aber durch seinen schnellen Lauf an den Steegen, Brücken, und Gestätten vielen Schaden verursachet hat.*[819]

> *Wir haben nun allhier wieder sehr angenehm und warmes Wetter, wobey die Feldfrüchte in bestem Flore stehen; und das gewaltig ausgetrettene Wasser des Donaustrohms ist seit ein paar Tagen um ein merkliches gefallen.*[820]

> *Ob man gleich ein paar Tage einen Abnahm des starken Wassers verspühret, so hat dennoch der Donaustrohm am vergangenen Dienstag [9.] Abends so gewaltig angedrungen, daß derselbe noch den nämlichen Abend ein Joch, und in der Nacht 2. andere von der äußern großen Donaubrücke gehoben, und abgerissen...*[821]

> *Da im Monat Juli aufgrund der andauernden Regengüsse das Wasser so überhand nahm und zugleich nicht die geringe Gefahr bestand, daß die Saaten, (Feld)früchte und Weingärten einen bei weitem sehr großen Schaden erleiden, wurden auf Bitten des Volkes in der Stadtkirche Betstunden ... angesagt.*[822]

Erst am 31. Juli war der ...*hier vorbeyströhmende Donauarm ... dermassen gefallen, daß er wieder in die Schranken seines Ufers getretten.*[823] In den folgenden Wochen

---

[815] DAW, Karton 5/3.
[816] Wienerisches Diarium Nr. 40/1771, Bericht vom 22. Juni.
[817] Wienerisches Diarium Nr. 41/1771, Bericht vom 26. Juni.
[818] Wienerisches Diarium Nr. 42/1771, Bericht vom 29. Juni.
[819] Wienerisches Diarium Nr. 46/1771, Bericht vom 8. Juli.
[820] Wienerisches Diarium Nr. 47/1771, Bericht vom 12. Juli.
[821] Wienerisches Diarium Nr. 48/1771, Bericht vom 15. Juli.
[822] StAM, Pfarrchronik Melk 1772–1781, pag. 110.
[823] Wienerisches Diarium Nr. 61/1771.

herrschte kühle und trockene Witterung und der ab Mitte Oktober gelesene Wein war von geringer Menge und schlechter Qualität. Die Trockenheit hielt bis Anfang November an. In einem Aufruf des Wiener Erzbischofs wurden Gebete um Regen angeordnet:

> Collectam pro salutari pluvia in- und vor der Stadt in allen Kirchen angesagt; und ist den 10ten, 11ten und 12ten in der alhiesigen Metropolitan Kirche bey St. Stephan ein allgemeines Gebett gehalten worden.[824]

1772

Die Kälte bewirkte Anfang Jänner die Bildung einer Eisdecke auf der Donau:

> Bey der seit dem neuen Jahre angehaltenen etwas kalten Witterung ist zwar des hier vorbeyfließenden kleinen Donauarms oberer Theil so mit Eiß überzogen worden, daß man darüber gehen kann...[825]

> Seit ein paar Tagen hat das Wetter hier Landes mit einem gefallenen Schnee und anhaltend kalter Luft sich wieder so abgeänderet, daß der hier vorbeystreichende kleine Donauarm, auf welchem das Eis schon brechen wollen, neuerdings und stärker als vorhin überfroren, und da der Schnee liegen verblieben...[826]

Unmittelbar danach kam der Bereich Ostösterreichs in den Einfluss einer wärmeren Luftströmung, die bis Anfang März anhielt:

> Schon seit dem 18. Jänner bis 26. Hornung haben wir fast beständig warmes Wetter; das Reaumourische nach Norden festgestellte Thermometer in der allhiesigen k. k. Sternwarte stunde fast alle Tage beständig frühe um 8. Uhr drey bis vier Grad ober 0...[827]

> ...frühe um 8. Uhr stunde das Thermometter auf 7. Grad über 0. Von 10 Uhr frühe bis Abends stand es beständig auf 12 Grad. Der Himmel war heiter, und die Witterung gleichte einem der angenehmsten Maytägen.[828]

> Diese außerordentliche Wärme der 3. vorgehenden Tage war eben die Ursache der sonderbaren Luftbegebenheit, welche wir allhier den 1. März Abends bis gegen Mitternacht mit vieler Verwunderung erfuhren. Es erhob sich nämlich gegen 8 Uhr Abends aus Westen ein sehr starker Sturmwind, der den Himmel mit schwarzen Wetterwolken völlig überzogen, aus den Wolken fuhren Blitze auf Blitze, gleichwie selbe in den heißesten Sommertagen bey einem starken Donnerwetter erscheinen, doch wurden keine Donnerschläge gehöret. Das Blitzen dauerte von 8. Uhr Abends bis 12. Uhr Mitternacht, und der Sturmwind legte sich erst gegen 2. Uhr frühe.[829]

Im Verlauf des Frühjahrs wurde im Wienerischen Diarium von zahlreichen Gewittern berichtet, wie jenem vom 14. April:

[824]   DAW, Karton 5/3.
[825]   Wienerisches Diarium Nr. 4/1772, Bericht vom 11. Jänner.
[826]   Wienerisches Diarium Nr. 6/1772, Bericht vom 18. Jänner.
[827]   Wienerisches Diarium Nr. 19/1772.
[828]   Wienerisches Diarium Nr. 19/1772, Bericht vom 28. Februar.
[829]   Wienerisches Diarium Nr. 19/1772.

...Nachmittags um halb 4 Uhr hatten wir hier ein starkes Gewitter, welches sich mit einem großen Platzregen anfieng, und kurz darauf mit häufigen Blitzen und Donnerschlägen, unter einem starken Guß kleiner Schloßen ausbrach, also zwar, daß auch betagte Leute sich nicht leicht eines so starken Gewitters bey so früher Jahreszeit zu erinnern wissen.[830]

Am 11. Mai standen *...bey der anhaltenden sehr gelinden Witterung ... die Feldfrüchte durch das ganze Land sehr schön...*[831] und in Perchtoldsdorf fand eine *...Veranstaltung wegen denen Köfer abklauben in denen Weingärten...*[832] statt. Die Donau hingegen war am 16. Mai *...bey dem schon etwelche Tag anhaltenden Regen ... um ein merkliches hoch angewachsen.*[833]

Über die Monate Juni und Juli vermerkte Anton Pilgram *...Das Ende des Brachmonats und das erste Drittel des Heumonats waren auch sehr feucht. Übrigens aber war ein warmer Sommer.*[834] Ab der zweiten Julihälfte war die Hitze auch von großer Trockenheit begleitet, weshalb am 3. August neben Erntedankmessen auch Gebete um Regen abgehalten wurden:

Collecta in gratiarum actionem ob obtentam fruituum Benedictionem; et Pro salutari Pluvia. Hoc fuit intimatum in omnibus Ecclesiis in, et extra civitatem die 3tia et 4ta August 772. et simul his subsequentibus R:R:D:D: Missam celebrar prohibitum.[835]

Am 6. August schlug in Wien während eines Gewitters ein Blitz in den Turm des Stephansdomes. Das Wienerische Diarium und Anton Pilgram berichteten übereinstimmend:

...Abends ereignete sich ein in seiner Art sehr einzelnes Ungewitter. Es bestand in einem einzigen Schlage, der beym heitersten Himmel, ohne jemands Vermuthen, entstand. Der Wetterstrahl streifte die Spitze des Thurms von St. Stephan und fuhr in das Gewölbe der Kirche, wo er ohne merkliche Verletzung erlosch ... es erfolgte weder Regen, noch Verfinsterung noch mehr Schläge...[836]

Obwohl die Hitze im September anhielt, waren die Ergebnisse der Weinlese sehr unterschiedlich. Während aus Retz von großen Mengen und qualitativ gutem Wein berichtet wurde, galt das Ergebnis der Lese in Klosterneuburg als klein und sauer.[837] Die günstige Witterung hielt auch im Oktober an, weshalb sich die kaiserliche Familie zum weiteren Aufenthalt in der Sommerresidenz Schönbrunn veranlasst sah:

Man spricht, daß der Hof nicht vor Ende des Weinmonats in die Residenz zurückkommen dürfte, weil die Witterung noch immer fortfährt, außerordentlich reizend zu seyn.[838]

830   Wienerisches Diarium Nr. 31/1772.
831   Wienerisches Diarium Nr. 21/1772.
832   AMP, Karton 158, Faszikel 1, Schreiben des Marktrates von Brunn/Gebirge an den Marktrat von Perchtoldsdorf vom 15. Mai.
833   Wienerisches Diarium Nr. 40/1772.
834   PILGRAM, Untersuchungen, 156.
835   DAW, Karton 5/3.
836   Wienerisches Diarium Nr. 64/1772; vgl. auch PILGRAM, Untersuchungen, 37.
837   Vgl. LÖSCHNIG, STEFL, Wein- und Obstbaukalender, 166; StAKl, Hs. 121.
838   Wienerisches Diarium Nr. 81/1772.

Der gleichzeitig aufgetretenen Trockenheit versuchte man, durch Gebete um Regen entgegenzuwirken. Aus den Quellen geht jedoch nicht eindeutig hervor, wann es erstmals zu den erhofften Niederschlägen kam:

> Den 9ten, 10ten und 11ten Novemb. 772 seynd in der St. Stephans Metropolitan Kirche öffentliche Bettstunden gehalten worden; um Gott dem allmächtigen dank zu sagen für die gesegneten Erd-Früchte, und einen fruchtbaren Regen zu erbitten. Wobey der sammentl. Clerus, Bruderschaften, und Schullkinder zahlreich erschienen.[839]

Nach dem 1. Dezember sanken die Temperaturen, wodurch es am 8. Dezember zur Bildung eines Eisstoßes auf der Donau kam. Dieser begann sich allerdings schon eine Woche später wieder aufzulösen.[840]

1773

Mitte Jänner wurde von einer *...außerordentlich warm- und regnerischen Witterung...*[841] berichtet, die am 20. des Monats von einem ungewöhnlich starken Nebel begleitet war:

> Auch wir haben eine außerordentliche Gattung Nebel erfahren. In der Nacht zwischen den 20. und 21ten zog sich ein so dicker Nebel auf, daß die Fußgänger auf der Strasse aneinander stießen ... Der Dunst davon widerstund der Athmung, und er war so heftig, daß man ihn in den Kleidern roch.[842]

Im Februar herrschte milde Witterung vor. Im März kam es zum Einströmen kalter Luftmassen, weshalb am 10. März ein Eisstoß auf der Donau entstand, der über vier Wochen anhielt. Die Monate April und Mai brachten eine Phase mit hohen Temperaturen, die erst am 30. Mai von einem heftigen Gewitter unterbrochen wurde:

> Am ersten Pfinstfeyertage war hieselbst, nachdem zuvor einige Wochen hindurch sehr trockenes und für die frühe Jahreszeit außerordentlich heißes Wetter gewesen, ein starkes und anhaltendes Gewitter; wobey die tiefherabhangenden Wolken unsere Gegend dergestalt verfinsterten, daß in den ersten Stockwerken der hiesigen hochgebauten Häuser am hellen Mittage Licht angezündet werden mußte.[843]

In den folgenden Wochen ereigneten sich anhaltende Niederschläge. Auf Anordnung des Wiener Erzbischofs wurden Anfang Juli Gebete um Besserung des Wetters abgehalten:

> Collecta Pro Serenitate aeris. ist angesagt worden mündlich in allen Kirchen in und vor der Stadt den 5ten und 6ten July 773.[844]

Die kommenden Monate brachten sowohl für die Landwirtschaft als auch den Weinbau günstige Witterungsverhältnisse *...Nach viellem Regen haben wir nun*

---

839   DAW, Karton 5/3.
840   StAKl, Hs. 121.
841   Wienerisches Diarium Nr. 5/1773, Bericht vom 15. Jänner.
842   Wienerisches Diarium Nr. 7/1773.
843   Wienerisches Diarium Nr. 44/1773.
844   DAW, Karton 5/3.

endlich schön wetter, und seit einigen Tägen eine erstaunliche Hitze.[845] Das
Wienerische Diarium berichtete Ende Oktober:

> *Daß die Ärnte in diesem Jahre beynahe aller Orten sehr gesegnet gewesen, weiß
> jedermann, und zwar so, daß in verschiedenen Provinzen der k. k. Erblanden,
> sonderlich aber im Königreich Böhmen der Preiß des Getraides, mehr als die
> Hälfte, gegen dem des vergangenen Jahres herabgefallen; daß aber die Weinlöse,
> sowohl hier, als in den benachbarten Gegenden eben so glücklich und gesegnet
> ausgefallen, ist minder bekannt: und verdienet um so mehr bemerkt zu werden,
> als manche dafür gehalten, daß bey einer reichen Kornärndte, die Gartenfrüchte,
> und der Wein weniger zu gerathen pflegen. Der Güte des Höchsten, dem die
> Armut und Drangsale vieler Nothleidenden nicht unbekannt war, haben wir es
> zu verdanken, daß diese durch Mißwachs herunter gekommene Arme, durch
> einen so vielfachen Segen genähret, sich bald wiederum erholen.*[846]

Im Dezember kam es zu starken und anhaltenden Schneefällen.[847]

1774

Die Schneemengen, die im Dezember des Vorjahres gefallen waren, wuchsen durch
anhaltende Niederschläge Anfang Februar[848] *...seit einigen Tagen ist hier ein häufiger Schnee gefallen, und seit gestern ist die Kälte also zugewachsen, daß heute das
Reaumoursche Thermometer um 8 Uhr Frühe auf der k. k. Sternwarte gegen Norden auf 9 Grade unter 0 ... stand.*[849] Eine Schneedecke blieb mit wenigen Unterbrechungen *...Die am 6. dies so kalte Witterung hat so geschwinde und unvermuthet
nachgelassen, daß die für den folgenden Tag vorgenommene glänzende Schlittenfahrt nicht vollzogen werden konnte...*[850] bis Ende März erhalten.
In den beiden folgenden Monaten herrschte warme Witterung. Ausnahmen waren
einige Tage um den 20. Mai, an denen von stellenweisem Frost berichtet wurde:

> *Seit einigen Tagen haben wir allhier eine besondere Abwechslung der Wärme,
> und Kälte. Vom 15ten May hatten wir so warme Täge, daß das Reaumourische
> auf der k. k. Sternwarte gegen Norden gestellte Therometer Nachmittag zwi-
> schen 2 und 3 Uhr gemeiniglich bis auf den 19. und 20. Grad über den Gefrir-
> punkte hinauf gestiegen, allein den 16. May nach einem kühlen Regen, fiel das
> Thermometer Abends um 10 Uhr schon auf den 8. Grad ober 0. Den 17. frühe
> um 8 Uhr stand es auf 9 Grad ober 0. Abends um 10 Uhr 8 1/2 Grad ober 0, eben
> so den 18. Den 19. frühe um 8 Uhr stand es auf 8 Grad ober 0. Abends auf
> 7 1/2 Grad ober 0. Den 20. wurde es noch kälter, das Thermometer fiel frühe um
> 4 1/2 Uhr auf 5 Grad, um 6 Uhr stieg es auf 6 Grad, um 7 Uhr auf 7 Grad ober*

[845] Mozart I, 488, Brief von Leopold Mozart an seine Frau in Salzburg vom 4. August.
[846] Wienerisches Diarium Nr. 85/1773, Bericht vom 23. Oktober.
[847] StAKl, Hs. 121.
[848] Dieses Jahr ist in den Monaten Februar bis Juli durch beinahe tägliche, in den Monaten August, September, November und Dezember durch punktuelle Einträge in einem Göttweiger
Schreibkalender sehr gut dokumentiert. Vgl. StAGw, Karton E 34, Schreibkalender 1774.
[849] Wienerisches Diarium Nr. 11/1774, Bericht vom 5. Februar.
[850] Wienerisches Diarium Nr. 12/1774, Bericht vom 7. Februar.

0. Nachmittag gegen 2 Uhr kam es nicht höher als 10 Grad ober 0., und Abends um 10 Uhr auf 7 Grad. Den 21. aber hatten wir eine so stärkere Kälte bey heitern Himmel, daß wir nicht allein in Vorstädten, sondern auch so gar in der Stadt einen starken Reif hatten, ja in den Vorstädten will man sogar ein Eis beobachtet haben: daß Thermometer stand diesen Tag frühe um 4½ Uhr auf 5 Grad über 0. Vermuthlich mus es vor Sonnenaufgang nicht viel mehr als 1 oder 2 Grad über 0, oder vielleicht gar auf 0 gewiesen haben. Um 8 Uhr frühe war das Thermometer schon auf 9½ Grad gestiegen, um 12 Uhr Mittag auf 12 Grad, und um 10 Uhr Abends kam es wiederum auf 9½ Grad über 0. Den 22. frühe um 4½ Uhr stand es auf 7 Grad, und zwischen 2 und 3 Uhr Nachmittags auf 14 Grad, Abends um 10 Uhr auf 12 Grad über 0. Den 23. frühe um 5½ Uhr stand es auf 12 Grad, und um 8 Uhr frühe 15 Grad über 0. Das sonderbare bey dieser Witterung war, daß der Wind fast beständig von Sudost gieng, der zu Winterzeit allzeit warm, auch Thauwetter mitbringet, nun aber kalt wehete. Das Barometer machte vom 16. bis 20. May keine besondere Bewegung, es stand fast beständig auf 28 Zoll 0 Lin. Den 20. stand es den ganzen Tag auf 28 Zoll 2 Lin. Den 21. frühe um 8 Uhr stand es auf 28 Zoll 2 Lin. Mittags auf 28 Zoll 1 Lin. Abends um 10 Uhr 28 Zoll 0 Lin. Den 22. frühe um 8 Uhr auf 27 Zoll 11 Lin. um 4 Nachmittag auf 27 Zoll 10 Lin. Abends um 10 Uhr auf 27 Zoll 9 Lin. Den 23. frühe um 8 Uhr stand es auf 27 Zoll 9 Lin. Wir haben noch keine Nachricht, ob diese Kälte auch anderer Orten beobachtet worden, und ob der Reif den Erd- oder Baumfrüchten, insonder dem Weinstocke geschadet habe?[851]

Anfang Juni kam es zu anhaltenden Niederschlägen. Der Wienfluss trat über seine Ufer und in den Kirchen der Stadt wurde eine „Collecta pro serenitate aeris"[852] abgehalten:

Durch den etliche Tage anhaltenden Regen, ist der Fluß Wien dermassen angeschwollen, daß derselbe aus seinen Schranken getretten, jedoch ohne grossen Schaden zu verursachen.[853]

Mehrmals ereigneten sich Gewitter, die zum Teil beträchtliche Schäden verursachten:

...warf hier um Mittag ein Donner- und Hagelwetter Schloßen, so groß als Taubeneyer, doch waren sie nicht häufig.[854]

...hatten wir ein ziemlich starkes Gewitter: es geschahen darunter drey schwere Donnerstreiche, deren einer in den Pfarrhof in der Leopoldstadt allhier, der andere in den Thurn der Hofpfarrkirche bey St. Michael schlage ... der dritte aber zu Laxenburg zündete die k. k. Ställe an...[855]

Der Monat Juli war durch große Trockenheit gekennzeichnet, weshalb am 5. August zu Gebeten um Regen aufgerufen wurde:

851 Wienerisches Diarium Nr. 42/1774, Bericht vom 23. Mai.
852 Vgl. DAW, Karton 6/1, erzbischöfliche Currende vom 10. Juni.
853 Wienerisches Diarium Nr. 47/1774, Bericht über den 11. Juni.
854 PILGRAM, Untersuchungen, 209 f., Bericht über den 20. Juni.
855 Wienerisches Diarium Nr. 51/1774, Bericht über den 24. Juni.

186

Collecta Pro Salutari Pluvia. Ist angesagt worden in allen Kirchen in und vor der Stadt mündlich.[856]

Im August und September ereigneten sich neuerlich heftige Gewitter.[857] Sie nahmen jedoch auf die Weinlese keinen Einfluss mehr, denn diese *...war dieses Jahr so ergiebig, daß alle Erwartungen übertroffen worden.*[858] Am 26. Oktober berichtete das Wienerische Diarium über die einfallende Kälte:

> *Da die Witterung anfängt ziemlich frisch zu werden, so wird der allhöchste Hof in wenigen Tagen das Lustschloß Schönbrunn verlassen, und die Winterwohnungen in der Stadtburg wieder beziehen.*[859]

Die rauhe Witterung hielt auch im November und Dezember an und wurde nur durch einen kurzfristigen Warmlufteinbruch um den 10. Dezember unterbrochen:

> *Die seit einigen Tagen angehaltene heftige Kälte hat sich seit vorgestern auf einmal so sehr geändert, daß der Schnee auf den Dächern zu schmelzen angefangen; aber verwunderlich ist anbey, daß der Mercurius in den Wettergläsern bey dieser gelinden Witterung immer höher steiget.*[860]

Die Wärme war allerdings nur von kurzer Dauer, da sich bereits am 15. Dezember ein Eisstoß auf der Donau bildete.

1775

Nachdem die Kälte zu Beginn des Jahres sehr groß war, stiegen die Temperaturen um den 10. Jänner kurzfristig an:

> *Da die Donau durch das einige Tage aufthauende Wetter sehr angewachsen, und das Eis an mehreren Orten sich gethürmet, so hat es ungeachtet aller gemachten Anstalten dannoch am 12. dieses zwischen 5 und 6 Uhr frühe, die über den kleinen Arm nächst der Stadt stehende sogenannte Schlagbrücke, ein Joch ausgenommen, fortgerissen...*[861]
> *Durch die seit einigen Tagen anhaltende Kälte, hat sich das Eis auf dem kleinen Donauarm, zwischen der Stadt und Vorstadt, in der Nacht vom 18. zum 19. dieses, aufs neue festgesetzt.*[862]

Zu den tiefen Temperaturen kamen in der zweiten Hälfte des Monats anhaltende Schneefälle *...ein beständiges, Tag und Nacht fortdaurendes Schneewetter, dergleichen man seit vielen Jahren nicht hatte.*[863]

Anfang Februar stellte sich Tauwetter ein, das von heftigen Stürmen begleitet wurde. Zahlreiche Berichte im Wienerischen Diarium schilderten die Verhältnisse:

[856] DAW, Karton 6/1.
[857] Vom 19. September wurde berichtet: *...Nachmittags entstandene Gewitter schlug im Belveder ohne Schaden ein. Der Schlag traf einen Lanternenstock, spaltete ihn, sprengte die Nadel aus, ohne die Lanternengläser zu verletzen.* Wienerisches Diarium Nr. 76/1774.
[858] Wienerisches Diarium Nr. 84/1774, Bericht vom 19. Oktober.
[859] Wienerisches Diarium Nr. 86/1774.
[860] Wienerisches Diarium Nr. 100/1774, Bericht vom 14. Dezember.
[861] Wienerisches Diarium Nr. 4/1775, Bericht über den 12. Jänner. Vgl. auch StAKl, Karton 462, Nr. 14.
[862] Wienerisches Diarium Nr. 6/1775, Bericht vom 19. Jänner.
[863] Wienerisches Diarium Nr. 8/1775, Bericht vom 24. Jänner.

Wir hatten wieder allhier seit dem 1. Februar bis heute ganz besondere Witterungen. Den 1. hat die Kälte schon stark nachgelassen, das reaumourische Thermometer stand Nachmittags um 2 Uhr schon 1 Grad ober dem Gefrierpunkte... [864]

...Frühe fieng das Thauwetter an; Nachmittags stand das Thermometer schon auf 4 Grade Wärme, und der 1¹/₂ schuhhohe Schnee war fast gänzlich geschmoltzen... [865]

...erhob sich in der Nacht zwischen den 3. und 4. Febr. ein sehr heftiger Sudwestwind, welcher allen Schnee auf den Feldern, und in der Gegend von Wien weggeschmoltzen hat... [866]

...Frühe um 4 Uhr erhob sich auf einmal ein so heftiger Sturmwind von Sudwest, und mit so starken Stössen, welche viele Leute für ein Erdbeben gehalten hatten; dieser außerordentliche Sturm, welcher von 4 Uhr Frühe, bis 12 Uhr Mittags fortgedauret, hat einige Schornsteine, Feuer- und andere Gärtenmauern auf dem Lande, und in der Stadt umgeworfen, die Fenster, und Ziegeldächer der Stadt hatten auch vieles gelitten... [867]

...heiterte sich der Himmel auf und mit untermischtem Regen, und Schnee, und die Kälte nahm sehr stark zu... [868]

Häufige Schneefälle und tiefe Temperaturen hielten bis Mitte April an ...*Wir haben hier seit einigen Tagen sehr kaltes Wetter, welches sogar Eis frohr, und vom 13. auf den 14. dies einen Schnee machte, der alle Strassen bedeckte, und bis heute noch immer Kälte bringt.*[869] In der zweiten Monatshälfte herrschte eine für die Natur schädliche Trockenheit. Bei ...*dermalig anhaltender angenehmer Frühlingswitterung...*[870] ist eine ...*Collecta Pro Salutari Pluvia angesagt worden in allen Sakristeyen in und vor der Stadt mündlich.*[871]

Im Mai gab es neben niedrigen Temperaturen auch ...*Riesel und Regen.*[872] Die Sommermonate waren erneut von hohen Temperaturen und großer Trockenheit gekennzeichnet, weshalb am 8. August in allen Kirchen der Stadt eine „Collecta pro salutari pluvia" abgehalten wurde.[873] Ab Mitte August ereigneten sich zahlreiche Unwetter, die meist von heftigen Stürmen begleitet waren:

...Nachts hatten wir hier ein starkes Ungewitter, welches unter heftigen Blitzen und Donnern einige Stunden anhielt, und wobey ein Strahl zu Simmering einschlug...[874]

864   Wienerisches Diarium Nr. 11/1775, Bericht vom 7. Februar.
865   Wienerisches Diarium Nr. 11/1775, Bericht über den 2. Februar.
866   Wienerisches Diarium Nr. 11/1775, Bericht über den 3. Februar.
867   Wienerisches Diarium Nr. 11/1775, Bericht über den 5. Februar.
868   Wienerisches Diarium Nr. 11/1775, Bericht über den 6. Februar.
869   Wienerisches Diarium Nr. 30/1775, Bericht vom 15. April.
870   Wienerisches Diarium Nr. 34/1775, Bericht über den 27. April.
871   DAW, Karton 6/1, erzbischöfliche Currende vom 29. April.
872   StAKl, Hs. 121. Vgl. dazu auch die entsprechenden Einträge in einem Göttweiger Schreibkalender. Vgl. StAGw, Karton E 35, Schreibkalender 1775.
873   DAW, Karton 6/1.
874   Wienerisches Diarium Nr. 65/1775, Bericht über den 14. August.

188

...schlug es öfters ein, und ein Haus brannte ab. Dieß war auch in diesem Jahre das Wetter von der längsten Dauer.[875]

Drei Donnerwetter an einem Tag.[876]

Die in dem Hofgarten errichtete zierlichste Beleuchtung aber konnte wegen eingefallenen Sturmwind, und darauf gefolgten heftigen Regen nicht angezündet werden.[877]

Am 28. Oktober war *...bey nunmehr eingefallener nassen und kalten Witterung ... die Weinlese hier zu Land fast gänzlich vorüber, so hört man von allen Orten, daß die Weinfechsung aller Hoffnung übertroffen, und jederman reichlicher eingefechset habe, als er sichs geschätzet.*[878] Eine Ausnahme bildete das Weinbaugebiet von Retz, wo der wenige Wein als sauer bezeichnet wurde.[879]

Um den 20. November kam es zum Wintereinbruch, wodurch die Kommunikation inner- und außerhalb der Stadt sehr erschwert wurde:

> *Wir haben seit einigen Tagen ein anhaltendes mit Schnee und Regen vermischtes Wetter, welches die Landstrassen fast unbrauchbar macht, und den Lauf der Posten sowohl, als die Zufuhr der Viktualien sehr erschweret.*[880]

In der zweiten Dezemberhälfte gab es *...sehr strenge Kälte, so, daß die Donau ganz mit Eis überzogen ist, und man bereits über das Eis zu gehen angefangen hat.*[881] Eine Woche später herrschte allerdings *...wieder Thauwetter allhier, welches beständig mit Regen und Schnee abwechselt, und unsern Donaustrom fast völlig vom Eise entledigt, ohne aber einen Schaden zu verursachen.*[882]

1776

Die in Wien Anfang Jänner vorherrschenden milden Temperaturen begannen ab der Mitte des Monats rasch zu sinken. Die Kälte wurde von häufigen Schneefällen begleitet und erreichte vom 27. bis 29. Jänner die bis dahin tiefsten gemessenen Werte in bzw. vor der Stadt:

> *...erreichte den 27. früh einen so scharfen Grad, welcher die größte merkwürdigste Kälte des 1766ten Jahres noch um einen halben Grad übertraf. Wir hatten nämlich den 27. und 29. einen so hohen Grad der Kälte, der alle in diese Jahrhunderte merkwürdige Winter übertroffen hat ... und da allhier in Wien im Jahre 1766 das Reaumourische Thermometer auf 17 Grad unter 0 gefallen, den 27. aber und 29. 17½ Grad gewiesen, so war die Kälte um einen halben Grad stärker als im Jahre 1766. Bey dieser außerordentlichen Kälte sind drey Stücke merkwürdig: Erstlich, daß diese Kälte 3 ganzer Tage fast im nämlichen Grad*

875 PILGRAM, Untersuchungen, 210, Bericht über den 16. August.
876 PILGRAM, Untersuchungen, 210, Bericht über den 26. August.
877 Wienerisches Diarium Nr. 73/1775, Bericht über den 11. September.
878 Wienerisches Diarium Nr. 86/1775.
879 Vgl. PUNTSCHERT, Denkwürdigkeiten, 199; LÖSCHNIG, STEFL, Wein- und Obstbaukalender, 167.
880 Wienerisches Diarium Nr. 94/1775, Bericht vom 25. November.
881 Wienerisches Diarium Nr. 102/1775, Bericht vom 23. Dezember.
882 Wienerisches Diarium Nr. 104/1775, Bericht vom 30. Dezember.

angehalten: Zweytens, daß den 27. Jänner Abends bey so starken Grad der Käl-
te dennoch geschnien hatte: Drittens: daß das Barometer über seine mittlmäßige
Höhe nicht gestiegen ... diese Beobachtungen beziehen sich aber nur auf die
Kälte der inneren Stadt Wien, allwo das k. k. Observatorium stehet, wo die
Luft wegen des vielen Rauches von etlich tausend Rauchfängen allzeit um etli-
che Grade wärmer ist als in den Vorstätten und freyen Felder. Man hat aus
richtigen Beobachtungen, daß in unserer Vorstadt Rossau genannt den 27. und
29. Jänner das Reaum. Therm. auf 20¹/₂ Grad unter 0 ... gestanden seye ... Diese
so heftige Kälte die 18 Täge, fast in nämlichen Grade gedauret hatte hat endlich
den 3ten Horn. angefangen nachzulassen...[883]

...als an dem kältesten Tage dieses Jahrhundertes, frühe nach 7 Uhr in dem lan-
desfürstl. Stifte Klosterneuburg, weil der Nordwind von dem Tulnerfelde einen
freyen Anfall hatte, auf dem reaumourischen Thermometer um 5 Grad größer,
als allhier, nämlich 22¹/₂ Grad unter dem Eispunkte...[884]

Anfang Februar hielt *...die strenge Kälte bey uns noch immer an, und fast stäts in*
gleichem Grade ... unsere hier vorbeyfließende Donau ist so sehr zugefrohren, daß
man bey gethaner Untersuchung das Eiß auf einen Klafter dick gefunden.[885] Mitte
Februar begann es zu tauen, weshalb sich bei Wien das Eis auf der Donau löste:

Nachdem bey anhaltenden Thauwetter das Eis in der Donau oberhalb Nußdorf
losgerissen, und theils auf der grossen Donau, theils auf dem an hiesiger Stadt
vorbeyfließenden kleinen Arm seinen Ablauf genommen, so ist dieser Stoß,
nachdem er von der grossen Taborbrücke 6 Joch abgerissen, glücklich, ohne an
den übrigen und der hiesigen Schlagbrücke einen Schaden zu verursachen,
Montags und gestern in seinem Rinnsaale fortgelaufen; oberhalb Klosterneu-
burg und so weiter hinauf aber steht das Eis noch unbeweglich, doch ist kein so
grosses Unglück mehr zu besorgen, weil das Wasser nunmehr hier, und weiter
hinunter schon eröfnet ist.[886]

In Krems/Stein verursachte die Auflösung des Eisstoßes große Schäden:

...in der Nacht der Eisstoß zwar glücklich von Stein abgieng, das Wasser aber,
welches 9 ganzer Tage höher als bey Mannsgedenken geschehen, stehen geblie-
ben, einen unbeschreiblichen Schaden verursacht habe. Alle Keller sind voll mit
Wasser geworden...[887]

Ende März/Anfang April war neuerlich *...eine kleine Gefrier, und ziemlich häufiger*
Schnee, der aber von keiner Dauer war.[888] Frostgefahr bestand allerdings um den
20. Mai *...Wir haben seit einigen Tagen ein auf diese Jahreszeit sehr unfreundlich,*
kalt- und rauhes Wetter, welches uns von starken Schauer und Reiffen zu hören be-
sorgen läßt.[889]

[883] Wienerisches Diarium Nr. 9 und Nr. 11/1776.
[884] Wienerisches Diarium Nr. 13/1776.
[885] Wienerisches Diarium Nr. 10/1776, Bericht über den 3. Februar.
[886] Wienerisches Diarium Nr. 13/1776, Bericht über den 14. Februar.
[887] Wienerisches Diarium Nr. 19/1776, Bericht über den 18. Februar.
[888] PILGRAM, Untersuchungen, 100.
[889] Wienerisches Diarium Nr. 42/1776, Bericht vom 25. Mai.

In den Monaten Mai bis August ereigneten sich zahlreiche Unwetter, weshalb die Temperaturen während des Sommers gemäßigt blieben:

...Mittags hatten wir ein heftiges mit Blitz, Donner, häufigen Regen, und kleinen Schauer vermischtes Ungewitter, welches besorglich anderer Orten Schaden verursacht haben mag...[890]

...Nachmittag hatten wir abermal ein Donnerwetter, das in die Franciscanerkirch zu Maria Lanzendorf einschlug...[891]

...nach 9 Uhr Nachts ein gewaltiges Donnerwetter mit fürchterlichen Blitzen, und bey einem sehr starken Sturmwinde fiel ein so heftiger Platzregen, welcher durch seine Überschwemmung an mehreren Orten hiesiger Gegenden sowohl denen Weingewächsen, als auch Feldfrüchten, und an einigen Orten auch denen Häusern großen Schaden zugefügt.[892]

...Am Tage der H. H. Aposteln Petri und Pauli hatten wir ein starkes Donnerwetter mit Platzregen, daß alle Gässen der Stadt mit Wasser und Schutt überschwemmt wurden: zwischen 12 und 1 Uhr Nachts, ergosse sich wiederum ein so heftiger Platzregen, daß uns über dem hohen Stein genannt das meiste Pflaster aufgehoben wurde...[893]

...Nachts um 10 Uhr entstand allhier ein heftiges Ungewitter, das unter beständigen Donnern und Blitzen, auch dabey sich häufig ergossenen Platzregen bis zum Sonntag früh nach 6 Uhr angehalten. Der Donner schlug an verschiedenen Orten ein, und zwar unter andern zweymal auf allhiesigen St. Stephansfreythof ... Das überhäufte Wasser verursachte ebenfalls grossen Schaden...[894]

...am Fest Jakobi, zog sich rings um unsere Gegend um 2 Uhr Nachmittags ein so fürchterliches Ungewitter zusammen, daß, da ein gewaltiger Platzregen, oder Wolkenbruch vielmehr bey 2 Stunden lang mit Donner vermischt einbrach, die Buden vom Markte theils im Wasser gestanden...[895]

Bereits um 9 Uhr Nachts nahm das Wetterleuchten seinen Anfang, und ungeachtet dasselbe ganz außerordentlich war, so schien es doch nicht, daß dieses Ungewitter so fürchterlich werden sollte. Allein um 10. Uhr machte es plötzlich einen so derben Schlag, daß ich in gänzlicher Meynung es habe in meinem Hause eingeschlagen...[896]

Auch im Herbst blieb der feuchte Witterungscharakter erhalten. Am 4. und 5. Oktober wurde auf erzbischöfliche Anordnung in allen Kirchen der Stadt eine „Collecta pro serenitate aeris" abgehalten.[897] Die zu Mitte Oktober begonnene Weinlese hatte *...wegen des unzeitigen Frostes sowohl, als auch wegen der vielen Gewitter und Wasserschäden, nicht nur in hiesigen Gegenden, sondern auch ... in*

---

[890] Wienerisches Diarium Nr. 38/1776, Bericht über den 10. Mai.
[891] Wienerisches Diarium Nr. 40/1776, Bericht über den 16. Mai.
[892] Wienerisches Diarium Nr. 53/1776, Bericht über den 30. Juni.
[893] Wienerisches Diarium Nr. 62/1776, Bericht über den 29. Juni.
[894] Wienerisches Diarium Nr. 59/1776, Bericht über den 20. und 21. Juli.
[895] Wienerisches Diarium Nr. 62/1776, Bericht aus Krems über den 25. Juli.
[896] Wienerisches Diarium Nr. 70/1776, Bericht über den 24. August.
[897] Vgl. DAW, Karton 6/1.

dem Königreiche Ungarn ungleich weniger ausgegeben, als abgewichenes Jahr.[898] In Klosterneuburg galt der Wein als sauer.[899] Ende November wurde es milder, die häufigen Regenschauer hielten jedoch an:

> ...nachts, hatten wir allhier eine ganz besondere Witterung auszustehen, da nämlich bey einem sehr warmen Sudwinde zwischen 11. und 12. Uhr ein ganz außerordentlicher Regen fiel, wobey es einigemal stark geblitzet, und gedonnert hat; gegen den Morgen herrschte ein so heftiger Wind, daß man von dem kurz vorher obgewalteten häufigen Regen fast gar keine Spure mehr auf den Gassen fand.[900]

1777

In den ersten beiden Dritteln des Monats Jänner kam es zu außergewöhnlich starken Schneefällen, die in Verbindung mit heftigen Stürmen zu großen Behinderungen führten ...Der letzt gefallene Schnee hat an verschiedenen Orten traurige Folgen verursachet, indem durch den heftigen Wind selber an theils Orten so hoch zusammengekommen, daß die Wege unbrauchbar geworden.[901] In Preßburg entstanden durch die Aufstauung der Eisschollen große Schäden:

> Von Preßburg vernehmen wir, daß die heftigen Winde, und das in grosser Menge hinabgeflossene Eis verursachet haben, daß die fliegende Brücke zum zweytenmal schon vor 14 Tagen wieder aus ihrem Gange gebracht wurde. Das vor einigen Tagen anhaltende Schneegestöber hingegen von einer grimmigen Kälte begleitet, verursachten, daß sich die Eisschollen dichte zusammen gestossen und schon hin und wieder einen Überhang verstatten.[902]

> Zu Preßburg vernimmt man, daß die Passage über den Eisstoß an der Donau noch immer fort währet. Aber die Nachrichten von dem neulichen Schneegestöber seyen mit betrübten Folgen verknüpft, weil sich das Gerichte von verschiedenen erfrornen Menschen gar zu sehr bestättiget.[903]

Ende Jänner/Anfang Februar setzte vorübergehend wärmere Witterung ein, die durch das Schmelzen der Schneemassen vereinzelt zu Überschwemmungen führte:

> ...war Thauwetter, wodurch wir von dem allzuhäufigen Schnee befreyet zu werden hoffen. Zu Teesdorf bey Baaden, hat ein gewaltiger, und lange angehaltener kalter Sturmwind den Schnee so gar mit der Erde aufgerissen, in große Haufen zusammengetragen, und den Lauf des Baadnerbachs an verschiedenen Orten gehemmet; daher sich das Wasser ergossen...[904]

> Obschon die Witterung ziemlich gelinde, und in der Stadt der Schnee meistentheils geschmolzen ist, so liegt doch noch sehr vieler auf dem Lande...[905]

898   Wienerisches Diarium Nr. 89/1776, Bericht vom 6. November.
899   Vgl. StAKl, Hs. 121.
900   Wienerisches Diarium Nr. 94/1776, Bericht über den 20. November.
901   Wienerisches Diarium Nr. 3/1777, Bericht über den 8. Jänner.
902   Wienerisches Diarium Nr. 5/1777, Bericht über den 11. Jänner.
903   Wienerisches Diarium Nr. 6/1777, Bericht über den 18. Jänner.
904   Wienerisches Diarium Nr. 8/1777, Bericht über den 23. und 24. Jänner.
905   Wienerisches Diarium Nr. 9/1777, Bericht über den 29. Jänner.

Bey nunmehr sich einstellenden Sonnenschein, und seit einigen Tagen gehabter mäßigen Witterung hat sich das Eis auf dem hier vorbeyfließenden Donauarm ziemlich gehoben, und hätte sich nicht ein paar Nächte her die Kälte eingefunden, würde es sich noch mehr ergeben müssen.[906]

Am 4. Februar kam es neuerlich zu anhaltenden Schneefällen, die bis zum 18. *...zu einer solchen Höhe sich anhäufte[n], daß sich die ältesten Leute kaum eines so tiefen Schnees erinnerten.*[907] Ab dem 26. Februar stiegen die Temperaturen und das Schmelzwasser ließ den Wienfluss aus seinen Ufern treten:

...einige Tage anhaltende Thauwetter macht unsere Strassen wegen dem häufigen Schnee sehr beschwerlich, und die Wasser fangen an auszulaufen, sonderlich wird der Wienfluß sehr stark ... Daß der Donaufluß von seinem Eise bereits befreyet seyn müsse, erkennen wir, weil allschon dieser Tagen Oberländerschiffe allhier angelangt sind.[908]

Am 5. März schließlich war *...der ganze Donaustrohm vom Eise befreyt ... auch hinunterwerts der Fluß vom Eise frey.*[909]

Im April blieben die Temperaturen auf sehr niedrigem Niveau[910] und die ersten beiden Drittel des Monats Mai waren von häufigen Niederschlägen gekennzeichnet:

...hatten wir ein anhaltendes Regenwetter, wodurch der hier vorbeyfließende Wienfluß also angewachsen, daß er seinen Ufer uberstiegen, und an der ganzen Gegend, wo er vorbey läuft, an theils Orten merklichen, und auch geringeren Schaden verursachte. Die über seinen Rinnsaal gebauten Stege riß er weg, und unterguß das Erdreich dermassen, daß die Straßen, an einigen Orten gar nicht zu befahren sind ... Auch der Alsterbach hatte sich also ergossen ... In den Gegenden von Nußdorf, Grinzing und Siefring ist ebenfalls an den Weinbergen durch die abschießende Fluth grosser Schaden geschehen, indem es die Erde samt den Weinstöcken wegtrug, und andere Grundstücke damit deckte.[911]

Wir haben noch immer sehr starke Regen, wie sich dann deßhalben der Wienfluß auch gestern ziemlich wieder ausgebreitet...[912]

...Nachmittags hatten wir hier ein heftiges mit starken Gußregen, und darunter gefallenen häufigem Hagel begleitetes Donnerwetter...[913]

Auf diese feuchte Periode folgten drei Wochen ohne Regenfälle, weshalb sich der Wiener Erzbischof aus Sorge um die bevorstehende Ernte zum Aufruf einer „Collecta pro salutari pluvia" in allen Kirchen Wiens entschloss.[914]

Anfang Juni kam es erneut zu starken Niederschlägen, wodurch in Meidling im Bereich des Wienflusses *...das grosse Wasser die Wöhr mit ungemeinen Schaden zer-*

906 Wienerisches Diarium Nr. 10/1777, Bericht über den 1. Februar.
907 PILGRAM, Untersuchungen, 157.
908 Wienerisches Diarium Nr. 17/1777, Bericht über den 26. Februar.
909 Wienerisches Diarium Nr. 19/1777, Bericht vom 5. März.
910 Vgl. HADER, Witterungsabläufe, Tabelle 3.
911 Wienerisches Diarium Nr. 38/1777, Bericht über den 5. und 6. Mai.
912 Wienerisches Diarium Nr. 39/1777, Bericht über den 14. Mai.
913 Wienerisches Diarium Nr. 40/1777, Bericht über den 15. Mai.
914 Vgl. DAW, Karton 6/2, erzbischöfliche Currende vom 11. Juni.

rissen.[915] Nachdem in der Wachau noch am 23. Juni nach anhaltender Trockenheit Gebete um Regen abgehalten wurden,[916] ereigneten sich in der Gegend von Krems Anfang Juli Schneefälle:

Von allen Orten gehen Klagen über die heurige so unbeständige Sommer-witterung ein; in den Gegenden von Krems soll es dieser Tagen so stark ge-schneyet haben, daß in den Wäldern und dickbelaubten Gebüschen der Schnee wirklich bey einem Schuhe tief liegen geblieben, in den Weinbergen, und auf dem ebenen Kornfeldern ist er zwar gleich geschmolzen, doch hat er beyden Gattungen, besonders aber dem Weinstocke geschadet.[917]

Gleichzeitig fanden in den Kirchen Wiens vom Erzbischof verordnete Gebete statt, diesmal in Form der „Collecta pro serenitate aeris".[918]

Mitte Juli konnte sich warme Witterung durchsetzen, die bis in den September an-hielt ...*So sehr wir bey der seit einiger Zeit sich gezeigten rauhen Witterung des Weinstockes wegen in Sorge waren, eben so tröstlich kömmt uns itzt das angenehme anhaltende Wetter zu gute, welches uns eine gesegnete Weinlese anhoffen läßt.*[919]

Die Lese erbrachte schließlich mittelmäßige bis gute Erträge.

In der zweiten Oktoberhälfte wurde die Witterung zunehmend kühler und die Flüsse Wiens führten beträchtliches Niederwasser:

Wir haben hier seit einigen Tagen zunehmende Kälte bey trocknen Wetter, so, daß es bereits eiß gegeben, und ist die Donau und die Wien so klein, daß man an einigen Orten selbe füglich durchsetzen kann.[920]

Anfang November herrschten milde Temperaturen, ab dem 20. kam es jedoch ver-mehrt zu Berichten über Unwetter und Stürme:

Wir haben seit einigen Tagen stürmende Winde, und Donnerstags [20.] früh ließ sich bey heftigem Regen, der mit Schlossen begleitet war, einiges Donnern im Firmamente hören, das Gewitter hielt aber nicht an, sondern zertheilte sich sogleich wieder, und heiterte sich auf.[921]

Wir haben hier noch immer anhaltend veränderliches Wetter mit Sturmwinden, Schnee, und Regen vermengt, welches auch aus unsern weiters entlegten Gegen-den von gleicher Beschaffenheit einberichtet wird.[922]

Die ersten Schneefälle dieses Winters gab es am 4. Dezember:

Den ersten Schnee hatten wir allhier in Wien den 4. und 5. Christmonats ... die Höhe des gefallenen Schnees ware in der Stadt 3 bis 4 Zoll, in den Vorstädten aber, und weiter umliegenden Örtern stund er 5 bis 6 Zolle hoch...[923]

915 StAKl, Karton 2584, Nr. 1, Schadensbericht an das Stift Klosterneuburg.
916 Vgl. StAM, Pfarrchronik Melk 1722–1781, pag. 121.
917 Wienerisches Diarium Nr. 55/1777, Bericht vom 9. Juli.
918 Vgl. DAW, Karton 6/2, erzbischöfliche Currende vom 10. Juli.
919 Wienerisches Diarium Nr. 76/1777, Bericht vom 20. September.
920 Wienerisches Diarium Nr. 86/1777, Bericht vom 25. Oktober.
921 Wienerisches Diarium Nr. 94/1777, Bericht vom 22. November.
922 Wienerisches Diarium Nr. 95/1777, Bericht vom 26. November.
923 Wienerisches Diarium Nr. 2/1778.

Am 7. Dezember wurde der Schnee allerdings *...durch einen warmen Sudwinde völlig aufgeschmolzen.*[924] Zehn Tage später bildete sich neuerlich eine Schneedecke inner- und außerhalb der Stadt:

> *Den Zweyten, und zwar sehr häufigen Schnee hatten wir allhier in Wien in der Nacht zwischen dem 17. und 18. Christmonats, der in der Stadt widerum 3 bis 4 Zolle hoch gefallen, in umliegenden Örtern aber stund er von 6 bis 8 Zolle hoch.*
>
> *Der dritte, und zwar häufigere Schnee fiel in Wien in der Nacht zwischen dem 19. und 20. Christmonats, wie auch fast den ganzen 21. die Höhe des Schnees in der Stadt, stieg von 4 bis 5 Zolle, in umliegenden Örtern aber fiel er außerordentlich hoch, so daß die Reisende in Steyermark, im anliegenden Ungarn, etc. kaum durchkommen konnten.*[925]

Am 27. und 28. Dezember fiel zum vierten Mal in diesem Winter Schnee, *...der aber letztlich sich bey einem warmen Sudwinde in Regen auflöste...*, am 30. Dezember gab es schließlich *...in der Nacht einen sehr stürmischen Sudwinde, der in der Stadt fast allen Schnee weggeschmolzen hat.*[926]

1778

Bei den seit Anfang Dezember des Vorjahres herrschenden milden Temperaturen kam es wiederholt zu Schneeschauern, wie jenem vom 2. Jänner:

> *Den ganzen Tag ... stund schon der Himmel voll mit starken Schneewolken, doch fiel kein Schnee bis die Glocken 7 Uhr Abends schlug; da fieng es auf einmal an sehr stark zu schneyen, und das schneyen dauerte bis 10 Uhr ... die Höhe des Schnees in der Stadt bemerkte ich um 10 Uhr auf 4 bis 5 Zoll, der aber Frühmorgens (weil das Wetter sehr gelinde war) auf 3 bis 4 Zoll hoch stund, außer der Stadt, und in umliegenden Örtern, ist der Schnee viel häufiger gefallen.*[927]

Zwischen dem 11. und 18. Februar *...fiel ein grosser Schnee, der alle Weege unwandelbar machte...*[928] und von heftigen Stürmen begleitet wurde *...dass die Menschen kaum aus den Häusern gehen konnten.*[929]

> *Wir haben nach lang angehaltener trockenen Kälte endlich einen Schnee erhalten, welcher sich seit Donnerstags also vermehrte, daß die Straßen dadurch sehr beschwerlich werden, zumal der sich dabey eingefundene Wind an theils Orten ganze Berge vom Schnee zusamgetragen hat.*[930]
>
> *...so häufig gefallene Schnee ist durch einen in der Nacht sich erhobenen Sturmwind also sehr zusammengewehet worden, daß Sonntags fast alle Strassen unbrauchbar waren...*[931]

924 Wienerisches Diarium Nr. 2/1778.
925 Wienerisches Diarium Nr. 2/1778.
926 Wienerisches Diarium Nr. 2/1778.
927 Wienerisches Diarium Nr. 2/1778.
928 StAKl, Karton 462, Nr. 14.
929 FRITSCH, Verhältnisse des Wasserstandes, 188.
930 Wienerisches Diarium Nr. 15/1778, Bericht vom 19. Februar.
931 Wienerisches Diarium Nr. 16/1778, Bericht vom 21. Februar.

Die Temperaturen blieben während des gesamten Winters vermutlich relativ gemäßigt, da keine Berichte bezüglich eines Eisstoßes auf der Donau überliefert wurden. Im März herrschte in der Wachau sehr neblige Witterung.[932] Anfang April kam es zu einem kurzfristigen Warmlufteinbruch, der von Gewittern begleitet wurde: *Wir haben allhier in Wien seit dem 2. April eine besondere Witterung: Den 2. 3. und 4. April hatten wir die schönsten, angenehmsten Frühlingstage: das reaumourische Thermometer zeigte den Grad der Wärme um 3 Uhr Nachmittag den 2. April 12½ Grad; den 3. 14. Grad, den 4. 15. Grad; ... den 5. hatten wir die schönste Sommerwitterung, das Thermometer stieg Nachmittag um 3 Uhr bis auf 16½ Grad Wärme der Abend war einer der angenehmsten bis gegen halb 11 Uhr der Nacht, da sich einige Wolken am Himmel zu bilden anfiengen, die immer dichter wurden, und gegen 12 Uhr schon den ganzen Himmel mit einer schwarzen Decke überzogen hatten; nach 1 Uhr erhub sich ein sehr schweres Wetter mit starken Donnern, und Blitzen begleitet von Südwesten über die Stadt; die Donnerschläge, die fast eine halbe Stunde dauerten, waren so stark, wie im höchsten Sommer, gegen halb 1 Uhr regnete es sehr stark mit vielem Hagel vermischt: doch scheint dieß starke Wetter ohne grossen Schaden vorbeygegangen zu seyn...*[933]

Mitte April sanken die Temperaturen neuerlich auf *...nur 2 Grade ober dem Eispunkte, in den nahe umliegenden Örtern aber, namentlich auf der Herrschaft Mauer gefror das Wasser zu Eis, dabey die weingärten hin und wieder Schaden gelitten haben.*[934]

Anfang Mai wurde es wärmer und im Juni gab es *...11 Tage, durch welche die Hitze anhielt; größte Hitze 24°.*[935] Am 29. Juni kam es jedoch laut einer erzbischöflichen Currende in allen Kirchen der Stadt zur Abhaltung einer „Collecta pro serenitate aeris".[936]

Nach einer sehr warmen Phase Mitte August ereigneten sich am 26. *...Winde vom äußersten Grad der Heftigkeit ... auch in weit von hier entfernten Wäldern, Bäume umgerissen.*[937]

Der Oktober brachte anhaltende Niederschläge, weshalb es am Ende des Monats zu Überschwemmungen der Donau kam. Am 31. Oktober war die *...seit einigen Tagen sich veränderte Witterung ... so übel, daß die Strassen dadurch allenthalben fast unwandelbar gemacht worden sind.*[938]

Die Weinlese dieses Jahres wurde als mittelmäßig bis gut beschrieben, im Gebiet von Retz waren jedoch die Erträge durch Fröste dezimiert.[939]

In den Monaten November und Dezember herrschten anhaltend tiefe Temperaturen, wodurch sich am 15. Dezember ein Eisstoß auf der Donau bildete.

[932]   Vgl. StAGw, Karton E 41, Schreibkalender 1778.
[933]   Wienerisches Diarium Nr. 28/1778.
[934]   Wienerisches Diarium Nr. 37/1778, Bericht über den 16. April.
[935]   PILGRAM, Untersuchungen, 57.
[936]   DAW, Karton 6/2.
[937]   PILGRAM, Untersuchungen, 191.
[938]   Wienerisches Diarium Nr. 87/1778.
[939]   Vgl. LÖSCHNIG, STEFL, Wein- und Obstbaukalender, 167.

1779

Nachdem es im Jänner zu anhaltenden Schneefällen kam, war der ...*Hornung schon gelind, und trocken. Ich rechne daher diesen Winter unter die schneeichten, aber übrigens, was die Kälte belangt, unter die mitteren.*[940] Am 6. Februar begann sich der Eisstoß auf der Donau zu lösen:

> *Nachdem sich vorige Woche die Kälte allhier gebrochen, und zu thauen angefangen, so hat sich auch das Eis auf dem Donauarme sowohl, als an dem Strome gehoben, und ist Samstag Nachts der Stoß gehend worden, doch so glücklich, daß die Schlagbrücke gar nicht, die grosse Brücke aber am Tabor nur in etwas beschädigt worden...*[941]

Die Monate März und April waren von relativ hohen Temperaturen und außergewöhnlicher Trockenheit gekennzeichnet. Im März gab es ...*nur 2 regnerische Tage...* und im April stieg die Hitze bis auf 23°R.[942] Aus diesem Grund wurden in einer erzbischöflichen Currende für den 9. und 10. April Gebete um Regen angeordnet:

> *Collecta pro salutari pluvia. Ist angesagt worden in allen Kirchen in und vor der Stadt den 9ten und 10ten April 779.*[943]

Die erhofften Niederschläge setzten am 23. und 24. April ein, wie das Wienerische Diarium berichtete:

> *Nachdem wir seit einigen Monaten anhaltende Tröckene gehabt, so hat sich gestern und heute ein gedeylicher Regen eingestellt, welcher denen Früchten zur vollkommenen Erquickung gereicht.*[944]

Die hohen Temperaturen hielten auch noch Anfang Mai an. Im Juni kam es zu vereinzelten Niederschlägen und Mitte Juli trat die Donau über ihre Ufer. Der Grund dafür lag in anhaltenden Regenfällen, die sich westlich von Wien ereignet hatten:

> *Wir haben hier schon seit einiger Zeit abwechselnden Regen, der unsrer Sommerfrucht, dem Gartengewächse, besonders aber dem Weinbaue sehr wohl zu statten kömmt; und nachdem der hier vorbeylaufende Donaufluß bereits aus seinen Ufern getretten, so läßt uns dieses vermuthen, daß an andern Orten grosse Wassergüsse müssen entstanden seyn.*[945]

> *Am 14. Juli und den folgenden 2 Tagen wurden wieder in der Stadtkirche Gebetsstunden vor dem Allerheiligsten abermals wegen des Regens und allzu lange Zeit andauernder Regengüsse, die dem noch nicht in die Scheuer eingebrachten Getreide sehr schaden, abgehalten.*[946]

Am 8. August war ein ...*schreckliches Donnerwetter und hierauf erfolgte [eine] Überschwemmung in Wien und auf dem Land.*[947] Am 9. August ereignete sich

940 PILGRAM, Untersuchungen, 100.
941 Wienerisches Diarium Nr. 14/1779.
942 PILGRAM, Untersuchungen, 176 und 56.
943 DAW, Karton 6/3. Aus Melk wurde berichtet: *Trockenheit, Gebetsstunden schlecht besucht, Niedrigwasser der Donau.* StAM, Pfarrchronik Melk 1722–1781, pag. 124.
944 Wienerisches Diarium Nr. 33/1779.
945 Wienerisches Diarium Nr. 57/1779, Bericht über den 17. Juli.
946 StAM, Pfarrchronik Melk 1722–1781, pag. 124 f.
947 StAKl, Karton 462, Nr. 12.

...Mittags zwischen 12 und 1 Uhr ... in den Gegenden von Ödenburg ein so heftiges Donner- Regen und Hagelwetter, daß auf mehr denn 8 Dörfern die Weingärten theils vom Hagel gänzlich zerschlagen, theils vom Wasser der Weinstöcke sind beraubt worden.[948] Ab dem 10. August kam es im Raum Wien neuerlich zu schweren Unwettern:

...Nachmittags zwischen 4 und 5 Uhr erhob sich in der Gegend hiesiger Stadt von der Abendseite gegen Mittag ein so heftiges, mit Hagel und Gußregen vermischtes Ungewitter, welches in seiner Wuth seit langer Zeit, und mit so vielen Schaden nicht leicht gedenkt wird. Es überzog auf dem Lande die Gegenden über Dornbach, Währing, Weinhaus, Hernals, und Ottakrin; dann zog es sich über Breitensee, Baumgarten, Penzing, Hiezing, und von da gegen Enzerstorf, Baaden, Traißkirchen und dasige Gegend, in erstern Orten flößte das Wasser von den Weinbergen die Erde sammt den in schönstem und reichlichstem Flor gestandene Weinstöcke mit Ihren Trauben fort, überschwemmte die Thäler; der Hagel zerschlug die Bäume, und beraubte sie ihrer Früchte. Das von den Bergen zusammenfließende Wasser suchte seiner überhäuften Menge wegen aller Orten seinen Auslauf, und richtete in seinem Laufe die betrübtesten Wirkungen an. Seine Wuth erstreckte sich bis in hiesige Vorstädte, allwo das von Währing hereingekommene Wasser in dem Lichtenthale und der Rossau fast alles überschwemmte, und mit Schlamm erfüllte, am ärgsten aber tobte es auf dem sogenannten Neustift, und alten Lerchenfeld, wo es viele Wohnungen zu ebener Erde überschwemmte, einige Häuser verschiedentlich beschädigte, und den Inwohnern an ihrem Hausgeräthe vielen Schaden verursachte; an welch allen Orten man nun noch immer mit Reinigung der mit sand und Schlamm erfüllten Wohnungen beschäftigt ist.[949]

Wir haben noch immer in hiesigen Gegenden starke Ungewitter mit Gußregen, wie dann ein solcher Mittwochs hinter Purkersdorf sich ereignete, von welchem das Waser in dasiger Gegend grossen Schaden verursachte, und sodann sich in den Fluß Wien ergoß, welcher Fluß in seinem Laufe ebenfalls hin und wieder an Häusern, und Grundstücken schädlich war, auch vieles Holz mit sich fortriß.[950]

Den *...zu Breitensee ausser der Schönbrunner Linie durch Hagel verunglückten Unterthanen...* wurde daraufhin eine Entschädigung von 2.789 fl. und die Befreiung von Kontributionszahlungen auf einige Jahre bewilligt.[951]

Das Ergebnis der Weinlese war mit Ausnahme von Klosterneuburg, wo erst ab dem 20. Oktober ein saurer Wein gelesen wurde, ein mittelmäßiges bis gutes, die Erträge fielen jedoch durchwegs gering aus.

Trotz der zahlreichen Unwetter in den Sommermonaten, wurde aufgrund der Frühjahrs- und Herbstwitterung der Charakter dieses Jahres als ein sehr trockener

948 Wienerisches Diarium Nr. 69/1779.
949 Wienerisches Diarium Nr. 64/1779, Bericht über den 10. August.
950 Wienerisches Diarium Nr. 65/1779, Bericht über den 11. bis 14. August.
951 HKA, Österreichisches Camerale, Faszikel 48, r. Nr. 2040, fol. 504r–508v.

Vorstellung des grossen Wassergusses, und das bei der sogenannten Thuryprücke in Wien verursachten Schadens, so sich den 8ten Aug. 779 ereignet hat

Abb. 16: Hochwasserkatastrophe in Wien, August 1779

Abb. 17: Hochwasserkatastrophe in Wien, August 1779

beschrieben.[952] Noch Ende November herrschten nach einer kurzen Unterbrechung zu Mitte des Monats ...*Ungeachtet des seit ein paar Tagen allhier anhaltenden Regenwetters, welches die Strassen schon ziemlich beschwerlich gemacht...*[953] außerordentlich warme Temperaturen:

> *Wir genießen hier noch rechte Sommertage; außerdem daß es am Morgen etwas kühle Lüftchen giebt, kann man noch nichts von einem milden Herbstwetter sagen. In Zeit von 10 Tagen haben wir zwey Ungewitter gehabt, und gestern Nachmittag hat es so stark geblitzt und gedonnert, als wenn es erst um die Mitte des Heumon. wäre. Die Dürre hält noch immer an, und seit Menschen Gedenken ist noch kein so trocknes Jahr gewesen; denn nur zweymal hat es in diesem Jahr ergiebig geregnet. Indessen steht die Aussaat ziemlich gut. Die Donau und die Save sind noch immer sehr klein.*[954]

Bald danach dürfte es jedoch zu anhaltenden Regen- und Schneefällen gekommen sein, die am 19. Dezember eine Überschwemmung der Donau zur Folge hatten:

> *Nachdem wir binnen langer Zeit nasse Witterung hatten, so ist seit Sonntag der hiesige Donaufluß dermassen stark angeloffen, daß selber bereits seine Ufer überstiegen ... indem man sich nicht leicht erinnern kann, um diese Zeit die Donau in solcher Grösse gesehen zu haben.*[955]

> *...da der anhaltende Regen das obere Gewässer über die massen vermehrte, so, daß auch bey Preßburg wegen des außerordentlich hohen Wassers die gewöhnliche Überfahrt den 22. eingestellt war...*[956]

> *Das Wasser ist zu Preßburg so hoch, als es niemal war, und wächst noch immer. Die Landstraße nach Wolfsthal ob sie gleich erhöht worden, hat doch das Wasser zwischen dem Gränizbrückl und der Engerauer Chaussee an 3 Orten überstiegen, und durch gebrochen, welches die Passage hieher hemmt.*[957]

1780

Die Kälte, die Ende Dezember zur Bildung eines Eisstoßes auf der Donau führte, hielt auch im Jänner an und wurde von zahlreichen Schneefällen und Stürmen begleitet. Am 12. Jänner ereignete sich in Waidhofen/Thaya ein heftiges Wintergewitter:

> *...gegen 10 Uhr Nachts erhob sich zu Waydhofen an der Thaya ein gewaltiger Sturm, wobey ein Donnerstreich unter entsetzlichen Gerassel auf den dasigen Kirchthurm herabfuhr ... merkwürdig dabey ist, daß während diesem Gewitter der Schnee eben so häufig fiel, als im Sommer bey ähnlichen Gelegenheiten mit dem Regen zu geschehen pflegt.*[958]

952   Vor allem aus dem Weinviertel existieren zahlreiche Berichte über Missernten. Vgl. HKA, Österreichisches Camerale, Faszikel 48, r. Nr. 2040, fol. 520r ff.
953   Wienerisches Diarium Nr. 91/1779, Bericht über den 13. November.
954   Wienerisches Diarium Nr. 95/1779, Bericht vom 27. November.
955   Wienerisches Diarium Nr. 102/1779, Bericht über den 19. Dezember.
956   Wienerisches Diarium Nr. 104/1779, Bericht über den 22. Dezember.
957   Wienerisches Diarium Nr. 103/1779, Bericht über den 25. Dezember.
958   Wienerisches Diarium Nr. 6/1780.

Am 16. Jänner ...*war grosser Nebel, und Abends etwas Regen; der ganze Strom war mit herabfließenden Treibeis bedeckt.*[959] Auch im Februar hielten die heftigen Schneefälle ...*bey dermal noch anhaltender Kälte und guter Schlittenbahne...*[960] an. Ende Februar kam es erneut zur Bildung eines Eisstoßes auf der Donau. Am 12. ...*glaubte man schon, es werde kein Eisstoß zu fürchten seyn ... Bald darauf aber hat es wegen gähling wiederum eingefallenen Schnee und Kälte auf einmal ein ganz anders Aussehen bekommen.*[961] Am 16. Februar gab es ...*einen ungemein heftigen Nordwind, der uns häufigen Schnee bracht, und Leute auf den Straßen niederwarf.*[962] Ab dem 19. Februar zeichnete sich bereits das neuerliche Zufrieren der Donau ab:

> *Wir haben hier seit einigen Tagen anhaltend strenge Kälte bey hellem Wetter, welche uns beynahe den Donaustrom nochmal mit Eis belegen wird.*[963]

> *Der heftige kalte Wind, der bald von Osten, bald von Westen hier stürmte, schloß den 22. die Donau, machte das Eis immer stärker, und den 23. fuhr man schon mit leichten Schlitten darüber.*[964]

> *Seit einigen Tagen beginnt der Winter bey uns allhier von neuem sich einzustellen. Gestern und Vorgestern hat es einen so tiefen Schnee geworfen, daß es auf den Strassen sehr schwer fortzukommen ist.*[965]

> *...das Eis auf dem begossenen Fahrtwege schon den 23. Hornung ein Schuh stark, und es fuhren schwere Wägen mit 30 Centnern Ladung darüber.*[966]

Aus dem Raum Wien liegen keine Berichte über das Ende der Vereisung vor. In Ofen und Preßburg begann sich der Eisstoß am 2. bzw. vom 5. bis 7. März aufzulösen.[967] Am 16. März ereignete sich am ...*Abend ... bey einem starken Regen ein mit Donner, und Blitz vermengtes Ungewitter, welches seinen Lauf gegen Morgen nahm, ist aber bis nun von keinem verursachten Schaden etwas zu vernehmen gewesen.*[968] Die Niederschläge führten jedoch am 18. März in Preßburg zu einer Überschwemmung der Donau.

Im April gab es insgesamt 19 Regentage und auch der Mai war feucht.[969] Am 30. April ereignete sich ein von starken Hagelschlägen begleitetes Unwetter:

> *Wir haben vor einigen Tagen zwey gewaltig starke Windstösse erlitten, und Sonntags Nachts entstand ein so starkes Ungewitter, welches so häufige Schlossen warf, daß selbe an einigen Orten über einen Schuh hoch auf einander lagen, und den Strich mehrmal über Weinhaus, Hiezing, bis Neudorf zu nahm, auch an einigen Orten zimlichen Schaden verursacht hat.*[970]

959 Wienerisches Diarium Nr. 7/1780.
960 Wienerisches Diarium Nr. 11/1780, Bericht über den 5. Februar.
961 Wienerisches Diarium Nr. 18/1780.
962 PILGRAM, Untersuchungen, 191.
963 Wienerisches Diarium Nr. 15/1780, Bericht vom 19. Februar.
964 Wienerisches Diarium Nr. 18/1780.
965 Wienerisches Diarium Nr. 16/1780, Bericht vom 23. Februar.
966 Wienerisches Diarium Nr. 18/1780.
967 Vgl. Wienerisches Diarium Nr. 21/1780.
968 Wienerisches Diarium Nr. 23/1780.
969 Vgl. PILGRAM, Untersuchungen, 157.
970 Wienerisches Diarium Nr. 36/1780, Bericht vom 3. Mai.

Die kühle und regnerische Witterung hielt auch in den Sommermonaten an, wurde vereinzelt von Gewittern begleitet und zeigte ihre Auswirkungen im Weinbau. Die Lese dieses Jahres wurde allgemein als mittelmäßig bis sauer bezeichnet.
Im Dezember begannen die Temperaturen stark zu sinken und um Weihnachten bildete sich ein Eisstoß auf der Donau.

1781

Der Winter dieses Jahres war besonders schneereich. Die seit Ende Dezember 1780 aufgrund tiefer Temperaturen anhaltende Vereisung der Donau begann sich Anfang Februar aufzulösen:

Die Donau ist bereits von allem Eise befreyt, und wir haben bey dem Abgang des Eises weiter keinen Schaden gelitten, als daß an der grossen Donaubrücken 2 Joch weggerissen...[971]

Die beiden folgenden Monate sind in den Quellen sehr schlecht dokumentiert. Der März wurde als *...ziemlich feucht...*[972] bezeichnet, der einzige Bericht aus dem Monat April handelt von einem schweren Unwetter:

...hatten wir hier ein heftiges, mit Plazregen und Schlossen stark vermischtes Donnerwetter, welches fast bey drey Stunden lang angehalten, und während dieser Zeit verschiedene starke Schläge that, wovon einer in den Kirchthurm, bey unser lieben Frauen Stiegen genannt, einschlug ... Der häufige Regen überschwemmte abermal einige der hiesigen Vorstädten, sonderbar das Neustift, Neubau, und St. Ulrich. Auch vor den Linien, besonder in den Gegenden zu Baumgarten, Penzing, und Meidling, hat es viele Felder überschwemmt, und die Frucht mit Schlamm und Erde bedeckt...[973]

Die im Mai und Juni vorherrschende warme Witterung wurde nur durch einen etwa zwei Wochen andauernden Kaltlufteinbruch Ende Mai unterbrochen:

Seit zween Tagen haben wir alhier eine sehr kalte und windige Witterung, welche uns nicht ohne Grund unserer schönstens stehenden Feld-, Wein- und Garten-Früchte wegen in größte Sorgen setzt, auch von einem in unweit von hier entfernten Gegenden gefallenen Hagelwetter, betrübte Nachrichten vernehmen zu dörfen, befürchten macht.[974]

...den 10. Juny in Heiling dreifaltigkeit Sontag hat der Schauer geschlagen und so viel Eis, das den 4ten Tag noch ein Eis gelegen ist...[975]

Wir haben hier, nach einige Tage abgewechselten gedeilichen Regen, das angenehmste Wetter, und erhollen uns also gänzlich von der vor einiger Zeit gehabten Forcht, unsere Fluren ihres Wachsthums beraubt zu sehen...[976]

971 Wienerisches Diarium Nr. 13/1781, Bericht vom 10. Februar.
972 PILGRAM, Untersuchungen, 158. W. A. Mozart schrieb am 24. März in einem Brief an seinen Vater *...Nur wenn es recht schlecht Wetter ist, dann bleib ich zu hause wie heute par Example ... werde so bald das Wetter besser ist, gehen.* Mozart III, 100 f.
973 Wienerisches Diarium Nr. 33/1781, Bericht über den 21. April.
974 Wienerisches Diarium Nr. 42/1781, Bericht vom 26. Mai.
975 StAKl, Hs. 121.
976 Wienerisches Diarium Nr. 46/1781, Bericht vom 20. Juni.

Im Juli gab es in Wien nur einen Tag mit Regen. Das Wald- und Weinviertel hatten jedoch unter zahlreichen Unwettern und Überschwemmungen zu leiden:

> Wir haben hier seit einiger Zeit außerordentliche Wärme, ohne von schädlichen Ungewittern etwas zu leiden; aus den umliegenden Gegenden aber erfahren wir viele betrübte Nachrichten von Schauer, Wassergüssen, und durch den Donner verursachende Entzündungen...[977]

> ...unter schrecklichen Donnerschlägen und Blitzen mit schweren Schlossen, wie in einem Wolkenbruch, sich ergoß, hat in Zwettel den ganzen Mayerhof unvermuthet überschwemmt, fast alles Vieh ersäuft...[978]

> ...durch ein Wetter dergestaltiger Wolkenbruch ausgebrochen, daß selber nicht nur allein dem Pulkaubach austretten gemacht, sondern auch zu Zellendorf ... ein grausames Elend angestellet, denn aus seinen Ufer getretten und fast das halbe dorf ruinirt, die Städl, und Mauer eingebrochen ja fast alles verheert.[979]

> Die in der vorigen Woche ausgebrochenen förchterlichen Ungewitter haben an verschiedenen Orten, besonders aber in der Gegend von Zwettel, Bernek, Horn, Sicharts, Pulkau, Rez und an dem Fluß Kamp, entsetzliche Verwüstungen angerichtet...[980]

Im August und September hielten Hitze und Trockenheit weiter an:

> Wir haben hier noch immer anhaltende grosse Hitze, und trokne Witterung, welche uns zwar einen guten Wein verspricht, für die Wiesen aber und Pflanzen um so weniger nützt, weil sie das Erdreich allzusehr auströcknet...[981]

> ...donnerwetter haben wir fast gar keine gehabt – wenn zwey waren, waren vielle – und die sehr leicht. – aber eine ungeheure hitze, so, daß alle leute gesagt haben, in ihrem leben noch keine solche hitze ausgestanden zu haben.[982]

> Wir haben hier noch immer anhaltende außerordentliche Hitze, ohne von Hochgewittern, oder Wasserschäden etwas erlitten zu haben, wie unser angrenzenden Länder sowohl, als anderweitige Gegenden, bejammernswürdig erfahren müssen.[983]

Anfang Oktober herrschte beträchtliches Niederwasser ...Die Donau und der Savestrom fallen noch immer, so daß schwer beladene Schiffe unmöglich fortkommen können.[984]

Wo es durch die Niederschläge im Sommer keinerlei Schäden gab, wurde qualitativ und quantitativ guter bis sehr guter Wein gelesen.

Im November stellte sich kalte und niederschlagsreiche Witterung ein, die zur Bildung eines Eisstoßes auf der Donau führte und bis zum Ende des Jahres andauerte.

977 Wienerisches Diarium Nr. 55/1781, Bericht vom 11. Juli.
978 Wienerisches Diarium Nr. 58/1781, Bericht über den 8. Juli.
979 StAKl, Karton 2192, Bitte an das Stift Klosterneuburg um finanzielle Unterstützung.
980 Wienerisches Diarium Nr. 58/1781, Bericht vom 21. Juli.
981 Wienerisches Diarium Nr. 66/1781, Bericht vom 18. August.
982 Mozart III, 153, Brief von W. A. Mozart an seinen Vater in Salzburg vom 29. August.
983 Wienerisches Diarium Nr. 70/1781, Bericht vom 1. September.
984 Wienerisches Diarium Nr. 79/1781, Bericht vom 3. Oktober.

1782

Der Winter dieses Jahres war von häufigen Schneefällen und sehr wechselhaften Temperaturen geprägt. Anfang Jänner kam es zu einem raschen Absinken der Temperaturen. Da die Kälte in den folgenden Tagen anhielt, wurden Schäden in der Landwirtschaft befürchtet:

Das Unglück, welches der in der neuen Jahrs Nacht bey nasser Witterung eingefallene schnelle Frost in Ungarn an vielen Orten angerichtet, hat auch unsere Weinberge ziemlich betroffen, nicht minder auch an den Baumfrüchten grossen Schaden gemacht, und da wir nun ein anhaltendes troknes und sehr kaltes Wetter haben, so stehen wir auch wegen der Feldfrüchten in grossen Sorgen, daß sie dabey leiden möchten.[985]

Im Februar ereigneten sich heftige Schneefälle. Zwischen 11. und 24. Februar war die Kälte so ausgeprägt, dass das Eis der Donau im Bereich Wiens von extremer Stärke war *...Danubius congelatus, quod ab ao. 1775 non factum...,*[986] in Preßburg *...gefror die Donau so tief, daß den Brunnen das Wasser mangelte; welches dorten was unerhörtes war.*[987] In Ödenburg ist *...eine so grimmige Kälte beobachtet worden, daß das Federvieh in gemaurten Behältnissen erfroren ist.*[988] Am 24. Februar begannen die Temperaturen zu steigen:

Seit Sonntags hat die grosse Kälte angefangen sich allhier zu brechen und gelinderes Wetter, bey hellem Sonnschein gebracht; wir hoffen demnach die Strenge des Winters nicht mehr fühlen zu dörfen.[989]

Am 2. März *...riß sich das Eis der Donau hier so glücklich los, daß nur ein Joch der Brücke entzwey gieng.*[990] In den folgenden Wochen herrschte sehr wechselhafte und von Niederschlägen begleitete Witterung. Am 11. April ereignete sich in Wien ein Gewitter:

...Nachmittags zwischen 5 und 6 Uhr zog sich, nach einer gegen drey Stunden sich ergebenen schnellen Wärme, über unserm Horizonte, ein Gewitter zusammen, welches auch unverzüglich, mit einigem Regen ausbrach ... Diese Witterung war um so mehr unerwartet, als Tags zuvor und selbst am nämlichen Morgen wir noch einen zimlichen Frost empfanden und während dem Donnerwetter die Leute auf den Strassen sich in Pelzen befanden.[991]

Anfang und Mitte Mai kam es wiederholt zu Frösten. Die Berge des Wienerwaldes waren mit Schnee bedeckt. Als Folge dieser Witterung kam es in Wien Anfang Juni zum Ausbruch einer Grippeepidemie:

Seit einigen Tagen hat sich hier und in der umliegenden Gegend wieder eine so rauhe Witterung eingestellt, daß fast jedermann die schon beyseite gelegten Pelze wieder hervor suchte. Vorgestern Nachts fieng es an zu schneyen, gestern sah

---

985 Wienerisches Diarium Nr. 5/1782, Bericht vom 14. Jänner.
986 StAKl, Hs. 150. Vgl. dazu auch KRETSCHMER, Extremwerte, 240 ff.
987 PILGRAM, Untersuchungen, 100.
988 Wienerisches Diarium Nr. 17/1782, Bericht vom 27. Februar.
989 Wienerisches Diarium Nr. 17/1782, Bericht über den 24. Februar ff.
990 PILGRAM, Untersuchungen, 100.
991 Wienerisches Diarium Nr. 30/1782.

man den Kallenberg völlig mit Schnee bedeckt, und die abgewichene Nacht hat es gar gefroren, welches den Blüten der Bäume, dem Weinstock und den Feldfrüchten sehr schädlich seyn dürfte.[992]

...den 1., 2. und 3. May hat es Gefrorn, das es ein geladenen Wagen getragen hat und hat alles in Grund gefrert...[993]

...ein ungemein heftiger Nordwest, der Fenster einschlug, und manche Leute durch herabfallende Dachziegel beschädigte...[994]

Wir haben dermal nach einigen wenigen gehabten warmen Tägen, seit Sonntags wieder so rauhe Witterung bey abwechselnden Regen, daß man wirklich in hiesigen Gegenden einiges Eis gefunden, welches um diese Zeit, da man die angenehme Frühlingsluft empfinden sollte, sehr befremdlich fällt...[995]

Bey dem so lange angehaltenen kalten, unangenehm, auch öfters schwüllig abgewechselten Wetter, greift die sogenannte Catharrseuche und Schnupfen ... auch unser Wien, und die umliegenden Gegenden immer heftiger an.[996]

Am 9. Juni begann eine Hitzeperiode, die den ganzen Sommer über andauern sollte und zu einem beträchtlichen Niederwasser der Flüsse führte ...*Die Donau, die Theiß und der Savestrom fallen gegenwärtig sehr stark, und liefern dadurch um so mehr an allerhand Fischen.*[997] Die hohen Temperaturen verursachten jedoch auch zahlreiche Unwetter:

...über unsern Horizont aufgestiegene Ungewitter hat in verschiedenen benachbarten Gegenden traurige Spuren der Verheerung hinterlassen ... Zu Krems ... zwischen 4 und 5 Uhr Nachmittags mit einem so gewaltigen Sturmwinde ausgebrochen, daß ganze Häuser umgeworfen...[998]

...abermal ein heftiges Donnerwetter, welches zwar nicht so sehr in Donner und Blitz ausbrach, als das letzte, aber die umliegenden Gegenden durch einen niedergegangenen Wolkenbruch so gewaltig verwüstete, daß es das Pflaster an vielen Orten ausgehoben ... Die Weinberge und Äcker sind an vielen Orten mit Schlam und die Gegenden von Rohrndorf und Landerstorf in den Feldern und auf den Wegen mit Wasser bedeckt...[999]

...die Hitze so groß geworden, daß in der Gegend von Neuberg [Steiermark] durch dieselbe einige Wälder in den Brand gerathen seyn sollen. Dieses Faktum scheint unglaublich zu seyn, obschon einige alte Schriftsteller ähnliche Vorfälle anführen.[1000]

Die grosse Hitze, die seit einiger Zeit ununterbrochen bey uns anhielt, und in den Gegenden um Wien das Erdreich so sehr ausdörrte, daß Feld- und Garten-

[992] Wienerisches Diarium Nr. 35/1782, Bericht über den 1. Mai ff.
[993] StAKl, Hs. 121.
[994] PILGRAM, Untersuchungen, 191, Bericht über den 6. Mai.
[995] Wienerisches Diarium Nr. 41/1782, Bericht über den 19. Mai.
[996] Wienerisches Diarium Nr. 44/1782, Bericht vom 1. Juni.
[997] Wienerisches Diarium Nr. 54/1782, Bericht vom 6. Juli.
[998] Wienerisches Diarium Nr. 48/1782, Bericht über den 11. Juni.
[999] Wienerisches Diarium Nr. 53/1782, Bericht über den 28. Juni.
[1000] Wienerisches Diarium Nr. 65/1782, Bericht von Ende Juli.

früchte in Noth geriethen, brach Montags d. 29. Abends, unter einem gewalti-
gen Sturme und Regengusse in ein heftiges Donnerwetter aus...[1001]

Die extrem trockenen Monate Juni bis September waren dem Weinbau nicht sehr
förderlich. Allgemein wurden nur äußerst geringe Erträge von mittelmäßiger bis
guter Qualität erzielt.

Mitte Oktober sanken die Temperaturen und am 9. November *...fiel eine, um diese*
Zeit nie gesehene Menge Schnee sowohl hier als zu Pressburg.[1002] Die kalte, nieder-
schlagsreiche Witterung hielt bis Jahresende an und wurde an manchen Tagen von
Stürmen begleitet:

Diese üble Witterung ist auch für die zur Allerheilgen messe allhier gegenwär-
tig versammelten Kaufleute und Krämer sehr beschwerlich...[1003]

...allein sonntags fiel eine so Elende Witterung ein, daß man kaum in der Stadt
mit den Wägen fortkommen konnte...[1004]

Der vor Kurzem in hiesiger Gegend gefallene grosse Schnee, der durch ungestüme
Winde an verschiedenen Orten noch mehr aufgehäufet worden, hat die Land-
strassen sehr beschwerlich gemacht...[1005]

Die kalte Witterung begleitet von häufigem Schnee, hält in hiesiger Gegend
noch beständig an.[1006]

...tempestas extraordin. cum fulgure et tonitru exorta.[1007]

...hatten wir einen Nordwest, der so heftig war, daß ich noch keine, der ihm
gleich wäre aufgezeichnet habe.[1008]

1783

In den ersten drei Monaten dieses Jahres herrschten sehr milde Temperaturen. Diese
wurden nur durch einen kurzfristigen Kälteeinbruch Anfang März, der auch einen
Eisstoß auf der Donau bewirkte, unterbrochen. Am 11. und 12. Jänner gab es sogar
...wahre Frühlingstage.[1009] Berichte über Schlittenfahrten deuten jedoch auf eine
vorhandene Schneedecke und am 25. Jänner hatte sich *...Die gelinde und nasse Wit-*
terung, die wir seit einiger Zeit hatten ... wieder in trockene Kälte und Schnegestöber
verwandelt.[1010] Nach einem milden Februar kam *...im Märzen eine gelinde Gefrier,*
und noch etwas Schnee nach, doch nie eine beträchtliche Kälte.[1011]

Der April *...war kühl, aber nicht kalt...,*[1012] denn schon zu Beginn des Monats hat
...die bisher anhaltende Kälte nachgelassen; eine sanftere Luft wähet, und schon

1001 Wienerisches Diarium Nr. 61/1782, Bericht über den 29. Juli.
1002 PILGRAM, Untersuchungen, 158. Vgl. auch StAKl, Karton 462, Nr. 14.
1003 Wienerisches Diarium Nr. 91/1782, Bericht über den 13. November.
1004 Mozart III, 241, Brief von W. A. Mozart an seinen Vater in Salzburg vom 13. November.
1005 Wienerisches Diarium Nr. 91/1782, Bericht vom 13. November.
1006 Wienerisches Diarium Nr. 94/1782, Bericht über den 23. November.
1007 StAKl, Hs. 122/1, pag. 10, Bericht über den 28. November.
1008 PILGRAM, Untersuchungen, 191, Bericht über den 27. Dezember.
1009 PILGRAM, Untersuchungen, 105.
1010 Wienerisches Diarium Nr. 8/1783.
1011 PILGRAM, Untersuchungen, 105.
1012 PILGRAM, Untersuchungen, 105.

fangen die Gegenden umher zu grünen an.[1013] Im Mai herrschten hohe Temperaturen ...*Ich kann mich ohnmöglich entschlüssen so frühe in die Stadt hinein zu fahren. – das Wetter ist gar zu schön – und im Prater ist es heute gar zu angenehm...*[1014] und auch im Juni hielt die warme und sehr trockene Witterung an. Aufgrund von Niederschlägen in den Alpen kam es am 28. Juni zu einer Überschwemmung der Donau, die diesmal allerdings keine Schäden verursachte:

> *Von allen Gegenden rings umher um die Stadt erhält man die angenehmen Berichte, daß alle Getraidefelder sehr reiche Erndte versprechen, und insbesondere die Weingärten so außerordentlich viele Trauben zeigen, daß man sich einer solchen Fruchtbarkeit seit vielen Jahren nicht erinnert...*[1015]

> *Durch den häufigen Regen, der in den Gebirgen gefallen ist, wurde die Donau seit einigen Tagen so sehr angeschwellt, daß sie endlich am vergangenen Mitwoche bey dem sogenannten Schanzel die Ufer überstieg; da sie aber nicht lange darauf wieder beträchtlich fiel, und in ihren Rinnsaal zurückfloß, so ist dadurch kein Schaden verursacht worden...*[1016]

Die Sommermonate waren in diesem Jahr von anhaltendem Nebel gekennzeichnet, den ein Vulkanausbruch in Island am 8. Juni verursacht hatte ...*die Nebel, welche den ganzen Sommer hindurch durch ganz Europa täglich und allgemein waren, setzten es unter die feuchten Jahre. Auch die ältesten Leute konnten sich solcher Nebel nicht erinnern.*[1017] Erstmals wurde Anfang Juli im Wienerischen Diarium darüber berichtet. Als Ursache vermutete man vorangegangene Regenfälle:

> *Die nach einem häufigen Regen, und die dadurch ausgetrettenen Flüsse, bey einer heißen Sonne und gänzlichen Windstille von der Erde aufsteigenden Ausdünstungen umgaben dieser Tagen unsern Horizont gleichsam mit einem Nebel, der des Morgens und Abends bey dem Aufgange und Niedergange der Sonne am meisten sichtbar war. Die Hitze war hiebey sehr drückend, wurde auch durch einige Gewitter nicht verändert.*[1018]

In den folgenden Wochen ereigneten sich zahlreiche Unwetter. Zusätzlich wurde die durch den Nebel verursachte Schwüle als besonders unangenehm empfunden:

> *...an der Nußdorferlinie niedergefallener Donner hat mehrere Personen zu Boden geschlagen, und einige derselben verwundet.*[1019]

> *Das Wetter ist bey uns eben so, wie es nach verschiedenen Berichten in ganz Europa herrscht. Doch auch wir haben davon nicht im geringsten eine üble Folge verspürt, es wäre denn die heftigen Ausbrüche des Donners, welche in unseren Gegenden geschehen, und hie und da nicht unbeträchtlichen Schaden anrichten.*[1020]

[1013] Wienerisches Diarium Nr. 28/1783, Bericht vom 5. April.
[1014] Mozart III, 267, Brief von W. A. Mozart an seinen Vater in Salzburg vom 3. Mai. Vgl. dazu auch HADER, Witterungsabläufe, Tabelle 3.
[1015] Wienerisches Diarium Nr. 52/1783, Bericht vom 28. Juni.
[1016] Wienerisches Diarium Nr. 52/1783, Bericht über den 25. Juni.
[1017] PILGRAM, Untersuchungen, 158; vgl. auch PRITZ, Beschreibung, 349 f.
[1018] Wienerisches Diarium Nr. 54/1783, Bericht über den 5. Juli.
[1019] Wienerisches Diarium Nr. 57/1783, Bericht über den 8. Juli.
[1020] Wienerisches Diarium Nr. 58/1783, Bericht aus der Steiermark vom 12. Juli.

...um Mittagszeit ausgebrochenes Donnerwetter, das in einiger Entfernung von der Stadt mit einem gewaltigen Gusse von Schlossen und Regen begleitet war, hat in verschiedenen Gegenden in den Waldungen, Gärten und Weingebirgen grossen Schaden angerichtet.[1021]

Nachdem die Weingärten allhier und in den benachbarten Gegenden eine so reiche Weinlese versprochen, dergleichen man sich seit vielen Jahren nicht erinnert, so ware es für uns desto schmerzlicher, durch ein am 14. d. M. um Mittagszeit allhier ausgebrochenes, mit Regen und starken Schlossen begleitetes Donnerwetter, das bis 4 Uhr Nachmittags anhielt, alle unsere Hofnung vernichtet, und die Weingärten gänzlich zerschlagen zu sehen. Ein gleicher Schaden hat auch die umliegenden Gegenden Brunn, Enzersdorf, Mödling, und andere getroffen.[1022]

Seit einigen Tagen haben wir hier und in den hiesigen Gegenden wiederholte Ungewitter.[1023]

...zog sich über unsern Horizont ein förchterliches Wetter, das unserer ganzen Gegend der Untergang drohte. Um 4 Uhr Nachmittags fiel der Strahl in den Kirchthurm...[1024]

Die Hitze ist seit einigen Tagen allhier ungewöhnlich drückend. Am stärksten war sie am Donnerstage und Freytage, wie sich aus der hier folgenden auf der kais. kön. Sternwarte gemachten Beobachtungen des Reaumurischen Thermometers ergiebt ... den 28. Julius 22 Grad ober den Gefrierpunkt; den 29. 23 Grad; den 30. 24 Grad; den 31. 25 Grad; den 1. August fiel er wieder auf 24 Grad. Die Beobachtung geschah jedesmal um 3 Uhr Nachmittags.

Ungeachtet dieser Hitze sind die Donnerwetter über unserer Stadt nicht so häufig und stark, als in den benachtbarten Gegenden umher. In den Österreichischen Gebirgen an der Donau fiel vor wenigen Tagen ein sehr häufiger Regen, der die Donau allhier ungemein anschwellte; aber sie ist bald wieder beträchtlich gefallen.[1025]

...Nachmittags über Ottakrin und die benachbarten Gegenden umher ausgebrochenes heftiges Donnerwetter, das mit einem gewaltigen Regengusse, und mit sehr häufigen und grossen Schlossen begleitet war, hat in den Gegenden, die es betraf, besonders aber in den dasigen Obst- und Weingärten, durch die Gewalt des Wassers und Hagels sehr beträchtlichen Schaden angerichtet...[1026]

Schon Anfang August wurde der Nebel als Erklärung für die zahlreich entstandenen Gewitter herangezogen:

...ein dichter trockener Nebel den Horizont lange Zeit bedecket habe, der aber auch hier sonst keine andere Folgen hatte, als die vielen und ungewöhnlich

1021 Wienerisches Diarium Nr. 57/1783, Bericht über den 14. Juli.
1022 Wienerisches Diarium Nr. 58/1783, Bericht über den 14. Juli.
1023 Wienerisches Diarium Nr. 57/1783, Bericht vom 16. Juli.
1024 Wienerisches Diarium Nr. 65/1783, Bericht aus Obergrünbach/VOMB über den 21. Juli.
1025 Wienerisches Diarium Nr. 62/1783, Bericht vom 1. August.
1026 Wienerisches Diarium Nr. 76/1783, Bericht über den 17. September.

heftigen Donnerwetter, die meist noch mit sehr starken Regengüssen und Hagel begleitet waren...[1027]

Die anhaltend hohen Temperaturen erbrachten eine ausgezeichnete Weinlese. An einigen Orten, wie in den Besitzungen des Wiener Bürgerspitals, mussten jedoch Einbußen aufgrund der Frühjahrsfröste hingenommen werden.

Die Weinlese in Niederösterreich hat gegenwärtig bereits an den meisten Orten ihr Ende erreicht, und ist, verschiedenen Berichten zu Folge, allenthalben so ausgefallen, daß man sich in Ansehung der Menge des Ertrages, seit langen keines glücklicheren Jahres erinnert. Auch alle übrigen Herbstfrüchte hatten heuer das beste Gedeihen, und sind in einer seit vielen Jahren nicht gesehenen Menge vorhanden.[1028]

Die geringen Niederschläge der vergangenen Monate ließen die Wasserhöhe der Donau Anfang November beträchtlich sinken:

...seit einiger Zeit in hiesiger Gegend anhaltend heitere, trockene und noch immer gemäßigte Witterung. Die Wässer in allen Flüssen nehmen dabey gewaltig ab. Besonders ist dieses an der Donau sichtbar, welche seit ein paar Wochen so sehr abnimmt, daß sie von dem Punkte der grossen Höhe im J. 1768, nach welchem sie auf dem am Tabor befindlichen Wassermaaßstabe gemessen wird, gestern schon bis auf 14 Schuh 6 Zoll herabgesunken war (welche Tiefe sie seit vielen Jahren nicht erreicht hat) und an vielen Orten trockene Sandbänke und Fuhrten läßt, so daß die Schiffahrt auf selber sehr beschwerlich ist.[1029]

Um den 10. November stellte sich niederschlagsreichere Witterung ein und es wurde kühler:

Die bisher genossene heitere und gemäßigte Witterung, hat sich vor wenigen Tagen mit einem Nordwinde, der mit häufigen Schnee begleitet war, plötzlich in heftige Kälte verwandelt; die aber seit gestern schon wieder einigermassen abgenommen hat.[1030]

Der Nebel hielt auch in den Wintermonaten an und wurde erneut als Erklärung für die in den folgenden Wochen andauernden tiefen Temperaturen und Schneefälle herangezogen:

Der in dem vorigen Sommer so merkwürdige Nebl, ließ sich im heurigen Winter 784, nur wenige Tage ausgenommen, deutlich bemerken. Mitten unter den Schneeflocken erkannte man ihn meist, so wie er in dem vorigen Sommer stets mitten im Regen sich gezeigt hatte. Es ist hieraus billig zu schließen, daß dieser besondere Erddunst, so wie er im vorigen Sommer die ausserordentliche Hitze, und die verheerende Gewitter verursachet, auch diesen Winter den Stoff zu den ausserordentlichen Schnee, und Kälte verursachet haben mag.[1031]

[1027] Wienerisches Diarium Nr. 63/1783, Bericht vom 6. August.
[1028] Wienerisches Diarium Nr. 82/1783, Bericht über den 11. Oktober.
[1029] Wienerisches Diarium Nr. 89/1783, Bericht vom 5. November.
[1030] Wienerisches Diarium Nr. 91/1783, Bericht vom 12. November.
[1031] StAKl, Karton 220, Nr. 41 NR, fol. 266v.

1784

Der Winter wurde in den Quellen allgemein als außerordentlich kalt und lang anhaltend beschrieben.[1032] Am 4. Jänner bildete sich ein Eisstoß auf der Donau, der bis Ende Februar anhielt. Wenige Tage später fror auch der Kremsfluss, sodass er mit beladenen Wägen befahren werden konnte:

> ...hat es einen Stoß gemacht, und ist erst den 28. Hornung hinausgegangen, hier ... ohne Schaden abgeloffen, zu Wien aber, da erst den 29. darauf um 12 Uhr bey anwachsenden Wasser ... gleich bey der ersten Brücke ... sich aufthürmte, nahm das Wasser beiderseits einen neuen Rinnsal und überschwemmte die Rossau, Leopoldstadt, den ganzen Grund unter den Weisgärbern, Erdberg, ja ... bis auf den Salzgries in die Stadt hinein; dieses ungemein hohe Wasser dauerte bis auf den 6ten März fort.[1033]

> ...das Eis in der uns zunächst gelegenen Donau sowohl als in dem Krems-Flusse ... so fest gestanden, daß man mit schwer beladenen Wägen und Schlitten darauf hin- und herfuhr...[1034]

Zusätzlich kam es zu anhaltenden und starken Schneefällen, weshalb sich ...der hiesige Adel mit zahlreichen Schlittenfahrten...[1035] belustigte. Jedoch ...bey der anhaltenden Kälte und dem tiefen Schnee, der allenthalben verbreitet liegt ... die Raubthiere an aller Nahrung Noth leiden.[1036]

Ab dem 24. Februar führte ein plötzlicher Warmlufteinbruch zu einer verheerenden Überschwemmung von großen Teilen der Stadt:[1037]

> ...ist mit einem Westwinde und Regenwetter das Aufthauen in hiesiger Stadt, und den umliegenden Gegenden, so schnell erfolget, daß bey der Menge des allenthalben verbreiteten Schnees, das Wasser nicht genug Auswege fand, um eben so geschwinde abzulaufen, und daher, in mehreren tiefer gelegenen Vorstädten, so wie auf den Ebenen zwischen diesen und der Stadt, auf beyden Seiten der erhöhten Strassen sich häufig sammelte, und gleichsam Teiche bildete. Wie dann nach und nach dieses Wasser in den Alserbach, die Wien oder die Donau sich ergoß, so wurden selbe so sehr angeschwellet, daß ersterer aus seinen Ufern tratt, und sich an dessen beyden Seiten verbreitete, der Wien-Fluß aber so ungewöhnlich stark zunahm, daß er fast allenthalben in das Ebenmaß mit seinen Ufern kam, es auch an einigen Orten wirklich übertratt, und dabey mit solcher Gewalt gegen seinen Ausguß fortströmte, daß er in der Nacht vom 26.

1032 HANN, Meteorologie, 19.
1033 StAKl, Karton 220, Nr. 41 NR, fol. 266v.
1034 Wiener Zeitung Nr. 21/1784, Bericht über den 12. Jänner bis 26. Februar.
1035 Wiener Zeitung Nr. 10/1784, Bericht vom 4. Februar.
1036 Wiener Zeitung Nr. 13/1784, Bericht über den 14. Februar.
1037 Im Stadtgebiet von Wien waren vor allem die tiefer gelegenen Bereiche des heutigen 1., 2., 3., 9. und 20. Bezirks permanent der Gefahren einer Überschwemmung ausgesetzt. Seit 1828 werden an der Donau bei Nußdorf regelmäßig Wasserstandsbeobachtungen durchgeführt, wobei die Durchflussmenge im Jahresdurchschnitt 1.903 m³/sec. beträgt. Das größte Hochwasser dürfte sich im Jahr 1501 ereignet haben, für das anhand des am Linzer Wassertor eingezeichneten Pegelstandes eine Duchflussmenge von 14.000 m³/sec. errechnet wurde. Vgl. LAICHMANN, Bäche und Flüsse, 8.

zum 27. d. M. alle hölzerne Brücken und Stege durch die Stärke des mitführenden Eises niederrieß ... Die Donau hat sich noch nicht geöfnet; aber in dem Arme nächst Wien um ein beträchtliches gehoben, und allenthalben gespalten. Der Arm am Tabor hält noch feste, so daß man glaubet, der Eisstoß könnte wohl nicht eher als etwa in ein paar Tagen gehen.[1038]

In der Nacht ... hat die Kälte allhier beträchtlich zugenommen, so daß alle ausgetretne Wässer und der schon schmelzende Schnee auf das neue zugefroren sind. Wie dadurch der Zufluß in den Wienstrom, den Alsterbach etc. abnahm, so fiel auch ihr Wasser. Die Wien floß am 29. nur fast unmerklich. Jene Kälte war indessen doch nicht fähig das Eis, das die wärmeren Tag her, sich in der Donau schon einigermassen aufgelöset hatte, aufs neue festzusetzen. Schon am 28. des Mittags brach es oberhalb Nußdorf los, und fieng an sich in Bewegung zu setzen. Des Morgens am 29. erhielt das Eis in dem Donauarme nächst Wien ebenfalls einigen Treib, stemmt sich aber gleich Anfangs an der ersten Donaubrücke nächst dem Augarten. Hier waren Arbeitsleute vorhanden, welche die Eisschollen zerbrachen, um sie in leichteren Gang zu bringen. Sie wurden gegen Mittagszeit plötzlich von der Arbeit weggescheucht, da die Donau mit einem mächtigen Schwalle sich in schnelle Bewegung setzte. In ihrem Laufe wälzte sie an beyden Seiten des Ufers, wo es nicht ganz steil und sehr hoch war, mächtige Eisschollen übereinander hin, und bildete sich ein neues erweitertes Ufer. Es war eine unglaubliche Menge Eis, welches auf der Donau hinschwamm. Am 19. Febr. maß es noch 2 Schuh 2 Zoll; aber der hierauf erfolgte Regen, und die gemäßigte Luft, hatten es bereits bis auf 1 Sch. 1 Z. in der Mitte des Flusses vermindert, obschon es gegen das Ufer hin noch immer 2 Sch. 2 Z. bis 3 Sch. und darüber maß, und an einigen Orten, wo mehrere Lagen sich übereinander gehäufet hatten, auch die Höhe einer Klafter hatte...[1039]

Tiefe Temperaturen und heftige Stürme hielten auch im folgenden Monat an ...*Der kälteste März, den man aufgemerkt findet.*[1040] Die Überschwemmungen begannen erst um den 10. März nachzulassen:

Die Gegenden und Vorstädte an der Donau befinden sich noch immer in der vorigen Lage. Der Lauf des Flusses ist immer gehindert, folglich ist auch das ausgetretne Wasser nicht zurück gewichen. Indessen arbeitet eine beträchtliche Anzahl von Leuten an dem Eise in der Gegend von Simmering, um es zu eröffnen, und möglich in Bewegung zu setzen.[1041]

...ist den Donauarm nächst Wien von seinem Eise, und hierauf sind auch die daran liegende Vorstädte von den ausgetretenen Wässern nach und nach befreyet worden...[1042]

[1038] Wiener Zeitung Nr. 17/1784, Bericht vom 24. Februar.
[1039] Wiener Zeitung Nr. 18/1784, Bericht über den 28. und 29. Februar; vgl. auch StAKl, Hs. 21/1, pag. 263: *...brach das Donaueis, und die austretende Donau mit Eisschollen bedecket zerriß nicht nur die Donaubrücke, sondern überschwemte die Vorstädt Liechtenthal, Rossau und die unterhalb gelegenen dörfer; auch Tattendorf hat es mit 13 Häusern betrofen.*
[1040] PILGRAM, Untersuchungen, 118.
[1041] Wiener Zeitung Nr. 19/1784, Bericht über den 6. März.
[1042] Wiener Zeitung Nr. 20/1784, Bericht über den 7. bis 10. März.

Abb. 18: Hochwasserkatastrophe in Wien, Februar 1784

Zahlreiche Schadensberichte dokumentieren das Ausmaß der Katastrophe:

> *Verzeichnis der nachstehenden Unterthanen und Kleinhäußlern zu Tadtendorf,*
> *theils an ihren Häusern, theils an Vieh von 24 bis 29 Hornung 784 verursachten*
> *Wasserschaden...*[1043]
>
> *...durch das Wasser verunglückten Pfarrkindern...*[1044]
>
> *...von Wasser verursachten Schaden zu beaugenscheinigen...*[1045]
>
> *...brach erst der Eisstoß, und befreyte uns und alle im Marchfeld gelegene Ort-*
> *schaften vom Wasser.*[1046]
>
> *...durch die heurige Überschwemmung verunglickten Unterthanen...*[1047]
>
> *...Es wären ihnen durch die fürgeweste große Überschwemmung über 32 Joch*
> *Haus und urbarial Zins Äker weggerissen, alle schwere Saatfelder für heuer*
> *gänzlich ruiniret, und von 400 Joch Brach-Äkern das gute Erdreich furchtief*
> *weggeschwemmt, dann gegen 147 steuerbare Häuser theils zur Helfte, und*
> *theils ganz zu Boden gerissen, und endlichen aller Vorrath von Brodt Mehl und*
> *übrigen Saamenkörnern zu Grund gerichtet worden...*[1048]

[1043] StAKl, Karton 2583, Nr. 18.
[1044] StAKl, Karton 2583, Nr. 18, Schadensbericht aus Tattendorf/VUWW vom 27. Februar mit der Bitte um Unterstützung.
[1045] StAKl, Karton 2385, Nr. 8, Schadensbericht aus Tuttendorf/VUMW vom 2. März.
[1046] StAKl, Karton 462, Nr. 14.
[1047] StAKl, Karton 2385, Nr. 8, Schadensbericht aus Klosterneuburg vom 26. März.
[1048] HKA, Österreichisches Camerale, Faszikel 48, r. Nr. 2041, fol. 26r f., Bericht aus Eckartsau.

Endes unterzeichnete 10. Weingartsbesizer der sogenanten Pointln bitten nach-
deme sie bei der anheuer so gähling aufgegangenen Witterung durch die erfolg-
te Austrettung und Überschwemmung des sogenannten Pointlbaches zwischen
den Markt Perchtoldsorfer Burgfried und Herrschaft Radauner gerechtsame
an ihrem alda Perchtoldstorfer Burgfrieds liegenden Weingärten, die Pointln
genannt, einen namhaften Schaden erlitten haben, daß das bei diesem Bach
nächst des Steges, und zu Aufrechthaltung der Strasse bestandene nun aber
gänzlich ruinirt Beschlacht wenigst vier bis fünf Klafter lang zu Verhütung des
weiters zu befürchtenden Schadens wiederum auf zu Marktsunkösten herge-
stellet...[1049]

Die Mauer neben der Donau auf dem Weeg bei Nußdorf wurde durch den Eis-
stoß 784 und 785 in dem frühjahr so sehr beschädiget, daß gantze Stücke in die
donau gefallen.[1050]

Im April hielt die große Kälte weiter an. Zu Beginn des Monats kam es erneut zu
heftigen Schneefällen:

Die ungewöhnliche Kälte, welche in den ersten Tagen dieses Monats April 784,
begleitet von häufigen Schnee, in hiesigen Gegenden ist verspürt worden, war
auch den benachbarten Provinzen gemein, und verbreitete sich weit hin bis ins
südlichere Italien. Von allen Seiten gehen Berichte davon ein, wodurch eine
solche Kälte zu dieser Jahreszeit mitunter die beyspiellosen Erscheinungen ge-
rechnet wird, welche die Witterung seit einem Jahre in unserm Himmelsstriche
darstellet. Die Kälte und der häufige Schnee waren wirklich so groß und unver-
muthet, daß nicht nur bey Wien einige Personen derselben unterlagen, sondern
auch in andern Gegenden Menschen und Vieh ein gleiches Schicksal erfuhren.
Bey Ödenburg z. B. erfroren am 2. April 5 Ochsen samt ihrem Treiber auf dem
Felde...[1051]

Im Mai wurde es wärmer, am 24. hatte jedoch *...ein Regen Überschwemmungen zu*
uns gebracht.[1052] Im Juni kam es zu einem weiteren Ansteigen der Temperaturen
und auch im Juli herrschte sommerliche Witterung.

In der zweiten Augustwoche trat nach heftigen Niederschlägen der Wienfluss über
seine Ufer. Zusätzlich existieren Berichte über Schneefälle in den Anhöhen nahe der
Stadt:

...hatten wir hier täglich, und oft häufigen Regen, im Gebirge aber fiel Schnee,
wodurch die Wien so anlief, daß sie zu Meidling, Hiezing etc. Brücken und
Wehren wegriß, und alles überschwemmte; die an der Wien gelegenen Vorstädte
standen im Wasser.[1053]

Seit acht Tagen haben wir anhaltenden häufigen Regen mit einer für gegenwär-
tige Jahrszeit ungewöhnlichen Kälte gehabt, die durch häufigen in den umlie-
genden Gebirgen gefallenen Schnee entstanden ist. Das Schmelzen dieses

---

1049   AMP, Karton 157, Faszikel 4, Brief der Weingartenbesitzer an den Marktrat vom 23. März.
1050   StAKl, Hs. 21/2, pag. 185v.
1051   StAKl, Karton 220, Nr. 41 NR, fol. 266v.
1052   StAKl, Karton 462, Nr. 14.
1053   PILGRAM, Untersuchungen, 159.

Schnees, und der fortwährende häufige Regen hat alle Flüsse in unsern Gegenden hoch angeschwellet, so daß einige auch aus ihren Ufern getretten sind. Dieses hat auch der Wien-Fluß am 11. d. M. an verschiedenen Orten bey hiesiger Stadt, und auf dem Lande mit so viel Gewalt gethan, daß davon Wehren, Brücken und Uferland hinweggerissen worden sind, wie dieses insbesondere von Meidling, Hiezing und anderen dasigen Ortschaften berichtet wird. Gestern hat sich die Luft wieder merklich temperiret, und der Himmel sich zu erheitern angefangen ... an mehreren Orten war dessen Wasser auf eine Strecke von mehr als 200 Klaftern ausgebreitet.[1054]

...ein schuhoher Schnee gefallen, so daß einige Leute zum Andenken dieser seltenen Begebenheit zu solcher Jahrszeit mit Schlitten gefahren zu haben die Ereigniß mit dem Zusatze ihrer Namen, des Tages und der Jahrzahl in Stein einhauen lassen. Hierauf wehte einige Tage hindurch ein so kalter Wind, auch in unserer Gegend, wie im November.[1055]

Um den 20. August begann sich trockene und heiße Witterung durchzusetzen, die auch im September anhielt. Das aufgrund der lang anhaltenden Kälte vor allem im ersten Drittel des Jahres entstandene Temperaturdefizit konnte jedoch nicht mehr ausgeglichen werden. Der in geringem Ausmaß vorhandene Wein war nur von mittelmäßiger Qualität.

Anfang November wurde es sehr kalt. Die tiefen Temperaturen führten in Verbindung mit dem häufig gefallenen Schnee am 20. November zur Bildung eines Eisstoßes, der 18 Wochen andauern sollte.

1785

In den Monaten Jänner und Februar herrschte anhaltende Kälte und es kam zu häufigen Schneefällen *...Der ganze Jäner und Hornung hatten zwar beständiges Eis, und häufigen Schnee doch war die Kälte nur den einzigen ersten Jänner -9° sonsten aber leidentlich ... in beyden Monaten der meiste Schnee in der Nacht fiel.*[1056] Die Schneemengen nahmen Ende Februar ein beträchtliches Ausmaß an *...Seit mehreren Tagen ist allhier und in den Gegenden umher so häufiger Schnee gefallen, daß in der Stadt stets viele hundert Arbeiter und Frachtwägen beschäftigt sind, die Gässen zu reinigen.*[1057]

Am 1. März begannen die Temperaturen zu sinken, *...Der ganze März hatte eine beständige Gefrier, achtmal brachte er Schnee, und fünfmal sehr häufig, jedoch hatte er auch 16 kalte heiter Tage.*[1058]

...war doch die größte Kälte, und übertraf den Grad derjenigen, welche die Jahre 1709, 1740, 1742, 1776 und das verflossene Jahr merkwürdig gemacht hat. Hier

[1054] Wiener Zeitung Nr. 65/1784, Bericht vom 14. August.
[1055] StAKl, Karton 220, Nr. 41 NR, fol. 266v. Bei diesem Zitat dürfte ein Datierungsfehler vorliegen, da es unter dem 13. Juli notiert wurde.
[1056] PILGRAM, Untersuchungen, 101.
[1057] Wiener Zeitung Nr. 17/1785, Bericht vom 26. Februar.
[1058] PILGRAM, Untersuchungen, 19.
[1059] StAKl, Karton 220, Nr. 41 NR, fol. 266v, Bericht über den 1. März.

fiel das Reaumurische Thermometer bis 20 und zu Weidling 21 Grade unter dem Gefrierpunkt; doch hat diese um diese Jahrszeit ausserordentliche Kälte nirgendwo länger, als bis zum 2. März angehalten.[1059]

Um den 22. März fielen neuerlich große Schneemengen[1060] und noch am Ostermontag (28. März) wurde auf der gefrorenen Donau mit Kegeln gespielt:

...wurde zur Gedächtniß des so lang stehenden Stosses an verschiedenen Orten auf demselben Kögelgeschoben und gejauset; nach einigen Tagen aber fiel Tauwetter ein, und der Stoß gieng stückweise ohne Schaden weg.[1061]

...Die Abwechslung von starkem Schneyen und einem darauf folgenden kalten hellen Tag, und abermahligem Schnee dauert noch immer: der ostertag war hell und schön, aber Kalt wie der kälteste Weinnachttag.[1062]

Anfang April kam es zu einem Kaltlufteinbruch, der auch von Schneefällen begleitet wurde *...war den ganzen Tag trübes Wetter; Vormittag schneiete es mit kleinen Flocken, Nachmittag bis 8 Uhr mit vermischtem Regen; gegen 6 Uhr Abends erhob sich ein NW Wind, und es schneiete wieder stark mit grossen Schneeflocken, die aber auf der Erde und auf den Dächern gleich geschmolzen sind. Dieses Schneegestöber dauerte bis 7 Uhr.*[1063] Zur Mitte des Monats begann es zu tauen:

Die ungewöhnliche und strenge Witterung, die wir in unsern Gegenden in den ersten Tagen dieses Monates bemerkt haben, und die nun seit einigen Tagen hier weit sanfter geworden ist, war fast eben so außerordentlich und strenge in allen Theilen der Monarchie.[1064]

Das Abschmelzen der auch in den Alpen in großem Ausmaß gefallenen Schneemengen führte zwischen 23. und 25. April zu Überschwemmungen der Donau, wodurch diesmal jedoch nur geringe Schäden verursacht wurden:

Da bey der anhaltenden ziemlich warmen Witterung nunmehr aller Schnee schmilzt, der in den Gebirgen längs der Donau hinauf bis nach Bayern den ganzen langen Winter über so außerordentlich sich gehäuft hat, so hat die Donau, die bisher sehr niedrig war, seit vier bis fünf Tagen so sehr an Wasser zugenommen, daß sie an sehr vielen Orten in der hiesigen Gegend nächst der Rossau und Leopoldstadt und weiter hinauf und abwärts aus den Ufern getretten ist, und sich beyderseits verbreitet hat. Doch ist dieses weder so unvermuthet noch in einem so hohen Grade geschehen, als daß es mit einiger Gefahr verbunden wäre.[1065]

Am 25. April sanken die Temperaturen erneut und in der Nacht vom 28. auf den 29. April hat es *...so stark geschneyet, daß alle umliegenden Felder und Berge vom*

[1060] StAKl, Hs. 21/1, pag. 257: *Schnee häufiger den 22ten und 23ten Märzen, und ausserordentliche Kälte biß 30ten April.*
[1061] StAKl, Karton 220, Nr. 41 NR, fol. 266v, Bericht über den 28. März.
[1062] Mozart III, 384, Brief von Leopold Mozart an seine Tochter in Salzburg vom 2. April.
[1063] Wiener Zeitung Nr. 29/1785, Bericht über den 8. April.
[1064] Wiener Zeitung Nr. 31/1785, Bericht über den 16. April.
[1065] Wiener Zeitung Nr. 33/1785, Bericht über den 23. April.

Schnee überdeckt worden sind.[1066] Besonders im Grenzgebiet zwischen Niederösterreich und der Steiermark kam es dadurch zu erheblichen Behinderungen:

> *Von dem Schneeberg an bis über Mariazell liegt noch so häufiger Schnee, daß
> ohne Schlitten nicht fortzukommen ist. Zu Mariazell selbst ist er an manchen
> Orten mannshoch aufgethürmt...*[1067]

Die anhaltende und extreme Kälte dieses Frühlings lässt sich auch in der errechneten negativen Abweichung von 3,8°C vom Temperaturmittel der Jahre 1951–1980
nachweisen.[1068] Zusätzlich herrschte trotz der in den Wintermonaten gefallenen
Schneemenge bereits Mitte Mai große Trockenheit, die Ausfälle in der Ernte befürchten ließ. In einer Currende des Wiener Erzbischofs wurden die Gläubigen daher während der Pfingstfeiertage zu entsprechenden Gebeten aufgefordert:

> *Bey anhaltender allgemeinen trockenen Witterung, die das Besorgniß für die
> Feldfrüchte vermehrt, haben Sr. Hochfürstliche Eminenz der gnädiste Herr
> Ordinarius verordnet, in allen Pfarrkirchen so wohl in der Stadt, als in den Vor-
> städten das Hochwürdigste Gut am Pfinstmontag, wenn es bis dahin nicht reg-
> net, durch eben jene Stunde, die sonst bey dem Quatembergebeth für jede Pfarr
> bestimmet ist, auszusetzen, und vor dem selben die gewöhnlichen Gebether ab-
> zuhalten, jedoch ohne allen Abbruch des gewöhnlichen Gottesdiensts, und der
> Katechisation. Welches die Herrn Pfarrer ihren Gemeinden noch am Pfingst-
> sonntag, oder wenn diese Verordnung zu spät einträfe, wenigstens noch am
> Pfingstmontag bey dem frühen Gottesdienst zu verkünden, und das Volk zum
> fleissigen Erscheinen zu ermahnen haben werden.*[1069]

Die erhofften Niederschläge stellten sich erst Anfang Juni ein und wurden von
Hagel begleitet. Die Wiener Zeitung berichtete am 8. Juni:

> *...an der Donau bis über Krems aufwärts ... dieser Tagen zu verschiedenen
> malen gefallene häufige Schlossen, alle Saat niedergeschlagen, und auch in
> Weingärten sehr beträchtlichen Schaden angerichtet haben. Dieses Schlossen-
> wetter von gewaltsamen Platzregen und Winden begleitet, hat auch wieder die
> Luft sehr stark abgekühlet.*[1070]

Mitte Juni nahmen die Regenfälle derartige Ausmaße an, dass es im Bereich von Wien
zu einer weitläufigen Überschwemmung der Donau und ihrer Zubringerflüsse kam.
Zahlreiche Quellen schilderten die Ereignisse:

> *Seit acht und mehr Tagen hat es in hiesigen Gegenden beynahe beständig und
> oft so gewaltsam geregnet, daß die von allen Seiten zusammenfließenden
> Wässer wieder alle kleineren Flüsse überladen haben. Selbst die Wien und die
> Donau sind gestern an mehreren Orten, letztere insbesondere heute Nacht in*

[1066] Wiener Zeitung Nr. 35/1785.
[1067] Wiener Zeitung Nr. 38/1785, Bericht über den 3. Mai.
[1068] Vgl. BÖHM, Lufttemperaturschwankungen, 91. In dieser Arbeit konnte aufgezeigt werden,
        dass aufgrund der Untersuchung eines Netzes von 58 Messstationen die Unterschiede der
        Lufttemperaturen aller getesteten Regionen statistisch nicht signifikant sind, weshalb die Be-
        rechnung einer mittleren Kurve für ganz Österreich möglich wurde.
[1069] DAW, Karton 9/2, erzbischöfliche Currende vom 14. Mai.
[1070] Wiener Zeitung Nr. 46/1785.

*der Rossau und in der Leopoldstadt ausgetretten. Die durch den Regen erweich-
ten und durch die ausgetrettenen Flüsse unwandelbar gemachten Strassen haben auch die gestrigen Posten aus dem Reiche noch nicht ankommen lassen.*[1071]

*Das Wasser der Donau, welches seit dem Anfange dieser Woche so hoch ange-
schwollen ist, daß es endlich aus seinen Ufern tratt, und allhier Mittwochs den
22. d. M. Frühe beynahe die ganze Leopoldstadt, wie auch einen Theil der
Rossau und das Lichtenthal so tief unter Wasser setzte, als es diese Gegenden im
gegenwärtigen Jahre noch nicht gewesen sind, hat seitdem, bis gestern Abends,
nicht nur sich keinesweges zurückgezogen, sondern ist noch zum Theil angewachsen, so daß alle diese Gegenden nur mit Kähnen befahren werden können.
In der nämlichen Lage befinden sich alle Gegenden auf- und abwärts der
Donau, so, daß der Schaden sehr beträchtlich ist, den diese Überschwemmung
verursachet ... ist alle Wahrscheinlichkeit vorhanden, daß sie allein von den aus
den Tyrolischen, Salzburgischen und Oberösterreichischen Gebirge zusammen-
laufenden Wässern der erst nun gänzlich geschmolzenen Schneemenge des vorigen hievon so merkwürdigen Winters herrühre. Seit gestern Abends hat jedoch
das Wasser angefangen sich merklich zu vermindern...*[1072]

*...so fiel in Mitte des Brachmonats durch einige Tage ein häufiger Regen, und so
wuchs die Donau auch zu einer solchen Höhe, daß ich sie durch 33 Jahre, als ich
im Stifte bin, noch niemals so hoch denke.*[1073]

*...stieg die Donau zu einer solchen Höhe, daß sie, wie es bey dem Wasserthor in
der untern Stadt aufgezeichnet ist, um 6 Zolle höher als 1736 und um 3 Zolle
höher als 1670 war.*[1074]

*...neue Regengüsse und Wolkenbrüche, durch welche der Wienfluss auf eine
Höhe gebracht wird, wie er seit Menschengedenken nie gesehen ward; er überschwemmt die benachbarten Vorstädte 2.5–2.8 Mtr. hoch und richtet ausserordentliche Zerstörungen an.*[1075]

Im Süden Wiens verursachten die Niederschläge beträchtliche Schäden in den
Weingärten:

*Unterzeichnete überreichen anmit zu folge Kreisämtl. circularis d⁰ 16. et 19 July
d. J. das von denen hfl. Verwaltern von denen Herschaften Rodaun und Mauer
in betref des hier in vergangenen Monat Juny l. J. erlittenen Wasserschadens
verursachte Verzeichniß...*[1076]

*Von 19 (Wein-)Bauern erstellte Auflistung, in der sie eigenhändig die Wasser-
schäden in den Weingärten und Feldern mit präzisen Ortsangaben und Schätzungen der Schäden darstellen.*[1077]

[1071] Wiener Zeitung Nr. 50/1785, Bericht vom 22. Juni.
[1072] Wiener Zeitung Nr. 51/1785, Bericht vom 25. Juni.
[1073] StAKl, Karton 220, Nr. 41 NR, fol. 266v.
[1074] StAKl, Karton 220, Nr. 41 NR, fol. 266v, Bericht über den 26. bis 28. Juni.
[1075] SONKLAR, Gletscherschwankungen, 123, Bericht über den 29. Juni.
[1076] AMP, Karton 157, Faszikel 2.
[1077] AMP, Karton 157, Faszikel 4.

Demnach die in Monat Juni dies Jahres fürgewesene Überschwemmung alhier
in verschiedenen Weingarten vielen Schaden angerichtet hat...[1078]

Im Juli und August herrschten sommerliche Temperaturen, es ereigneten sich
jedoch zahlreiche Regenschauer und Gewitter. Am 29. Juli führten wolkenbruch-
artige Niederschläge im Bereich des Wienerwaldes zu neuerlichen Überschwemmungen. Der Wienfluss, die Donau und der Alserbach waren davon in besonderem
Ausmaß betroffen:

...machte die Wien, wegen eines zu Burkersdorf erfolgten Wolkenbruchs, eine
Überschwemmung, der Niemand eine gleiche erlebt hat. Noch bis auf diese
Stunde sind in den hiesigen Vorstädten die Folgen hievon zu sehen. Auch die
Donau, und der Alsterbach ergoßen sich.[1079]

In der nördlichen Gegend des Wienerwaldes zeigte sich am 29ten früh ein Ge-
witter, welches gegen 1 Uhr Nachmittags vollkommen ausbrach, und in Laa-
bach im Walde in zwey Hüttlershäuser einschlug, und solche abbrannte. Dieser
Tag war es, an welchem im Viertel unter Wienerwalde die Gegenden, welche
ihre Lage südlich haben, binnen fünf Stunden, das ist von 1 Uhr Nachmittags
bis 6 Uhr Abends, größtentheils unter Wasser standen.[1080]

...vielmal und wiederholten und anhaltenden Regengüsse, und ein, dem Verneh-
men nach, unferne Burkersdorf niedergegangener gewaltsamer Wolkenbruch,
hat den allhier vorüberströmenden Wienfluß so sehr und so plötzlich überladen,
daß es des Nachmittags nach 3 Uhr ganz unvermuthet so hoch über seine Ufern
empor stieg, als es seit Menschen Gedenken an beyden Seiten dieses Flusses, be-
sonders die hiesigen nahe daran gelegenen Vorstädte, wurden davon auf eine
Höhe von 8 bis 9 Schuh überdeckt ... Auch der Alsterbach ist zur nömlichen Zeit
so gäh und hoch angewachsen, daß er die an seinem Ufer liegende Orte und
Vorstädt dergestalt überschwemmte, daß das Wasser in niedrigen Häusern im
Lichtenthale bis an die Dächer stieg ... Die Donau ist dadurch ebenfals aus ihrem
Ufer getreten, ohne jedoch beträchtlichen Schaden zu verursachen.[1081]

...fiel allhier, und besonders in Wienerwald ein so schrecklicher Wolkenbruch,
als bey Menschengedenken nicht geschehen: der Kirlingerbach hat mehr einem
See geglichen, der alles überschwemmet, alle Brücken, und Stöge, ja auch die
daran gelegenene Häuser, als im Lederbach...[1082]

...im Wienerwald ausgebrochenen Wolkenbruch ist der Wienfluß so sehr ange-
schwollen, ganz gewiß durch die Schönbrunnerbrücke, welche vor einigen Jah-
ren um viele Joch kürzer gemacht worden, noch mehr zurück geschwöllet, daß
das wasser durch den Schönbrunnergarten herab auf den Meidlinger Weeg mit
aller Gewalt gestürzet...[1083]

1078 AMP, Karton 157, Faszikel 4.
1079 PILGRAM, Untersuchungen, 160.
1080 DE LUCA, Wassergeschichte, 4.
1081 Wiener Zeitung Nr. 61/1785. Vgl. auch Umständliche, richtig und bestmögliche Beschrei-
       bung.
1082 StAKl, Hs. 21/1, pag. 263.
1083 StAKl, Hs. 21/1, pag. 245.

...waren so vielmal wiederholte und anhaltend Regengüsse, daß nach drey Uhr Nachmittags der Weidlinger- und Kierlingerbach ganz unvermuthet so hoch über ihre Ufer empor stiegen, als es seit Menschen Gedenken nie geschehen war ... Denn auch zu Wien zur nämlichen Zeit nach 3 Uhr stieg der dort vorüber-strömmende Wienfluß so sehr und so plötzlich, daß die nahe darangelegenen Vorstädte bis 9 Schuhe überschwemmet wurden ... Wolkenbruch ... zwischen Tuln, Gablitz und Siegartskirchen niedergegangen, und hat durch seine Gewalt alle an der Wien, dem Mauer-, Dorn- und Alsterbach gelegenen Ortschaften ... unter Wasser gesetzt und verheert.[1084]

...Vienna denuo horrenda fluvii Vienna exundationes.[1085]

Abb. 19: Die Überschwemmung des Wienflusses vor dem Kärntnertor am 29. Juli 1785

Am 3. August wurde schließlich *...ein allgemeines Gebet für gute Witterung zur Einbringung der Äerndte...*[1086] auf Geheiß des Erzbischofs in den Kirchen Wiens abgehalten. Da die Niederschläge weiter anhielten, fiel die Weinlese – auch aufgrund der Fröste im Frühjahr – sehr schlecht aus.[1087] Der an Quantität geringe Wein wurde als sauer bezeichnet.

Am 21. November kam es zu den ersten Schneefällen und die tiefen Temperaturen bewirkten am 8. Dezember die Bildung eines Eisstoßes auf der Donau. Zusätzlich

---

[1084] StAKl, Karton 220, Nr. 41 NR, fol. 266v.
[1085] StAKl, Hs. 122/1, pag. 33.
[1086] DAW, Karton 10/1, erzbischöfliche Currende.
[1087] In Melk konnte beispielsweise nur ein Drittel der Erträge des Vorjahres erreicht werden: *Da die Wein-Fechsung für das gegenwärtige Jahr so wohl alhir, als zu Wesendorf sehr gering aus-gefallen; seitemahlen kaum der dritte Theil gegen den verflossenem Jahr eingebracht worden.* StAM, 17/Kelleramt, Karton 1, Brief vom Kellermeister Pater Bernardus an Abt Urban vom 30. Oktober.

ereigneten sich Anfang Dezember heftige Stürme *...war bey uns hier ungemein stürmisch, und der Tag des heftigsten Windes im ganzen Jahre.*[1088]

1786

Die Ende November des Vorjahres eingetretene kalte Witterung dauerte über den Jahreswechsel an. Am 6. Jänner begann eine bis Ende Februar andauernde Phase milder Temperaturen. Bereits am 12. Jänner löste sich das Eis auf der Donau *...Bey der anhaltend gelinden Witterung hat das in der Donau befindliche Eis ... Nachts in dem äussern Arme der Donau in Bewegung sich gesetzt, und hat ... Frühe an der grossen Brücke mehrere Joche hinweggerissen.*[1089]

Vom 21. bis 23. Februar kam es kurzfristig zum Einbruch kalter Luftmassen, die jedoch von einem Südwind am 24. Februar abgedrängt wurden *...Die Kälte nahm ... gähling ab. Diese schnelle Veränderung von der Kälte zur Wärme verursachte ein warmer Wind, der sich um 10 Uhr frühe von SSO erhoben hatte ... Die Winde im Hornung giengen meistentheils von Westen oder Südwesten.*[1090]

In den Monaten März und April ereigneten sich häufige Niederschläge und vereinzelte Gewitter mit Hagelschlag:

...ziemlich schwülen Tage hat sich Nachmittags ein Donnerwetter zu wiederholtenmalen, doch ohne Folgen, hören lassen. Des Abends sah man anhaltend und stark blitzen.[1091]

...Donnerwetter ... in dem sogenannten Waldviertel heftig ausgebrochen sind. Das erste warf durch 7 Minuten so häufige und grosse Schlossen, daß um Drosendorf gar bald der ganze Feldboden, wie vom Schnee bedeckt war. Das zweyte war dem Anscheine nach weit fürchterlicher, indem es durch etwa 5 Minuten das Sonnenlicht fast gänzlich verdunkelte; beyde giengen doch ohne beträchtlichen Schaden vorüber.[1092]

In der ersten Maiwoche sanken bei heftigen Nordwinden die Temperaturen und Schnee bedeckte für einige Tage die Dächer der Stadt:

Nach einigen warmen sehr angenehmen Frühlingstagen hat sich ... abermal eine ausserordentlich kalte Witterung allhier eingestellet. Den 1. May Nachmittags erhob sich ein so kalter Nordwind ... Den 2. May ... bekamen wir bey einem Nordwinde einen mit dichten Schneeflocken vermischten Regen, welcher bis 10 Uhr angehalten, und die nahe gelegenen Gebirge mit einem starken Schnee bedeckte.[1093]

[1088] PILGRAM, Untersuchungen, 192.
[1089] Wiener Zeitung Nr. 4/1786.
[1090] Wiener Zeitung Nr. 16/1786.
[1091] Wiener Zeitung Nr. 28/1786, Bericht über den 7. April.
[1092] Wiener Zeitung Nr. 30/1786, Bericht über den 7. April. Bestätigt werden die Berichte über zahlreiche Regenfälle auch von diversen Schadensmeldungen, wie jene, die Anfang Mai von einem Pächter aus Oberrohrbach/VUMB mit der Bitte um Steuernachlass an das Stift Klosterneuburg gesandt wurde: *...durch die heurige Überschwemmung sehr vielen Schaden gelitten.* StAKl, Karton 2578, Nr. 23.
[1093] Wiener Zeitung Nr. 35/1786.

Die kalte Witterung, die den 1. May angefangen hatte, hat bey einem fast be-
ständigen Nordwinde bis den 8. doch mit einiger Linderung angehalten. Der
Schnee, der den 2. May gefallen, ist auf dem Gebirge durch drey Täge liegen ge-
blieben; der Himmel war auch beständig mit Wolken überzogen.[1094]

Den 9. May endlich stieg das Therm. frühe um 8 Uhr auf 8. Gr., und Nachmittag
auf 14 Gr. ober 0...,[1095] jedoch kam es in weiterer Folge zu zahlreichen Gewittern:

...Nachmittag zog ein gewaltiges Ungewitter über unsern Horizont; es war von
einem Sturmwinde von ausserordentlicher Wuth begleitet, dergleichen hier sel-
ten sind. In der Gegend von Drosendorf im Waldviertel vernimmt man, daß
dieses Ungewitter heftig ausgebrochen sey. Durch 12 Minuten fielen, ohne aus-
zusetzen, ungeheure Schlossen. Das Getraid, welches eben in Ähren schoß, wur-
de davon ganz zermalmelt, und die Obstbäume ihrer reichen Blüthe und vieler
zarten Äste beraubt; auch hat der Regen, der hierauf folgte, viele Wiesen und
Gärten überschwemmet.[1096]

Im Juni führten hohe Temperaturen und anhaltende Regenfälle im Westen Österreichs zu Hochwasser und Überflutungen. In weiterer Folge ließen die Wassermassen im Juli die Donau auch in Wien über ihre Ufer treten. Zusätzlich herrschten
in den Monaten Juli und August kühle Temperaturen und es kam nun auch im
Osten Österreichs zu häufigen Niederschlägen. Vor allem im Weinviertel verursachten sie zahlreiche Überschwemmungen und hinterließen große Schäden:[1097]

...Donner- und Hagelwetter folgte ein gewaltiger Regen, der durch 3 Tage un-
unterbrochen anhielt, den im Gebirge befindlichen Schnee größtentheils zer-
schmelzte, und endlich alle Flüsse zum Austretten brachte. Insbesondere hat der
Inn an seinen beyden Ufern entsetzlichen Schaden bis an seine Mündung hin
angerichtet.[1098]

...Abend hat die Donau angefangen, sich so schnell zu ergissen ... Bey Mannsge-
denken weiß man sich keiner so grossen Überschwemmung zu erinnern.[1099]

...wurde die Stadt durch eine grosse Überschwemmung heimgesucht. Das Was-
ser stieg 31 1/2 Schuh über seinen gewöhnlichen Stand...[1100]

Seit vorgestern haben abwechselnde Regengüsse unsern Salza-Strom, welcher
schon stark gesunken war, wieder angeschwellt, so daß man abermal hohes
Wasser besorgte.[1101]

1094 Wiener Zeitung Nr. 37/1786, Bericht vom 8. Mai.
1095 Wiener Zeitung Nr. 37/1786.
1096 Wiener Zeitung Nr. 40/1786, Bericht über den 13. Mai.
1097 Anfang September wurde in einer erzbischöflichen Currende die Bewilligung einer Samm-
    lung für die von den Regenfällen besonders betroffenen Bewohner des Marktes Langenlois
    verkündet: *Ist dem durch Schauer und Wasser in einem sehr großen Schaden versetzten l. f.*
    Markt Langenlois für die allda betrofenen Verunglückten eine Sammlung im
    ganzen Lande mit Einbegrif der Stadt Wien verwilliget worden. DAW, Karton 11/1, erz-
    bischöfliche Currende vom 11. September.
1098 Wiener Zeitung Nr. 59/1786, Bericht aus Tirol über den 24. Juni.
1099 Wiener Zeitung Nr. 53/1786, Bericht aus Linz über den 25. Juni.
1100 HUBER, Burghausen, 370, Bericht aus Burghausen/Inn über den 25. Juni.
1101 Wiener Zeitung Nr. 54/1786, Bericht aus Salzburg vom 30. Juni.

Durch anhaltende und starke Regengüsse, bey warmen Wetter, ist vermuthlich der Schnee in den hohen Salzburger und Tiroler-Gebirgen gählings stark geschmolzen; denn die Donau ist so sehr angelaufen, daß sie schon seit dem verwichenen Mittwoche [28. Juni] in den allhiesigen Gegenden aus ihren Ufern getretten, und die daranliegenden Häuser in der Leopoldstadt, Rossau, und anderen anliegenden Gründen unter Wasser gesetzt hat.[1102]

...in Wiesen und Gärten das Wasser armdick aus der Erde wie ein Springbrunnen hervor gebrochen sey...[1103]

Die ausgetrettenen Wässer der Donau haben seit dem 1. d. M. in hiesigen Gegenden angefangen allmählich wieder in ihre Ufer sich zu ziehen. Die Höhe der Überschwemmung war ziemlich beträchtlich, der Schaden aber, den sie angerichtet hat, so viel man weiß, ausser vielen weggeschwemmten Holz und verdorbenen Küchengärten, nicht sehr bedeutend.[1104]

Das in ganz Österreich seit ungefähr 8 Tagen beständig anhaltende Regenwetter hat die von der letzten Überschwemmung kaum in ihre Ufern zurückgetrettene Donau aufs neue so sehr angeschwellt, daß sie wieder die Gestade überstiegen, und die Gegenden an derselben in Oberösterreich so wie in Niederösterreich unter Wasser gesetzt hat. Seit dem 20. hat jedoch in hiesigen Gegenden das Wasser wieder beträchtlich abgenommen.[1105]

Die in voriger Woche gefallenen häufigen Regengüsse haben neuerdings in hiesigen Gegenden verschiedene Überschwemmungen nach sich gezogen, und auch die Donau wieder so schnell überladen, daß sie seit dem 4. d. M. aus ihren Ufern getretten, und in der folgenden Nacht an der äussern Donaubrücke zwey Joche hinweggenommen hat; doch da seitdem heitere und regenfreye Tage erfolgt sind, so hat das Wasser bereits abzunehmen angefangen.[1106]

...das Wasser der Donau schnell angewachsen...[1107]

Die seit einigen Wochen fast immerwährenden gewaltsamen Regengüsse haben wieder die Donau so sehr angeschwellt, daß sie am 20. d. M. nun zum viertenmale in diesem Jahre aus ihren Ufern getretten, und die daran liegenden Gegenden tiefer als alle vorigemale unter Wasser gesetzt hat, welches seitdem noch immer zugenommen, und das Unheil der vorigen Überschwemmung vergrössert hat.[1108]

[1102]   Wiener Zeitung Nr. 52/1786, Bericht vom 1. Juli. Aus diesen Tagen existiert auch ein Schadensbericht der Untertanen des Stiftes Klosterneuburg: *Verzeichniß was unterm 28 und 29 und 30 Juny 786 durch die grosse Überschwemmung ... in Kallenberg an veruhrsachten wasserschatten die unterthanen von Stift Klosterneuburg erlitten haben.* StAKl, Karton 2582, Nr. 3.

[1103]   Wiener Zeitung Nr. 55/1786, Bericht aus Eferding/OÖ über den 3. bis 5. Juli.

[1104]   Wiener Zeitung Nr. 53/1786, Bericht vom 5. Juli.

[1105]   Wiener Zeitung Nr. 58/1786, Bericht vom 22. Juli.

[1106]   Wiener Zeitung Nr. 63/1786, Bericht vom 9. August.

[1107]   Wiener Zeitung Nr. 68/1786, Bericht aus Linz über den 18. August.

[1108]   Wiener Zeitung Nr. 67/1786, Bericht vom 23. August.

Die Donauwässer sind seit dem 23. d. M. nicht mehr gestiegen, sondern haben vielmehr stark abgenommen...[1109]

...Morgens vor 4 Uhr mit einem gewaltigen Regen ausgebrochene ausserordentliche heftige Donnerwetter, welches hier an verschiedenen Gegenden eingeschlagen hat, ist weit umher, in der Gegend von Graz, Pressburg, Ödenburg etc. mit der nämlichen Gewalt ausgebrochen.[1110]

Die Donau, welche dieser Tagen beträchtlich gefallen ist, ergießt sich seit gestern wieder von neuem...[1111]

...Donau endlich, nachdem sie ausserordentliche Verheerungen angerichtet hat, in ihre Ufer wieder zurückgetreten ist.[1112]

Diese beiden Hochwasserfluten führten vor allem im Raum Salzburg und Oberösterreich zu besonders verheerenden Schäden. Östlich von Mauthausen waren die Überschwemmungen aufgrund mäßiger Zuflüsse aus Traun und Enns von geringerem Ausmaß.[1113]

Der Wein war auch in diesem Jahr wegen der zahlreichen Niederschläge von geringer Qualität und Quantität. Anfang November begannen die Temperaturen stark zu sinken und es kam zu häufigen Regen- und Schneefällen.

1787

Über die ersten vier Monate dieses Jahres liegen nur punktuelle Aussagen über die Witterung vor. Die Klosterneuburger Weinchronik schrieb *...den ganzen Winter, das Frühjahr Regen und kalt.*[1114] Die Niederschläge führten nach den beiden vorangegangenen feuchten Jahren zu Unterwaschungen des Erdreichs. Dadurch kam es vermehrt zu Schäden an Häusern und Mauern, wie die folgenden Beispiele aus Gumpoldskirchen zeigen:

...Geschworene ... haben sich auf Anordnung des alhiesigen Magistrats in die neu erbaute Behausung des Sebastian Altenbacher begeben, den Augenschein über die eingefallene Mauer behörig eingenommen, und befinden, daß ungefehr 3 Klafter Mauer, welche ohnehin sehr schlecht gewesen sein, durch den vielen Regen heruntergefallen...[1115]

...Geschworenen ... haben sich auf Anordnung des alhiesigen Magistrats in des [n. n.] Weingarten begeben, den Augenschein ordentlich vorgenohmen, und befunden, daß von allzühäufigen Regen das Wasser durch des [n.n.] seinen Weingart Rain sehr stark über die Mauer und Gstötten herunter gefallen...[1116]

...Geschworenen ... haben sich auf Anordnung eines Löbl. Magistrats über beschenes Ansuchen des hiesigen Bürgers Johann Bamer als Kläger in derselben

1109	Wiener Zeitung Nr. 68/1786, Bericht vom 26. August.
1110	Wiener Zeitung Nr. 69/1786, Bericht über den 24. August.
1111	Wiener Zeitung Nr. 69/1786, Bericht aus Linz vom 25. August.
1112	Wiener Zeitung Nr. 70/1786, Bericht über den 28. August.
1113	Vgl. LAUSCHER, Unwetterchronik, 28; ZISSER, Hochwässer, 4.
1114	StAKl, Hs. 121.
1115	AMG, Karton 20, Faszikel 2/11, Bericht vom 29. April.
1116	AMG, Karton 20, Faszikel 2/11, Bericht vom 27. Mai.

Behausung begeben, über den angebentlichen Wasserschaden den Augenschein ordentlich vorgenommen...[1117]

Auch im Mai blieb die Witterung kühl. Zu Beginn des Monats kam es zu einem Hochwasser des Flusses Leitha *...ist durch anhaltenden Regen und den gäh schmelzenden Gebirgsschnee die Leytha so hoch angeschwollen ... ihr Bett gänzlich verließ, und die Richtung nach der Fischa nahm.*[1118] Nachdem im Juni *...eine Wasergüß* [war] *das alle Steg wegerissen hat...*,[1119] setzte sich zu Beginn des Monats Juli eine Phase mit warmer und trockener Witterung durch. Die Trockenheit hielt bis September an, weshalb der Wiener Erzbischof die niederösterreichische Regierung bat, Gebete um Regen abhalten zu dürfen:

Hochlöbliche N:Oe: Regierung.

Auf das wiederhollte, und dringende Ansuchen so vieler Pfarrgemeinden bei anhaltender trockener Witterung, das das Besorgnis für alle Gattungen der Landesprodukten vermehret, eine öffentliche Andacht durch Bittgänge zu erlauben: erachtet das Konsistorium dahin zu willfahren, daß in allen Pfarrkirchen in der Stadt und Vorstädten das Hochwürdigste Gut auf den 19ten dies Mittwochs, wenn es bis dahin nicht regnet, durch eben jene Stunde, die sonst für öffentliche Anliegenheiten bestimmet ist, auszusetzen, und vor demselben die gewöhnlichen Gebether abzuhalten. Daher um die Begnehmigung das Ansuchen gemachet wird.

Wien den 15ten September 1787. Offizials und erzbischöflichem Konsistoriums. Edmundus Eppisc.[1120]

Der Wein dieses Jahres, der nur in geringer Menge vorhanden war, wurde als „frisch" bzw. gut bezeichnet.[1121]

Ende Oktober/Anfang November ereignete sich zu einer Zeit, in der die Donau normalerweiser Niederwasser führt, die größte Hochwasserkatastrophe seit dem Jahr 1501. Dieses wurde wegen der Kulmination seiner Hochflut am 1. November als „Allerheiligen-Hochwasser" bezeichnet. Es dürfte eine Durchflussmenge von 11.900 m^3/sec. erreicht haben und durchbrach in Wien an 17 Stellen den soeben fertiggestellten Hubertus-Damm.[1122] Bereits am 27. und 28. Oktober *...fiel ein so warmer Regen, daß der neugefallene Gebirgschne, dessen Schmelzung erst für den künftigen Frühling bestimmt zu seyn schien, gäh in Wasser aufgelöset wurde.*[1123] Zahlreiche Berichte schilderten die Ereignisse jener Tage:

Seit Montag den 29. Oktob. ist der Donaustrom so ausserordentlich angeschwollen, daß er aus seinen Ufern trat, und alle Gegenden an beyden Seiten

[1117] AMG, Karton 20, Faszikel 2/11, Bericht vom 1. Juni.
[1118] Wiener Zeitung Nr. 50/1787, Bericht über den 4. Mai.
[1119] StAKl, Hs. 121.
[1120] DAW, Kassette Gebete I.
[1121] Vgl. StAKl, Hs. 121; LÖSCHNIG, STEFL, Wein- und Obstbaukalender, 168.
[1122] Das Hochwasser von 1862, das den Anstoß zur Donauregulierung gab, erreichte dagegen „nur" eine Durchflussmenge von 9.864 m^3/sec. Vgl. KRESSER, Hochwässer, 18; LAICHMANN, Bäche und Flüsse, 8 f.
[1123] StAKl, Karton 220, Nr. 41 NR, fol. 266v.

224

*unter Wasser setzte ... bis zum 1. November hat das Wasser so sehr zugenom-
men, daß es auch bey dem rothen Thurme und am sogenannten Schanzel, bis in
die Stadt drang. Seit gestern bemerkt man doch, daß es in etwas abnimmt ... Es
hat zwar einige Tage der vorigen und der gegenwärtigen Woche hindurch sehr
viel geregnet; aber es ist nicht wahrscheinlich, daß dadurch eine so grosse und
anhaltende Überschwemmung ist verursacht worden. Vielmehr läßt sich vermuthen, daß die Menge des Wassers aus den Tirolischen Gebirgen komme, und
dort, wie neulich angegeben wurde, durch Schmelzung eines Eisberges entstanden ist.*[1124]

*...ist der Donaustrom so ausserordentlich angeschwollen, daß er aus seinen
Ufern trat, und alle Gegenden an beyden Seiten unter Wasser setzte. Diese
Überschwemmung war so hoch, daß es die grösten von diesem Jahrhundert von
dem Jahre 736 und 743, welche beyde hier bey dem Donauthor angemerkt waren, überstieg. Der neue Damm bey Nusdorf wurde eingestürzet, ein gleiches
Schiksal hatte der kostbare damm bey Langenzersdorf, welcher das Marchfeld
sammt dem Damm bey dem Eingang der Schwarzenlake hätte beschüzen sollen: Langenzersdorf wurde nach eingestürzten damm so sehr überschwemmet,
daß man auf der Strasse mit schiffen hat fahren können. Viele Häuser von der
Wasserseite besonders wurden eingestürzet, die meiste beschädiget: Korneuburg,
bis Leobendorf, und hinunter Eipeltau, Kagran, ja das ganze Marchfeld stund
unter Wasser.*[1125]

*...wurde auch die Pfarrkirche zu Korneuburg mehr durch unterirdisch-aufstei-
gendes, als einrinendes Wasser, wie in den meisten Kellern zu Korneuburg geschah, überschwemmet.*[1126]

*...fürchterliche Überschwemmungen; die Donau zerstörte den Hubertischen
Sporn bey der schwarzen Lacke, brach den Damm bey Jedlersee durch, und
überschwemmte das Marchfeld bis auf Eckartsau, und verwüstete die Weißgär-
berbrücke.*[1127]

Nach dieser verheerenden Überschwemmung fiel große Kälte ein, die am 20. November zur Bildung eines Eisstoßes auf der Donau führte. Dieser begann sich

[1124] Wiener Zeitung Nr. 88/1787, Bericht vom 3. November.
[1125] StAKl, Hs. 21/3, pag. 82. Der Preßburger Ingenieur Johann Sigismund Hubert führte seit 1769 an der Donau kleine Wasserbauarbeiten durch. Etliche Sporne (ins Wasser ragende Dämme) sollten vor allem die Strömungsverhältnisse im Donaukanal verbessern. Ab 1771 arbeitete Hubert an der Schwarzen Lacke und bei den Donaubrücken. Von 1776 bis 1784 wurde unter seiner Leitung ein fast sechs Meter hoher Damm aufgeschüttet, der von Lang-enzersdorf bis Floridsdorf reichte. Am rechten Donauufer ließ er von der Nußdorfer Strom-gabelung entlang dem Kaiserwasser (nördlich von Brigittenau und dem Augarten) bis in die Nähe des Heustadelwassers einen ebenso hohen Schutzwall errichten. Das Allerheiligen-Hochwasser von 1787 durchbrach diese Dämme allerdings an mehreren Stellen und ließ an Hubert's Fähigkeiten große Zweifel aufkommen. Erst mit der Errichtung von Entlastungs-gerinne und Donauufer-Autobahn in den Jahren 1972–1987 wurden die letzten Reste dieser alten Hochwasserschutzbauten des 18. Jahrhunderts abgetragen, an die heute nur noch die Straßenbezeichnung „Am Hubertusdamm" erinnert. Vgl. HINKEL, Donau, 65 f.
[1126] StAKl, Hs. 21/3, pag. 102.
[1127] StAKl, Karton 462, Nr. 14.

jedoch nach drei Tagen wieder zu lösen. Kurz darauf sanken die Temperaturen erneut, sodass die Donau bereits am 1. Dezember zum zweiten Mal gefror.[1128]

1788

Das Jahr 1788 ist aufgrund der Quellenlage sehr schlecht dokumentiert. Die Wintermonate dürften von anhaltend kalten Temperaturen geprägt gewesen sein, da sich der im Dezember des Vorjahres gebildete Eisstoß erst am 2. März aufzulösen begann. Anfang Februar deutet ein Bericht der Wiener Zeitung von einer Schlittenfahrt auf eine in der Stadt vorhandene Schneedecke.[1129]

Vom 29. März datiert eine Bewilligung der niederösterreichischen Regierung zu einer Sammlung für die Opfer von Wasserschäden in Fels am Wagram/NÖ. Der Zeitpunkt dieser Niederschläge konnte jedoch nicht rekonstruiert werden. Die Schäden könnten auch durch die Niederschläge bzw. Überschwemmungen des Vorjahres verursacht worden sein:

Regierung hat den untern 29ten März letzhin durch Wassergüsse verunglückthen Unterthanen der Herrschaft Fels eine Almosensammlung im Lande Niederösterreich mit Ausschluß der Stadt Wien zu verwilligen befunden.[1130]

In den Monaten *...May und Juny und July große Hietz.*[1131] Ende Juli rief der Wiener Erzbischof in einer Currende zu Gebeten um Regen auf. Das zusätzliche Ansuchen um Prozessionen wurde allerdings von der Landesregierung abgelehnt:

Hochlöbliche NÖ Landesregierung.

Verschiedene Pfarrgemeinden wiederhollen das dringende Ansuchen bei anhaltender trockener Witterung eine öffentliche Andacht durch Bittgänge für einen gedeilichen Regen zu erlauben. Das Konsistorium erachtet dahin zu gewilligen, daß in allen Pfarrkirchen der Stadt- und Vorstädte das Hochwürdigste künftigen Sonntag als den 27ten dies, wenn es bis dahin nicht regnen sollte bei eben jener Stunde, die sonst für öffentliche Angelegenheiten bestimmt ist, jedoch ohne Abbruch des gewöhlichen Gottesdienstes und der Katechisazion, auszusetzen, die dabei gewöhnlichen Gebete abzubeten, und zu singen, und diese auch auf das Land zu erstrecken; auf die nemliche Art an einen Sonn- oder Kirtag diese Andacht abhalten zu dürfen, um dessen Begnehmigung hiemit das Ansuchen gemacht wird.[1132]

Bey anhaltender trocknen Witterung will das Konsistorium über die eingehollte Begnehmigung der hohen Landesstelle verordnet haben: Das zu Erhaltung eines gedeihlichen Regens eine öffentliche Andacht, jedoch ohne Bittgänge angestellet, zu solchem Ende in allen Pfarrkirchen der Stadt und Vorstädte das Hochwürdigste künftigen Sonntag als den 27ten dieß, und zwar zu eben jener Stunde, die sonst für die Quatemberandachten bestimmt ist, jedoch ohne

[1128] Vgl. StAKl, Hs. 121.
[1129] Wiener Zeitung Nr. 11/1788, Bericht vom 2. Februar.
[1130] DAW, Karton 12/2, erzbischöfliche Currende.
[1131] StAKl, Hs. 121.
[1132] DAW, Kassette Gebete I.

Abbruch des gewöhnlichen Gottesdienstes, ausgesetzet, und die dabey gewöhnliche Gebethe abgebethet und abgesungen werden sollen.[1133]

Hitze und Trockenheit führten in der Landwirtschaft zu keinen Beeinträchtigungen, da sowohl die Getreideernte als auch die Weinlese von sehr guter Qualität waren ...*messis et vinum excellens.*[1134]

Für den Monat November liegen keine Witterungsbeschreibungen vor. Der Dezember wurde als außerordentlich kalt empfunden ...*Nachdem häufiger Schnee ... gefallen war, hat sich eine ganz ungewöhnliche Kälte eingefunden.*[1135] Nach dem 20. Dezember kam es zu kurzfristigen Warmlufteinbrüchen:

Die strenge Kälte, die seit dem 13. bis 19. Dezember anhielt, hat ein warmer Nordwind, der sich den 20. Nachmittags erhob, so gäh und stark gemindert, daß die Kälte am 20. vom 14. Grad unter dem Gefrierpunkte, welche um 8 Uhr frühe beobachtet wurden, schon um 1 Uhr Nachmittags auf 7¹/₂ stand; um 3 Uhr zeigten sich 7 Grad, und um 10 Uhr Abends nur 6 Grad...[1136]

...nahm die Kälte mit einem Nordwestwinde neuerdings so weit zu, daß um 8 Uhr frühe das Thermometer wieder den 7. Grad unter dem Gefrierpunkt zeigte.[1137]

...nahm diese Kälte wieder stark ab, und um 3 Uhr Nachmittags zeigte das Therm. sogar ober dem Gefrierpunkte auf 1¹/₂ Grad...[1138]

...stieg die Kälte abermals ... war die Kälte beständig auf 11¹/₂ Gr. unter 0. Der Wind wähete anhaltend aus Norden ... stieg die Kälte frühe um 8 Uhr bis auf 14 Gr. unter 0.[1139]

1789

Die seit Mitte Dezember anhaltenden tiefen Temperaturen begannen am 20. Jänner zu steigen. Eine Woche später löste sich der Eisstoß auf der Donau, ohne dabei jedoch Überschwemmungen zu verursachen:

Nach der lange anhaltenden Kälte haben wir seit dem 20. Jäner gelinde Witterung ... doch kam diese Änderung nicht zu gäh, und nur in geringeren Graden, so daß der Schnee und das Eis auch nur langsam aufthaueten.[1140]

...sehr starken und warmen Westwind, der den Schnee auf den unserer Stadt nahen Gebirgen fast gänzlich geschmolzen hat; doch ist die Donau hier noch nicht ganz offen, aber bey Presburg soll das Eis dieses Flusses bereits gebrochen seyn.[1141]

[1133] DAW, Karton 12/2.
[1134] StAKl, Hs. 150.
[1135] Wiener Zeitung Nr. 102/1788, Bericht über den 13. bis 19. Dezember.
[1136] Wiener Zeitung Nr. 103/1788, Bericht über den 20. Dezember.
[1137] Wiener Zeitung Nr. 103/1788, Bericht über den 23. Dezember.
[1138] Wiener Zeitung Nr. 105/1788, Bericht über den 25. Dezember.
[1139] Wiener Zeitung Nr. 105/1788, Bericht über den 26. bis 30. Dezember.
[1140] Wiener Zeitung Nr. 8/1789.
[1141] Wiener Zeitung Nr. 8/1789, Bericht über den 26. und 27. Jänner.

Gelu constrictus huiusque Danubius feliciter furat dissolutus, in nostra Ecclesia per id tempus nix e fonicibus, velut Calo sub aposto deliderat frigonis Laevitia videlicet repente mitigata.[1142]

...brach der Eisstoß auch in dem Donauarme an der Stadt, und seit dem fährt das Eis fort abzufließen, obschon die Kälte gestern wieder merklich zugenommen hat. Das Wasser ist zwar hoch; aber noch nirgends aus den Ufern getreten.[1143]

Tiefe Temperaturen und Schneefälle hielten auch im Februar an. Am 7. März waren die Äcker *...zum Theil noch mit einer Menge Eisschollen belegt.*[1144] Ende März kam es zu einem beträchtlichen Kaltlufteinbruch. Am 26. März *...Abends hat sich abermahl eine zu dieser Zeit sehr ausserordentliche kalte Witterung eingestellt...* und vom 27. bis 31. März *...schneiete es sehr stark.*[1145] Diese Monate wurden als *...einer der strengsten Winter...* bezeichnet, *...der vielen Menschen das Leben kostete.*[1146]

Von Mai bis Juni herrschte große Trockenheit, und schon am 9. Mai wurden allgemeine Gebete von der niederösterreichischen Landesregierung angeordnet *...wird gegenwärtig der aus der zu grossen Dürre des Erdbodens drohende Mißwachs ... allgemeine Gebethe und Bethstunden anzuordnen.*[1147] Am 17. Mai verordnete Kaiser Joseph II. neuerlich Bittgebete um Regen. Eine Currende des Wiener Erzbischofs teilte dies allen Pfarren inner- und außerhalb der Stadt mit:

Seine Majestät haben zufolge Hofdekrets dato 15. dies anzuordnen gerührt, daß, da die schon so lange Zeit anhaltende Trokne bey dieser Jahreszeit wegen der ungewöhnlichen Hitze für die Feldfrüchte immer nachtheiliger wird, in allen Kirchen die Kollekte um einen Regen gebethet werden soll.[1148]

Seine hochfürstliche Eminenz der gnädigste Herr Ordinarius haben wegen anhaltender Trockne die Kollekte um einen heilsamen Regen nehmen, und in allen Sakristeien anschlagen lassen: da aber selbe bei dieser Jahreszeit wegen der ungewöhnlichen Hitze für die Feldfrüchte immer nachtheiliger wird: ist diese Kollekte in allen Kirchen von dem Erbarmnisse Gottes einen gedeihlichen Regen zu erhalten, fortzusetzen, und haben die Herrn Pfarrer solche nicht allein in ihrem, sondern in jedem in ihren Sprengel befindlichen Nebenkirchen anschlagen zu lassen.[1149]

Nachdem die Trockenheit auch im Juni weiter anhielt, nahmen die Ansuchen um Bittgebete und Prozessionen zu. Der Wiener Erzbischof erhielt deshalb in einem kaiserlichen Dekret die Kompetenz zuerteilt, derartige Anfragen jederzeit bewilligen zu dürfen. Auch die Art der Dankgebete bei eingefallenem Regen wurde dabei genau festgelegt:

1142 StAKl, ClCal 1789, Bericht über den 28. Jänner.
1143 Wiener Zeitung Nr. 9/1789, Bericht über den 28. bis 30. Jänner.
1144 Wiener Zeitung Nr. 19/1789.
1145 Wiener Zeitung Nr. 26/1789.
1146 StAKl, Hs. 119, fol. 30r.
1147 DAW, Kassette Gebete I.
1148 DAW, Kassette Gebete I.
1149 DAW, Karton 13/2.

Aus beiliegendem Dekret werden Sie ersehen, daß Sr. Mayestät allerhöchste Willensmeinung ist, daß wann das Volk bei dem Pfarrer verlanget, daß um einen heilsamen Regen gebethet werden solle, solches ohne weiteren verwilliget und befolget werden solle, und nachdem in dieser Orten das Hochwürdigste ohnedem ausgesetzt wird, so sollen vor solchem bei der Frühmesse sowohl die gewöhnliche Gebeter, als auch jenes um einen heilsamen Regen verrichtet werden, wann aber Gott nach der Octav aus seinem gerechten Urtheilen aus noch nicht erhörete, so haben die Herrn Pfarrer diese Andacht fortzusetzen, bei erhaltender Noththat aber durch 8 Täge mit nömlicher Aussetzung des Hochwürdigsten mit dem Volk Gott dank zu sagen. Wenn aber der gitigste unser demüthigstes und inbrünstiges Flehen anhören wird, so wird eben eine Oktate auf oben vorgeschriebenen Art gehalten werden, mit Beirückung der Kollekte ins deutsch übersetzet.[1150]

Schließlich erhielten die zuständigen Geistlichen die Erlaubnis, auch ohne erzbischöfliche Anordnung nach eigenem Gutdünken und *...dem allgemeinen Kirchengebrauche angemessen...* entsprechende Gebete abzuhalten:

Über die Bitte eines Pfarrers wegen Abhaltung eines öffentlichen Gebeths um einen gedeihlichen Regen, und den von Regierung hierüber nach Hof erstatteten Bericht, ist untern 7ten ... die höchste Entschließung anher gelanget: Daß, ohne ein allgemeines öffentliches Gebeth anzuordnen, nachdem letzthin schon die Kollekte in der heil. Messe angeordnet worden, ohne Anstand den Sellsorgern auf dem Lande zugelassen werden möge, mit ihren Gemeinden ein öffentliches Gebeth in den Kirchen, jedoch gegen den abzuhalten, daß diese Andachten dem wahren Christenthum, und dem allgemeinen Kirchengebrauche angemessen werden. Welches den Hw. Seelsorgern zur künftigen Richtschnur und ihrer Benemung hiemit eröffnet wird. Consto Archppi Vienni.[1151]

Wenige Tage später wurden in den Kirchen Wiens zahlreiche Gebetsstunden abgehalten:

...wegen der anhaltenden troknen Witterung die gewöhnlichen Kollektio der Geistlichkeit schon letzhin angeordnet wurde ... die gewöhnlichen Bethstunden abgehalten werden sollen.[1152]

Verordnung an die Pfarrer in der Stadt, und Vorstädte wegen Abhaltung einer Bethstund nach Corpori Xti Odtate zu Erhaltung eines gedeihl. Regens.[1153]

Seine Hochfürstl. Eminenz haben verordnet, daß die wegen anhaltender Trockenheit verordnete öffentliche Bethstunde künftigen Freytags beschlossen, und folglich am Freytag den 26ten dies zum letztenmal gehalten werden soll.[1154]

Ende Juni kam es zu den erhofften Niederschlägen. Auf Anweisung des Kardinals wurden Dankgebete und Messen abgehalten:

1150   DAW, Kassette Gebete I.
1151   DAW, Kassette Gebete I, erzbischöfliche Currende vom 9. Juni.
1152   DAW, Kassette Gebete I, Verordnung vom 13. Juni.
1153   DAW, Kassette Gebete I, Verordnung vom 18. Juni.
1154   DAW Karton 13/2, erzbischöfliche Currende vom 24. Juni.

Nachdem der gütigste Gott das Gebeth seiner Kirche und seines Volkes erhöret hat, so wird künftigen Freytag, Samstag und Sonntag auf die nämliche Art, wie man um einen heilsamen Regen gebethet, der schuldigste und demüthigste Dank dem höchsten Geber alles Guten abgestattet werden, mit dem Zusatze, daß am Sonntag zu Ende des Gebeths das deutsche Tedeum abgesungen werden wird, welche Andacht die Herrn Pfarrer dem Volke zu verkünden haben.[1155]

Laut Wiener Zeitung hatte sich *...bey sehr kühlen Westwinde, eine mit Regen vermischte Herbstwitterung eingestellet, das Thermometer stand am 29. den ganzen Tag hindurch auf 10 Gr. Wärme.*[1156]

In den folgenden Monaten wurde es kühl und wechselhaft, starke Regenfälle führten außerdem zu Überschwemmungen:

...im Monate Julius durch Wassergüsse verunglückten Unterthanen im Dorfe Hüttendorf ... eine Allmosensammlung im ganzen Lande NÖ mit Ausschluß der Stadt Wien zu bewilligen befunden.[1157]

...starkes Donnerwetter, mit Regengüssen, doch ohne Schlossen; die Luft war jedoch so erkältet, daß Abends um 7 Uhr das Therm. 12 Grad, um 10 Uhr nur 11 Grad, und den 24. früh um 8 Uhr ebenfalls nur 11 Grad anzeigte.[1158]

...durch anhaltendes Regenwetter ... verursachten Überschwemmung...[1159]

Der Wein dieses Jahres wurde allgemein als mittelmäßig bis gut bezeichnet. In manchen Gebieten kam es durch Niederschläge und Hagel zu starken Einbußen in der Menge der Trauben.[1160]

Am 1. November stellte sich sehr milde Witterung ein, die auch die folgenden Monate andauern sollte.

1790

Der Winter dieses Jahres wurde als außergewöhnlich mild beschrieben. In den Quellen finden sich keine Hinweise zu einem Eisstoß auf der Donau, die ersten Schneefälle ereigneten sich am 23. Jänner.

Wir genießen hier eine für gegenwärtige Jahreszeit ganz ungewöhnliche anhaltend milde Witterung ... den ganzen Winter bis hierher ist noch kein Schnee gefallen. Gleiche Berichte erhält man aus den meisten nördlichen Ländern, indessen die östliche, besonders die Gebirgsgegenden von Kälte und Schnee erstarren.[1161]

Der Unterschied der Kälte dieses Winters war nicht bloß zwischen den entfernten östlichen und westlichen Ländern, selbst in dem Umfange von Österreich

[1155] DAW, Kassette Gebete I, Verordnung vom 28. Juni.
[1156] Wiener Zeitung Nr. 52/1789.
[1157] DAW, Karton 14, erzbischöfliche Currende.
[1158] Wiener Zeitung Nr. 60/1789, Bericht über den 23. Juli.
[1159] Wiener Zeitung Nr. 71/1789, Bericht aus Laxenburg von Anfang September.
[1160] Vgl. PUNTSCHERT, Denkwürdigkeiten, 199; LÖSCHNIG, STEFL, Wein- und Obstbaukalender, 168; StAKl, Hs. 121.
[1161] Wiener Zeitung Nr. 1/1790, Bericht vom 2. Jänner.

zeigte sich ein merklicher Unterschied, da die Gegenden, welche ingemein kälter sind, wärmer als diejenigen waren, die sonst weit gemäßigter zu seyn pflegen. Hier stand das Thermometer öfters bey Nacht um den Eispunkt, auch unter demselben; im Waldviertel aber, der kältesten Gegend dieses Landes, stand es, wie aus Geras berichtet wird, meistens 6 Grad über demselben. Man weiß dort noch von keinem Schnee, vielmehr zeigte sich den 30. Dezember bey einem sanften, warmen Regen, ein so schöner Regenbogen, wie in Mitte des Sommers.[1162]

Fast aus allen Gegenden Europas geben einstimmige Berichte von der anhaltenden Gelindigkeit des gegenwärtigen Winters ein ... keimen und sprossen die Gewächse.– Man sieht Rosensprößlinge aus den hiesigen Gegenden, die schon mehrere Zoll lang sind; eben so haben auch Brombeer- und Himbeerstauden, lange und ganz grün belaubte Ranken, und blühen in dem hiesigen Botanischen Garten, wie auch in anderen Gärten verschiedene im Freyen stehende Blumenarten. Zwar hat sich seit dem 17. d. M. wieder eine lebhafte Kälte eingefunden ... Es ist der Winter dieses Jahrs jenen grossen Wintern von 1709 und 1740 gerade entgegengesetzt, wo die östlichen Länder ein gelindes Wetter, die westlichen aber eine grosse Kälte hatten. Nun hatten wir eine gelinde Kälte, die Ostländer aber eine grosse mit häufigem Schnee.[1163]

Die seit dem 1. November eingetretene ausserordentlich milde Witterung, hat sich endlich den 26. Jänner in eine starke Kälte verändert, welche schnell anwuchs. Zwar schon den 23. fiel etwas Schnee, aber den 25. stellte sich ein warmer Sudwind ein, der ihn wieder ganz schmelzte; in der Nacht zwischen den 25. und 26. hatten wir sogar einen starken Regen; allein nach Mitternacht wendete sich der Wind plötzlich nach Osten, und den 26. frühe nach Norden, und trat die Kälte ... ein.[1164]

...den 27. bis auf 9 Gr. gestiegene Kälte ist bis den 29. früh um 8 Uhr fast beständig auf 7 Graden geblieben. Am 29. nach 8 Uhr früh hat diese Kälte sehr schnell abgenommen ... Vom 28. bis 31. hatten wir beständige Windstille und einen mit Schneewolken überzogenen Himmel. Den 29. und 30. hat sich ein mittelmässiger Schnee eingestellet, der an windstillen Orten bis 3 Zoll hoch lag. Den 31. hatten wir Thauwetter, bey welchem der gefallene schnee doch nur etwas schmolz und noch bis heute liegen geblieben ist ... Ursache dieses ausserordentlichen Winters nur allein in der seit 3. Monathen fast beständig herrschenden Windstille zu finden ... der Himmel beständig mit Wolken überzogen war, daher rührten die warmen dichten Nebel, die aus Mangel des Windes in demselben Orten ruheten, und die unbewegte Luft stäts in ihrer Wärme erhielten...[1165]

Die warme und trockene Witterung hielt auch in den folgenden Monaten an. Anfang Mai kam es zu den ersten Gebeten und Prozessionen um Regen:

[1162] Wiener Zeitung Nr. 2/1790, Bericht vom 6. Jänner.
[1163] Wiener Zeitung Nr. 6/1790, Bericht vom 20. Jänner.
[1164] Wiener Zeitung Nr. 9/1790.
[1165] Wiener Zeitung Nr. 10/1790, Bericht vom 3. Februar.

Bey noch immer anhaltender trockner Witterung, und Besorgniß, daß alle Gattungen der Erdfrüchte in ihrem Gedeyen und Wachsthum zurückbleiben, dadurch aber die allgemeine Theurung der Lebensmittel eines noch höhern Geld erreichen dürfte, wär es höchst nothwendig ... allgemeine Bittgänge sowohl auf dem Lande als hier erlaubt...[1166]

...S. Maytt. allergnädigst zu begnehmigen geruhet haben, daß bei noch immer anhaltender trokener Witterung, allgemeine Bittgänge sowohl auf dem Lande als hier gehalten, und dieser Bittgang in Wienn von jeder Pfarrkirche nach der Hauptkirche St: Stephan, oder von letzerer nach der Vorstadtkirche zu Maria Hülf geführet werden möge.[1167]

Wenn nach Empfang dieses die trockene Witterung noch anhält, oder noch nicht hinlänglicher Regen sich eingestellet hat, und folgelich die Besorgniß fortdauert, daß die Erdfrüchte aus Abgang desselben in ihrem Gedeyen, und Wachsthume gehindert werden, so wird für diesen Fall verordnet, daß über die meistens schon derentwillen abgehaltenen Bethstunden, auch noch ein Bittgang angestellet, dieser jedoch nach Bestimmung des Pfarrers und mit Einvernehmung der Pfarrkinder auf einen nahen Ort geführet, allda eine öffentliche Bethstunde abgehalten, und zur Barmherzigkeit Gottes, und der Fürbitte seiner Heiligen die Zuflucht genommen werden soll; wobey aber zu bemerken, daß über nacht nicht ausgeblieben, folglich kein so entfernter Ort erwählet werden darf, daß man am nämlichen Tage nicht leicht wieder zurückkommen kann, und daß aller Unfug, und Unordnung vermieden werde. Dieser Bittgang wär an einem Sonn- oder Feyertage, wo aber diese Verordnung etwa zu Anfang der Woche eintrifft, und bis dahin nicht wohl verschoben werden könnte, auch an einem Werktage, jedoch so, daß das Volk so wenig, als möglich seinen Arbeiten entzogen werde, abzuführen, vorläufig aber der Tag des Bittganges öffentlich zu verkünden: im Falle aber bis zum Empfang dieses hinlänglicher Regen sich einstellte, wäre der Bittgang zu unterlassen, dafür aber blos in ihrer Pfarrkirche eine Bethstunde unter Aussetzung des Hochwürdigsten zur Danksagung abzuhalten.[1168]

Bey noch stets anhaltender trockenen Witterung, und daher entstehendem allgemeinen Besorgnisse, daß alle Gattungen der Erdfürchte in ihrem Wachsthume, und Gedeihen zurückbleiben, wird hiemit verordnet: daß am Sonntage dem 9ten von den Stadtpfarren, dann am Freytage und Samstage darauf als den 14ten und 15ten dieß Monats von den Vorstadtpfarren in der St. Stephans Metropolitankirche alltäglich 6 öffentliche Bethstunden unter Aussetzung des Hochwürdigsten abgehalten, auch von den Pfarren ein öffentlicher Bittgang dahin geführet werden soll.[1169]

Bey gegenwärtig noch immer anhaltender trocknen Witterung und zu besorgen stehenden üblen Folgen für das Gedeyhen der Feldfrüchte, wird verordnet, daß

[1166] DAW, Kassette Gebete I, erzbischöfliche Currende vom 5. Mai.
[1167] DAW, Kassette Gebete I, erzbischöfliche Currende vom 6. Mai.
[1168] DAW, Karton 13/2, erzbischöfliche Currende vom 7. Mai.
[1169] DAW, Karton 15/2, erzbischöfliche Currende vom 7. Mai.

um von der Barmherzigkeit Gottes einen gedeylichen Regen zu erbitten, künftigen Pfingstdienstag nämlich am 25ten d. M. ein Bittgang nach der hiesigen Vorstadtpfarre Mariahilf abgeführet werde. Daher haben nebst den Hochwürdigen Domkapitel und der Curpriesterschaft sammentliche Pfarren in der Stadt mit ihren Pfarrgemeinden, dann sammentliche Klöster und Konventen ebenfalls in der Stadt am besagten Dienstage vor dem Schlag 7 Uhr in der Metropolitankirche bey St. Stephan sich zu versammeln, und in der sonst gewöhnlichen Ordnung mit ihren Kreutzen den Bittgang nach Mariahilf, allwo eine Predigt und ein Hochamt unter Aussetzung des Hochwürdigsten gehalten werden wird, zu begleiten, nach Endigung derselben aber wieder zurück nach St. Stephan zu führen. Dahingegen ist in den sammentlichen Pfarren der hiesigen Vorstädte am nämlichen Tage von 8 bis 9 Uhr eine öffentliche Bethstunde unter Aussetzung des Hochwürdisten abzuhalten. In der St. Stephansmetropolitankirche allein aber wird Nachmittags am nämlichen Tage diese Andacht mit einer Bethstunde von 5 bis 6 Uhr beschlossen werden. Die Herrn Pfarrer haben dieß am Pfinstsonntage und Montage ihren Pfarrgemeinden von der Kanzel zu verkünden, selbe zu Vereinigung ihres Gebeths und zwar in der Stadt, zur Begleitung des Bittgangs nach Mariahilf, in den Vorstädten aber zu fleissiger Erscheinung bey der Bethstunde in ihren Pfarren anzueifern.[1170]

Die Dürre hielt weiter an und wurde nur durch ein Gewitter am 25. Juni kurzfristig unterbrochen:

Nach einer fast dreymonathlichen anhaltenden Trockenheit, stellte sich den 25. nach einem in der Frühe um 4 Uhr erfolgten starken Donnerwetter ein durch 2 Tage fortdauernder fruchtbarer, aber sehr kalter Regen, von einem starken Westwinde begleitet, ein ... um 10 Uhr Abends nur den 11. Grad, also einen Unterschied von 16. Graden. Diese in gegenwärtiger Jahreszeit ungewöhnliche Kälte dauerte noch bis Abends den 28. fast in gleichem Grade fort.[1171]

Die Niederschläge währten allerdings nicht sehr lange. Am 3. Juli berichtete die Wiener Zeitung *...Bey der gegenwärtigen Wärme und Trockenheit gehen von verschiedenen Seiten die Nachrichten von verderblichen Feuersbrunsten ein.*[1172]

Die anhaltend hohen Temperaturen begünstigten die Qualität des Weines, der als gut bis sehr gut bezeichnet wurde. In Klosterneuburg war *...die Weinlese dieses Jahr so reichlich, daß niemand noch solch einen Überfluß erlebt hatte.*[1173]

Anfang November kam es zu den ersten Schneefällen. In der zweiten Monatshälfte setzte sich erneut eine sehr milde und trockene Witterungsphase durch *...Den 6. November hat es schon ein gnietiefen Schnee geschneibt, die noch etwas zum Weinlösen haten, die müsen 8 Tage warten bies der Schnee weggegangen ist, dan ist eine schöne Zeit eingefalen.*[1174]

[1170]   DAW, Karton 15/2, erzbischöfliche Currende vom 21. Mai.
[1171]   Wiener Zeitung Nr. 52/1790.
[1172]   Wiener Zeitung Nr. 53/1790.
[1173]   Zit. bei LUDWIG, Beiträge, 223.
[1174]   StAKl, Hs. 121.

1791

Der Winter dieses Jahres brachte vergleichsweise hohe Temperaturen.[1175] Die Wiener Zeitung veröffentlichte am 19. Jänner einen ausführlichen Bericht über die damaligen Witterungsverhältnisse und stellte dabei Vergleiche mit der Vergangenheit an:

Die Witterung ist in hiesigen Gegenden, seit langer Zeit so ungewöhnlich, daß die Umstände davon besonders bemerkt zu werden verdienen. Den ganzen Winter her ist die Kälte so mäßig, daß nur erst ein einziges Mahl, nämlich am 18. November vor. Jahr in der Frühe, das Thermometer über 2 Grade unter den Gefrierpunkt gefallen ist. Im gegenwärtigen Jahre fiel es noch nie auf den ersten Grad unter 0 ... Es zeichnet sich dieser Winter aber eben auch so durch sein feuchtes, als sein gelindes Wetter aus. Seit dem 21. November v. J., welcher eigentlich bey uns der erste Tag des Winters ist, schnie es bisher sieben Mahl, nähmlich den 28. und 29. Nov., den 8., 9., 10. und 16. Dez. und den 11. Jänner; der Schnee aber schmolz sogleich wieder; dagegen regnete es den 26., 27., 28. Nov., 4., 16., 17., 18., 19. Dez. 3., 5., 7., 10., 11., 12., 13., 15., 16. und den 18. Jänner, die vielen anhaltenden Nebel und die ganze Beschaffenheit der Luft machten eine immer feuchte Witterung. Obschon übrigens diese Witterung eine seltene Erscheinung ist, so darf man sie doch nicht als etwas ganz Unerhörtes ansehen. Es gab in hiesigen Gegenden auch wohl noch weit gelindere Winter. In den Jahren 1287, 1289, 1290, 1301, 1420, 1426, 1473, 1494 und 1586 blüheten hier um diese Zeit die Bäume, und in dem Jahre 1295 war es den ganzen Winter über nicht nöthig die Zimmer mit Feuer zu erwärmen...[1176]

Die laue Witterung hielt auch in den folgenden Wochen an. Mitte Februar kam es allerdings zu einem *...eingefallenen Schneewetter...*,[1177] das daraufhin für Schlittenfahrten genützt wurde.

Die Trockenheit des Frühjahrs ließ erneut um die bevorstehende Ernte fürchten, weshalb sich der Wiener Erzbischof am 4. Juli veranlasst sah, die Gläubigen in allen Pfarren in und vor der Stadt zu Gebeten um Regen aufzurufen:

Bey der anhaltenden trockenen Witterung und den daher entstehenden allgemeinen Besorgnisse daß alle Gattungen der Erdfrüchte mehrmalen in ihrem Wachsthume und Gedeihen zurückbleiben, wird durch drey Tage, nämlich den 5ten, 6ten und 7ten dies Monats Junii nicht nur in der St. Stephans Metropolitankirche von 10 bis 11 Uhr Vormittags sondern auch in jeder Pfarre in der Stadt, und in den hiesigen Vorstädten in der zu den sonstigen Quatembergebett bestimmten Stunde eine öffentliche Bethstunde unter Aussetzung des Hochwürdigsten abgehalten werden. Die Pfarrgemeinden werden daher im Herrn ermahnet, dabey fleissig zu erscheinen und die göttliche Barmherzigkeit um das Gedeihen der Feldfrüchte mit Inbrunst und Andacht anzuflehen.[1178]

Hitze und Trockenheit hielten in den Sommermonaten weiter an:

1175 Vgl. HANN, Meteorologie, 19.
1176 Wiener Zeitung Nr. 6/1791.
1177 Wiener Zeitung Nr. 12/1791, Bericht über den 12. Februar.
1178 DAW, Kassette Gebete I, erzbischöfliche Currende.

Es ist hier die Witterung so ausserordentlich und anhaltend warm, daß sie besonder angemerket zu werden verdient. Schon den 22. May fing eine Hitze von 19$^1/_2$ Graden an, welche den 28. auf 24 stieg; sie fiel zwar wieder, so daß sie den 14. Junius nicht über 10, den 15., 16., 17. nicht über 13 kam, stieg aber die nachfolgende Tage vom Neuen, und kam den 27. auf 24, den 30. auf 25 Grade. Der Julius fing ein wenig gelinder an, hatte aber verschiedene Abwechslungen. Den 4. stieg die Hitze auf 23., den 6. jedoch nur auf 15$^1/_2$. Sie nahm nun wieder zu, wurde aber durch öftern Regen und heftige Winde sehr vermindert, bis endlich die Hundstage den 22. eine noch auf diese Stunde fortdauernde, und sich fast immer, wenigstens dem Gefühle nach, vermehrende ausserordentliche Hitze brachten. Den 27. fiel von Gumpoldskirchen bis über Mödling ein so schwerer Hagel, daß manche Steine 6 Unzen wogen, und durch 3 Tage in schattigen Orten nicht schmolzen. Die Weingärten und die noch nichtgeernteten Habersaaten litten davon ungemein. Der 1. August brachte eine Hitze von 27 Graden, welche den 15. abermahls eintraf, und den 2. um einen halben Grad noch höher war. Diese Hitze hielt so fortdauernd an, daß sie auch um 11 Uhr Nachts auf 20 bis 22 Grade blieb. Mehrere Brunnen sind schon vertrocknet, die Vorstädte haben Mangel am Wasser, und die Erde zerfällt in einen tiefen Staub. Wenn diese Witterung noch einige Zeit anhält, so ist dieser Sommer unter die wärmsten zu zählen. Doch kommt er dem Sommer vom Jahre 1782 noch nicht gleich, wo die Hitze den 27. Juli auf 29$^1/_2$ stieg, und in Tyrol sich Wälder entzündeten.[1179]

Die warme Witterung begünstigte den Weinwuchs auch in diesem Jahr, sodass die quanitativ guten Erträge von sehr guter Qualität waren.

Der Wintereinbruch erfolgte bereits am 28. Oktober mit starken Schneefällen *...Nix ecciderat prima, continata 29na...*,[1180] die bis 1. November anhielten. Danach herrschten erneut warme und trockene Witterungsverhältnisse:

Der ungewöhnlich frühe Anfang des Winters, und der durch einige Tage häufig gefallene Schnee, sind einer Bemerkung würdig. Zwischen den 27. und 28. Oktober folgte auf einen anhaltenden Regen gähling Schnee, der den ganzen 28. hindurch häufig fiel, und den 29. nur einige Stunden um Mittagszeit aussetzte. Den 31. fiel durch viele Stunden zarter, den 1. November aber, bey starkem Winde, so starker und häufiger Schnee, daß man im Jänner oder Februar zu seyn glaubte. Den 2. löste sich der dichte Nebel in seinen, fast den ganzen Tag hindurch anhaltenden Regen auf, welcher auch noch die folgende Nacht hindurch anhielt. Durch diesen und die gelindere dabey ob waltende Witterung, schmolz wenigstens in der Stadt, fast aller Schnee wieder. Dieser soll ... in Österreich ob der Enns 2$^1/_2$, unter der Enns 1$^1/_2$ Schuh tief gefallen seyn, und hat in manchen Gegenden die noch nicht vollendete Weinlese unterbrochen. Die Kälte war hierbey, der Feuchtigkeit halber, zwar sehr empfindlich, aber nie groß...[1181]

[1179] Wiener Zeitung Nr. 66/1791, Bericht vom 17. August.
[1180] StAKl, ClCal 1791.
[1181] Wiener Zeitung Nr. 89/1791, Bericht vom 5. Dezember.

1792

Wie in den beiden vorangegangenen Jahren war auch dieser Winter von sehr milden Temperaturen gekennzeichnet. In Hallstadt veranlasste das „sommerliches Wetter" am Dreikönigstag die Bauern sogar zum Viehaustrieb.[1182] Erst am 12. Februar begann sich die Witterung umzustellen:

Es hat sich hier die Witterung seit 4 Tagen so gäh und stark geändert, daß wir von einer sehr gelinden und dem Februar gewöhnlich nicht angemessenen Früh-lingsluft, uns in einen für diesen Monath nicht weniger ungewöhnlichen tiefen und strengen Winter versetzt sehen. Den 12. Febr. regnete es bey einem starken Nordwinde fast den ganzen Tag und die folgende Nacht hindurch den 13. folgte auf den anhaltenden Regen ein häufiger Schne, welcher den 14. und 15. aber-mal häufig fiel, und den Dunstkreis so erkältete, daß am 13. und 14. das Ther-mometer bey anhaltendem Nordwest, 6 Grad, den 15. etwas weniger, den 16. Abends 11, und den 17. 12 Grad unter dem Eispunkte stand; an welchem letzte-ren Tage der Wind nicht mehr so heftig, aber desto eindringender war.[1183]

Für die Frühjahrs- und Sommermonate liegen nur punktuelle Aussagen vor, die Rückschlüsse auf einen unspektakulären Witterungsverlauf zulassen. Sehr häufig wurde jedoch über Stürme berichtet. Am 7. September ereignete sich in Wien ein heftiges Gewitter:

...hatten wir hier ein Donnerwetter, welches für diese Jahreszeit in Rücksicht auf Heftigkeit und Dauer, ganz ungewöhnlich war. Gegen 7 Uhr Abends kün-digte sich dasselbe schon ferne von Osten und Nordosten her durch fürchterliche Blitze an. Zwischen 9 und 10 Uhr geschahen bald aufeinander drey derbe Don-nerschläge, welche sämmtlich an verschiedenen Orten dieser Stadt niedergefah-ren sind, ohne jedoch erheblichen Schaden anzurichten. Das Wetterleuchten währte die ganze Nacht unausgesetzt fort, und noch des andern Tags um 5 Uhr Morgens ließ sich der Donner lebhaft hören, war auch in verschiedenen Gegen-den umher niedergefallen...[1184]

Die Weinlese erbrachte quantitativ und qualitativ gute Ergebnisse. Aus Retz wurde aufgrund von Frühjahrsfrösten und kühler Sommerwitterung von einer Missernte berichtet.[1185] Mitte Oktober begann sich die trübe Herbstwitterung nochmals um-zustellen:

Nach vielen trüben Herbsttagen, an denen häufiger Regen fiel, heiterte sich endlich am 13. d. M. um Mittagszeit die Luft aus, und ließ Abends das schönste Nordlicht sehen. Gegen halb 7 Uhr schien der Himmel zwischen Nordwesten in vollen Flammen zu stehen, welches Schauspiel ungefähr eine Stunde lang an-hielt...[1186]

Am 10. Dezember wurde – wie so oft in diesem Jahr – nochmals von einem heftigen Sturm berichtet:

[1182] Vgl. WIROBAL, Klima, 47.
[1183] Wiener Zeitung Nr. 14/1792, Bericht vom 18. Februar.
[1184] Wiener Zeitung Nr. 73/1792.
[1185] Vgl. LÖSCHNIG, STEFL, Wein- und Obstbaukalender, 168.
[1186] Wiener Zeitung Nr. 83/1792, Bericht über den 13. Oktober.

Ungeachtet in Wien und in der Gegend davon oftmahlige und starke Winde zu herrschen pflegen, so weiß man sich doch nicht zu erinnern, daß jemahls so heftige und zahlreiche Stürme tobten, als im gegenwärtigen Jahre ... Nichts aber ist der Dauer und Heftigkeit nach, mit dem Sturme zu vergleichen, welcher sich den 10. d. M. Vormittags erhob, den ganzen Tag und die folgende Nacht anhielt, und sich den 11. erst um die Mittagszeit, nachdem er vorher einen Regen herbeygeführt hatte, wieder legte.[1187]

1793

Das Jahr begann mit einem *...hohen Grad der Kälte, welche wir hier die vergangene Woche hatten ... Anfang des Jahres ... ersten 3 Tage niemahls unter 3 Grade zu stehen kam. Dasselbe fiel zwar den 4. und 6. Jänner bis auf 6 Grade; allein hiermit nahm auch die Kälte wieder ab, so, daß man am 8. um die Mittagszeit ein Thauwetter erwarten konnte ... Jedoch Abends stand der Mercur schon auf 6¹/₂ Grad unter dem Eispunkte ... den 11. Morgens auf 14, welches der höchste Grad der Kälte ist, welchen man hier bisher beobachtet hat. In der Nacht vom 11. auf den 12. fiel leichter Schnee.*[1188] Erstmals seit drei Jahren begann sich auf der Donau am 22. Jänner ein Eisstoß zu bilden *...Danubii Glaceris congellata...,* der bis 2. März anhielt *...In Danubis ex parte nostra Glacies discessit.*[1189] Zusätzlich dürften sich große Schneemengen angesammelt haben, die zu Behinderungen auf den Straßen führten. In einem Brief des Marktrichters von Perchtoldsdorf wurde beispielsweise die benachbarte Gemeinde Liesing ersucht, ein von den Schneefällen beeinträchtigtes Straßenstück zu räumen:

Da die Strasse bei Endigung hiesigen Marktes Grenze gegen das Dorf Liesing sehr übel zugerichtet wegen Menge des Schnees voller Gruben, und Schlägen, und fast unwandelbar ist, auch dieser wegen schon mehrere vorbeifahrende Leute Schaden gelitten haben, so ergehet das nachbarliche Ersuchen, diese schadhafte Strassenstrecke von der Gemeinde Liesing schleunigst in guten wandelbaren stand herstellen zu lassen.[1190]

Nachdem in den Monaten März und April Kälte vorherrschte, war auch den *...ganzen May hindurch die Wärme so gemäßigt.*[1191] Im Juni blieb es ungewöhnlich kühl und *...hat es in Juny gar wenig Weimmber geben, die Blien thuen, dan es den Gantzen Monat geröngt und Kalt in Juny.*[1192]

Man weiß sich hier in diesem Monathe keiner solchen Witterung zu erinnern, als in den ersten Tagen des Junius einfiel, wo die Kälte sehr ungewöhnlich und sehr empfindlich war. Schon den ganzen May hindurch war die Wärme so gemäßigt ... am 14. auf 20 Grad stieg, die übrigen Tage immer tiefer stand. Jedoch da den 30. und 31. May, so wie den 1. und 2. Junius regnerisches Wetter,

1187 Wiener Zeitung Nr. 99/1792.
1188 Wiener Zeitung Nr. 5/1793, Bericht vom 12. Jänner.
1189 StAKl, ClCal 1793.
1190 AMP, Karton 157, Faszikel 2, Brief vom 8. Februar.
1191 Wiener Zeitung Nr. 51/1793.
1192 HORAWITZ, Tagebuchblätter, 153.

meistens von starken und kalten Nordwinden begleitet ... Morgens zwischen 6 und 7 Uhr nicht höher, als auf 5 Grade ... stand.[1193] Während des Sommers kam es wiederholt zu heftigen Regenschauern ...*den 15. Juny ein Starke Wasserguss u. stark angewaschen in Weingördten u. in Wissern ... der Schauer hat den 16. Augusti dass Mereste weggeschlagen.*[1194] Die Niederschläge sollten sich negativ auf die Erträge im Weinbau auswirken, die Weinqualität wurde jedoch allgemein als gut bezeichnet.

Im November und Dezember herrschte sehr milde Witterung, die letzten Wochen des Jahres waren ...*sehr neblicht, feucht, naß.*[1195] In Hallstadt gab es um Weihnachten sogar „abnormal warmes Wetter mit Sommertemperaturen".[1196]

1794

Der Winter dieses Jahres war erneut außergewöhnlich mild. Es wurden keine Schneefälle registriert und auch die Donau blieb eisfrei.

> *...zeichnet sich gegenwärtiger Winter, wenigstens bis auf diese Zeit, durch seine gelinde Witterung besonders aus, in dem man bisher nicht mehr als 6 Tage gezählet hat, an denen das Thermometer den ganzen Tag hindurch unter dem Eispunkte gestanden hatte. Der größte Grad der Kälte fiel auf den 4. Dezember, und betrug nicht mehr, als 5⁴/₆ Grade.*[1197]

> *...auf den Gebirgen, als in den Ebenen, bis gegen das Ende des vorigen Monaths, fast gar keinen Schnee, und eine undenkliche so warme Witterung gehabt, daß hievon Sommerinsekten aus ihren Puppen aufgeweckt worden sind.*[1198]

Im Frühjahr hielten die überdurchschnittlich hohen Temperaturen weiter an ...*den 23. März hat man schon Weinber in bergen gesehen...*[1199] und am 6. Mai blühten in Langenlois bereits die Trauben.[1200] Die Hitze blieb auch während der Sommermonate erhalten, doch ereigneten sich in Wien und Niederösterreich zahlreiche Unwetter:

> *...Nachmittags, zwischen 2 und 3 Uhr, ist durch einen Gewitterregen in dem Markte Spannberg, VUMB eine schreckliche Überschwemmung entstanden, so daß in Zeit von einer Viertelstunde das Wasser mehr als 3¹/₂ Ellen hoch stand ... Viele Keller wurden mit Wasser erfüllet, und der Wein verdorben.*[1201]

> *...Nachmittags, um 4 Uhr, ist abermahls nach langem Regen, grosses Wasser gewesen, aber nicht so hoch als das erste gestiegen.*[1202]

1193 Wiener Zeitung Nr. 51/1793.
1194 HORAWITZ, Tagebuchblätter, 154. Vor allem aus Stadlau existieren Ansuchen um Entschädigung für erlittene Hagelschäden. Vgl. HKA, Österreichisches Camerale, Faszikel 48, r. Nr. 2042, fol. 55r f.
1195 Weinfechsungsgeschichte, 6.
1196 Vgl. WIROBAL, Klima, 47.
1197 Wiener Zeitung Nr. 9/1794, Bericht vom 29. Jänner.
1198 Wiener Zeitung Nr. 15/1794, Bericht aus Leoben/Stmk. vom 6. Februar.
1199 StAKl, Hs. 121.
1200 Vgl. Die Weinlaube 3 (1871), 216, Bericht aus den Aufzeichnungen eines Weinhauers.
1201 Wiener Zeitung Nr. 53/1794, Bericht über den 18. Juni.
1202 Wiener Zeitung Nr. 53/1794, Bericht aus NÖ über den 22. Juni.

...bey einem Vormittag zwischen 9 und 10 Uhr ausgebrochenen Gewitter, stieg das Wasser noch um 1 Elle höher, als das erste Mahl am 18. Junius.[1203]

...Nachmittag ... Donnerwetter ... hatte zwar die Luft in etwas abgekühlet, und die Hitze gedämpfet; allein diese nahm sogleich wieder dermassen zu, daß in den letzten zwey Tagen des Julius, und am 2. August das obengedachte Thermometer wieder auf 25 Grade zu stehen kam.[1204]

...abermaliges Donnerwetter eine sehr grosse Änderung der Temperatur, welche das Thermometer plötzlich um 10 Grade sinken machte. Dieses Ungewitter, von einem heftigen Sturme begleitet, führte unter einem platzenden Regengusse einen so starken Hagel heran, daß in wenigen Augenblicken sehr viele Fenster an den Gebäuden, vorzüglich an der nordwestlichen Seite zertrümmert wurden. Indessen hat dieses Hagelwetter auf dem Lande in einigen Gegenden ungleich mehr Schaden angerichtet. So vernimmt man besonders von Berchtoldsdorf, daß daselbst alle Baumfrüchte, Küchengewächse und Weingärten gänzlich zu Grunde gerichtet wurden.[1205]

Der Hagel, der zum Glücke nur streifenweise fiel, hat zwar auf der Seite gegen Radaun, in den Weingarts-Rieden Sossen, Sonnberg, Fiener und in Haussätzen auf der Hochstrasse fast alles verdorben, aber die übrigen Rieden in dem Gebirge und in der Ebene sind ganz verschont geblieben, und versprechen sich eine gesegnete Weinlese.[1206]

...Nachmittags um 4 Uhr ... abermahl ein Hagelwetter, welches zwar hier ohne merklichen Schaden ablief, die Gegenden von Dornbach aber und Ottakring desto empfindlicher mitgenommen hat.[1207]

Durch die häufigen Niederschläge verfaulten an manchen Orten die Trauben. In Klosterneuburg wurde beispielsweise *...in ein Viertel Weingarten 7 und 8 butten voll Weinber zusamen geglaubt.*[1208] Die Qualität des Weines war jedoch sehr gut. Im November und Dezember herrschte meist trübe Witterung mit milden Temperaturen:

Vom Monathe November an war der Himmel meistens mit dichten Wolken und trüben Nebeln, welche selten den Anblick der Sonne gestatteten, überzogen; und das Reaumur'sche Thermometer erhielt sich beynahe immerfort über dem Eispunkte, bis um die Mitte des Dezembers, da es unter denselben zu sinken anfing ... -3 Grad ... blieb es nicht lange in diese Tiefe, sondern stieg allmählig wieder, und hatte sich den 27. und 28. bis über den Eispunkt erhoben. Allein nachdem sich den letzten Dezember der Wind gegen Norden gewendet, und einen nicht unbeträchtlichen Schnee herbeigeführt hatte...[1209]

[1203] Wiener Zeitung Nr. 53/1794, Bericht aus NÖ über den 27. Juni.
[1204] Wiener Zeitung Nr. 64/1794, Bericht über den 24. Juli.
[1205] Wiener Zeitung Nr. 64/1794, Bericht über den 3. August.
[1206] Wiener Zeitung Nr. 69/1794, Bericht über den 3. August.
[1207] Wiener Zeitung Nr. 64/1794, Bericht über den 7. August.
[1208] StAKl, Hs. 121.
[1209] Wiener Zeitung Nr. 2/1795.

1795

Nach einem sehr milden Winterbeginn wurde es zu Ende des Jahres 1794 sehr kalt
und es kam zu anhaltenden Schneefällen. Diese Witterungsverhältnisse sollten bis
März anhalten und bewirkten auch die Bildung eines Eisstoßes auf der Donau. Mitte
Februar begann sich das Eis auf der Donau kurzfristig zu lösen:

> ...der Eisstoß in der Donau Vormittags in Bewegung gerieth, und die Tabor-
> brücken grossentheils mit sich fortriß. Indessen ist weder das Wasser aus seinen
> Ufern getreten, noch irgend ein anderer Schaden als an den Brücken, soviel
> man weiß, bisher verursachet worden.[1210]

Das milde April-Wetter änderte sich Anfang Mai. Es ereigneten sich Gewitter und
Fröste ...prandium et a prandii et apud nos tonitrua...[1211] und ...den 9. u. 10. May ist
es Recht Kalt gewesen und hat geschneubt.[1212]
In den folgenden Wochen kam es zu häufigen Niederschlägen, weshalb der Wiener
Erzbischof Mitte Juli in einer Currende Gebete und Prozessionen um besseres
Wetter anordnete:

> Da die so lange anhaltende nasse Witterung die Einbringung der Früchte
> hindert, und theuerung besorgen läßt ... künftigen Sontag nebst der Kriegsge-
> bethsstunde eine zweite Bethstunde zur nämlichen Zeit, wie an Quatember-
> sonntagen, an dem darauf folgenden Montag und Dienstag aber diese Bethstunde
> zur Zeit der gewöhnlichen Segenmesse in jedweder Pfarr, dann in der wälschen
> und französischen Nationalkirche, der Universitätskirche, und jenen der PP
> Franziskaner, und Kapuziner in der Stadt und am Platzl unter öffentliche
> Abbethung der gewöhnlichen Gebethen gesetzt werden soll.[1213]

> ...Rücksicht der anhaltenden regnerischen Witterung kommenden Sonntag, und
> die darauf folgenden zween Tage in jeder Pfarrkirche Wiens zur Zeit der all-
> dort gewöhnlichen Segenmesse eine Bettstunde, um von Gott schönes Wetter zu
> erbitten, halten zu lassen, welches allenfalls auch in den Pfarrkirchen auf dem
> Lande, jedoch nur für einen Sonntag, vor- oder nachmittag, zur Beseitigung der
> alldort bey derley Gelegenheiten sonst gewöhnlichen, der wahren Andacht so-
> wohl, als den häuslichen Umständen der Gemeinden nachtheiligem Prozessions-
> gängen zu gestatten wäre.[1214]

> Wegen des seit langer Zeit anhaltenden Regenwetters, und des davon für die
> Erndte zu besorgenden Nachtheils, sind Sonntags, Montags und Dienstags in
> allen Pfarrkirchen in und vor der Stadt, öffentliche Gebethe um günstige Witte-
> rung gehalten worden.[1215]

Im August und September schien sich das Wetter tatsächlich gebessert zu haben, da
die befürchteten Einbußen in der Landwirtschaft und im Weinbau nicht eintrafen:

[1210] Wiener Zeitung Nr. 14/1795, Bericht über den 15. Februar.
[1211] StAKl, ClCal 1795.
[1212] HORAWITZ, Tagebuchblätter, 154.
[1213] DAW, Kassette Gebete I, erzbischöfliche Currende vom 17. Juli.
[1214] DAW, Kassette Gebete I, erzbischöfliche Currende vom 17. Juli.
[1215] Wiener Zeitung Nr. 59/1795, Bericht vom 25. Juli.

Aus allen Gegenden dieser Hauptstadt sowohl, als den gesammten k. k. Erbländern gehen die angenehmsten Nachrichten von dem ergiebigen Ertrage der Erndte ein. Gleichen Segen verspricht man sich von den Weingärten.[1216]

Am 30. Oktober kam es zu starken Schneefällen ...*das wir im Kloster und auch andere Bürger die noch etwas zum Weinlösen haben die haben müßen die Weinber ausschaufeln und ablösen, sodan ist ein schönes Wetter eingefallen.*[1217]

1796

Der Winter dieses Jahres galt als besonders mild ...*Die Witterung im Jänner, Hornung war warm*...[1218] und nur Ende Februar kam es zu einem kurzfristigen Kaltlufteinbruch:

Da den ganzen winter hindurch die witterung sehr gelind gewesen, so ist die letzten täge dieses Monaths auf einmahl eine so grosse Kälte eingefallen, daß man genug eis für den sommer habe einführen können.[1219]

Der heurige Winter zeichnet sich hier, wie allenthalben, durch seine Eigenheiten ganz besonders aus. Man kann leicht denken, wie gelinde derselbe in dieser südlichen Gegend von Deutschland gewesen sey, da er auch in den nördlichsten nicht strenge war. Wir wußten nichts von Frost und Schnee, desto mehr aber hatten wir Nebel und Regen. Der Monath Februar gab uns angenehme und warme Tage, so daß die Mandel-Bäume schon volle Blüthen hatten; aber plötzlich trat grosse Kälte ein, die jedoch von kurzer Dauer war.[1220]

Im Frühjahr hielt die warme Witterung an. Am 13. Mai ereignete sich ein Unwetter mit strichweisem Hagelschlag:

...pluvia vehementi miseta vento tonitrua a longe audita, in Pyrawarth et circa Schwenbart noctu grando desiderat nucis moltem ad aquans.[1221]

Nachdem es in den Monaten Juni und Juli sehr regnerisch war, begannen die Temperaturen im September zu steigen. Ein warmer und trockener Herbst erbrachte eine qualitativ und quantitativ gute Weinlese.

Am 14. November ...*hat es das erste mahl nach einer zweü tägigen zimlich starken Költe geschneüet*... und am 1. Dezember hat schließlich ...*eine grimmige Költe angefangen, welche bis auf den 20ten gedauret, sowohl die donau als der wiennfluß sind durchaus verfroren, nach kurzer zeit hat es aufgethauet, und es ist der eis stoss gegangen.*[1222]

1797

Das gesamte Jahr 1797 kann als überdurchschnittlich warm bezeichnet werden. In den Wintermonaten herrschten anhaltend milde Temperaturen und ...*Schon im*

[1216] Wiener Zeitung Nr. 70/1795, Bericht vom 2. September.
[1217] StAKl, Hs. 121.
[1218] StAKl, ClCal 1796.
[1219] StAKl, Hs. D 73, pag. 2.
[1220] Wiener Zeitung Nr. 23/1796, Bericht vom 4. März.
[1221] StAKl, ClCal 1796.
[1222] StAKl, Hs. D 73, pag. 8.

Monathe May zählte man hier so warme Tage, daß den 21. desselben das Reaumur'sche Thermometer auf 25 Grad gestiegen war: eine Höhe, die es nur bey der größten Hitze in gewöhnlichen Jahren zu erreichen pflegt.[1223]

Im Juni wurde es kurzfristig etwas kühler *...Indessen war der Junius so gemäßigt, daß in demselben nur drey Tage waren, an denen das Thermometer auf 22 Gr. zu stehen kam, die übrigen Tage hingegen immer unter demselben blieben.*[1224] Der Juli brachte erneut große Hitze:

> *Die drückende Sommerhitze, die um Wien eben so, wie in andern Gegenden, vorzüglich im Monathe Julius außerordentlich war, hatte sich dieses Jahr so merklich ausgezeichnet, daß sie mit sehr wenigen der vorhergegangenen Jahre in Ansehung des Grades und der anhaltenden Dauer verglichen werden kann ... Allein vom 12. Julius an, wo das Thermometer auf 22 Gr. kam, nahm die Wärme ohne merkliche Abwechselung, von Tag zu Tag zu, und kam endlich den 20. auf 26^1/$_2$ Grad zu stehen. Den 21. und 22. nahm die Hitze ab, und ein in der Nacht vom 22. auf den 23. gefallener Regen, welcher auch den 23. und 24. fortwährte, hatte den Dunstkreis so abgekühlet, daß den 24. das Thermometer Abends nicht mehr als 11 Gr. wies ... jedoch den 27. hatte man auf dem Thermometer schon wieder 25 Gr.; den 28. 26^1/$_3$; den 29. 22^1/$_2$; den 30. 26; und endlich den letzten Julius 27^1/$_2$ Gr.*[1225]

Anfang August sanken die Temperaturen, um allerdings nach wenigen Tagen erneut anzusteigen:

> *Ungeachtet die Änderung der Temperatur, welche in den ersten Tagen dieses Monathes vor sich gegangen war, und die bereits zurückgelegte erste Hälfte des August-Monathes keinen hohen Grad der Hitze mehr erwarten liessen, so geschah es dennoch, daß jener hohe Grad der Hitze, den man hier den 31. Julius beobachtet, und jüngst in diesen Blättern angezeiget hat, den 19. d. M. zum zweyten Mahle eintrat. Es war schon am 13. das Quecksilber im Reaumur'schen Thermometer Nachmittags auf 26^1/$_5$ Grad gestiegen: allein ein noch denselben Abend eingetrettenes Donnerwetter, von einem ziemlich starken Regen begleitet, hatte die Temperatur der Luft so gemäßiget, daß man den folgenden Tag Abends an dem Thermometer nicht mehr als 14 Grade zählte. Jedoch die Wärme nahm in den darauf folgenden Tagen sogleich wieder zu, und man beobachtete den 17. 23, den 18. 24, und den 19. um 4 Uhr Nachmittags, 27^1/$_2$ Grad. Der Morgen an dem letztgenannten Tage war heiter bey einem schwachen Nordostwinde; gegen Mittag wurde der Himmel mit trüben Dünsten überzogen, und das Thermometer stand auf 24^1/$_2$ Grad. Gegen 2 Uhr hatten sich die Dünste verzogen, und es entstand plötzlich, bey wieder ausgeheitertem Himmel, ein so brennend heisser Südwind, gleich einem erstickenden Dampfbade, daß man sich hier einer ähnlichen Erscheinung nicht zu erinnern weiß. Das Thermometer war um 3 Uhr auf 26^1/$_5$ Gr., und um 4 Uhr auf*

[1223] Wiener Zeitung Nr. 62/1797.
[1224] Wiener Zeitung Nr. 62/1797.
[1225] Wiener Zeitung Nr. 62/1797.

27¹/₂ Gr. gestiegen. Um diese Zeit tratt an die Stelle des beschwerlichen Südwin-
des ein tobender Sturmwind aus Westen, welcher etwann durch ein in der Ferne
ausgebrochenes Donnerwetter bewirket seyn mochte, und das Thermometer
fing sogleich zu sinken an. Um 4¹/₂ Uhr stand dasselbe auf 26 Gr., um 4³/₄ Uhr
auf 25, und um 5¹/₄ Uhr auf 23¹/₃ Gr. Der ordentliche Stufengang, welchen die
zunehmende Wärme an den vorhergegangenen Tagen beobachtet hatte, scheint
allerdings zu beweisen, daß der hohe Grad der Hitze am 19. einer bloß zufälli-
gen Ursache zuzuschreiben sey, ohne welche sie schwerlich diesen Grad errei-
chet haben würde. Denselben gemäß sollte die tägliche Zunahme der Wärme
vom 18. auf den 19. höchstens einen Grad betragen, und sie betrug 3¹/₂ Gr. ... In
der Nacht vom 19. auf den 20. hatte man hier ein starkes, und anhaltendes
Donnerwetter, welches das ausgedorrte Erdreich mit einem erwünschten Regen
erquickte.[1226]

Da die hohen Temperaturen auch im September anhielten, waren die zu Ende des
Monats gelesenen Trauben von ausgezeichneter Qualität und Quantität.
Nachdem Mitte Oktober *...üble Witterung...*[1227] eingetreten war, fiel am 15. Dezember
große Kälte ein, die von Schneefällen begleitet war. Am 26. Dezember kam es zur
Bildung eines Eisstoßes auf der Donau *...und wurde so stark das die Wägen bies auf*
die Hälfte hinüber gefahren sind.[1228]

1798

Nach anfänglich milder Witterung sanken die Temperaturen am 19. Jänner *...da die-*
sen monath hindurch das wetter so gelind gewesen, das man wie im frühjahr hat
können spazieren gehen, so ist heüte ein starker schnee gefallen, welcher das schöne
wetter geändert.[1229]
Im Februar gab es sehr milde Temperaturen und die tendenziell warme Witterung
hielt auch in den Frühjahrsmonaten an. Am 2. Mai *...haben wir das erste donner-*
wetter gehabt, es hat auch in dem Mölkerhof eingeschlagen.[1230] Vom Sommer sind
keine Anomalien überliefert und *...Nach den beobachtungen des Reaumurischen*
thermometers fiehle in diesem jahr die gröste wärme auf den 3. August mit
25¹/₄ grad über 0.[1231]
Nach einem sehr warmen September wurde Anfang Oktober sowohl qualitativ als
auch quantitativ guter Wein gelesen.
Am 22. November kam es zu einem anhaltenden Einbruch sehr kalter Luftmassen,
wodurch auch die rasche Bildung eines Eisstoßes auf der Donau ermöglicht wurde.

Der am 22. dieses eingefallene Grad der Kälte war in der hiesigen Gegend zu
dieser Zeit eine höchst seltene Erscheinung und wird in der Witterungsgeschichte
immer merkwürdig bleiben. Nachdem es den 20. beynahe den ganzen Tag

[1226] Wiener Zeitung Nr. 67/1797, Bericht vom 23. August.
[1227] Vgl. Wiener Zeitung Nr. 84/1797, Bericht über den 14. Oktober.
[1228] StAKl, Hs. 121.
[1229] StAKl, Hs. D 73, pag. 22.
[1230] StAKl, Hs. D 73, pag. 25.
[1231] StAKl, Hs. D 73, pag. 29.

hindurch geschneyet, und sich die Luft den darauffolgenden Tag, bey einem
schwachen Nordwinde, vollkommen ausgeheitert hatte, fing das Reaumur'sche
Thermometer, nach den Beobachtungen auf der k. k. Sternwarte, plötzlich zu
fallen an, so, daß dasselbe den 21. Abends, auf 4¹/₂ Grad; und den 22. Morgens
auf 8 Gr. unter dem Eispunkte zu stehen kam, nachdem es noch den 20. vorher,
während des gefallenen Schnees, über dem Frierpunkte, gestanden hatte. Dieser
Grad der Kälte, wenn man den ganzen Winter in Betrachtung zieht, ist zwar
nichts ungewöhnliches, und man zählet mehrer Jahre, in denen die größte Kälte
den gegenwärtigen Grad weit übertroffen hat; jedoch im Monathe November
ist dieser Grad, seit zwanzig und mehreren Jahren her, nicht beobachtet wor-
den. Nur im Jahre 1788 war das Thermometer den 26. November ebenfalls auf
8 Grad unter dem Eispunkt herabgesunken; allein jenes Jahr hatte sich über-
haupt, wie man sich noch erinnern kann, durch einen frühen, und sehr strengen
Winter ausgezeichnet, und wenn schon die Kälte damahls seit dem 26. Nov. um
etwas abgenommen hatte, so blieb dennoch das Thermometer von dieser Zeit
an, bis über den December hinaus, immer und meistens sehr tief unter dem
Frierpunkte stehen. Im gegenwärtigen Jahre hingegen, hatte dasselbe, nach sei-
nem tiefen Stande, am 22. den folgenden Tag sogleich wieder den Eispunkt, und
einen Grad darüber erreicht.[1232]

1799

Der Winter dieses Jahres war außerordentlich kalt und lang anhaltend. Besonders
im Jänner herrschte *...empfindliche Kälte.*[1233] Anfang Februar kam es nach einem
kurzfristig eingefallenen Warmlufteinbruch zu Überschwemmungen:

...zwischen 11 und 12 Uhr Mittags, das durch den Eisstoß ausgetretene Wasser
der Donau so häufig, und mit solcher Gewalt in die Gegenden von Ebersdorf
und Albern eingedrungen, daß es nicht nur die armen Bewohner aus ihren Be-
hausungen verdrängte, sondern sogar ganze Häuser der Gewalt des Wassers un-
terliegen mußten.[1234]

Das eingetretene gelindere Wetter hat in vielen Gegenden Überschwemmun-
gen, und durch das losgebrochene Eis der Flüsse, solche Beschädigungen der
Brücken, besonders auf der Donau verursachet, daß der Postenlauf und die
Kommunikation seit mehreren Tagen gehemmet und erschweret sind.[1235]

Hochlöbliche k. k. Hofkammer. Die k. Ämter NÖ. haben die traurigsten Schil-
derungen von der unglücklichen Lage überreicht, in welcher sich die der Donau
nahen Ortschaften durch den Eisstoß befinden. Seit 14 Tagen unter Wasser ge-
setzt, das bei der nun eingetretenen ausserordentlichen Kälte wieder fror, leiden
sie Mangel an allen Erfordernissen, auch seind schon einige Häuser eingestürzet,

---

[1232] Wiener Zeitung Nr. 95/1798.
[1233] StAKl, Hs. 119, fol. 44r.
[1234] Wiener Zeitung Nr. 11/1799, Bericht über den 2. Februar.
[1235] Wiener Zeitung Nr. 11/1799, Bericht über den 6. Februar.

und wie das k. Amt VOMB befürchtet, werden mehrere Dörfer gänzlich zerstöret werden.[1236]

Dem Oberkammeramt der Stadt Wien werden für das an die durch die Uiberschwemmung verunglückte arme Einwohner in den Vorstädten ausgetheilte Brod, Fleisch und Geld 2.823 fl. 1 x. vergütet.[1237]

Am 23. Februar begann sich der Eisstoß im Raum Krems zu lösen, wodurch auch in Wien und Umgebung gewaltige Überschwemmungen verursacht wurden:[1238]

...Eisstoß der dortigen Gegend sich in Bewegung gesetzt ... Überschwemmung in den Städten Stein und Krems, so wie in den Dörfern Weinzierl, Rohrendorf, Neustift und Neuwadling ... noch mehr zugenommen...[1239]

...VUWW durch den ... Eisstoß, und die vorhergegangene Überschwemmung, die k. k. Herrschaft Ebersdorf und das dazu gehörige Dorf Albern gelitten, welche vom 2. Febr. bis 1. März fast ganz unter Wasser standen, und wo seit dem einige Häuser ganz eingestürzt, mehrere dem Einsturze nahe, und fast alle beschädiget sind.[1240]

Die tiefen Temperaturen hielten auch im März weiter an und brachten zu Ende des Monats starke Schneefälle. Noch Anfang April war es extrem kalt:

Die Strenge des Winters hatte zwar lange genug angehalten, doch war der Tücke der Witterung auch Ende Märzen noch kein Ende, und am letzten des besagten Monats, am weissen Sonntage fiel Schnee in solchen Massen, daß die Wege fast unwandelbar gemacht wurden.[1241]

Noch am 4. April stand das Thermometer auf 6° Kälte. Dieser Winter hindurch war allenthalben besonders im Gebürge sehr viel Schnee gefallen, und da selber durch schnelleintretendes Thauwetter geschwind sich auflöste, so erzeugte er häufige und starke Überschwemmungen, und es geschah an Äckern, Wiesen, Obstbäumen selbst in Weingärten grosser Schaden. Am meisten litt in Öster-

---

[1236] HKA, Österreichisches Camerale, Faszikel 48, r. Nr. 2042, fol. 167r–168v, Bericht vom 10. Februar.

[1237] HKA, Österreichisches Camerale, Faszikel 48, r. Nr. 2042, fol. 190r.

[1238] Dieses Ereignis fand auch in den so genannten „Eipeldauer Briefen" Eingang, einer teils mundartlich abgefassten Volkszeitschrift, in der aktuelle Ereignisse kritisch kommentiert wurden: *Weil jetzt der pulitische Eisstoß still steht, so hat uns der Wasser-Eisstoß die Freud gmacht, und hat uns ein Materie zum Discutirn gliefert, sonst wär der schön Welt d' Plappermühl noch gar stehn blieben. Vor sechs Tägen hat er auf einmal z' gehen angefangen, und ist d' halbete Wienstadt zum Wasser oder wenigstens auf d' Basteyn gloffn ... Ein paar Tag drauf ist endlich ein Regenwetter eingfalln, und da ist's Wasser noch höher gstiegn, und da ist die Gfahr mit jedem Augenblick grösser worden; deswegen hat sich auch keiner von den galanten Stadteisvögeln mehr in der Leopoldstadt sehn lassen ... Da hat der Eisstoß um 8 Uhr in der Fruh z' gehen angfangen; weil er aber bey der Weißgarberbruckn 's Loch verrammelt gfunden hat, so ist er auf einmal wie ein Thurm in d' Höh gstiegn, und hat sein Weg grad aufs schwarze Thor zu gnommen, und da habn wir schon glaubt, daß wir alle hin sind.* Briefe eines Eipeldauers, o. S. Ähnlich lautende Berichte finden sich auch aus Linz, wo am 22. Februar Tauwetter mit +7°R. einsetzte. Vgl. SCHREYER, Wetterchroniken, 69.

[1239] Wiener Zeitung Nr. 19/1799, Bericht über den 23. Februar. Vgl. auch KINZL, Chronik, 317 f.

[1240] Wiener Zeitung Nr. 19/1799, Bericht über den 27. und 28. Februar.

[1241] StAKl, Hs. 119, fol. 44v, Bericht über den 31. März.

reich das Marchfeld durch das austreten der Donau, und auch die sonst dort un-
merklichen Bäche richteten als Ströme grosse Verheerungen an.[1242]

In den Sommermonaten herrschte regnerische Witterung vor. Es ereigneten sich
zahlreiche Unwetter, wie jenes vom 25. August:

> *...mehreren Gegenden zwischen der Donau und der Leytha gelegenen Gegen-*
> *den des Viertels UWW, besonders aber aus Bruck an der Leytha ... Nachmit-*
> *tags, um 3 Uhr ausgebrochenes Donnerwetter, von einem ausserordentlich hef-*
> *tigen Sturmwinde begleitet, und ein darauf erfolgter Schlossenregen ... Die*
> *Schlossen waren durchaus von der Grösse eines halben Hühnereyes, und sie fie-*
> *len so anhaltend, daß dadurch in den Gegenden von Mannersdorf, Sommerein,*
> *Bruck, Trautmannsdorf, Wolfersdorf, Stixneusiedel, Arbesthal etc. und von*
> *Westen gegen Nordosten, in paralleler Richtung, bis über Baden, Gainfarn und*
> *Merkenstein hinaus, in Gärten, auf Feldern und in Weinbergen alles zerschla-*
> *gen, auch an Schlössern und Wohnhäusern nahmhafter Schaden angerichtet*
> *wurde...*[1243]

Da der feuchte Witterungscharakter auch im Herbst erhalten blieb *...kam der Wein*
kaum zur vollen Zeitigung, und die stiftliche Weinlese wurde an Qualität und
Quantität zu den schlechtern gerechnet.[1244] In den folgenden Wochen sanken die
Temperaturen so tief, dass es am 19. Dezember zur Bildung eines Eisstoßes auf der
Donau kam:

> *...eingetretene Kälte hat auf dem Donau-Kanal eine Eisdecke gebildet, welche,*
> *als in der Nacht vom 21. zum 22. auch der grosse Donau-Arm zu frieren an-*
> *fieng, und ein grösserer Schwall von Wasser in den besagten Kanal drang, am*
> *22. plötzlich brach, sich in Gang setzte, und eine beträchtliche Anzahl von*
> *Schiffen ... zertrümmerte. ... Der Wasserschwall ist bald abgelaufen...*[1245]

1800

Die zu Beginn des Jahres während Kälte dauerte bis zum 21. Jänner an, als *...durch*
das plötzlich eingetretene Thauwetter ... die Strassen zum Theil unter Wasser gesetzt
wurden.[1246] Am folgenden Tag begann sich auch der Eisstoß auf der Donau zu
lösen. Bis 8. Februar war das Eis abgeflossen, ohne dabei Überschwemmungen zu
verursachen:

> *Das Eis eines Theiles der Donau, ist in der Nacht ... um 1 Uhr losgebrochen,*
> *und hat an der äussersten Donau-Brücke Anfangs ein, und später noch zwey*
> *Joch weggerissen, und ein drittes stark beschädiget. Alle übrigen Theile des*
> *Donau-Eises stehen noch fest.*[1247]

1242 StAKl, Hs. 119, fol. 44v f.
1243 Wiener Zeitung Nr. 70/1799.
1244 StAKl, Hs. 119, fol. 47v.
1245 Wiener Zeitung Nr. 103/1799. Vgl. auch StAKl, Hs. 119, fol. 47v.
1246 Wiener Zeitung Nr. 8/1800.
1247 Wiener Zeitung Nr. 8/1800, Bericht über den 22. und 23. Jänner.

...nach und nach von allen Theilen des Donaustromes abgegangenen Eisstoß ist nun die Hauptstadt sammt ihren Vorstädten glücklich der Gefahr einer Überschwemmung entgangen.[1248]

In den kommenden Wochen sanken die Temperaturen und der März galt *...Bey dem so lange anhaltenden strengen Winter...*[1249] als „zu kalt".[1250] Im April wurde es wärmer[1251] und ein relativ hohes Temperaturniveau hielt auch während der gesamten Sommermonate an *...wegen der lange angehaltenen Hitze.*[1252] Der mengenmäßig geringe Wein war daher von guter Qualität.

1801

Ein sehr hohes Temperaturniveau hielt auch zu Beginn des Jahres 1801 weiter an. *...Der Winter war immer truken und nicht kalt, der März Regen, der April truken und daurt bies 27. May.*[1253] Am 22. und 23. April ereigneten sich kurze Schneefälle *...frigus et praecipice nives die altera...* und am 29. und 30. April gab es Frostschäden in den Weingärten *...In nocte inter Aprilis 29 et 30 frigus vineis.*[1254] Während der Blütezeit der Weintrauben im Juni kam es zu anhaltenden Niederschlägen, wodurch die Traubenmenge in diesem Jahr stark dezimiert wurde.

Die folgenden Sommer- und Herbstmonate waren sehr kühl. In der ersten Septemberhälfte kam es zusätzlich zu häufigen Regenfällen *...ware beständiger regen, welcher den weingarten sehr geschadet...,*[1255] weshalb die Erträge im Weinbau mittelmäßige bis schlechte Qualität lieferten.

Im November herrschte milde Witterung und erst am 13. Dezember *...hat es das erstemahl geschneüet, welches vor unser Clima eine besondere epoque ist.*[1256]

> *In diesem Monath ist eine so schöne Witterung gewesen, das sich die ältesten leüte einer solchen nicht erinnern, es sind daher, gott lob, sehr viele Klafter holz ersparret worden, besonders bei den armen leüten.*[1257]

1802

Im Jänner herrschte große Kälte und der Wasserstand der Donau war *...der niedrigste seit Menschen Gedenken.*[1258] Im Bereich von Wien bildete sich ein Eisstoß:

> *...war ein so starke kälte, das das thermomether hier in wienn 12 grad und zu klosterneuburg 15 grad unter dem gefrier punct gewesen.*[1259]

[1248] Wiener Zeitung Nr. 12/1800, Bericht über den 1. bis 8. Februar.
[1249] Wiener Zeitung Nr. 26/1800, Bericht vom 29. März.
[1250] HADER, Witterungsabläufe, Tabelle 3.
[1251] Schreyer spricht für Linz von fast hochsommerlichen Temperaturen während der letzten Aprildekade. Vgl. SCHREYER, Wetterchroniken, 69.
[1252] Wiener Zeitung Nr. 70/1800, Bericht über den 15. August.
[1253] StAKl, Hs. 121.
[1254] StAKl, ClCal 1800.
[1255] Bericht über den 6. bis 14. September. Am 15. September *...hat die schöne zeit wiederumb angefangen.* StAKl, Hs. D 73, pag. 59.
[1256] StAKl, Hs. D 73, pag. 61.
[1257] StAKl, Hs. D 73, pag. 60.
[1258] Wiener Zeitung Nr. 13/1812, Bericht über den 20. Jänner.
[1259] StAKl, Hs. D 73, pag. 63, Bericht über den 16. Jänner.

Die Kälte hielt bis April an und war von großer Trockenheit begleitet. Mitte Mai fiel erneut kalte Luft ein, wodurch erhebliche Schäden in der Landwirtschaft und im Weinbau verursacht wurden:

...Weinstock bis zum 16. May voll Lebhaftigkeit ... in der Nacht darauf wurde es kalt; es fing an zu schneyen: durch drey Tage fiel in den Gebirgen häufiger Schnee, und in den Ebenen kalter Regen mit Schnee gemischt. Als mich in Mähren und in Österreich mein Weg durch die Weingebürge führte, senkten die jungen Reben, vom Reife verbrannt, ihr Haupt zur Erde...[1260]

In diesem Monath ist von Sachsen an bis in Tyrol, und zwar von 15ten an ein so grosser schnee und kälte gewesen, welches den obst und weingärten sehr vill geschadet hat.[1261]

Anfang Juli kam es aufgrund der ausbleibenden Niederschläge zu Gebeten um Regen, die in sämtlichen Pfarren der Stadt abgehalten wurden:

...wann diese Woche nicht noch ein ergiebiger Regen erfolget, nächst künftigen Sonntag, Montag, und Dienstag, das ist den 11ten, 12ten und 13ten dieses Monaths, in allen Pfarrkirchen der Stadt und Vorstädte Wiens, eine Bethstunde vor dem ausgesetzten Hochwürdigsten abhalten zu lassen.[1262]

Bey der anhaltenden trokenen Witterung und der daher entstandenen Besorgniß für die Feldfrüchte, soll auf Verordnung des erzbischöfl. Ordinariats durch drey Tage, nämlich den 11t, 12t und 13ten dieses Monats July, nicht nur in der St. Stephans Metropolitankirche von 10 biß 11 Uhr Vormittags, sondern auch in jeder Pfarre in der Stadt und in den Vorstädten Wiens wieder zu dem sonstigen Quatember Gebethe bestimmten Stunde vor dem ausgesetzten hochwürdigsten eine öffentliche Bethstunde abgehalten werden.[1263]

Die Dürre hielt den Sommer hindurch an und das Temperaturniveau erreichte Ende August seinen Höhepunkt:

Der ausserordentliche Grad der Hitze, welcher in den letzt verflossenen Tagen des Monathes August eingetreten war, ist so merkwürdig, daß er in der ganzen Geschichte der Meteorologie ... seines Gleichen nicht findet.[1264]

Die anhaltend hohen Temperaturen bedingten einen Wein von ausgezeichneter Qualität und Süße, der zum Teil die besten Gewächse der vergangenen Jahre übertraf *...vinum adeo excellens ut illi de anis 1788 et 1797 pariter exquisito a multis anteferatur.[1265]*

Anfang Oktober wurden auf ausdrücklichen Wunsch des Kaisers neuerlich Gebete und Prozessionen um Regen abgehalten. Jedoch auch im November und Dezember hielt die trockene Witterung unvermindert an.

Auf Befehl Seiner Majestät des Kaisers wird dem Erzbischöflichen Konsistorium eröffnet: Um einen fruchtbaren Regen von Gott zu erbitten, habe es alsogleich

1260 HEINTL, Weinbau, 417.
1261 StAKl, Hs. D 73, pag. 65.
1262 DAW, Kassette Gebete II, Ansuchen an die niederösterreichische Regierung vom 5. Juli.
1263 DAW, Kassette Gebete II, erzbischöfliche Currende vom 9. Juli.
1264 Wiener Zeitung Nr. 66/1802.
1265 StAKl, Hs. 122/1, pag. 63.

eine allgemeine öffentliche Andacht sowohl in der Stadt als auf dem Lande zu veranstalten und den Tag und die Art, wie es dieselbe abzuhalten für gut findet, unverzüglich hieher anzuzeigen.[1266]

Um einen fruchtbaren Regen vor Gott zu erbitten, hat das erzbischöfliche Ordinariat verordnet, daß durch drey Tage in der Metropolitankirche zu St. Stephan von 9 bis 12 Uhr Vormittag, und von 3 bis 6 Uhr Nachmittag am nächstfolgenden Sonntage den 10ten, dann 11ten und 12ten Oktober vor dem ausgesetzten Hochwürdigsten Gut Bethstunden abgehalten werden, und hierzu die Pfarren der Stadt und Vorstädte an den nach der beygehenden Ordnung ihnen angewisenen Stunden prozessionsweise erscheinen sollen. Die Herrn Pfarrer und Prediger haben diese Ordinariatsverordnung von den Kanzeln zu verkündigen, und ihre Pfarrgemeinden im Herrn zu ermahnen, daß sie sich fleissig und zahlreich einfinden, den Bittgang nach St. Stephan und aus der Stephanskirche zurück mit Ordnung, Anstand und Erbauung begleiten, und bey der Bethstunde die göttliche Barmherzigkeit um einen fruchtbaren Regen, und Gedeihen der Feldfrüchte mit zerknirschtem Herzen, Inbrunst und Andacht erflehen: wo aber diese Verordnungen nicht mehr von der Kanzel dem Pfarrvolke bekannt gemacht werden kann, dort haben die Herrn Pfarrer zur Abführung der Prozession nach St. Stephan, und Haltung der Bethstunden einsagen zu lassen.[1267]

1803

In den ersten drei Monaten stellten sich nach monatelanger Trockenheit Regen- und Schneefälle ein, die von tiefen Temperaturen begleitet wurden und die Donau mit Eis überzogen:

11. Frigus dereperte incoepit intersum et usque ad 16. Febr. continuavit; non rigidiss. quidem, tale tamen, ut intra paucos dies Danubius totus ehret congelatus.[1268]

...vesperi ante horam primam in nostra Neuburga ... cum tonitru ... pluvia, tempus venis...[1269]

Nach einem kurzfristigen Anstieg der Temperaturen im April, waren auch die Monate Mai und Juni von kühler und niederschlagsreicher Witterung geprägt. Ende Juni führten die anhaltenden Regenfälle zu einer Überschwemmung der Donau:

May et Junii mensae tempestas mirabilis pluvia, frigus, pruin ultras frannis Baptistae festus aeris inaeaqualitas talis illa pro anniaetate Danubius exundans.[1270]

Die ausserordentlich nasse Witterung, welche hier beynahe den ganzen Junius hindurch herrschte ... Seit dem 13. ... vergieng kein Tag, an dem es nicht geregnet hätte, nur der 15. machte hiervon eine Ausnahme, an welchem die Luft vom Morgen bis an den Abend heiter geblieben war. Jedoch vom 23. Morgens bis den 28. Abends kann man sagen, daß es beynahe ununterbrochen fortgeregnet

---

1266 DAW, Kassette Gebete II, kaiserliches Dekret vom 6. Oktober.
1267 DAW, Kassette Gebete II, erzbischöfliche Currende vom 7. Oktober.
1268 StAKl, Hs. 150, Bericht über den 11. und 16. Jänner.
1269 StAKl, ClCal 1803, Bericht über den 29. März.
1270 StAKl, ClCal 1803.

habe; und die Heiterkeit der Luft, die immer mit Regenwolken getrübt war, kehrte erst den 29. zurück. Die herrschenden Winde waren immer von Nordwesten; und das Barometer erhielt sich während dieser Zeit durchaus über seinem mittlern Stand. Das Thermometer fiel den 23. Abends auf 9 Gr. über 0, und blieb auch den folgenden Tag Morgens auf diesem Puncte. Der Donaustrom erhob sich in kurzer Zeit in seinen Ufern, und schien alle Augenblicke die Leopoldstädter Insel mit einer allgemeinen Überschwemmung zu bedrohen. An den niedrigern Gegenden ist dieser ausserordentlich hoch angeschwollne Fluß wirklich ausgetreten, und hat mehrere benachbarte Gärten und Felder, wie auch einige Ortschaften, besonders im Marchfelde, unter Wasser gesetzt.[1271]

...aqua Danubii ad insignem ascenderunt altitudinem. Dein pluvia iterara ac 20. Jul. aqua 2 pollicibus altiones ac ad Junii finem.[1272]

Ende Juni kam es laut kaiserlichem Dekret schließlich zur Abhaltung von Bittgebeten im Stephansdom:

Infolge eines von Seiner P. P. Majestät an den unterzeichneten Präsidenten gelangten allerhöchsten Handschreiben de dato Laxenburg den 24. Junii l. J. sollen, da das anhaltende Regenwetter für den Wiesenwachs, die Feldfrüchte, und Weingärten schädlich zu werden anfängt, sogleich, um von Gott dem allmächtigen eine günstigere Witterung zu erbitten, die gewöhnlichen Bethstunden vor dem ausgesetzten hochwürdigsten Gute allhier in der Hauptstadt durch 3 Tage, und auf dem Lande an einem Sonntage in beiden Diözesen veranstaltet werden.[1273]

Da das anhaltende Regenwetter für den Wiesenwachs, die Feldfrüchte, und Weingärten schädlich zu werden anfängt ... in der St. Stephans-Metropolitankirche von 10 bis 11 Uhr Vormittags, sondern auch in jeder Pfarrkirche in der Stadt, und in den Vorstädten zu der für das sonstige Quatembergebeth bestimmten Stunde vor dem ausgesetzten Hochwürdigsten Gute eine öffentliche Bethstunde um von Gott dem allmächtigen eine günstigere Witterung zu erbitten, gehalten werden soll.[1274]

Die starken Niederschläge hielten auch im Juli weiter an, weshalb es erneut zu Überschwemmungen der Donau, aber auch der kleineren Flüsse und Bäche in Wien und Niederösterreich kam:

...Nachts den 15. dieses durch einen heftigen in der Gegend des Wienerwalds gefallenen Platzregen alle Bäche und Flüsse, besonders die Wien, der Liesing- und Alserbach, dergestalt angeloffen und ausgetreten, daß sie mehrerer Orten an Häusern und Mühlen einen beträchtlichen Schaden angerichtet haben. Die Donau ist ebenfalls durch die aufwärts hineinfallenden Flüsse dieser Tagen wieder ausserordentlich hoch angeschwollen, und seit Montags abermahls aus

1271 Wiener Zeitung Nr. 53/1803.
1272 StAKl, Hs. 150, Bericht über den 29. und 30. Juni.
1273 DAW, Kassette Gebete II, Dekret der niederösterreichischen Regierung vom 25. Juni.
1274 DAW, Kassette Gebete II, erzbischöfliche Currende vom 26. Juni.

ihrem Ufer getreten, wordurch die nahe liegenden Gärten, Felder und Ort-schaften überschwemmt wurden.[1275]

…Verwüstungen und Verheerungen ein, welche manche Orte durch die in Mitte d. M. erfolgten so starken und langanhaltenden Regengüsse erlitten haben. Die meisten Ortschaften am Kamp, und auch an andern Flüssen in Niederösterreich wurden durch das Austretten derselben überschwemmt, und dadurch viele Häuser, Weingärten und Felder namhaft beschädiget.[1276]

Das in Wien traditionelle Feuerwerk am „Annen-Tag" musste wegen ungünstiger Witterung vom 26. auf den 31. Juli verschoben werden.[1277]

Da sich auch im August und September keine Änderung des Wetters einstellte, war der spät gelesene Wein von geringer Menge und sehr schlechter Qualität.[1278]

1804

Der Jänner begann mit ungewöhnlich milden Temperaturen, sodass *…Flieder und andere Gesträuche sproßen.*[1279] Im Februar wurde es kälter *…Februarius totus ventis, nivibus plenus ad finem abque, frigus subim hyemale quoque…*[1280] und am 1. März kam es zu starken Schneefällen, die die Straßen beinahe unpassierbar machten:

An diesem Tage fiel eine solche Massen Schnee, daß die Wege und Strassen un-wandelbar wurden. Die Nichtgeistlichen, die früh nach Wien gefahren waren, konnten bey ihrer Müh bey der Allee die Strassen nicht mehr passieren, mußten aussteigen, um durch Waten nach Hause zu kommen…[1281]

Die Regen- und Schneefälle *…pluvia nivem discedere jussit…*[1282] hielten auch im April an, weshalb Einbußen in der Landwirtschaft befürchtet wurden. Die nieder-österreichische Regierung und die Wiener Erzdiözese ließen daraufhin die Gläubi-gen in allen Kirchen der Stadt um Wetterbesserung beten:

Bey dem seit einigen Tagen sich immer einstellenden Regenwetter, welches nicht nur den Anbau hindert, sondern auch für das Gedeihen desjenigen, so bereits an-gebauet ist, Besorgniß erwecket, wäre es nothwendig, Bethstunden halten zu las-sen, um von Gott eine günstigere und gedeihliche Witterung zu erbitten.[1283]

Bey der fortwährend anhaltenden nassen Witterung, welche für den Erfolg der künftigen Aerndte besorgniß erreget, haben sr. fürstlichen Gnaden unser gnä-digster Herr Fürsterzbischof und Ordinarius zu verordnen befunden, daß in den Pfarrkirchen der Stadt und der Vorstädte, nach und nach, jeden Tage in einer andern Bethstunde vor dem ausgesetzten Hochwürdigsten, um eine gün-stigere Witterung zu erbitten, gehalten werden sollen.[1284]

[1275] Wiener Zeitung Nr. 58/1803.
[1276] Wiener Zeitung Nr. 61/1803.
[1277] Wiener Zeitung Nr. 63/1803.
[1278] Vgl. StAKl, Hs. 121.
[1279] StAKl, Hs. 119, fol. 61r.
[1280] StAKl, ClCal 1804.
[1281] StAKl, Hs. 119, fol. 61r f. Vgl. auch STARZER, Klosterneuburg, 157.
[1282] StAKl, ClCal 1804, Bericht über den 12. April.
[1283] DAW, Kassette Gebete II, Dekret der niederösterreichischen Regierung vom 18. April.
[1284] DAW, Kassette Gebete II, erzbischöfliche Currende vom 20. April.

Die kühle und feuchte Witterung hielt jedoch auch in den folgenden Monaten an, weshalb die Donau und ihre Zubringerflüsse aus dem Wienerwald anhaltendes Hochwasser führten und im Juni Überschwemmungen verursachten:

Tempus interen pluviis repletam continuis, Danubius exundans.[1285]

Danubius ob continuatas antecedenteo pluvias valde exundans, aliquanto tamen minus ac anno elapso.[1286]

Auf diese vielen Schneegestöber und Kälte kamen anhaltend Regen, und nicht nur die Donau und andere Flüsse, sondern auch sonst unbedeutende Bäche schwollen zu Strömen an. So ergossen sich einzig ganz besonders der Kierlinger und der Weidlingerbach, welcher die vom Regen gegen die Ledermühle liegenden Weingärten durchbrach, selbe mit Bachschutt gänzlich belegten, die Strasse abschnitt, und über und durch die Allee sich in dem nächsten Donauarm füegten, und durch seine Gewalt einen grossen Theil der Wiesen mit seinen Fluthen hinwegspülte.[1287]

Zusätzlich ereignete sich am 8. Juli ein schweres Unwetter, bei dem in Tulln ...*die Leute vom Frauenhofner Kirchtag auf Wägen mit Lebensgefahr nach Hause fahren mußten, weil das Wasser an manchen Stellen zwei Schuh hoch über die Wagenachsen ging.*[1288]

...schluge der Schauer Heiligenstadt, Nußdorf, Kallenberg, machte den Weingärten Schaden. Hierauf Regenwetter...[1289]

Im Oktober wurde schließlich eine Sammlung für die von den anhaltenden Niederschlägen und Überschwemmungen betroffenen Bewohner Niederösterreichs bewilligt:

Ist den durch Wasserüberschwemmung verunglückten, zur Herrschaft Zeilern gehörigen Unterthanen, mit Ausschluß der Stadt Wien und derselben Vorstädte eine Sammlung in den vier Vierteln Niederösterreichs bewilliget worden ... durch Wassergüsse verunglückten Unterthanen im Dorfe Hüttendorf ... eine Allmosensammlung im ganzen Lande NÖ mit Ausschluß der Stadt Wien zu bewilligen befunden.[1290]

Mitte Oktober begann sich das Wetter zu bessern, weshalb die meist sauren Trauben in manchen Gegenden leicht an Qualität gewinnen konnten. Im November herrschten erneut außergewöhnlich tiefe Temperaturen.[1291]

1805

Die Temperaturen waren um den Jahreswechsel auf einem niedrigen Niveau, da sich am 11. Jänner ein Eisstoß auf der Donau bilden konnte ...*stauhte die donau bey einem Stoss, er gehet bis nach Wien, da hat er sich an die grosse Thabor Brücken an,*

[1285] StAKl, ClCal 1804, Bericht über den 13. Juni.
[1286] StAKl, Hs. 150, Bericht über den 16. Juni.
[1287] StAKl, Hs. 119, fol. 61r f, Bericht über den Monat Juni.
[1288] KERSCHBAUMER, Tulln, 87 f.
[1289] StAKl, ClCal 1804.
[1290] DAW, Karton 21/3, erzbischöfliche Consistorial-Currende vom 18. Oktober.
[1291] Vgl. HADER, Witterungsabläufe, Tabelle 3.

unter denen noch kein Stoss, bey und bis Höflein hinauf, nachhin ginge er in der Mitte voneinander. Zum gehen unbrauchbar.[1292] Am 6. Februar begann es zu regnen und die steigenden Temperaturen lösten in den folgenden Tagen die Vereisung:

> *In der Nacht auf den 10. Hornung kame auf der Wienerbrücke ein rinnender Eisstoß, und solche 2 Joch sehr beschädiget haben ... in der Frühe Regen. Hat auch in der Nacht stark geregnet. War beyden tags der Weg voll koth.*
>
> *12. ... gegen Mittag kamme wieder ein vorbeyrinnender Stoss, führte grosse Brückentrümmer mit sich, solche die Brücke in Stein seyn, der beschädigte wider ein Joch an der Wienerbrücke.*[1293]

Bis zum Ende des Monats ereigneten sich zahlreiche Niederschläge, weshalb es zu einem Hochwasser der Donau und am 1. März zu einer Überschwemmung kam

> *...schon ausgetretten, die Auen überschwemmet, den 3. fiell die donau ... in ihr Ufer, doch noch gross.*[1294]

Die kühle und regnerische Witterung, begleitet von vereinzelten Unwettern, blieb das gesamte Frühjahr vorherrschend. Die Donau und ihre kleineren Zubringerflüsse traten im Mai und Juni erneut über ihre Ufer:

> *In dem Maymonat hatten wir immer kalte wilde Witterung, wenige Frühlingstäge, regnete, und da wuchs die Donau sehr an, wurden Auen überschwemmet, doch hier vor dem Stift der Weg hinab nicht überronnen, der Weidling, Kierlingbach machten grossen Schaden ... in Weingärten fiellen Mauern um. Die Donau ist auch in Junio gar so klein noch nicht.*[1295]
>
> *...verursachte das Schmelzen des Schnees im Oberlande eine solche Überschwemmung, daß die wenigen Häuser der Tuttendörfschen gänzlich hinweggerissen wurden, und weiter landeinwärts gebaut werden mußten, und von der sogenannten Breite ... ein beträchtlicher Theil in das Strombett hineingetragen wurde. Wie grossen Schaden dadurch die stiftlichen Auen erlitten, läßt sich beyläufig daraus vermuthen, weil eine einzige Au, Schwarzau genannt, ungefähr sechzig Joch an ihrem Umfange verlor.*[1296]
>
> *Durch anhaltendes Regenwetter schwoll der Weidlingerbach dermassen an, daß er am 18. May grosse Verheerungen verursachte, und bey den wiederhohlten Güssen am 27. Juni eben so beträchtliche Verwüstungen herbeyführten.*[1297]

Auch im Sommer änderten sich die Witterungsverhältnisse nicht. Die anhaltend niedrigen Temperaturen führten im Juli schließlich zu Beeinträchtigungen in der Landwirtschaft:

> *...die durch die Beschaffenheit der Witterung heuer in ihrer Reifung etwas verspäteten Getreid- und anderen Feldfrüchte vorzeitig, und ehe sie noch den vollkommensten Grad von Reife erlangt haben, zu erndten und zu geniessen.*[1298]

[1292] StAKl, ClCal 1805.
[1293] StAKl, ClCal 1805.
[1294] StAKl, ClCal 1805, Eintrag vom 3. und 4. März.
[1295] StAKl, ClCal 1805.
[1296] StAKl, Hs. 119, fol. 62v, Bericht über den 1. Mai.
[1297] StAKl, Hs. 119, fol. 62v, Bericht über den 18. Mai.
[1298] Wiener Zeitung Nr. 61/1805.

Wetterbedingt wurde die Weinlese erst Ende Oktober durchgeführt. Die Ergebnisse waren sowohl mengenmäßig, als auch qualitativ sehr schlecht.

Nach einem neuerlichen Hochwasser vom 25. bis 28. Oktober ...*regnete es beständig, die Donau, der Weidling-, Kirlinger bach wuchsen sehr zu, verursachten grossen Schaden ein gleiches der Fluss Wien...*[1299] begann sich am 29. Oktober die Witterung zu bessern ...*scheinte die Sonne die donau ist Nachts gefahlen.*[1300] Bis Jahresende herrschten sehr milde Temperaturen:

> *Kaum waren die Trauben abgenommen, so war das schönste Herbstwetter eingetreten...*[1301]
>
> *Im November, Xber gelinde Witterung...*[1302]

1806

Das Jahr 1806 gilt als überdurchschnittlich warm,[1303] ...*der Winter hat nichts mehr als Nebel und Regen und nicht kalt.*[1304] Ende Jänner kam es zu einem kurzfristigen Hochwasser der Donau. Ob es durch anhaltende Regenfälle oder Schmelzwasser nach einem plötzlichen Warmlufteinbruch verursacht wurde, konnte anhand der Quellen nicht eindeutig geklärt werden.

> ...*repente Danubius 4 pedes ascendit: dein mox aqua decreverunt. Subita hoc exundatio videbatur exorta ex abrupto quodam lacu.*[1305]
>
> *22. ...wuchs die donau, grosse gäh noch fort...*
>
> *23. ...kehrte selbe wieder in ihre Schranken zurück.*[1306]

Im März wurde es kälter und Ende April kam es zu Frösten ...*adhuc glacies...*,[1307] die sich am 26. und 27. Mai wiederholten ...*ejusdam pruina, hinc inde nocens vineis.*[1308] Abgesehen davon war die Witterung von Mai bis August ...*schön und warm.*[1309]

Mitte September kam es zu häufigen Niederschlägen und in weiterer Folge zu einem Hochwasser der Donau, die dabei jedoch nicht über ihre Ufer trat.

> *14.–19. ...regen stark zu, daurete fort bis zum 19....*
>
> *20. ...schönes Wetter ... die donau wurde gross, tratte aber bis 20 stark in ihre Schranken zurück.*[1310]

Die Regenfälle ließen die Trauben verfaulen, weshalb sie Mitte Oktober zwar in guter Qualität, jedoch nur in mittelmäßiger Menge gelesen wurden.

[1299] StAKl, ClCal 1805.
[1300] StAKl, ClCal 1805.
[1301] HEINTL, Weinbau, 418.
[1302] StAKl, ClCal 1805.
[1303] Vgl. HADER, Witterungsabläufe, Tabelle 3.
[1304] StAKl, Hs. 121.
[1305] StAKl, Hs. 122/1, pag. 129.
[1306] StAKl, ClCal 1806.
[1307] StAKl, Hs. 150.
[1308] StAKl, Hs. 122/1, pag. 130. Vgl. auch StAKl, Hs. 150.
[1309] Vgl. StAKl, Hs. 121.
[1310] StAKl, ClCal 1806.

In den folgenden Wochen gab es verhältnismäßig hohe Temperaturen und die Allgemeine Wein-Zeitung zitierte aus einer nicht näher genannten Quelle ...*Weihnachten mit Blumen und grünenden Wiesen.*[1311]

1807

Die Temperaturen blieben auch im Jänner und Februar gemäßigt, vereinzelt kam es zu geringen Regen- und Schneefällen:

Januar
4. ...einmal nach Mittag ein Schnee, sonst immer Wind, bewirkt das wieder der Schnee bald fort.
9.–16. ...nach Mittag wurde es Windstil, bis 16 gab es ein wenig Schnee...
18. ...frühe ware der Schnee vom Regen fort.
Februar
13. ...schon die ganze Nacht bis gegen morgen Regen.[1312]

Nach einem kühlen März begannen die Temperaturen Anfang April stark anzusteigen. Allerdings lag am 17. April auf den umliegenden Bergen neuerlich Schnee ...*Pluvia. De montibus nives.*[1313] Am 19. April kam es auch in der Ebene zu einem kurzfristigen Einfließen kuhler Luftmassen:

19. ...finge es an zu schneien...
20.–21. ...ware grosser Schnee und heftiger kalter Nordwind ... ginge nach Mittag der Schnee wieder weg; über die ganze Nacht auf den 21. wieder schneiete es, auch frühe sammt Wind immer und wir haben wieder grossen Schnee.
24.–25. In der Nacht von 24. bis 25. war starker Reif, oder Gefrier, der Schnee wird weniger, die Sonne scheint.[1314]

Von Mai bis September herrschten – mit Ausnahme einiger Regentage im Juni – schöne Witterung und außergewöhnlich hohe Temperaturen.[1315] Mitte August kam es nach einer längeren Trockenperiode zu vereinzelten Niederschlägen:

In der Nacht ... war endlich ein donnerwetter, regnete, und den 16. war es schon kühler auf die grosse Hitze, ohne Regen durch fast halbe Julius und bisher.[1316]

Die warme Witterung hielt auch im September an. Am Ende des Monats ereigneten sich heftige Stürme, die im Raum Wien große Schäden verursachten:[1317]

[1311] Allgemeine Wein-Zeitung 1 (1884), 28. Vgl. auch HADER, Witterungsabläufe, Tabelle 3. Der Monat Dezember galt als zu warm.
[1312] StAKl, ClCal 1807.
[1313] StAKl, Hs. 150.
[1314] StAKl, ClCal 1807.
[1315] Vgl. HANN, Meteorologie, 20. Auch in Aufzeichnungen aus Linz wird über anhaltend große Hitze während des Sommers berichtet, die ihren Höhepunkt in den letzten Augusttagen mit 26°R. erreichte. Vgl. SCHREYER, Wetterchroniken, 70.
[1316] StAKl, ClCal 1807, Bericht über den 15. und 16. August.
[1317] Eine Schilderung dieses Ereignisses findet sich in den Eipeldauer-Briefen: ...*heunt ein Nachtrag von den Unheil, das der Sturmwind bey uns angricht hat ... Ich bin gleich ein Paar Täg drauf in Prater hinaus gangen; da hab ich mich aber fast nimmer erkennt. Die schön Pappelbamer, die der Kaiser Joseph selig Andenkens überall beyn Eingang in Prater hat setzen*

Unter denen starken Winden, die wir immer hatten, war der eines Orkan gleich stärkste Sturmwind in der Nacht von lezten 7bris bis 1. 8bris, er ginge noch fort über den 2 nicht so häftig. Stürzte alles um in Wien, warfe er das ganze Thurmtach von der Augustiner hofkirche herab...[1318]

Ein plötzlicher Sturm, der in der Nacht vom 30. Sept. auf den 1. Okt. aus Nordwestwest hervorbrach, und am Morgen zwischen 3 und 6 Uhr in seiner furchtbarsten Gewalt wüthete, setzte Wien und die umliegenden Gegenden in die bangsten Besorgnisse. Die Kuppel des Thurms der Augustinerkirche wurde herabgeschleudert in die Gasse ... Tausende von Fenstern wurden eingedrückt, und viele Gärten in den Vorstädten beynahe ganz verwüstet ... Die stärksten Bäume wurden mit der Wurzel aus der Erde gerissen, oder zersplittert ... Erst am Abend des folgenden Tages legte sich der Wind ganz ... das Reaumurische Thermometer zeigte 9 Grad über dem Eispuncte.[1319]

...früh von 2 bis 6 Uhr war ein niemalen empfundener Sturm ... im Prater und Augarten stürzte er die stärksten Bäume um ... warf er das Dach von dem Augustinerkirchenthurm zu Boden...[1320]

Für den Weinbau war die Witterung dieses Jahres äußerst förderlich, es wurde „eines der reichsten Weinjahre".[1321] Die Weinlese war *...nicht nur* [eine] *reichliche, sondern auch von guter Qualität...,*[1322] in einer anderen Quelle wurde sogar berichtet *...vinum exquisitum.*[1323]

Anfang November kam es zu einem Kaltlufteinbruch, der bis zum Ende des Jahres anhielt *...vehemens frigus cum glacie.*[1324]

1808

Die tiefen Temperaturen, die bereits seit November des Vorjahres andauerten, führten am 15. Jänner zur Bildung eines Eisstoßes auf der Donau. Auch in den folgenden Monaten blieb es kalt *...der Februar kalt, der März große Kälte, es war viel Geschniben in März, wo es Geschnieben war hat es viel tausend Stock gefrert, besonders in leuchten Gründen.*[1325] Die Kälte wurde vermutlich durch einen über Wochen andauernden Wind noch extremer empfunden *...In April noch immer fort die Winde, wie schon über ein halbes Jahr.*[1326] Nach der *...anhaltenden warmen*

---

lassen, und die schon als der schönst Wald haushoch da gstanden sind, hat der Sturmwind bis an d' Wurzel so unter einander gworfen, als wenn s' nur Kartenhäusel gwest wärn; und so gar die uralten Bamer, die noch die türkische Belagerung denkt haben, und die dicker warn, als sechs wampete Mullnermaster, wenn man s' zsamm bindt, recken jetzt d' Füß in d' Höh. Briefe eines Eipeldauers, o. S. Vgl. auch Beschreibung des großen Sturmwindes.

[1318]   StAKl, ClCal 1807.
[1319]   Wiener Zeitung Nr. 76/1807.
[1320]   StAKl, Karton 462, Nr. 14.
[1321]   HEINTL, Weinbau, 418.
[1322]   StAKl, Hs. 119, fol. 71r.
[1323]   StAKl, Hs. 122/1, pag. 140.
[1324]   StAKl, Hs. 150.
[1325]   StAKl, Hs. 121.
[1326]   StAKl, ClCal 1808.

Witterung...[1327] im Mai und Juni existieren es aus dem Sommer keine Berichte über Anomalien. Der Wein dieses Jahres wurde durchwegs als qualitativ und quantitativ sehr gut beschrieben.

Im Dezember kam es zu einem starken Absinken der Temperaturen, weshalb die Donau bereits am 18. Dezember gefror:

> *...mense frigus ... venti vehementus. Nix copiosa decidit praecipue a 18va Xbris, Danubius congelatus, nix rectus a 12ma abeis.*[1328]

> *Medico Decemb. Danubius congelatus, ut pedites transirent. Dein imitante anno seg. frigus remisit, astimos 5–6. Jan. denuo intensum, ita ut successive glacies leviores currus transeuntes ferret.*[1329]

1809

Zu den seit Dezember des Vorjahres herrschenden tiefen Temperaturen *...frigus hoc anno interissimum, hinc inde 17–18 grad inf. 0 in Thermom. Diebus seqq. currus Danubii glaciem absque periculo transibant...*[1330] kamen im Jänner anhaltende Schneefälle *...einen fünf Schu tiefen Schnee darauf und ist dieser Eisstoß unter den Schnee sülzig geworden und sind viele Menschen ertrunken.*[1331] Am 25. Jänner begannen die Temperaturen zu steigen, wodurch eine Überschwemmung der Donau verursacht wurde:

> *...regnete es in der Nacht, gelinde Witterung, und der Schnee zerflossen auf den Tächern...*[1332]

> *26. Höflein, 27–29. in Canonia vicinia glacies danubiales sunt soluta: subsecuta inundationes...*[1333]

> *...minderte sich in etwas das donau gewässer, bis 3. war das Wasser in ihre Schranken zurückgetretten.*[1334]

> *Der Eisgang in dem Donau-Kanale ... war von einer Überschwemmung begleitet, welche einen Theil der an demselben liegenden Vorstädte unter Wasser setzte, und bange Besorgnisse erregte. Indessen waren schon beym ersten Aufthauen des Eises alle Anstalten getroffen, welche zur Rettung der Personen und des Eigenthums, so wie zur Erhaltung des Verkehrs in den der Überschwemmung ausgesetzten Gegenden erfordert wurden.*[1335]

Anfang Februar sank der Wasserstand der Donau *...sahe ich schon die Sandbänke ... hervorragen.*[1336] Es wurde kälter und kam zu Schneefällen, weshalb der Fluss zu Ende des Monats neuerlich mit Eis bedeckt war:

1327 Wiener Zeitung Nr. 45/1808, Bericht über den 4. Juni.
1328 StAKl, ClCal 1808.
1329 StAKl, Hs. 150.
1330 StAKl, Hs. 122/1, pag. 157, Bericht über den 18. Jänner.
1331 StAKl, Hs. 121.
1332 StAKl, ClCal 1809, Bericht über den 25. Jänner.
1333 StAKl, Hs. 122/1, pag. 157. Vgl. dazu auch WStLA, Hs. A 159/3, pag. 11.
1334 StAKl, ClCal 1809, Bericht über den 1. bis 3. Februar.
1335 Wiener Zeitung Nr. 11/1809, Bericht vom 8. Februar.
1336 StAKl, ClCal 1809, Bericht über den 7. Februar.

18. *...frigus hoc anno intensissimum, hinc inde 17–18 grad sub 0 in Thermom. Diebus sequentib. currus Danubii glaciem absque periculo transibant.*
24.–25. *...post anteced. nives, 10 grad inf. 0 in thermom.; attamen frigus mox remisit...*
Die 26. – Höfleinii, die 27–29. in nostra vicinia glacies Danubiales sunt soluta.[1337]

Der März war gekennzeichnet von *...Wind, schlechten Wetter, auch Nebeln ... Der April finge sich eben gar nicht schön.*[1338] Ende März kam es erneut zu einem Donauhochwasser, wodurch auch das Kriegsgeschehen in Wien beeinflusst wurde *...wuchs die Donau so sehr an, daß sie die Franzosen durch einige Tage hinderte, ihre von den Österreichern zerstörte Brücke über die Lobau wieder herzustellen.*[1339] Im April ereigneten sich mehrmals Schneefälle:

...am Ostersonntag haben wir alles mit Schnee überdeckt, kalt, kurz: keine Ostern, bald gefroren Nacht...[1340]
3.–4. *Denuo nives.*
6.–7. *Nova glacies.*
20.–21. *...nives, imo adhuc 7. May, in montibus et silvis, satque frigidum, attamor agri a Domino benedicti...*[1341]
...wegen eingetrettener üblen Witterung, am 21. dies nicht abgehaltenen Prozession...[1342]

Nach einem vorwiegend sonnigen, jedoch sehr trockenen Monat Mai[1343] kam es am 8. und 9. Juni zu einem fruchtbaren Regen *...salutaris pluvia, post toto mense siccos calores.*[1344]
Über die Sommermonate liegen punktuelle Überlieferungen vor, die in allen Fällen von warmer und sonniger Witterung berichten und auch *...Die Ärndte ist schön und im Überflusse...*[1345] gewesen.
Für den Weinbau dürften die Fröste im Frühjahr jedoch von nachhaltig schlechter Wirkung gewesen sein, da die Lese allgemein als mittelmäßig bezeichnet wurde.[1346]

1810

Anfang Jänner sanken die Temperaturen *...subito frigus intensum...*, sodass sich in der Nacht zum 16. Jänner ein Eisstoß auf der Donau bildete *...noctu Danubius congelatus...*, der bis Ende Februar anhielt *...Glacies Danubii soluta fuit.*[1347]

[1337] StAKl, Hs. 150.
[1338] StAKl, ClCal 1809.
[1339] StAKl, Karton 462, Nr. 14.
[1340] StAKl, ClCal 1809, Bericht über den 2. April.
[1341] StAKl, Hs. 150.
[1342] DAW, Kassette Gebete II.
[1343] Vgl. UNDT, Witterung, 215 f.
[1344] StAKl, Hs. 150.
[1345] Wiener Zeitung Nr. 96/1809.
[1346] Vgl. StAKl, Karton 219, Nr. 37 NR, fol. 266r; Wiener Zeitung Nr. 154/1809; PUNTSCHERT, Denkwürdigkeiten, 200.
[1347] StAKl, Hs. 150, Berichte über den 12. bzw. 16. Jänner und 27. Februar.

Über die folgenden Monate existieren nur punktuelle Aussagen, die kein Gesamt-bild der Witterungsverhältnisse ergeben. Der September kann jedoch als über-durchschnittlich warm eingestuft werden.[1348]

Für den Weinbau schien die Witterung günstig verlaufen zu sein, da die Lese durch-wegs als gut bezeichnet wurde. Ein relativ später Lesebeginn könnte jedoch ein Hinweis auf einen nicht allzu warmen Sommer sein:

> *Der Herbst war lieblich und schön, und der Zeitigung der Trauben nöthig auch nützlich, und die Weinlese began am 15. Oktober.*[1349]

Ende Oktober ereigneten sich die ersten Schneefälle:

> *...fiel gewaltiger Schnee und das danach folgende Thauwetter machte die Wein-gärten unzugänglich, so daß die zu Weidling noch am Stocke befindlichen in 53 Vierteln vertheilten Trauben, mit grossem Verluste an Quantität, erst am 7. November mittelst Roboth meist aus dem Schnee ausgelesen werden konnten. Dieser Wein wurde besonders gut, selbst von Kennern in der Folge für einen des nachfolgenden Jahrganges gehalten...*[1350]

1811

Mitte Jänner begann sich bei anhaltend tiefen Temperaturen ein Eisstoß auf der Donau zu bilden, der etwa einen Monat anhielt *...circa 10 horam vespert, glacies dissoluta; Vienna 15 juga pontis majoris avulsa sunt.*[1351] Im März und Anfang April blieb es kalt. Anhaltend warme und trockene Witterung begann sich erst im Mai einzustellen:

> *...die Witterung vom Frühjahre bis in den Herbst warm; heiß und trocken; wenige und nicht anhaltende Regen. Die Feldfrüchte und die Futterkräuter schmachteten, und lieferten nur unausgiebige Ernten. Der Weinstock aber trug die herrlichsten Früchte. Schon im August waren die meisten Trauben vollkom-men reif ... einer der edelsten und geistreichsten, welcher jemahls gewachsen ist.*[1352]

Die Monate Mai, Juni und Juli waren überdurchschnittlich warm und trugen maß-geblich zu der für den Sommer errechneten Abweichung der Temperaturen von +3,7°C gegenüber dem Mittel von 1951–1980 bei.[1353]

Die allgemein sehr früh begonnene Lese – in Klosterneuburg erfolgte der Lesebe-ginn bereits am 17. September – erbrachte in allen Weinbaugebieten Ostösterreichs hervorragende Weinqualitäten *...vinum excellens.*[1354]

Im November ist das Thermometer *...immer über dem Eispuncte gestanden, bis auf 2 oder 3 Tage, an denen es auf 2 Grade unter 0 sank...*, der Dezember *...zählte nur

---

[1348] Vgl. HADER, Witterungsabläufe, Tabelle 3.
[1349] StAKl, Hs. 119, fol. 87v.
[1350] StAKl, Hs. 119, fol. 87v, Bericht über den 30. Oktober.
[1351] StAKl, Hs. 150, Bericht über den 12. Februar.
[1352] HEINTL, Weinbau, 418 f.
[1353] Vgl. BÖHM, Lufttemperaturschwankungen, 91. Auch in Linz kam es im Juli und August zu einer außerordentlich hohen Zahl heiterer Tage. Vgl. SCHREYER, Wetterchroniken, 70; PFAFF, Sommer.
[1354] StAKl, Hs. 122/1, pag. 182.

fünf Tage, an denen ein sehr seichter Schnee gefallen ist. Das Raumursche Thermo-
meter ... immer über dem Eispuncte gestanden, bis auf 2 oder 3 Tage.[1355]

1812

Die zu Jahresbeginn milden Temperaturen begannen nach der ersten Woche allmählich zu sinken und am 12. Jänner setzten heftige Schneefälle ein *...mit Ausnah-*
me des 18. und 19. schneyete es täglich, und so häufig, daß in der umliegenden
Gegend an manchen Orten der Schnee über halbe Mannstiefe hat.[1356] Zu Ende des
Monats begannen die Temperaturen zu steigen, die Schneefälle hielten jedoch
weiter an:

Seit mehreren Tagen ist hier und in den Gegenden, bey mässiger Kälte, die
manchmahl in Thauwetter überzugehen schien, eine ungewöhnliche Menge von
Schnee gefallen, der das Fortkommen für Menschen und Wägen allenthalben
erschwert, und seit dem 22. d. eine wachsende, empfindliche Kälte hervorbringt,
obschon das Wetter neblicht ist, und die Winde meistens aus SW wehen.[1357]

Der gegenwärtige Winter, welcher sich viel später als gewöhnlich eingestellet,
und sich bisher durch eine so gelinde Witterung ausgezeichnet hat, wie man sie
nur in einem viel südlichern Himmelsstriche anzutreffen pflegt, hat nun plötz-
lich eine Wendung genommen, die ihm einen vorzüglichen Platz unter den
strengen Wintern anweiset. Denn wenn häufig und tief gefallener Schnee, ver-
bunden mit einem starken Frost, einen strengen Winter bezeichnet, so hat der
dießjährige seit der Mitte des Januars diese Eigenschaften in einem hohen Grade
angenommen...[1358]

Die Temperaturen waren allerdings nicht tief genug, um die Donau vollständig mit
Eis zu bedecken. Aufgrund fehlender Niederschläge während des Vorjahres
herrschte extremes Niederwasser und auch der Grundwasserspiegel sank beträchtlich, wodurch die Versorgung der Bevölkerung gefährdet schien:

Ungeachtet der eingetretenen starken Kälte dieses Winters, ist die Donau in der
Gegend von Wien, mit Ausnahme des Donau-Kanals, nie ganz mit Eise belegt
gewesen...[1359]

Als eine Folge der ausserordentlichen und anhaltenden Hitze und Trockenheit
des vorigen Sommers, und der Sparsamkeit des im Herbste gefallenen Regens,
ist es anzusehen, daß nicht nur in Wien und in der Gegend, sondern auch in
anderen Provinzen dieses Kaiserstaates, die Quellen zum Theil zu versiegen an-
fingen, die Brunnen wenig oder kein Wasser gaben ... Auch die Donau nahm in
der Gegend von Wien allmählig so sehr ab, das der kleinste Wasserstand 10 Zoll
tiefer stand, als der Nullpunct an dem Mittelpfeiler der Franzens-Brücke, wel-
cher das kleinste Wasser vom 20. Januar 1802 anzeigt ... Fallen des Wassers in
der Donau ... hat bis zum 2. d. M. angehalten, wo der Wasserspiegel des

1355 Wiener Zeitung Nr. 10/1812.
1356 Wiener Zeitung Nr. 10/1812, Bericht über den 12. bis 23. Jänner.
1357 Wiener Zeitung Nr. 9/1812, Bericht vom 29. Jänner.
1358 Wiener Zeitung Nr. 10/1812, Bericht vom 1. Februar.
1359 Wiener Zeitung Nr. 13/1812.

zwischen der Stadt und der Vorstadt fliessenden Donau-Armes sogar 1 Schuh unter dem kleinsten Wasserstand, nach dem Wassermaß an dem Mittelpfeiler der Franzens-Brücke zeigte.[1360]

Mitte Februar begannen sowohl die Temperaturen als auch der Wasserstand der Donau zu steigen *...das Wasser seit wenigen Tagen um mehr als 19 Zoll angewachsen ist, das Eis aber immer mehr abnimmt, auch nicht bekannt ist, das sich selbiges in den obern Theilen mächtig gesetzt hat, oder abwärts viel Widerstand zu besorgen wäre.*[1361] Die Witterung der folgenden Monate blieb feucht und kühl:

Das J. 1812 war dem vorhergehenden in Ansehung der Temperatur ganz entgegengesetzt; auf einen äußerst strengen Winter (ungewöhnliche Menge Schnee, Eisstoß jedoch ohne Schaden) folgte ein nasser Frühling, kühler nasser Sommer. In Ansehung der Feldfrüchte sehr gesegnet; daher starkes fallen der Preise.[1362]

Sowohl für die Landwirtschaft als auch den Weinbau war der Charakter der Witterung von großem Vorteil, denn dieses Jahr brachte *...allein mehr Wein ... als die beyden reichen Jahre 1810 und 1811 zusammen nicht geliefert hatten.*[1363]

Die nasse Witterung des Sommers, mit Sonnenschein oft abwechselnd, hat übrigens auf alle Erzeugnisse von Feldfrüchten und auf das Spätobst so vortheilhaft gewirkt, daß alle diese Nahrungsmittel in ausserordentlicher Menge geerndtet wurden, und alle Preise der ersten Lebensbedürfnisse täglich mehr herabgehen.[1364]

Die Weinlese war so reichlich als die Erndte ausgefallen, doch da die Qualität des Weines nur gering, und der Landwein in solcher Menge war, daß es an Fässern gebrach, so wurde er damals gar gering verbracht, doch die nachfolgenden Mißjahre brachten ihn zu so grossen Werth, daß Einzelne dadurch zu Reichthum gelangten.[1365]

Die Weinlese hat in der Österreichischen und Ungarischen Provinz ihren Anfang genommen, und aus allen Gegenden vernimmt man, daß dieselbe sich nicht nur in der Menge des Ertrags vor vielen Jahren auszeichnet, sondern daß auch die Eigenschaft des Mostes, wovon man in Rücksicht auf die vielen nassen und kalten Tage des Sommers wenig sich versprechen konnte, durch die letzthin eingetretenen anhaltend schönen und warmen Herbsttage sich so sehr verbessert hat, daß man den von diesem Jahre zu erwartenden Wein unter die besseren Gattungen wird zählen dürfen.[1366]

Ende November begannen die Temperaturen stark zu sinken. Auf der Donau entstand ein Eisstoß, der sich jedoch Ende Dezember wieder auflöste *...war in allen Armen des Strohms das Eis gebrochen, aber ohne die Brücken zu beschädigen, unaufgehalten abgeflossen.*[1367]

[1360] Wiener Zeitung Nr. 10/1812, Bericht vom 2. Februar.
[1361] Wiener Zeitung Nr. 13/1812, Bericht vom 12. Februar.
[1362] StAKl, Karton 219, Nr. 37 NR, fol. 266r.
[1363] HEINTL, Weinbau, 419. Vgl. dazu auch Heimatbuch Mödling, 109.
[1364] Wiener Zeitung Nr. 88/1812.
[1365] StAKl, Hs. 119, fol. 90v.
[1366] Wiener Zeitung Nr. 88/1812, Bericht vom 20. Oktober.
[1367] Wiener Zeitung Nr. 30/1813.

1813

Nach einem kurzfristigen Warmlufteinbruch Ende Dezember begannen Anfang Jänner die Temperaturen zu sinken, weshalb sich auf der Donau zum zweiten Mal in diesem Winter eine Eisschicht bildete. Im Februar herrschte milde Witterung vor, die am 18. Februar zur Auflösung des Eisstoßes und in weiterer Folge zu einer Überschwemmung der nahe der Donau gelegenen Vorstädte sowie der Praterauen führte:

...ist durch die im Januar eingetretene heftige Kälte der Strohm wieder ganz zu-gefroren, bis endlich die lange anhaltende gemässigte Witterung zum zweyten Mahle das Eis brach. Am 18. Febr. setzte es sich zuerst im sogenannten Wiener Kanale in Bewegung; aber an der Franzens-Brücke fand es Widerstand, und so schoppte sich das nachrinnende Eis in dem ganzen Wiener-Kanale auf eine be-deutende Höhe an, und blieb stehen ... in der Nacht ... das Eis in den äusseren drey Armen der Donau in Bewegung, und wurden bis gegen Mittagszeit im äussersten Arm 8 Joche hinweggerissen, und 3 andere, so wie 2 an der Tabor-brücke beschädiget. Am 20. kam das Eis auch im Wiener-Kanale wieder in Be-wegung, weil es aber noch immer keinen Abzug fand, und das unten fliessende Wasser zunahm, so traten Eis und Wasser aus den Ufern, und ward ein Theil der Leopoldstadt, nebst andern längs der Ufer gelegenen Vorstadtgegenden, die Spitel- und die Brigitten-Aue, unter Wasser gesetzt. In diesem Stande blieben Eis und Wasser bis zum 22. Febr...[1368]

...gegen 1 Uhr das Eis im grossen Donau-Arm bey Nußdorf brach, und in den Wiener-Kanal eindrang. Die Gewalt dieses Antriebes brachte hier den Eisstoß zwar in Bewegung, aber bey der gräfl. Rasoumoffskischen Brücke und dem sogenannten schwarzen Stocke setzte er sich neuerdings, und erfolgte plötzlich eine solche Überschwemmung, daß die ganze Leopoldstadt, ein grosser Theil der Rossau, so wie die tiefer gelegenen Theile der Weißgärber und Erdberger Vorstädte mit Eis und Wasser bedeckt wurden...[1369]

In der Nacht ... hat sich zwar das Eis aus dem Wiener-Kanale allgemach verlo-ren; aber noch stand es bey der gräfl. Rasoumofselischen Brücke fest, und nur nachdem es sich in der Nacht vom 24. zum 25. auch hier gebrochen hatte, hörte die Überschwemmung auf, da von allen Seiten der Strohm in seine Betten zurückkehrte.[1370]

Im März kam es zu starken Schneefällen *...copiosa denuo nives...,*[1371] doch *...so heftig und anhaltend der vorübergegangene Winter war, so häufig in den vorigen Monathen*

1368   Wiener Zeitung Nr. 30/1813, Bericht über den 18. bis 20. Februar.

1369   Wiener Zeitung Nr. 30/1813, Bericht über den 22. Februar. Fürst Rasumofsky hatte im Jahr 1797 einen Steg im Bereich der heutigen Rotundenbrücke errichten lassen, der ihm einen be-quemen Zugang von seinem Palais auf der Landstraße in den Prater ermöglichte und von Fußgängern jederzeit benutzt werden durfte. In den Jahren 1824/25 wurde der Steg durch die erste Hängebrückenkonstruktion Wiens, die Sophienbrücke, ersetzt. Vgl. ALTFAHRT, Donau-kanal, 18.

1370   Wiener Zeitung Nr. 30/1813, Bericht über den 23. bis 25. Februar.

1371   StAKl, Hs. 122/1, pag. 196, Bericht über den 10. und 11. März.

abwechselnd Schnee und Regen fiel, und so sehr man Ursache hatte, einen gefahr-
vollen Eisgang und Überschwemmungen für die zunächst an der Donau gelegenen
Vorstädte und Umgebungen Wiens zu besorgen, so ist doch bis jetzt alles ohne ausserordentliche Erscheinungen und ohne Schaden abgelaufen.[1372]

Um den 20. April ereignete sich ein für den Weinbau sehr schädliches Einfließen
kalter Luftmassen ...Osterdinstag ein Schneegestöber kam, und nicht abtroknete so
gefror es bei der Nacht.[1373] Trotz hoher Temperaturen im Mai war die Weinblüte
stark beeinträchtigt. Mitte Juni wurden die Reben durch anhaltende Kälte neuerlich
in Mitleidenschaft gezogen:

> ...waren die Weinblüthen eben aufgebrochen. An diesem Tage änderte sich die
> Witterung sehr nachtheilig. Diese Änderung begann mit einem Donnerwetter,
> welches schon Vormittags mit Platzregen losbrach, und nebst dem kalten Nord-
> winde den Regen zurückließ, welche durch drey Tage anhaltend gewesen sind,
> Nässe und Kälte allenthalben verbreitet haben. Seitdem konnte die milde Jahrs-
> zeit das Übergewicht nicht mehr gewinnen.[1374]

In den Sommermonaten herrschte kühle und regnerische Witterung,[1375] die Anfang
September verheerende Überflutungen in ganz Ostösterreich verursachte. Als einer
von zahlreich erhaltenen Berichten sei eine ausführliche Schilderung der Ereignisse
im Tag-Buch von Überschwemmungen angeführt, worin das Ausmaß der Schäden
verdeutlicht wird:

> Die ungeheure Verwüstung, welche die Überschwemmungen gegen Ende des
> vorigen und zu Anfange des laufenden Monaths verursacht haben, sind nicht zu
> berechnen. Sie waren so zerstörend, so unermeßlich und beispiellos in ihrer Art,
> daß sich die ältesten Persohnen der Gegenden, wo sie besonders hausten, keines
> ähnlichen Ereignisses zu erinnern wissen ... Auf die starken und anhaltenden
> Regengüsse, welche die letzten Tage des vorigen Monaths bezeichneten, waren
> zu Anfang September heitere Tage eingetreten; aber am 7. d. M. erschienen mit
> Nord-West-Winden neuerdings dichte Regenwolken, welche sich unausgesetzt
> bis zum 12. in Strömen ergossen. Schon das frühere Regenwetter hatte alle Flüsse
> in Niederösterreich (wie in allen andern an derselben Breite und mehr vorwärts
> gelegenen Ländern) angeschwellt, und Überschwemmungen verursachte, die ...
> an bewohnten Orten und Brücken vielen Schaden anrichteten, aber ungleich
> verheerender waren die Wirkungen der letztern Regengüsse. Die Donau er-
> reichte am 14. Sept. eine Höhe von beynahe 12 Schuh über die bezeichnete
> äußerste Höhe und alle Ströme in Niederösterreich, die sie unmittelbar, oder
> mittelbar, in ihrem Laufe aufnimmt, haben vom 10ten bis zum 13ten d. ihre Ufer
> überschritten, ungeheure Strecken des Landes in reissende Seen verwandelt, und
> allenthalben Verderben und Verwüstung um sich verbreitet. Hiervon enthalten

[1372] Wiener Zeitung Nr. 83/1813, Bericht vom 24. März.
[1373] BAMG, Wein=Chronik, pag. 1.
[1374] HEINTL, Weinbau, 419, Bericht über den 17. Juni ff.
[1375] Vgl. HANN, Meteorologie, 20.

die folgenden Angaben aus den Umgegenden der Hauptstadt die nähere Bezeichnung.

Auf der Straße nach Linz, ist durch das Austreten der Wien, der Damm bey
Maria-Brunn und Weidlingau stark beschädigt, bey Purkersdorf die Rostbrücke
ausgewaschen und ihrer Unterholzung beraubt worden. An der Brücke bey
St. Pölten, welche erst im Jahre 1810 erbaut worden war, hat die Trajsen 6 Joch
hinweggerissen, und alle übrigen aus ihrer Lage gebracht. Die Mühlbachbrücke
zu Erlaf und die Mühlbachbrücke an der Ybbs, nächst Neumarkt, wurde zerstört, die grosse Brücke über die Ybbs verlor ein Joch, und der dortige Damm
ward auf eine Strecke von 60 Klaftern zerrissen. Eben so sind auf den Seiten-
strassen, der Herzogenburger, der Maria Zeller, und der waldamtlichen Strasse
alle Brücken, Wehren, Stege, Mühlen etc. hinweggerissen und fortgeschwemmt,
die Dämme durchbrochen, die Strassen auf mehr als 20.000 Klafter durch-
wühlet worden. Von der anderen Seite ward ein Theil der Vorstädte von
Baden, ausser dem Thore von Heiligen Kreuz, und die ganze Gegend gegen das
Forst Breiten, ingleich Weikersdorf überschwemmt, und die Brücke zu Breiten
weggerissen.

Auf der Strasse nach Neustadt sind durch das Austreten der Liesing, der
Triesting und der Schwechat die Brücken bey Inzersdorf, so wie bey Trais-
kirchen, ganz hinweggerissen worden. Die Brücke in Neunkirchen hatt schon
durch den vorigen starken Regen am 20ten August viel gelitten, und wurde am
11ten Sept. ganz zerstört. Die dort neu aufgefürte Brücke hat an einer Seite, wo
sie durch den reissenden Strom unterwaschen wurde, beträchtlich gelitten.

Der Neustädter-Canal wurde an einigen Orten durchbrochen, und forderte be-
deutende Arbeiten zur Herstellung.

Auf der nach Preßburg führenden Strasse hat das Wasser von den drei Brücken
bey Schwechat, die neue hinweggerissen. Letzteres wiederfuhr auch der Fischa-
Brücke bey Fischament, und zum Theil der dort angelegten Verdämmung. Die
Schwadorfer und die Kuttenhofer Fabriken, ingleichen Enzersdorf, standen
ganz im Wasser, und nur wenige Häuser an diesen Orten blieben unbeschädigt.
Die unter Schwadorf gestandene Brücke über den Reisenbach auf dem Seiten-
wege nach Bruck ist beschädigt, und die ganze Strasse stark ausgerissen.

Auf der Strasse nach Ödenburg standen Achau, Minkendorf und Laxenburg
durch mehrere Tage unter Wasser. Der allerhöchste Hof hat sich genöthigt, den
Aufenthalt in letzerem Schlosse schleunig zu verlassen.

Zu den am Prater gelegenen finstern Gegenden bey der gräfl. Rasoumowski-
schen Brücke, und am Lusthause, hat sich die Donau auf eine weite Strecke
ergossen, und diese Theile des Praters sind zum Theil bis an die Allee überschwemmt worden. Eben so war die Tabor Aue ganz unter Wasser gesetzt.

Aus anderen und entfernteren Gegenden werden die Berichte noch erwartet.

Allenthalben haben die Anwohner, die Besitzer von Grundstücken und Häusern in jenen Gegenden vielen Schaden gelitten. Viele arme Unterthanen haben
ihr ganzes Vermögen, Häuser, Geräthe, Vorräthe, und Vieh verloren. Daß
Menschen selbst umgekommen sind, hat man nicht vernommen. Allenthalben

waren die Behörden, die Obrigkeiten und Beamten thätig besorgt, dem Übel Einhalt zu thun, die Menschen zu retten, Unglücksfälle nach Thunlichkeit abzuwenden, und wo die Gewalt des tobenden Elements allen Vorsicht trozte, Hülfe und Änderung zu verschaffen.

Die Landes-Regierung und ihr würdiger Vorsteher, Graf Saurau, sind unablässig beschäftigt, durch Bereisung und Besichtigung der beschädigten Gegenden, und durch Anordnung ... Maßregeln die landesväterliche Absicht des entfernten Monarchen allenthalben fühlbahr zu machen und zu vergegenwärtigen.

Aus Grätz wird geschrieben, daß die vaterländische Geschichte kein Beyspiel von einer Elementar-Verheerung enthalte, welche man mit der Überschwemmung vergleichen könnte, die Grätz in der Nacht vom 11. auf den 12. d. M. durch das Anschwellen der Muhr erfahren hat. Ein grosser Theil der Vorstädte wurde so tief unter Wasser gesetzt, daß die gewalt des Stromes von den tiefer liegenden Häusern Thüren und Fenster aushob. Immer höher stiegen die Fluthen, und häufig daherschwimmende Gebälke ließ auf grosse Verheerungen in Obersteyer schliessen. Mit einbrechender Nacht wurde die Gewalt des Stromes heftiger; es trieb Plätten, zerissene Flösse und Reste zerstörter Häuser und Brücken daher, und um halb 9 Uhr stürzte unter fürchterlichem Getöse die Hälfte der alten Muhrbrücke in die Fluthen. Mehrere an diesem Theile der Brücke angebundene Plätten, welche zur Herstellung der schadhaften Pfeiler aneinander gereiht waren, schwommen mit der Muhr fort. Die neue Brücke, ein Werk aus Joseph II. weiser Regierung, hielt den Stoß des aufgethürmten Gebälkes unerschüttert aus, und so ist die Gemeinschaft zwischen beyden Ufern glücklicherweise nicht unterbrochen. Vom 12. Mittags angefangen, fiel das Wasser sehr langsam wieder, um uns die angerichteten Verheerungen aufzudecken. Vorzüglich bedauernswerth ist die Lage der zunächst an der Mariahülfer Lände der Muhr gelegenen Gassen und Gegenden.

Nach eingelangten Berichten sind die Brücken von Fronleiten und Bruck ebenfalls zerstört worden, und der ordentliche Zug der Post war unterbrochen. Mit Bangigkeit erwartet man aus den entfernten Gegenden die weiteren Berichte.[1376]

Auch in zahlreichen Schadensberichten und Erlässen der Obrigkeit werden die Zerstörungen deutlich ...*Bey den gegenwärtigen Verhältnissen ist es von größter Wichtigkeit, daß die durch die Elementar-Ereignisse gehemmten Communicationen auf das Schleunigste wieder eröffnet, und die zerstörten Brückendämme und Strassen hergestellt werden.*[1377]

Im Oktober kam es zum Auftreten einer Viehseuche und auch ...*in anderen Gegenden und Ländern herrschte das Übel, wegen der Überschwemmungen, und der anhaltenden Nässe.*[1378]

[1376] StAKl, Karton 462, Nr. 14. Bereits im Jahr 1810 waren die ersten Projekte einer großzügigen Donauregulierung aufgetaucht. Der Direktor des k. k. Hofbauamtes, Josef Schemerl Ritter von Leytenbach, plante, den völlig verwilderten Wiener Stromverlauf in einem 1,9 Kilometer langen, geraden Durchstich zusammenzufassen. Dieses Projekt musste jedoch aus Kostengründen verworfen werden. Vgl. PROMINTZER, Donauregulierung, 220.

[1377] AMP, Karton 287, Faszikel 1, Dekret des k. k. Kreisamtes des VUWW vom 20. September an den Magistrat von Perchtoldsdorf.

Für den Weinbau hatten die Fröste im Frühjahr und die nasskalte Witterung der Sommermonate schwerwiegende Folgen ...*Die Weinlese war d. J. bey Menschengedenken die geringste, fing im Stifte erst den 25. October an, und doch war ein Theil der äusserst wenigen Trauben noch nicht reif.*[1379]

1814

Die Anfang des Jahres herrschenden tiefen Temperaturen verursachten am 12. Jänner die Bildung eines Eisstoßes, ...*doch konnte man über den Stoss nicht gehen. Den 20. Jan. brach der Hauptarm wieder, bey Regen- und Thauwetter: darauf gingen auch die Nebenarme. Vom 19.–20. Febr. gefror der nächste Arm beym Stifte wieder zu. Die anhaltenden Kälte war von 10–16°. Dann vom 28. Febr. auf den 1. März bildete sich auch auf der grossen Donau der dissjährige zweyte Stoss. Am 12. März gingen beyde kleine Arme wieder auf und den 13. Abends der Hauptarm, ohne Beschädigung der Wiener Brücken.*[1380] Zuvor fiel am 8. und 9. März noch ...*der größte Schnee diesen Winter in Österreich, durch welchen die Saaten hin und wieder auswinterten.*[1381]

In den folgenden Wochen kam es – mit Ausnahme einiger warmer Tage Mitte April – zu keinem wesentlichen Anstieg der Temperaturen. Am 29. April ...*fiel neue durchdringende Kälte ein. Nordwinde bliesen, und es gefror. Die neueingetretene Kälte und die zweifelhafte Witterung war Ursache, daß Ihre Majestät, unsere Kaiserinn, höchstwelche am nähml. 26. April im Stifte angesagt war, nicht kam.*[1382]

In der ersten Maihälfte blieb der Charakter der Witterung sehr wechselhaft und es kam neuerlich zu Schneefällen und Minusgraden:

> *Die im gegenwärtigen Monathe May eingetretenen kalten Tage, sind unter die ganz besondern Erscheinungen zu zählen. Nachdem man hier um die Mitte Aprills bedeutend warme Tage gehabt hatte, so stellte sich mit Ende desselben Monaths eine so empfindsame Kälte ein, daß das Thermometer den 29. und 30. Morgens, bey einem heftigen Nordwinde, nahe am Eispuncte stand. Obschon die ersten Tage im May noch immer sehr kalt waren, so hatte sich dennoch die Temperatur so schnell erhohlet, daß das Reaumur'sche Thermometer den 6. Nachmittags um 3 Uhr auf 19¼ Grad stand; allein nachdem es den 7., 9. und 10. geregnet hatte, auch am 9. um die Mittagszeit Hagelkörner gefallen waren, so wurde die Temperatur bey einem sehr starken Nord-Westwinde neuerdings so sehr abgekühlet, daß das Thermometer den 11. Morgens auf 2 Grad über Null stand, und man kann als wahrscheinlich annehmen, daß dasselbe ausser der Stadt im Freyen, auf dem Eispunkte gestanden habe. Den 12. d. M. ist auch um 10 Uhr Vormittags etwas Schnee gefallen. Der Reif in der Nacht vom 13. zum 14. May scheint besonders dem Weinstocke, und aller übrigen Obstfrucht*

[1378] StAKl, Hs. 122/2, pag. 5.
[1379] StAKl, Hs. 122/2, pag. 4.
[1380] StAKl, Hs. 122/2, pag. 18.
[1381] StAKl, Hs. 122/2, pag. 22.
[1382] StAKl, Hs. 122/2, pag. 38.

266

merklich geschadet zu haben. Die Temperatur der Luft, kann sich seither nur äusserst langsam wieder erholen.[1383]

Die Temperaturen blieben auch im Juni gemäßigt und zusätzlich ereigneten sich ab dem 16. Juni häufige Niederschläge. Am Ende des Monats verursachten die Regenfälle Überschwemmungen der Donau und ihrer Zubringerflüsse:

Anhaltender Regen, der Sonntags [26. Juni] Nachmittags anfing, sich in Ströhmen zu ergiessen, und durch die ganze Nacht gleichmässig anhielt, hat alle Ströhme in der Umgegend dieser Hauptstadt mächtig angeschwellt, und zum Theil zum reissenden Ausbruche gebracht.[1384]

...waren der Weidlinger- und Kierlinger-Bach ungewöhnlich stark angelaufen, und richteten grossen Schaden an.[1385]

...ein so heftiges Hagelwetter ausgebrochen, daß der Hagel hoch aufgeschichtet, bis Abends die Gegend bedeckte. Der hierauf erfolgte Regen hat auch die dortigen Gewässer überschwemmt, und an dem Holzrechen, an Brücken, Zäunen und Gebäuden einen empfindlichen Schaden angerichtet.[1386]

Der Wien-Strohm ist am Montage, von 6 Uhr bis 11 Uhr Vormitags, so mächtig und schnell angeschwollen, daß er beynahe die höchste bekannte Höhe vom Jahre 1785 erreicht hat. Die an diesem Flusse in einiger Tiefe liegenden Vorstädte, besonders der Magdalena Grund, ein Theil von Gumpendorf, und ein Theil der Wieden wurden überschwemmt, und an Garten und Planken vieles niedergerissen. Doch ist sonst in diesen Gegenden kein Unglück vorgefallen. Der Schaden dürfte bey der reissenden Höhe des Strohms bedeutender geworden seyn, wenn nicht, als der Regen nachließ, auch schon um 11 Uhr das Wasser wieder so plötzlich gefallen wäre, daß es schon um 3 Uhr in seine Ufer zurückgetreten war. Auch die Donau der Umgegend war hoch angeschwollen, ist aber nur in der Brigitten-Aue und auf der Holzstätte, jedoch nicht stark, und nur auf kurze Dauer, ausgetreten.[1387]

Zahlreichen Schadensberichte dokumentieren dieses Elementarereignis:

Rücksichtlich der Abschätzung des Wetterschadens bey den zwey gemeinden Brunn und Enzersdorf hat man sich mit dem Mödlinger Magistrat, welcher zu dieser Schadenerhebung und Abschätzung durch kreisämtl. Antrag mit dem löbl. Magistrate Perchtholdsdorf zugleich aufgefordert worden ist, dahin einverstanden, daß der in der Frage begriffene Wetterschaden durch diese Herrschaft vorläufig behoben, und in die vorgeschriebene consination gebracht, sohin den beyden Schätzungscommissairen zur Beurtheilung und Unterzeichnung vorgelegt werden solle.[1388]

[1383] Wiener Zeitung Nr. 135/1814.
[1384] Wiener Zeitung Nr. 180/1814.
[1385] StAKl, Hs. 122/2, pag. 46.
[1386] Wiener Zeitung Nr. 180/1814, Bericht aus Baden bei Wien über den 26. Juni.
[1387] Wiener Zeitung Nr. 180/1814, Bericht über den 27. Juni.
[1388] AMP, Karton 287, Faszikel 5, Brief der Herrschaft Liechtenstein vom 19. Juli an den Magistrat von Perchtoldsdorf.

...durch den letzten Regen und hiervon in einen reissenden Strom verwandelten Weidlingbach nicht nur allein an ihren an den Bach gränzenden Grundstücken, sondern auch an Häusern einen großen ... Schaden erlitten.[1389]

...durch die ungeheure Wassergieß an ihren Scheuern, Stallungen, ja selbst Wohngebäuden so viel Schaden gelitten haben, daß sie gezwungen sind, manches vom Grunde aus neu zu erbauen.[1390]

In den Sommermonaten hielt die niederschlagsreiche Witterung an und bereits Ende September kam es zu den ersten Frösten. Die Folgen für den Weinbau waren auch in diesem Jahr verheerend, neuerlich gab es eine Missernte:

Dieses Jahr gehört zu den größten Mißjahren; nachdem die vorigen Jahre durch die Näße den Weinstock ruiniert hatte, so half dieses Jahr erst vollends zu grunde richten es trieb wenig Weinberen. Den 4. Mai kam ein starker Reif mit Gfrir die Blühzeit war noch schlechter und dieß wenige, was noch übrig blieb, wurde schon um Micheli von Gfrir heimgesucht, so das es einen Essigsauren mit einen Gfrirgeruch versehenen Wein gab.[1391]

...began eben so traurige Weinlese als im vorigen Jahr, weil ein heftiger Frost am 14. May fast allen Antrieb zerstörte. Viele Weingärten wurden wieder zum Ablesen licitirt, doch das wenige war besser als in vorigen Jahre...[1392]

...fing die sehr betrübte, geringe Weinlese, diesseits, an. Zu alle übrigen traurigen Aussichten kam noch einige Tage vorher, den 11. und 12. eine gähe Kälte mit Eis, so, daß fast alles gefror. Dieselbe war bereits den 27. geendet, ja schon den 25. wenn nicht die letzten Tage regnerische Witterung dazwischen gekommen wäre.[1393]

Dieses Jahr 1814 war die Ernte mittelmäßig; Wein ist aber gar keiner gewachsen. Durch eine starke Kälte Anfangs May ist aller erfroren. So schlecht war es mit dem Wein noch niemalen. Nicht ein Dritl Maß ist dieses Jahr im Keller gebracht worden.[1394]

Ab Mitte Oktober war der Himmel bis zum Jahresende beinahe täglich bewölkt und es regnete häufig. Die Temperaturen blieben gemäßigt:

Seit der Mitte des Oktobers ist hier eine so unangenehme, so unfreundliche Witterung eingetreten, daß man seit dieser Zeit her kaum einen einzigen vollkommen heitern Tag zählen konnte. Die Tage wechselten mit dichten Nebeln, mit Regen und mit getrübter Atmosphäre. Schnee fiel bisher sehr wenig, ausser am 3. und 6. Dezember, da des andern Morgens die Gipfel der umliegenden Berge davon bedeckt erschienen. Das Barometer war zwar veränderlich, aber keinem plötzlichen Wechsel unterworfen. Der höchste Barometer-Stand von der Mitte des Oktobers bis auf den 14. Dezember war 28 Zoll 8 Lin. 8 P. bey einem

1389 StAKl, Karton 932, Nr. 6, Bitte eines Untertanen um Eichenstämme an das Stift Klosterneuburg vom 11. August.
1390 StAKl, Karton 923, Nr. 28, Bitte eines Untertanen um Bauholz an das Stift Klosterneuburg.
1391 BAMG, Wein=Chronik, pag. 2.
1392 StAKl, Hs. 119, fol. 95r, Bericht über den 17. Oktober.
1393 StAKl, Hs. 122/2, pag. 51, Bericht über den 17. Oktober.
1394 StAGw, Hs. Geschichte und Protokoll der Pfarr Aspersdorf, pag. 106.

*schwachen Nord-West-Winde, der niedrigste 27 Zoll 10 Lin. 10 P. Wienermaß
bey einem sehr wenig bemerkbaren Süd-Winde. Das Reaumursche Thermometer stand bisher immer über dem Eispunkte, nur den 19. Nov., den 7., 8. und
9. Dez. war dasselbe auf einen Grad unter 0 gefallen, aber auch sogleich wieder
in die Höhe gestiegen. Den 12. und 13. Dez. trat plötzlich bey einem Nord-
West-Wind eine so laue Temperatur der Luft ein, daß das Thermometer den 13.
Morgens um 8 Uhr auf 10 Grad über 0 stand, entgegen aber den folgenden Tag
Morgens um 8 Uhr bey S.O.O. Winde nur 4 Grad über 0 ging. Vom 14. Okt.
an bis hierher zählte man 29 Tage mit dichten Nebeln, 21 mit Regen, und 2 mit
Schnee und Regen vermischt. In der Nacht vom 11. zum 12. Dez. will man Blitze
und Donner wahrgenommen haben...*[1395]

1815

Die seit Ende Oktober des Vorjahres herrschenden milden Temperaturen hielten
bis März an. Mitte Jänner kam es zu Schneefällen:

*Nach einem langen schönen Herbst endlich zu Anfang d. J. Schnee und Kälte,
und zwar seit dem 19. Jan. viel Schnee, auch gefror, bey mittelmässig anhaltender Kälte, der nächste Donauarm beym Stifte zu: doch schon am 1. Febr. löste
sich derselbe wieder auf, und die zweyte Hälfte des Febr. hatten wir schöne
Witterung.*[1396]

Nachdem auch im März das Wetter *...ungemein schön...*[1397] war, begannen die
Temperaturen Mitte April stark zu sinken:

*Seit dem 12. April trat neue kalte Witterung ein; am 16.–17. in der Früh gefro-
ren, da schon alle Bäume blühten, zum Theil schon verblüht hatten: die
anscheinende Hoffnung in den Weingärten wurde wieder wie v. J. nieder-
geschlagen.*[1398]

Im Mai und in der ersten Junihälfte war es sehr warm und trocken. Danach herrschte niederschlagsreiche Witterung vor. Eine ausführliche Charakterisierung der
Witterung in den Monaten Juni und Juli wurde in der Wiener Zeitung veröffentlicht:

*Die ersten Tage des Junius waren von einer ganz mittelmässigen Wärme beglei-
tet, welche stufenweise immerfort zunahm, bis den 17. das Reaumur'sche Thermometer 23¹/₂ Gr. über 0 erreichte, welches in diesem Jahre bisher noch der
höchste Wärmegrad gewesen war. Am 21. Junius hatten zwey Donnerwetter,
das eine Vormittags gegen 9 Uhr, das andere gegen 4 Uhr Nachmittags, die Atmosphäre dermassen abgekühlet, daß das Thermometer den 24., 25., 26. und 27.
desselben Monathes Abends jederzeit auf 9 Gr. über 0 stand: ein Temperatur-
grad, welcher für die Zeit der Sommer Sonnenwende für ganz etwas Ausseror-
dentliches angesehen werden muß. Nachdem sich das Thermometer die folgenden Tage um etwas gehoben hatte so kam dasselbe noch den 8. Julius abermahl*

[1395] Wiener Zeitung Nr. 250/1814, Bericht vom 16. Dezember.
[1396] StAKl, Hs. 122/2, pag. 61.
[1397] Wiener Zeitung Nr. 64/1815, Bericht über den 4. März.
[1398] StAKl, Hs. 122/2, pag. 72.

auf 9 Gr. über zurück. Von diesem Tage an begann die Wärme nach und nach zu steigen, bis den 19., wo das Thermometer wiederholt 23¹/₂ Gr. über 0 zeigte. Allein ein an diesem Tage ausgebrochenes Donnerwetter, so wie an den folgenden Tagen häufig eingetretene Regen, haben diese Wärme wieder sehr gedämpfet. Das Barometer hatte diese ganze zwey Monathe hindurch beynahe immer unter 28 Zoll 5 Linien gestanden, welches der hiesige mittlere Barometerstand auf der k. k. Sternwarte ist; nur den 16. und 28. Junius, so wie den 13., 14. und 15. Julius, war der Stand desselben um eine einzige Linie höher gewesen. In der ersten Hälfte des Junius hatte man mehrere heitere Tage gezählet; jedoch vom 14. desselben Monathes angefangen bis zu Ende des Julius war die Luft so anhaltend mit Wolken getrübt, daß man nur den 18. Junius, und den 5., 6. und 13. Julius unter die vollkommen heitern Tage zählen konnte. Im Junius zählte man 8, im Julius 9 Donnerwetter; Tage, an denen es regnete, im Junius 16, im Julius 18. In der ersten Hälfte des Junius, in der man mehrere heitere Tage gezählet hatte, hat sich auch öfters der Südostwind eingefunden; jedoch von der Mitte desselben Monathes bis zu Ende des Julius hatten fast beständig Westwinde oder Nordwestwinde geherrschet, welche hier als regenbringende Winde verrufen sind. Allem Anscheine nach, wird das Jahr 1815 ebenfalls, wie die zwey vorhergehenden, unter die nassen Jahre gezählet werden müssen, und hierin scheint abermahl Anton Pilgrams Prophezeyung zuzutreffen, welcher in seinem Buche über das Wahrscheinliche der Wetterkunde, das Jahr 1815 mit überwiegender Wahrscheinlichkeit in die Reihe der feuchten Jahre setzet; denn nach ihm ist die Wahrscheinlichkeit, daß das Jahr 1815 ein feuchtes Jahr seyn werde, wie 25 zu 10; daß es aber ein trockenes Jahr seyn werde, nur wie 12 zu 10.[1399]

Die Niederschläge führten Ende Juni bereits in Oberösterreich,[1400] Anfang Juli auch in Wien zu Überschwemmungen der Donau ...*Die Donau durch häufiges Regenwetter angeschwollen trat am 4. Juli aus ihren Ufern und richtete vielen Schaden an.*[1401] Auch das in der Wiener Zeitung genannte Unwetter mit Hagelschlag vom 19. Juli stimmt mit Berichten in einer Klosterneuburger Quelle überein ...*nachm. um 4 Uhr hatten wir zu Klosterneuburg einen sehr starken Schauer od. Schlossen, welche in den Weingärten, am Obste, und an Fenstern, besonder in der unteren Stadt und St. Martins-Kirche, grossen Schaden anrichteten.*[1402]

Anfang August ereignete sich neuerlich ein Hochwasser mit Überschwemmungen, das jenes vom Juli noch übertraf. Nachdem die Donau und ihre Zubringerflüsse in Oberösterreich bereits am 9. August über die Ufer getreten waren, kam es am nächsten Tag auch in Wien zu Überflutungen. Die Wiener Zeitung berichtete:

Das seit langer Zeit anhaltende Regenwetter, das insbesondere seit dem 7. August sich fast unausgesetzt in Ströhmen ergoß, hat mehrere der grösseren in die

---

[1399] Wiener Zeitung Nr. 214/1815.

[1400] Vgl. PRITZ, Steyer, 365: ...*der Steyerfluß schwoll so hoch an, daß er über die Mitte der Brücke hereinfloß, und fast die Höhe von 1736 erreicht. Die Enns war aber nicht so hoch, ja niedriger als 1813. Die Neubrücke blieb unbeschädigt, aber von der Ennsbrücke wurde ein Joch weggerissen, durch zwey Holzflöße, welche an der Stadtmauer angehängt waren.*

[1401] StAKl, Hs. 119, fol. 97r.

[1402] StAKl, Hs. 122/2, pag. 89.

Donau sich ergiessenden Flüsse, den Inn, die Traun und die Enns, auf eine unge-
wöhnliche Höhe angeschwellt, und die Folge gehabt, daß auch die Donau zu
einer verheerenden Höhe und Gewalt angewachsen ist. Nach Berichten aus Linz
hat dieser Strohm in der Nacht vom 9. zum 10. d. M. drey Joche der dortigen
Brücke zerrissen, die Gemeinschaft zwischen beyden Ufern zerstöret, und diesel-
ben weit überschritten. Das Gewässer breitete sich immer mehr aus, drang durch
beyde Stadtthore, überschwemmte einen Theil der unteren Vorstadt, und alles,
was von Gründen und Gebäuden an beyden Ufern liegt. Am Freytage, den 11.,
hatten sich die Wassermassen zwar vermindert, als aber des Abends wieder Regen
eintrat, und die ganze Nacht fortwährte, hob sich der Strohm neuerdings zur
vorigen Höhe. Mit jenem Anschwellen der Donau war die in der nächst dieser
Hauptstadt Wien eingetretene Wassernoth übereinstimmend. Schon am 9. Abends
wuchs das Wasser im Kanale und den Hauptströhmen, und in der nächsten Nacht
erfolgten Ergiessungen an der Landungsstätte und am Schanzel. Da das Wasser
bis zum 12. Abends, im Donau-Kanale, auf 11 Schuh 6 Zoll über 0 (der niedrig-
sten Wasserhöhe) angewachsen, hierauf zwar in etwas gefallen, am 15. aber neu-
erdings bis auf 11 Schuh 9 Zoll gestiegen ist, so haben die Überschwemmungen in
den tiefer gelegenen Vorstädten, in der Rossau, der Leopoldstadt, und unter den
Weißgerbern, sich verbreitet, und alle Gärten und Auen an beyden Ufern be-
decket. Die Brigittenau, ein Theil des Augartens, und ein Theil des Praters waren
überschwemmt. Erst Mittwoch, am 16. Morgens, fing das Wasser an zu fallen, hat
aber bis gestern Nachmittags nicht mehr als um 4 Zoll abgenommen.
Die k. k. Nied. Österr. Landes-Regierung, die Stadthauptmannschaft, die Polizey-
Oberleitung, das Wasserbauamt und der Magistrat haben mit Einsicht, Sorgfalt
und Thätigkeit zusammengewirkt, um überall die Gemeinschaft durch Fahr-
zeuge und Treppelwege zu erhalten, der Gefahr vorzubeugen, dem Schaden
abzuhelfen. Es hat sich kein Unglück ereignet. Wo das Wasser in die Häuser
eintrat, war Vorsorge getroffen die Einwohner zu entfernen und in sichere
Wohnorte zu bringen; wo die Überschwemmung die Brunnen unbrauchbar,
und das gewöhnliche Trinkwasser unlauter und schädlich gemacht hatte, wurde
reines Trinkwasser zugeführt; überall war wegen Lebensmitteln Vorsehung ge-
troffen. An den grossen Brücken wurde unausgesetzt gearbeitet, um sie gegen
die reissende Gewalt des Strohmes zu befestigen und zu verwahren; auch sind
sie bisher durchaus unverletzt erhalten worden. Wo Mühlen am Ufer waren,
wurden sie ausgehoben oder befestiget, und alle wurden erhalten.[1403]
Bey der eingetretenen heiteren und trockenen Witterung, sind die Gewässer der
Donau in hiesiger Gegend zwar im Fallen begriffen, nehmen aber weit langsa-
mer ab, als sie angewachsen waren; am 17. d. betrug die Abnahme kaum 4, am
18. gegen 6 Zoll. Der gestrige Stand war zu 10 Schuh 3 Zoll über den gewöhn-
lichen niedrigsten Wasserstand bey 0 an der Franzensbrücke.[1404]

[1403] Wiener Zeitung Nr. 230/1815, Bericht vom 17. August. Nach Linzer Beobachtungen fiel in den Monaten Juli und August an 40 Tagen Regen. Vgl. SCHREYER, Wetterchroniken, 71.

[1404] Wiener Zeitung Nr. 232/1815, Bericht vom 20. August.

Am 11. August ereigneten sich erneut Niederschläge, die auch von Unwettern mit Hagel begleitet wurden ...*gegen 1/26 U. nachm. ein ausserordentlich starkes, drohendes Gewitter, bey völliger Windstille. Es kam von Süd- u. Westen her ... gegen 5 Uhr (eine halbe Stunde früher) wüthete dasselbe zu Wien, und schlug in die Universitäts-Kirche ein.*[1405]

Im September herrschte warme und sonnige Witterung. Die Weinqualität lag dadurch zumindest über jener des Vorjahres ...*War ebenfals ein kaltes und nasses Jahr doch für den Weinstock etwas besser, der Wein war sauer.*[1406]

1816

Dieses Jahr stellt den Höhepunkt einer seit 1813 andauernden Klimaverschlechterung dar. Bereits in den Wintermonaten herrschten anhaltend tiefe Temperaturen, die von häufigen Schneefällen begleitet waren:

> *Der Jänner fängt mit Sturmwind an bis 7., den 7. Jänner ein Donnerwether, den 16. Februar einen Sturmwind, den 17. Februar um 2 Uhr Früh ein Donnerwether mit Risel und Schnee, von 21. März bis 31. Stark Geschneibt und kalt und sind die Fenster gefroren...*[1407]

Von 10. bis 15. April kam es zu einem kurzfristigen Warmlufteinbruch, es herrschte ...*schöne warme Witterung...*, am 15. April ...*abends fiel aufs Neue Schnee, welcher den folgenden Tag zwar schmolz, aber den 16.–17. gefror es.*[1408]

Im Mai ...*hatten wir, bis über die Hälfte, unbeständige kaltregnerische Witterung, welche häufige Unpässlichkeiten verursachte u. den Weinbergen ungünstig war, so wie auch der kommende Sommer.*[1409] Im Sommer führten Hagelschläge im Umland Wiens zu Schäden in der Landwirtschaft. Zahlreiche Schriftstücke beinhalten Ansuchen um Steuernachlass oder Bewilligungen von Spenden:

> ...*durch Hagelwetter am 9. d. M. erlittenen Schadens die Steuer Konfiscation zu bewilligen ... dieser Schauerschaden sich bloß auf die Feldfrüchte beschränke...*[1410]

> ...*ausgebrochenes Hagelwetter an ihren Feldfrüchten einen gerichtlich erhobenen Schaden von 65.036 fl. erlitten haben...*[1411]

> *Den Gemeinden Kuffern, Krustetten, Hebenbach, Wetzmannsthal, Statzendorf, Abbsdorf, Noppersdorf und Unterwölbling, welche durch ein am 15. Juny über diese Gegend ausgebrochenes ungemein heftiges Hagelwetter in einen gerichtlich erhobenen, äußerst beträchtlichen Schaden von 283.416 fl. versetzt worden...*[1412]

[1405] StAKl, Hs. 122/2, pag. 89.
[1406] BAMG, Wein=Chronik, pag. 3.
[1407] StAKl, Hs. 121.
[1408] StAKl, Hs. 122/2, pag. 97.
[1409] StAKl, Hs. 122/2, pag. 97.
[1410] StAKl, Karton 894, Nr. 12, Brief aus Götzendorf (VUMB) mit einer Bitte um Steuernachlass aufgrund von Hagelschäden am 9. Mai.
[1411] StAKl, DW 31, Nr. 152, Kreisschreiben mit Bewilligung einer Sammlung bezüglich Hagelschäden am 9. Mai in Spannberg (VUMB).
[1412] StAKl, DW 31, Nr. 155, Kreisschreiben mit Bewilligung einer Sammlung bezüglich Hagelschäden am 15. Juni im VOWW.

272

...ausgebrochenes Hagelwetter in einen gerichtlich erhobenen Schaden von 16.974 fl. versetzet worden sind...[1413]

...durch ein ... ausgebrochenes Hagelwetter in einen gerichtlich erhobenen Schaden von 27.403 fl. versetzet worden...[1414]

...ausgebrochenes Hagelwetter einen ämtlich erhobenen Schaden von 147.183 fl. erlitten haben...[1415]

...ausgebrochenes Hagelwetter in einen gerichtlich erhobenen Schaden von 21.084 fl. versetzet wurde...[1416]

...ausgebrochenes heftiges Hagelwetter...[1417]

Consignation – Uns durch Hagel am 25ten July 816 in den Weingärten und Aeckern des lf. Marktes Pertholdstorf verursachten vom Unterzeichneten als vom löbl. Kreisamt abgeordnete Comissarien befundenen, und nach dem erhaltenen Schätzung betragenden Schadens.[1418]

...durch Hagelwetter ... verunglückten diskreisigen Gemeinden...[1419]

Die extrem kühle und auch feuchte Witterung hielt bis Oktober an, weshalb es zu Missernten sowohl in der Landwirtschaft als auch im Weinbau kam. In den stiftlichen Weingärten von Klosterneuburg begann die Lese erst am 25. Oktober *...fing das Lesen im Stifte an: die heurige Weinlese wurde wegen des nassen u. meistens kühlen Sommers so weit hinausgeschoben, und war bereits das 4. Jahr nacheinander äusserst gering.*[1420] Zahlreiche Berichte dokumentieren die außergewöhnliche Witterung dieses Jahres:

...als sich in diesem Jahre unglücklicherweise ein völliger Mißwachs der Feldfrüchte dazu gesellte...[1421]

Dieses Jahr war außerordentlich schlecht, durch viele Regengüsse und Kälte wurde der ganze Erdbau verdorben, daß eine grosse theuerung entstand, der Weinbau gerith schlecht doch im allgemeinen wurde etwas mehr als im vorigen Jahr, der Wein war sauer...[1422]

...immer trübe, nasse Witterung, Schnee, Eis und Kälte herrschte noch im April, am 16. May fror das Wasser, der Schnee lag bis gegen den Dammberg herzu.

[1413] StAKl, DW 31, Nr. 173, Kreisschreiben mit Bewilligung einer Sammlung bezüglich Hagelschäden am 15. Juni in Ulmerfeld (VOWW).

[1414] StAKl, DW 31, Nr. 161, Kreisschreiben mit Bewilligung einer Sammlung bezüglich Hagelschäden am 25. Juli in Ebergassing (VUWW).

[1415] StAKl, DW 31, Nr. 163, Kreisschreiben mit Bewilligung einer Sammlung bezüglich Hagelschäden am 25. Juli in Perchtoldsdorf (VUWW).

[1416] StAKl, DW 31, Nr. 165, Kreisschreiben mit Bewilligung einer Sammlung bezüglich Hagelschäden am 25. Juli in Velm (VUWW).

[1417] StAKl, DW 31, Nr. 187 und Nr. 189, Kreisschreiben mit Bewilligung einer Sammlung bezüglich Hagelschäden am 25. Juli in Wilfleinsdorf bzw. Gramatneusiedel (VUWW).

[1418] AMP, Karton 287, Faszikel 5, es folgt eine Auflistung der betroffenen Weingärten und Äcker.

[1419] StAKl, DW 31, Nr. 146, Kreisschreiben mit Bewilligung einer Sammlung bezüglich Hagelschäden am 29. Juli im VOMB.

[1420] StAKl, Hs. 122/2, pag. 102.

[1421] PfAP, Pfarrchronik, fol. 4r.

[1422] BAMG, Wein=Chronik, pag. 3.

Die Aussicht auf eine gute Ernte schwand, die Monate Juny, July, August und September waren immer regnerisch, die Ernte schlug gänzlich fehl, und die Theurung stieg ungemein hoch.[1423]

1817

Im Jänner und Februar herrschten anhaltend milde Temperaturen mit nur vereinzelten Schneefällen. Bereits Ende Februar mehrten sich die Hoffnungen auf eine gedeihliche Witterung in den Frühjahrs- und Sommermonaten:

So wie aus allen Gegenden Europens, so gehen auch aus allen Theilen der Monarchie einstimmige Berichte über fortwährende gelinde Witterung ein. Der mässig gefallene Schnee ist auch in den Gebürgen schon allenthalben größtentheils geschmolzen, und alles kündiget einen frühen und fruchtbaren Sommer an. Überall verheissen Saaten, Weinstöcke und Gärten Gedeihen, überall sind die Feldarbeiten in Gange.[1424]

Am 28. Februar kam es durch *...ein Donnerwetter mit Sturmwinde Risel und Schnee...*[1425] zu einem auch in den folgenden Wochen andauernden Kaltlufteinbruch, weshalb am 25. März öffentliche Gebete um eine Wetterbesserung abgehalten wurden:

Auf den ganz gelinden Winter folgte ein kalter stürmischer März, und da die Theurung auch Noth u. die Furcht eines abermaligen Mißjahres drängten, so wurden am 25. März im ganzen Lande öffentliche feyerliche Bittgebethe angeordnet, die der Himmel gnädigst erhörte.[1426]

Im April *...hier und in den Umgebungen dieser Hauptstadt fast den ganzen ... Monath hindurch Nordwinde unwandelbar anhielten, und selbst häufigen Schnee herbeyführten.*[1427] Zu Beginn des Monats kam es in Klosterneuburg durch die starke Feuchtigkeit der vergangenen Jahre zu Hangrutschungen:

Durch die viele Feuchtigkeit der vorausgegangenen Jahre ergaben sich in dem heurigen Frühjahre, sowohl in der Schweiz als in Tyrol viele Bergfälle, und auch in unserer Gegend geschah es am 3. April, daß am Gasteige gegen Weidling, demselben fast zu Ende, ein Weingarten herabsank und die starke Schutzmauer dieses Bergsteiges über den Weg selbst hinüberrückte, und auch in folgenden Jahre noch nicht gänzlich sich feststellte.[1428]

...senkte sich seit dem 3. Apr. ein Weingarten ... Die vier vorausgegangenen nassen Jahr mögen zu diesen Senkungen Anlass gegeben haben.[1429]

Ende April ereigneten sich starke Schneefälle *...Die Witterung war immer zimlich kalt u. noch am 24. April fiel ein bedeutender Schnee und am 29. April war starke Kälte.*[1430] Am 30. April *...fing auf einmal eine warme Witterung an, so daß der*

[1423] PRITZ, Steyer, 366.
[1424] Wiener Zeitung Nr. 44/1817, Bericht vom 22. Februar.
[1425] StAKl, Hs. 121.
[1426] StAKl, Hs. 119, fol. 99r.
[1427] Wiener Zeitung Nr. 105/1817.
[1428] StAKl, Hs. 119, fol. 99v.
[1429] StAKl, Hs. 122, pag. 108.

bisher zurückgebliebene Weinstock bald gewaltig zu treiben anfing.[1431] Damit stiegen erneut die Hoffnungen auf eine dringend benötigte gute Ernte:

> *...endlich aber mit dem Anfange dieses Monaths heitere Tage und warme Winde eintraten, so lauten übereinstimmend die Berichte aus allen Gegenden der Monarchie; aber alle auch geben den Trost, daß die Feldfrüchte zwar im Wachsthume verzögert worden sind, aber allenthalben sehr schön stehen...*[1432]

Die hohen Temperaturen hielten in den folgenden Wochen an und wurden von häufigen Unwettern begleitet *...im May gab es gefährliche Donnerwetter, von denen jenes am 22. May zu Kallenberg, Sivering u. Neustift durch Schlossen beträchtlichen Schaden in den Weingärten verursachte.*[1433] Die starke Erwärmung ließ in den Alpen den Schnee rasch abschmelzen, wodurch es zu einer Überschwemmung der Donau kam *...die Donau ... sehr hoch, vom Schneewasser aus Graubünden, Tyrol, Vorarlberg – die niedrigen Auen wurden überschwemmt.*[1434] Die Witterung der Sommermonate bewirkte schließlich eine reiche Ernte:

> *Die Witterung war im Juny ungut warm, aber mit vielen Gewittern. Die Blüthezeit für den Weinstock ausnehmend angenehm, und an Feldfrüchten wurde das Land gesegnet, so daß der Noth und Theurung Einhalt geschah.*[1435]

> *Die Ernte hat sowohl in Österreich als in Ungarn schon seit einigen Wochen bey der günstigen Witterung begonnen, und zeigt sich allenthalben so gesegnet und einträglich, daß bey uns, wie überall, die Getreidepreise beträchtlich fallen...*[1436]

Am 31. August ist daher *...auf Anordnung des Herrn Fürst-Erzbischofs, in allen zu dessen Kirchsprengel gehörigen Kirchen, ein feyerliches Andachtsfest gehalten worden, um Gott für die Wohlthat der allenthalben erfolgten reichlichen Ernte zu danken.*[1437]

Während des Sommers kam es wiederholt zu heftigen Unwettern, die in den Weingärten große Schäden verursachten:

> *...früh gegen 3 U. ein sehr heftiges Gewitter zu Wien ... mit einem starken Platzregen begleitet, welcher im Dorf Kallenberg besonder in den Weingärten vielen Schaden anrichtete ... Abends kam ein noch fürchterlicheres Gewitter von Osten über den Bisamberg heraufgezogen; das Wetterleuchten und die Donnerschläge waren ausserordentlich, vorzüglich jenseits.*[1438]

Bei großer Kälte begann Mitte Oktober die Lese. Die geringen Weinmengen waren qualitativ etwas besser als in den Jahren zuvor:

[1430] StAKl, Hs. 119, fol. 99v. Vgl. auch BAMG, Wein=Chronik, pag. 4: *...den 24 bis 29 April kam Schnee und war sehr kalt.*

[1431] StAKl, Hs. 119, fol. 99v.

[1432] Wiener Zeitung Nr. 105/1817.

[1433] StAKl, Hs. 119, fol. 99v.

[1434] StAKl, Hs. 122/2, pag. 109, Bericht über den 22. und 23. Mai.

[1435] StAKl, Hs. 119, fol. 99v.

[1436] Wiener Zeitung Nr. 154/1817, Bericht vom 7. Juli.

[1437] Wiener Zeitung Nr. 201/1817.

[1438] StAKl, Hs. 122/2, pag. 109 f., Bericht vom 22. Juni.

[1439] StAKl, Hs. 119, fol. 99v.

...der an Quantität und Qualität besser als seit vier Jahren war, ohne gerade eine Auszeichnung zu verdienen.[1439]

Der wenige gefechsente Wein, wenn auch noch immer schlecht, scheint doch etwas besser zu werden, als die seit dem Jahr 1813 gewachsenen.[1440]

1818

In den ersten beiden Wochen dieses Jahres herrschten anhaltend tiefe Temperaturen, die auch von Schneefällen begleitet wurden. Ein Schneeschauflungsbefehl aus Gumpoldskirchen vom 6. Jänner vermittelt das Ausmaß:

...Morgen mit Tagesanbruch 80 arbeitsfähige Leute ... zur schleunigst möglichsten Hintanschaffung der auf der k. k. Straße befindlichen Schneeverwehungen, abzuschicken.[1441]

Am 14. Jänner kam es zu einem Warmlufteinbruch *...früh morgens fing das Eis im nächsten Donauarme beym Stifte, sich allmählich wieder aufzulösen an...* und ab der Monatsmitte herrschte *...schöne trockne Witterung; man konnte allenthalben in den Weingärten arbeiten. Schnee gab es nur noch in Schluchten am Schatten, und wo derselbe gar ausserordentlich stark war, zusammengeweht worden.*[1442] Am 16. und 17. Jänner ereigneten sich heftige Stürme:

...wüthete ein heftiger Sturmwind von Westen her, der im ganzen Wienerwald durch brechen der Bäume auch deren gänzlicher Entwurzlung vielen Schaden verursachten. In den stiftlichen Weidlingerwalde brach er so viele Äste und Bäume, daß man an 140 Klafter Windstallholz bekam.[1443]

...starkes Thauwetter; Die Bäche liefen dabey stark an ... ein heftiger Sturmwind, welcher besonders von Hütteldorf herein über Hietzing u. Wien wüthete; derselbe wurzelte viele Bäume aus, beschädigte die Dächer usw.[1444]

Die gemäßigte Witterung hielt bis Mitte Februar an und ermöglichte die Verrichtung von diversen Arbeiten in den Weingärten. Am 15. Februar sanken die Temperaturen erneut und blieben bis Ende März auf einem sehr niedrigen Niveau bestehen *...Vom 25. März scharfe Winde, darauf den 28. früh auf den Bergen Schnee.*[1445]

Im April gab es nach anfänglicher Trockenheit zur Mitte des Monats *...Schnee und Fröste bis gegen den 20. und dann solche Wärme, daß am 26. schon geschosste Ähren gefunden wurden und bis Ende des Monats die Bäume verblühet hatten.*[1446]

Im Mai sanken die Temperaturen *...Der Mai war so kühl, daß es am 25. noch in einigen Gegenden reifte. Doch der sehr abwechselnden Witterung ungeachtet, erfreute man sich einer gesegneten Erndte, so daß die Körnerpreise sehr herabgingen.*[1447]

[1440] PfAP, Pfarrchronik, fol. 4v.
[1441] AMG, Karton 30, Faszikel 2/30.
[1442] StAKl, Hs. 122/2, pag. 118.
[1443] StAKl, Hs. 119, fol. 100r.
[1444] StAKl, Hs. 122/2, pag. 118.
[1445] StAKl, Hs. 122/2, pag. 119.
[1446] StAKl, Hs. 119, fol. 100v.
[1447] StAKl, Hs. 119, fol. 100v.

Im Juni gab es *...öfters frische Winde ... Um die Mitte Jul. anhaltender Regen. Vom 20. July anhaltende Wärme, welche vom 12. Aug. etwas nachliehs.*[1448] Da es im Sommer zu keinen außergewöhnlichen Witterungsanomalien kam, konnten in diesem Jahr große Erträge in der Landwirtschaft erzielt werden:

> *Aus allen Theilen der Monarchie gehen die günstigsten Nachrichten über den gesegneten Stand der Saaten und die Ergiebigkeit der bereits begonnenen Roggenernte ein. Nicht minder erfreulich steht der Weinstock, und die Zahl der Trauben an den Reben ist an vielen Orten so groß, daß sie unterstützt werden müssen.*[1449]

Ende September setzten anhaltende Niederschläge ein, die zwar das Quantum der Weintrauben durch Fäulnis dezimierten, die Qualität jedoch nicht wesentlich beeinträchtigten. Allgemein wurde von gutem Wein berichtet.

Mitte Oktober begann sich milde Witterung einzustellen, die bis Dezember anhielt. Erst um Weihnachten war *...die erste starke Kälte, und man sah heuer das erste Mahl Eis auf der Donau...*, am 26. Dezember *...gegen Abend war der nächste Arm beym Stifte schon zugefroren...* und am folgenden Tag fiel *...Schnee. Die Donau sehr niedrig.*[1450]

1819

Der Winter wurde allgemein als mild und schneearm bezeichnet. Auch der Wasserstand der Donau war zu Beginn des Jahres sehr gering *...war die Donau noch immer sehr niedrig und stand nur einige Zoll ober dem niedrigsten Wasserstande.*[1451] Mitte Jänner begannen die Temperaturen zu steigen, weshalb am 16. und 17. Jänner der *...Donauarm nächst dem Stift wieder eisfrei...* war und am 18. Jänner *...stieg das Wasser bedeutend, nachdem durch das Thauwetter das Eis in den Nebenarmen war aufgelöset worden.*[1452] In den folgenden Wochen herrschte sehr trockene Witterung vor. Ausnahmen stellten nur wenige Tage um den 15. Februar bzw. den 18. März dar, als es unmittelbar nach starken Schneefällen zu tauen begann. Dem Wachstum der Natur waren die Verhältnisse sehr förderlich *...Auf einen sehr gelinden Winter folgte ein zeitlicher Frühling, so daß am 20. April alle Bäume in der Blüthe standen.*[1453] Am 24. April kam es jedoch zu einem kurzfristigen Kaltlufteinbruch *...alle Bäume in der Blüthe standen, dann aber die von 24.–28. April folgende Kälte, so wie den Weingärten, Schaden verursachte.*[1454] Ähnlich lautende Berichte wurden auch aus Preßburg überliefert:

> *Nach einer mehrere Wochen anhaltenden Trockenheit, fiel endlich in der Nacht auf den 24. Aprill ein wohlthätiger Regen, der denselben Tag und die Nacht auf den 25. langsam fortdauerte. Auf diesen Regen folgte eine sehr empfindliche*

[1448]   StAKl, Hs. 122/2, pag. 120.
[1449]   Wiener Zeitung Nr. 157/1818.
[1450]   StAKl, Hs. 122/2, pag. 125, Bericht über den 25. bis 27. Dezember.
[1451]   StAKl, Hs. 122/2, pag. 126.
[1452]   StAKl, Hs. 122/2, pag. 126.
[1453]   StAKl, Hs. 119, fol. 101r.
[1454]   StAKl, Hs. 119, fol. 101r.

*Kälte, so daß man in den Wassergefäßen Eis fand. Weil aber dabey ein bestän-
diger Wind blies, so bemerkt man an den Obstbäumen gar keinen, aber in manchen Gegenden an den Weinstöcken einigen Schaden. Die Feldfrüchte dagegen
sind durch den Regen sehr erquickt worden.*[1455]

In den Monaten Mai und Juni ereigneten sich vereinzelte Niederschläge. Die Temperaturen blieben jedoch auf einem hohen Niveau, was sehr positive Auswirkungen
auf die Erträge in der Landwirtschaft zur Folge hatte:

*Die Aussicht auf eine gesegnete Ernte, die in den Umgegenden der Hauptstadt
bereits ihren Anfang genommen, wird durch die erwünschteste Witterung fortwährend begünstigt, und auch der Stand des Weinstocks, so wie der übrigen
Früchte, erregt die erfreulichsten Hoffnungen. Eben so befriedigend lauten in
dieser Hinsicht die Nachrichten aus allen Theilen der Monarchie.*[1456]

*Die in dem heurigen Frühlinge und Sommer mit weniger Unterbrechung an-
haltend gedauerte glückliche Witterungsbeschaffenheit hatte für das gute Gedeihen aller Gattungen Früchte die erfreulichsten Erwartungen erregt, welche
durch eine reich gesegnete Ernte in den gesammten Theilen der Monarchie vollkommen befriedigend erfüllt worden sind.*[1457]

In den Sommermonaten kam es zu einer anhaltenden Hitzewelle, im Juli ...*sind
sogar Getreidschneider umgefallen und sind todt.*[1458] Der August war ...*so heiß daß
der Thermometter im Schatten über 29° nach Reaumour stieg, welches die Qualität
des wachsenden Weines ungemein verbesserte.*[1459] Nachdem es in den ersten drei
Augustwochen fast täglich geregnet hatte, war die Witterung ab dem 24. August
erneut ...*schön und Warm bies 6. October...*,[1460] doch kam es dadurch zu leichten
Beeinträchtigungen in der Qualität des Weines:

*Der diesjährige Wein wird gut, wäre aber weit vortrefflicher geworden bey
einem günstigeren Sommer. Denn im August regnete es fast täglich bis den 23. –
die Trauben litten dadurch, aber noch weit mehr die Feldfrüchte: im Ganzen
aber muß man auch dieses als ein gesegnetes Jahr mit Dank erkennen. Der
Herbst war im Ganzen schön, und die günstige Witterung zur Winteraussaat u.
zum Lesen gibt die erfreuliche Aussicht auf zu erwartende Fruchtbarkeit.*[1461]

*Dieses Jahr gehört beinahe unter die Besten, weil alle andern Früchte geraten
haben, der Wein gehört unter den guten und es wurde ein mittleres
Quantum...*[1462]

Ende November herrschte extreme Kälte, die Anfang Dezember von Schneefällen
begleitet wurde und das Wasser in den Donauauen gefrieren ließ. Kurz vor

[1455] Wiener Zeitung Nr. 102/1819.
[1456] Wiener Zeitung Nr. 235/1819.
[1457] Wiener Zeitung Nr. 151/1819, Bericht vom 6. Juli.
[1458] StAKl, Hs. 121.
[1459] PfAP, Pfarrchronik, fol. 5r f.
[1460] StAKl, Hs. 121. Vgl. dazu auch die entsprechenden Einträge in einem Göttweiger Schreib-
        kalender. Vgl. StAGw, Karton E 122, Schreibkalender 1819.
[1461] StAKl, Hs. 122/2, pag. 130.
[1462] BAMG, Wein=Chronik, pag. 5.

278

Weihnachten verursachte das Einströmen warmer Luftmassen ein Hochwasser der Donau und in weiterer Folge kam es zu Überschwemmungen:

22. ...vorm. gegen ¹/₂9 U. gebrochen, und um 9 U. zum Theil wieder stehen geblieben. bey der Nacht endlich nahm das gestiegene Wasser das Eis ganz weg. 24. ...ist die Donau schon sehr hoch, u. tritt bereits aus den Ufern ... steigt beständig den 26. u. 27. und ist am 27. früh am höchsten: zu Wien am Pfeiler der Franzensbrücke, stieg sie über den angenommenen niedrigsten Wasserstand 12 Schuh 3 Zoll; am 27. nachm. fing das Wasser zu fallen an. Die nächsten niedrigen Ortschaften, besonders jenseits, litten stark durch diese Überschwemmung. Voraus gefallener häufiger Schnee, dann erfolgtes gähes Thauwetter mit Regen, in der Schweiz, Tyrol – waren die Ursache der um diese Jahreszeit ganz ausserordentlich angeschwollenen Flüsse, vorzüglich des Rheins u. der Donau.[1463]

1820

Anfang Jänner sanken die Temperaturen. Auf der Donau und ihren Seitenarmen kam es nach kurzer Zeit zur Bildung eines Eisstoßes. Am 16. Jänner wurde ...*der Weg zum Gehen und Fahren darüber ausgesteckt.*[1464] Ein Warmlufteinbruch führte am 22. Jänner zum raschen Abschmelzen des Eises, wodurch die an der Donau gelegenen Ortschaften, sowie die Vorstädte Wiens überschwemmt wurden:

So gelinde die Witterung zu Ende des vorigen Jahres war, so trat schon mit dem Anfang des gegenwärtigen Kälte ein, so daß die Donau gegen den halben Jänner schon mit einer wandelbar gewordenen Eisdecke belaget war. Aber kaum dauerte dieser Eisstoß acht Tage, so brach er am 22., nahm von der grossen Brücke 12 Joche hinweg, wodurch die Communication über selbe bis 16. Febr. unterbrochen blieb. Der Eisgang war so stark und heftig, daß das Ufer zu Klosterneuburg überall mit Wasser belegt ward u. unterhalb des Teichgartens bis in die Weingärten am Reminger alles überschölert war. Zu Kallenberg mußte für die Wäten ein eigener Durchgang durch die auf der Strasse liegenden Eisschollen ausgeräumt werden, und die Eisschollen lagen so hoch übereinander, daß man die Kalleschen, welche durchfuhren, nicht ersehen konnte.[1465]

Ähnlich lauten auch die Berichte aus Preßburg. In Oberösterreich ereignete sich in Mauthausen nach einem Eisstoß ein gewaltiges Hochwasser. Infolge mäßiger Zuflüsse von Traun und Enns schien die Flutwelle flussabwärts jedoch etwas abgeklungen zu sein:

Nach der ungewöhnlich strengen Kälte, welche seit den ersten Tagen des Monaths Januar angehalten hatte, ist am 20. eine so gelinde Witterung schnell eingetreten, daß der Eisgang auf der Donau begann, und am 22. Abends gegen 7 Uhr die Eismasse mit voller Macht vorüberströmte, wodurch die ganze Breite des Flusses durch mehr als 7 Stunden ununterbrochen mit Eisschollen überdeckt

1463 StAKl, Hs. 122/2, pag. 131, Bericht über den 22. bis 27. Dezember.
1464 StAKl, Hs. 122/2, pag. 132.
1465 StAKl, Hs. 119, fol. 103r.

war; glücklicher Weise ist weder in den oberen Gegenden, noch hier bey Linz eine Stockung des Eisganges eingetreten, und ungeachtet des Wasserstand an dem hiesigen Wasserbiegel vom 22. Mittags bis zum 23. Januar Früh um 7 Uhr von 5 Schuh 4 Zoll über den Nullpunct bis auf 10 Schuh 1 Zoll angewachsen war, so hat die Donau dennoch ihre Ufer hier nicht überschritten, und am 23. Nachmittags der Wasserstand bereits wieder abgenommen. Durch den Eisgang wurde auch die hiesige Donaubrücke neuerlich beschädigt, und es wurden 5 Joche von den seit dem letzten Hochwasser kürzlich geschlagenen, aber noch nicht vollendeten Brückenjochen hinweggerissen ... Nicht so glücklich wie hier, ist das Ereigniß des Eisganges in den untern Gegenden der Donau vorübergegangen, denn bey dem 3 Stunden unter Linz befindlichen Markte Mauthausen stellte sich der Eisgang in der Nacht vom 22. auf den 23. Januar fest, und weil die Eisdecke in der untern Gegend bey Grein noch nicht gehoben war, so schob sich das immer zuströmende Eis mit solcher Macht übereinander, daß es sich zu Eisbergen aufthürmte, die den Strom aus seinem Rinnsale in kurzer Zeit drängten, und hierdurch eine Überschwemmung veranlaßten, wodurch der Wasserstand in Mauthausen dem höchsten dort bekannten, nach dem daselbst in Stein gehauenen Wahrzeichen vom 28. Januar 1682 glich, und den dortigen Wasserstand vom 30. October 1787 noch um 2 Zoll überstieg. Die aufgehende Sonne am 23. Januar beschien diese aufgethürmten Eisberge, und mit bangem Gefühl erwarteten die Bewohner jener Gegend das Ende dieses schauerlichen Ereignisses; endlich gegen Mittag am 23., verkündete ein dumpfes Getöse, wie der Kanonendonner einer fernen großen Schlacht, das abrollen der Eismassen, und in weniger als 2 Stunden war das Eis abgeronnen, und der Strom in seine Ufer zurückgetreten; ungeheure Massen von Eis, welche über das Flußbett getrieben waren, blieben zurück, jedoch ist – Dank sey es der glücklichen Fügung – kein Menschenleben hierbey gefährdet worden.[1466]

Um 1 Uhr in der Nacht ... hat sich ein Theil der oberhalb Preßburg festgestellten Eisdecke losgemacht, und ging zwar bis 6 Uhr früh glücklich vorüber, veranlaßte aber ein Steigen des Wassers bis auf 7 Schuh ober 0 ... Ein ähnliches Ereigniß fand auch in der folgenden Nacht Statt, und die Höhe des Wassers stieg bis auf 10 Schuhe und 4 Zoll ober 0.[1467]

Anfang Februar begann sich im Raum Wien die Eisschicht auch in den Seitenarmen der Donau aufzulösen, *...ging endlich der Stoß auch von unserem nächsten Arme hinaus. Die nächstgelegenen Ortschaften, abwärts, litten beym grossen Eisgange.*[1468] Im folgenden Monat kam es zu anhaltenden Schneefällen, am 5. März fiel *...der tiefste diesen Winter.*[1469] Im April herrschte starke Trockenheit und die Temperaturen stiegen rasch an. Auch der Mai war von überdurchschnittlicher Wärme gekenn-

[1466] Wiener Zeitung Nr. 26/1820.
[1467] Wiener Zeitung Nr. 24/1820, Bericht über den 24. bis 26. Jänner.
[1468] StAKl, Hs. 122/2, pag. 132, Bericht über den 2. bis 4. Februar. Vgl. auch Wiener Zeitung Nr. 52/1829: *...durch die Überschwemmung die unglücklichen Bewohner des Marchfeldes großen Theils auch ihres Früchten-Anbauvorrathes beraubt wurden.*
[1469] StAKl, Hs. 122/2, pag. 133.

zeichnet.[1470] Am Pfingstsonntag leitete ein heftiges Unwetter eine kühle und regnerische Phase ein, die bis in die erste Junihälfte andauern sollte:

Dieses Jahr zeiget sich im Frühjahr sehr das sich eine reiche ernte holen läßt allein den 21. Mai am Hl. Pfinstsonntag Abends kam ein gewaltiger Sturmwind und Donnerwetter mit großen Hagel das unsere Hofnung vereitelte, von nun an folgt fast täglich Regen...[1471]

Am Pfinstsonntage war ein gar heftiges Gewitter, daß sich von Bayern über ganz Österreich bis nach Ungarn erstreckte, und durch Schlossen und gähe Überschwemmungen an manchen Orten grossen Schaden verursachte ... Die nachfolgende Zeit war meistens regnerisch und kühl und mehrmalen schwoll die Donau dermassen an, daß sie ihre Ufer überschritt.[1472]

Nach dem schreckbaren Gewitter an Pfingsten waren die folgenden Tage abwechselnde Gewitter-Regen, auch frische Luft bis Mitte Juny; diese Witterung war für die Blühzeit des Weinstockes sehr ungünstig.[1473]

Ende Juni stiegen die Temperaturen und blieben bis Ende August auf einem sehr hohen Niveau bestehen. Am 23. Juli kam es neuerlich zu einem Unwetter, das vor allem im Süden Wiens große Schäden in der Landwirtschaft und im Weinbau verursachte:

...da fiel ein großer Hagel, der den Weinstock von der Westseite zerrichtete auch erstrekte sich dieser Hagel mehrere Meilen, wo es in der noch auf den Felde befindlichen Sommerfechsung großen Schaden tat...[1474]

...zwischen 8 und 9 Uhr Abends traf den ganzen Bezirk von Neustadt ein so außerordentlicher Hagelschlag, daß alles noch auf dem Felde befindliche Getreide, alles Gemüse und Obst in den Gärten zu Grunde ging. Dieser Hagel fiel zwar nur in der Größe eines Taubeneies, allein da er durch Zusammenkleben der einzelnen Hagelkörner in der Atmosphäre weit größere Knollen bildete und von einem Sturm begleitet war, so waren seine Wirkungen um so zerstörender; daher kein Fenster in der Stadt gegen die Windseite ganz geblieben, alle Bäume entlaubt wurden und nachhin todte Vögel und Hasen, ja selbst Fische auf dem Felde gefunden wurden.[1475]

...Abends brach über Eisenstadt und die Umgegend auf einige Meilen, ein fürchterliches Hagelwetter aus. Die Schlossen stürzten, in der Größe von Wallnüssen und kleinen Hühnereyern, 6 bis 7 Minuten lang ganz trocken, dann aber einige Minuten länger mit heftigem Platzregen untermischt, furchtbar verheerend darnieder.[1476]

...Abends zwischen 8 und 9 Uhr mehrere Gewittermassen von verschiedenen Seiten zusammen, die nahes Unglück befürchten ließen; kaum waren aber einige

1470 Vgl. HADER, Witterungsabläufe, Tabelle 3.
1471 BAMG, Wein=Chronik, pag. 5 f.
1472 StAKl, Hs. 119, fol. 103r, Bericht über den 21. Mai.
1473 StAKl, Hs. 122/2, pag. 139, Bericht über den 21. Mai.
1474 BAMG, Wein=Chronik, pag. 6.
1475 BÖHEIM, Chronik, 33.
1476 Wiener Zeitung Nr. 182/1820.

bange stille Minuten verflossen, so kam das Gewitter mit Sturmesschnelle ange-
flogen, der Wind heulte gräßlich, und das Eintreffen des nun ganz concentrirten
Gewitters stellte ein entsetzliches Schauspiel dar ... Weizen, Korn, Haber, Gerste,
alle Grün- und Gartenfrüchte waren in einem Augenblicke vernichtet ... Die
Bäume sind entlaubt, und vom Hagel so zerrissen, daß sie sich wohl erst in eini-
gen Jahren werden erhohlen können ... Dieses Gewitter erstreckte sich vorzüg-
lich auf die Bezirke Unterkapfenberg, Aflenz, Wieden, Hohenwang, Zell, Neu-
berg, Ehrenau, Vordernberg, Freyenstein, Eisenärzt, Hieflau, Oberkindberg
und Kindberg...[1477]

Ende August war es *...sehr heiß, nach geendigten Hundstagen ließ die Wärme nach;*
einige Mahl folgten kühle Regen, darauf ein kalt-regnerischer September...,[1478] der
zur Monatsmitte in Steyr eine Überschwemmung verursachte:

Nachts Hochwasser von Enns und Steyr ... die Enns über die Stadtmauer drang
... gegen 4 Uhr früh unter Sturm und Regen die Wogen die beyden Kohlstätten
durchbrachen ... noch Morgens waren sie so hoch, das die Fluthen der Enns und
Steyer auf dem Platze zwischen beyden Brücken sich vereinigten, ein Theil der
Enge und der untere Stadtplatz einen Schuh tief vom Wasser bedeckt war.
Dann aber begann es zu sinken, Abends war es um einen Klafter gefallen, am 17.
noch mehr ... da begann es von Neuem sehr stark zu regnen, beyde Flüsse stie-
gen wieder zu einer Höhe am 19. empor, welche der ersteren nur um 4 Fuß
nachstand...[1479]

Die Regenfälle in den Wochen vor der Lese und die Hagelschläge des Sommers erbrachten sowohl in Quantität als auch Qualität schlechte bis mittelmäßige Erträge
im Weinbau.

Nachdem es im November zu den ersten Schneefällen gekommen war, stiegen um
Weihnachten die Temperaturen. Eine etwas überzeichnete Schilderung aus Steyr
lässt das Ausmaß erahnen:

...Südwind und große Wärme; in Sommerkleidern ging man um Mitternacht
zur heiligen Mette in die Kirche; die Wiesen grünten, und die Kinder spielten
auf denselben während man zur Sommer-Sonnenwende am 24. Juny in vielen
Orten heitzte![1480]

1821

Im Jänner hielten die seit Ende Dezember vorherrschenden hohen Temperaturen
weiter an. Am 6. Februar *...nachm. gefror der nächste Donauarm (ohne Schnee) das*
zweyte mahl diesen Winter zu..., am 16. Februar *...fing er bey anhaltender Kälte*
durch das zugenommene Wasser an, sich wieder aufzulösen..., um am 22. Februar
erneut mit einer Eisschicht bedeckt zu werden *...früh nach 8 U. stand die Eisdecke*
im genannten Arme das dritte Mahl, bey so niedrigem Wasser, daß man mit

1477 Wiener Zeitung Nr. 185/1820.
1478 StAKl, Hs. 122/2, pag. 139.
1479 PRITZ, Steyer, 369.
1480 PRITZ, Steyer, 371, Bericht über den 25. bis 30. Dezember.

beladenen Holzwagen durchfahren konnte.[1481] Anfang März löste sich das Eis nach anhaltenden Niederschlägen auf und verursachte ein Hochwasser. In der zweiten April- bzw. ersten Maihälfte stiegen die Temperaturen beträchtlich an, doch ...*gab es viel Raupen, besonders in den Apfelblüthen viel Spanner; deswegen erhielt man d. J. wenig Äpfel u. noch weniger Birnen.*[1482] Mitte Mai setzte eine bis in den Herbst andauernde, sehr kühle und feuchte Witterung ein. Sie wurde von regionalen Unwettern begleitet und verursachte ein wochenlanges Hochwasser der Donau und ihrer Zubringerflüsse. Ende Juni war es ...*so kalt, daß man am 24. u. 25. Juny im Refectorium* [des Stiftes Klosterneuburg] *einheizte.*[1483] Zusätzlich kam es am 19. Juli, vom 16. bis 20. August und Anfang September zu Überschwemmungen der Donau. Am 15. September ...*stieg dieser Fluß aufs Neue ungewöhnlich schnell, und so fortwährend bis den 21. – wo das Wasser die größte Höhe seit 1. Nov. 1787 erreichte.*[1484] Die Niederschläge des Sommers erbrachten große Einbußen in der Landwirtschaft und im Weinbau:

> *Getreide ... Ist durch das viele Regnen in der Blüthezeit in den angemerkten schlechten Zustand gerathen.*
>
> *Stroh ... Ist durch das beständige Regnen unbrauchbar worden.*
>
> *Wein ... Ganz mißrathen. Wegen der immerwährenden kalten und naßen Witterung ... In der Blüthezeit sind wegen vielen Regenwetter und Kälte fast alle Trauben abgefallen ... Hagel.*
>
> *Erdäpfel ... Mittelmäßig. Wegen vielen Regenwetter sind viele verfault, und die noch übrigen sind nicht haltbar.*
>
> *Heu ... gut. Ist durch Überschwemmung und Regenwetter vieles zu Grund gegangen...*
>
> *Obst ... mittelmäßig, verfault und ist nicht haltbar.*
>
> *Hülsenfrüchte ... schlecht wegen des anhaltenden Regenwetters.*[1485]
>
> *Im Frühjahr zeigte sich der Weinstock unvergleichlich, allein die späte Kälte, ungünstige Blühzeit, anhaltende Nässe – waren die Ursachen der betrübtesten Weinlese, bey Menschengedenken in Österreich. Zu Kritzendorf u. Weidling wird vom Stifte gar nicht gelesen...*[1486]

[1481] StAKl, Hs. 122/2, pag. 148.
[1482] StAKl, Hs. 122/2, pag. 148 f.
[1483] StAKl, Hs. 122/2, pag. 149.
[1484] StAKl, Hs. 122/2, pag. 150. Auch der Wienfluss trat über seine Ufer und überschwemmte die Vorstädte Margareten und Magdalenengrund bis zum Theater an der Wien. Vgl. LAICHMANN, Bäche und Flüsse, 10. Einige Tage zuvor kam es auch in Ober- und Niederösterreich zu verheerenden Überschwemmungen. So traten beispielsweise am 18. September der Ybbsfluss und der Edlabach aus ihren Ufern, dass es in Amstetten ...*nicht nur allen Schotter sammt Pflaster bis auf den Grund wegschwemmte, sondern auch mehrere 8 bis 10 Fuß tiefe Höhlungen in beträchtlicher Länge und Breite aufriß und Steine im Gewicht von mehreren Zentnern mit fortriß.* QUEISER, Amstetten, 110. Auch in Preßburg verursachte die Überschwemmung zu Ende September große Schäden: ...*Die Donau, die seit einigen Tagen immer höher anschwoll, ist nun an mehreren Niederungen in den oberen Gegenden, nahmentlich von Wolfsthal bis nach und um Preßburg, deßgleichen bey und um Raab, ausgetreten und hat dadurch nahmhaften Schaden verursacht.* Wiener Zeitung Nr. 227/1821.
[1485] StAKl, Karton 241, Ernteausweis 1821.
[1486] StAKl, Hs. 122/2, pag. 150.

Ein nasser Sommer, besonders zur Zeit der Erndte, verdarb das Getreid auf den Ackern, und die Trauben in den Weingarten, daher ein äußerst schlechtes Weinjahr.[1487]

War ein sehr schlechtes Jahr, anhaltende Regengüße durchs ganze Jahr, die Blühzeit war schlecht und halt auch im herbst an, das ein Sauer-Weinwuchs, der in der Güte den 805 Wein gleich...[1488]

Die Monate November und Dezember waren von sehr milder Witterung gekennzeichnet und noch am 21. Dezember war es *...mild und angenehm ... sich die Mücken häufig zeigten, und bis zum N. J. kein Schnee, kein Eis auf der Donau zu sehen war ... ums N. J. gab es hin und wieder Veilchen.*[1489]

1822

Das als überdurchschnittlich warm bezeichnete Jahr 1822 begann bereits in den ersten drei Monaten mit ausgesprochen milder Witterung, sodass *...den ganzen Winter kein finger dickes Eis...*[1490] war und *...die Schiffahrt auf der Donau in diesem Winter keinen Augenblick unterbrochen...*[1491] wurde.

Das Jahr hatte gleich vom Anfange sehr gelinde Witterung, und nur heftige Stürme peinigten die Menschen, die auf offener Strasse sich herumtreiben mußten, und manchen Schaden verursachten sie an Gebäuden. So war der gar heftige Sturm vom 13. bis 14. Jänner für das Stift unerwünscht, da selber nicht nur die vielen Ziegeldächer des Stiftes an mehrern Stellen stark beschädigte, sondern auch eine Thurmkuppel von der Kirche des Leopoldsberges ... hob und dann gänzlich herabwarf. ... Der ganze Winter brachte wenig Schnee. Die Kälte war auch gering und so zeitlich brach der Frühling an, daß schon im März viele Bäume zu blühen anfingen...[1492]

Frühjahr und Sommer waren von anhaltend warmer Witterung mit vereinzelten Regenschauern oder Gewittern gekennzeichnet. In den ersten Tagen des Monats April gab es *...zwar kalte Nordwinde u. Gefrore (überhaupt seit dem verflossenen Herbste öftere Sturmwinde) doch vom 12. Apr. anhaltende schöne, trockne Witterung, als gute Vorbereutung für den Weinstock.*[1493] Der Mai und Juni waren *...schön, gute Witterung zur Ernte. Mit Hälfte Juni wurde schon Korn geschnitten. Zu Ende gab es Kirschen, und Weichsel...,* im Juli herrschte *...schöne fruchtbare Witterung. mehrere Donnerwetter. durch den Blitz branten viele Gebäude ab...* und auch der August brachte *...beständig schöne Witterung zuweillen fruchtbringender Regen. Mit Hälfte August gab es schon in Wels zeitige Weintrauben.*[1494]

Allgemein wurde in diesem Jahr von äußert ergiebigen Ernten in der Landwirtschaft und dem Weinbau berichtet:

[1487] PfAP, Pfarrchronik, fol. 6r.
[1488] BAMG, Wein=Chronik, pag. 6.
[1489] StAKl, Hs. 122/2, pag. 151.
[1490] StAKl, Hs. 121.
[1491] Wiener Zeitung Nr. 54/1822.
[1492] StAKl, Hs. 119, fol. 106r f.
[1493] StAKl, Hs. 122/2, pag. 154.
[1494] StAKl, ClCal 1822.

284

Das heurige anhaltend-warme und trockene Jahr machte die (durch die voraus-gegangenen nassen Jahre kränkelnden) Weingärten gesund und kräftig, wo-durch der gütige Himmel den Winzer mit der Erwartung eines reichl. Segens zur Thätigkeit aufmuntert. Im Stifte fing die Weinlese den 23. Sept. an; jenseits der Donau früher; auch hier lasen einige am 19. dito, und im unteren Gebirge viele schon vorher ... Der Most wurde auch, wegen seiner Vortrefflichkeit, um einen unerhört hohen Preis verkauft ... Die Ärndte war auch allenthalben früher als gewöhnlich; die Winterfrucht sehr reichlich und gut, Gerste u. Haber meistens kurz, und häufig durch Hitze u. Dürre ausgebrannt. Hier zu Lande hatten wir wenig – unbedeutende Gewitter; aber in Ungarn, Kärnthen, Tyrol – wurden einige Gegenden mit verheerenden Schlossen heimgesucht.
Die starke Abnahme an Flüssen und Bächen verursachte in den meisten Provin-zen Mahltheurung; selbst die Donau war Ende Sommers, und vorzüglich im Spätherbste so seichte, daß die Nebenarme entweder ganz austrockneten, oder so wenig Wasser hatten, daß selbst Kinder leicht durchwaten konnten.[1495]
Ein anhaltend warmer Sommer begünstigte sowohl das Wachsthum als auch das Gedeihen des Weinstokes dermassen, daß das heurige Gewächs zu den aller-besten gerechnet wird.[1496]
Dieses Jahr war in der Güte so vortreflich, als das vorhergehende schlecht war, vom Jänner bis ende März war sehr gelindes Wetter, so das man immer arbeiten konnte und auch sogar herr Josef Baumgartner den 4 März zu Heuen anfing, und der Sommer sehr troken und heiß war, und so folgt auch der Herbst noch immer trocken und heiß und nur den 26 August macht es einen Regen, den 14 September began die Weinlöse und ein vorzüglicher Hauptwein ist, den nur ein 1811 die Hand bieten darf, in den Quantum mittelmässig, alle Feld- und Gärtenfrüchte gerithen sehr gut...[1497]

Mitte Oktober begannen die Temperaturen zu sinken, weshalb im Stift Klosterneu-burg am 18. Oktober *...früh zum erstenmal eingeheizet...*[1498] wurde. In der Nacht vom 11. auf den 12. November gab es den ersten Nachtfrost und am 8. Dezember hat es in der *...früh zum erstenmahl ein wenig geschnien.*[1499] Um Weihnachten war der Wasserstand der Donau bereits stark abgesunken *...Zu Wien an der Franzens-Brücke war der Wasserstand am 24. Dec. 6 Zoll unter 0 (d. i. unter dem angenom-menen niedrigsten Wasserstande). Am 2. Jan. 823 1 Schuh 2 Z. unt. 0.*[1500]

1823

Die seit Ende Dezember andauernde Kälte blieb auch in den ersten Jännerwochen bestehen. Zu Jahresbeginn bildete sich ein Eisstoß auf der Donau *...früh bildete sich in der Gegend des Stiftes der Eisstoss auf der Donau, der Anfang Abends vorher.*

[1495] StAKl, Hs. 122/2, pag. 160.
[1496] PfAP, Pfarrchronik, fol. 6r.
[1497] BAMG, Wein=Chronik, pag. 7.
[1498] StAKl, ClCal 1822.
[1499] StAKl, ClCal 1822.
[1500] StAKl, Hs. 122/2, pag. 160.

Durch die Schwellung oder Blähung kam in die ausgetröckneten Nebenarme Wasser.[1501]

Nach einer Erwärmung Anfang Februar, brach am 8. Februar ...*das Eis auf der grossen Donau bey Nussdorf und Kallenberg, dann Nachts hier. Die grosse Taborbrücke wurde beschädigt.*[1502] In der zweiten Hälfte des Monats kam es zu starken Schneefällen, die sich auch anhand der Gumpoldskirchner Schneeschauflungs-Verzeichnisse nachweisen lassen. Am 19. bzw. 21. Februar wurden jeweils 50 Personen mit der Räumung der Badener und Neustädter Straße beauftragt. Am 22. Februar benötigte die Gemeinde hingegen 100 Personen, am 24. Februar 65 Personen und einen Tag später mussten 80 Personen die gefallenen Schneemengen beseitigen.[1503] Infolge dieser Niederschläge hatte am 26. Februar in Preßburg ...*der Donaustrom hier und da seine Ufer übertreten, und das anliegende Land unter Wasser gesetzt.*[1504]

Ende März und Anfang April herrschte schöne und trockene Witterung, zwischen 9. und 15. April gab es jedoch ...*kalte Nordwinde, dabey gefroren: die Frühblüthen und jungen Weinstöcke litten dadurch. Die Donau um diese Zeit ungewöhnlich niedrig; und obschon dieselbe im Sommer einige mahl stark anwuchs, so blieb sie doch innerhalb der Ufer.*[1505]

Auf einen warmen Mai folgte ein regnerischer Juni mit negativen Auswirkungen auf die Traubenblüte. Auch im Sommer blieb die Witterung niederschlagsreich, begleitet von vereinzelt auftretenden Gewittern und Hagelschlägen ...*besonders jene am 5. und 6. August machten in hiesiger Gegend grossen Schaden dem Obst und Wein.*[1506] Die anhaltend schöne Herbstwitterung im September und Oktober war dem Wachstum des Weines allerdings noch in dem Ausmaß förderlich, dass große Mengen bei der Lese erzielt werden konnten:

Eine gute Erndte und ergiebige Weinlese, der Wein von mittelmäßiger Qualitat, aber hinreichender Quantitat.[1507]

Dieses Jahr war sehr gesegnet Feldbau, Obst besonders der Wein gut in diesen Jahr gut geraten, so das es im Quantum einen 812 Jahre glich, an der Qualität gehört er zu den Mittelweinen, der Preis in der Löszeit zu 18 bis 20 fl. WW., in folgenden Jahren kostete er 12...[1508]

Die Weinlese fängt beym Stifte den 17. Oct. an, u. wird den 29. dito geendiget: dieselbe ist reichlicher als v. J., aber an der Güte steht der heurige Most dem vorjährigen weit nach, die erwünschte Witterung im Septemb. u. Oct. brachte die Trauben zur Reife: wäre die Blühzeit, und der vorausgegangene Sommer eben so günstig gewesen, so hätte man sich über eines der gesegnetesten Lesen erfreuet.[1509]

[1501] StAKl, Hs. 122/2, pag. 164.
[1502] StAKl, Hs. 122/2, pag. 164.
[1503] Vgl. AMG, Karton 30, Faszikel 2/30.
[1504] Wiener Zeitung Nr. 47/1823.
[1505] StAKl, Hs. 122/2, pag. 165.
[1506] StAKl, Hs. 121.
[1507] PfAP, Pfarrchronik, fol. 6r.
[1508] BAMG, Wein=Chronik, pag. 7.
[1509] StAKl, Hs. 122/2, pag. 168.

Am 15. November ereignete sich ein heftiger Sturm. Im Dezember sanken die Temperaturen und es kam zu häufigen Niederschlägen.

1824

Einem kurzfristigen Wärmeeinbruch zu Jahresbeginn folgten bis Ende Jänner anhaltend tiefe Temperaturen:

> *Zum N. J. Thauwetter, vorher wenig Schnee; die sehr niedrige Donau nahm ziemlich zu. Seit heil. 3 König so zunehmende Kälte, daß am 8.–9. Jan. der nächste Donauarm beym Stifte zugefror, den folgenden Tag der zweyte; beyde wurden Ende Jan. wieder aufgelöset. Der Hauptarm blieb offen.*[1510]

Am 5. und 6. Februar fror der nächst dem Stift Klosterneuburg gelegene Donauarm erneut zu und die in dieser Zeit eingetretene kühle Witterung blieb auch in den Monaten März und April erhalten. Ende April/Anfang Mai stellten sich einige schöne und warme Tage ein, danach kam es allerdings zu häufigen Niederschlägen und tiefen Temperaturen. Am 26. Mai hinterließ ein Hagelschlag große Schäden in den Weingärten der Orte Grinzing, Heiligenstadt und Kahlenbergerdorf.[1511] Zu Beginn des Monats Juni stiegen die Temperaturen, doch nach zwei Wochen wurde es erneut kühler. Zwischen dem 20. und 26. Juni *...geschah durch heftige Winde auch Sturmwinde an Wald u. Gärten viel Schaden; vom öfteren Regen schwollen die Bäche, so wie die Donau an.*[1512] Sommerliche Witterung blieb in diesem Jahr auf die Tage zwischen 10. und 21. Juli beschränkt. Am 22. Juli kam es in Wien erneut zu einem Hochwasser der Donau. Die von Unwettern[1513] begleiteten Niederschläge hielten auch im folgenden Monat an, sodass am 29. August *...die Donau am Pfeiler der Franzens-Brücke ... 11 Schuh 4 Zoll ober 0...* stand und *...ohne den heiteren September wären die wenigen Trauben nicht zur Reife gediehen. Verschiedene Gegenden litten auch durch Schlossen und Überschwemmungen.*[1514] Die Weinlese, die Ende Oktober bei Regen stattfand, erbrachte aufgrund der hohen Feuchtigkeit nur geringe bis mittlere Mengen von schlechter Qualität.

Anfang November kam es erneut zu einem Hochwasser bzw. Überschwemmungen der Donau und das Wasser stand *...am Pfeiler der Franzens-Brücke zu Wien ... 12 Schuh u. etl. Zoll ober 0; die Tuttenhöfer Äcker litten dadurch bedeutenden Schaden.*[1515]

[1510] StAKl, Hs. 122/2, pag. 170.

[1511] Vgl. StAKl, Karton 2661, Nr. 19, Akt bezüglich einer Circular-Verordnung in Sachen einer Sammlung wegen Schäden durch Hagelschlag am 26. Mai in Grinzing, Heiligenstadt und Kahlenbergerdorf.

[1512] StAKl, Hs. 122/2, pag. 170.

[1513] Von einem der zahlreichen Unwetter dieses Sommers berichtet die Perchtoldsdorfer Pfarrchronik folgendes: *Am 24. August war ein entsetzliches Donnerwetter, und Regenguß, das Wasser drang in alle Keller, rieß die Brüke bei Liesing weg, auf welcher sich unglüklicherweise ein Bauer, mit einem mit 2 Rossen bespannten Wagen befand, welcher samt dem Zugvieh ertrank. Das Wasser erreichte eine solche Höhe, daß von dieser Weite die Verbindung mit Wien auf 24 Stunden aufgehoben wurde.* PfAP, Pfarrchronik, fol. 6v f.

[1514] StAKl, Hs. 122/2, pag. 172. Es kam auch zu Überschwemmungen der Mur und einem Hochwasser des Traunsee Vgl. SONKLAR, Gletscherschwankungen, 124; KRACKOWITZER, Gmunden, 268.

[1515] StAKl, Hs. 122/2, pag. 172, Bericht über den 7. November.

Ende November und Anfang Dezember herrschte feucht-milde Witterung mit häufigem Nebel. Am 11. Dezember brach ...*bey einem Schneegestöber ein heftiges Donnerwetter los, und ein Blitzstrahl fuhr in den Thurm der Michaelspfarrkirche zu Heiligenstadt abends vor 9 Uhr.*[1516] Danach stiegen die Temperaturen stark an und es gab ...*Weihnachten mit Blumen und grünenden Wiesen.*[1517]

1825

Die Temperaturen blieben auch im Jänner auf überdurchschnittlich hohem Niveau.[1518] Erst am 8. Februar ...*rann, nach einigen kalten Tagen, diesen Winter das erste Mahl Eis auf der Donau; auf dem flachen Lande sah man fast keinen Schnee. Darauf anhaltend kalte Tage, bis über die Hälfte des Monats.*[1519] Mitte März sanken die Temperaturen und es kam zu heftigen Schneefällen. Daraufhin wurden am 19. März in Gumpoldskirchen 123 Personen zur Räumung der k. k. Straßen beordert, was eine vergleichsweise hohe Anzahl an benötigten Arbeitern darstellt.[1520]
Anfang April herrschte sonnige Witterung, doch begannen die Temperaturen erst am Ende des Monats anzusteigen. Am 18. Mai wurde allerdings im Stift Klosterneuburg ...*in Wohnzimmer wieder eingeheizet.*[1521]
Bis Ende Juni blieben die Verhältnisse sehr veränderlich. Erst im Juli begannen die Temperaturen sommerliche Werte zu erreichen, die nach dem 20. Juli von häufigen Niederschlägen begleitet wurden.[1522] Die regnerische Witterung hielt mit einer kurzen Unterbrechung ...*gegen Mitte August kühle Winde...*[1523] bis Ende September an. Dadurch wurde die Menge der Trauben stark dezimiert, der gelesene Wein war jedoch von guter Qualität.
Nachdem die Temperaturen Mitte Oktober zu sinken begannen ...*16–21 ... Abends wurde eingeheizt ... den 20 und 21 zu Mittag und Abends...*,[1524] herrschte im November und vor allem im Dezember anhaltende Wärme. Am 28. Dezember fiel ...*der erste Schnee, nach langangehaltener, schön und gelinder Herbstwitterung.*[1525]

1826

Anfang Jänner[1526] begannen die Temperaturen kontinuierlich zu sinken und am 9. Jänner setzten leichte Niederschläge ein. Die Schneefälle nahmen am 13. Jänner in

---

[1516] StAKl, Hs. 119, fol. 109v.
[1517] Allgemeine Wein-Zeitung 1 (1884), 28.
[1518] Vgl. HANN, Meteorologie, 19.
[1519] StAKl, Hs. 122/2, pag. 174.
[1520] Vgl. AMG, Karton 30, Faszikel 2/30.
[1521] StAKl, ClCal 1825.
[1522] Die anhaltenden Niederschläge führten Ende Juli zu einem Hochwasser der Donau: ...*Durch das dieser Tage eingetrettene Regenwetter, daß anschwellen und zurückströmmen des Donau Wassers in diesen Graben, musten die Teichgräber wieder aufhören. Die Räumung würde schon längstens geschehen sein, wenn nicht immer der hohe Wasserstand in der Donau es unmöglich machte.* StAKl, Karton 2661, Nr. 12, Bericht vom 30. Juli über die in Langenzersdorf stattfindende Räumung der Gräben nahe der Donau.
[1523] StAKl, Hs. 122/2, pag. 174.
[1524] StAKl, ClCal 1825.
[1525] StAKl, Hs. 122/2, pag. 178.
[1526] In diesem Jahr ist das Wetter durch entsprechende Einträge in einem Klosterneuburger Schreibkalender beinahe täglich dokumentiert.

dem Ausmaß zu, dass in Gumpoldskirchen 120 Personen mit der Straßenräumung beauftragt wurden. Vier Tage später benötigte die Gemeinde für diese Arbeiten nur noch 30 Personen.[1527] Die Kälte hielt auch in den folgenden Wochen an und erst um den 20. Februar löste sich nach einer Erwärmung das Eis auf der Donau:

> *Im Jänner stieg die Kälte von Tag zu Tag und am 22. ward die Donau mit einer Eisdecke belegt, die sich erst am 23. Februar brach, aber auch recht glücklich sich fortwälzte, ohne den geringsten Schaden zu verursachen.*[1528]

In Preßburg kam es am darauf folgenden Tag zu einer Überschwemmung der Stadt:

> *Die fortdauernd milde Witterung, mehr aber noch das Steigen des Wassers in der Donau, ließ ... Nachmittags eine baldige Unterbrechung der Passage über die Eisdecke erwarten; doch fuhren selbst am Abend dieses Tages noch Wagen darüber. Am Sonnabend Früh um 4 Uhr brach zuerst die Decke des Wolfsthalerarms, und sogleich ergoß sich das Wasser durch den alten Einriß bey dem neuen Damme auf die Ebene bis Kittsee, und auf dem Wege der Donau entlang. Um 9 Uhr brach auch, durch das von oben kommende Eis gedrängt, der Hauptstrom und setzte sich, zwar langsam, jedoch anscheinend so günstig in Bewegung, daß wir uns der Hoffnung eines glücklichen Vorübergehens überließen. Aber noch vor 12 Uhr Mittags stellte sich, durch den ungeregelten Lauf der Donau gleich unterhalb bei Preßburg aufgehalten, das Eis, und nun stieg das Wasser mit solcher Schnelligkeit, daß es selbst das diesseitige hohe Ufer und alle nahe liegenden Gassen der Stadt überschwemmte, und mit dicken Eisschollen belegte.*[1529]

Im März und April blieb die Witterung veränderlich und kühl und noch im Mai war es ungewöhnlich kalt. Im Stift Klosterneuburg wurden am 13. April zwar *...die Winterfenster ausgenohmen...*,[1530] doch kam es bis Anfang Mai zu vereinzelten Schneefällen. Die Donau führte in dieser Zeit starkes Hochwasser.[1531] Anfang Juni stiegen die Temperaturen, die häufigen Niederschläge hielten jedoch weiter an. Am 24. Juni begann sich sommerliche Witterung einzustellen, die bis Ende August nur von vereinzelten Regenfällen und Gewittern unterbrochen wurde. Im September kam es zu einer starken Abkühlung *...Der September war aber für die Trauben wieder ungünstig, rauhe Winde, Nächt, u. Regen fielen zu früh ein, und ohne die Wärme im July u. August wären die Trauben nicht zur Reife gediehen.*[1532] Im Süden Wiens dürfte der an der Donau als wesentlich kälter empfundene Wind den Weinbau nicht in gleichem Ausmaß betroffen haben. Die Gumpoldskirchner Wein=Chronik berichtet über Wärme bis Anfang Oktober und sehr gute Weinqualität:

[1527] Vgl. AMG, Karton 30, Faszikel 2/30.
[1528] StAKl, Hs. 119, fol. 116r.
[1529] Wiener Zeitung Nr. 52/1826, Bericht über den 24. und 25. Februar.
[1530] StAKl, ClCal 1826.
[1531] Im Osten Deutschlands kam es zu Überschwemmungen: *...gab es auserordentl. Überschwemmungen durch die Oder im preus Schlesien: die Donau war zur nähmlichen Zeit auch bedeutend hoch, doch ohne Schaden.* StAKl, Hs. 122/2, pag. 181, Bericht über den 5. Mai.
[1532] StAKl, Hs. 122/2, pag. 182.

Dieses Jahr ist merkwürdig vor vielen andern, am April 20–24ten täglich Reif, wodurch die Weingärten auf der Ebene ganz verbrannt wurden, den 29ten und 30ten April gewaltiger Regen, den 1ten und 2ten Mai alles mit Schnee bedeckt, jedoch wurde durch diesen Schnee was von Reif verschont geblieben nichts verletzt. Den 14 Juni fanget die Blühzeit an, von 16 bis 24 Juni kamen sehr kalte Strichregen, das man eine gänzliche Mißjahr vermuthen konnte. Allein der Allmächtige schikte von 24 Juni bis 6 Oktober sehr heiße und trokene Zeit, so das was vom Reif verschont geblieben in der Quantität ein Mitteljahr und in der Qualität ein sehr gutes Jahr war, der Wein mag den 1819 übertreffen...[1533]

Am 8. Oktober begannen die Temperaturen zu sinken, weshalb im Stift Klosterneuburg zwei Tage später *...in den Wohnzimmer um 8 Uhr früh zum erstenmal eingeheizet...* und am 12. Oktober *...Abends zum zweytenmal geheizet...*[1534] wurde. Im November und Dezember blieb die Witterung veränderlich und kalt. Am 8. November kam es zu den ersten Schneefällen, die in den folgenden Wochen vereinzelt auftraten.

1827

Im Jänner[1535] ereigneten sich starke Schneefälle, die in der zweiten Hälfte des Monats beträchtliche Ausmaße annahmen. Folgender Bericht schildert die Verhältnisse im Süden der Stadt:

In unserer Gegend war bis zur Hälfte Jänner das Wetter sehr veränderlich. Bald Regen, bald Schnee, von der Kälte fast gar nichts zu sagen. Allein den 18. Jänner 1827 um 4 Uhr abends fing es an zu schneien und es schneite die ganze Nacht, den 19. Jänner den ganzen Tag und die Nacht vom 19. zum 20. Jänner. In dieser Nacht erhob sich auch ein starker Wind, welcher diesen Schnee, der ohnehin schon eine Höhe von vier Fuß erreicht hatte, in fürchterlichen Massen anhäufte. Den 20. und 21. war es still, den 23. aber schneite es den ganzen Tag, und es erhob sich gegen Abend ein fürchterlicher Sturm, welcher den vielen Schnee mit solcher Gewalt hin und wider trieb, daß die Luft nur eine einzige bewegliche Schneemasse zu sein schien. Wehe denen, welche sich bei diesem fürchterlichen Sturm- und Schneewetter im Freien befanden. Die Wägen auf den Straßen wurden umgestürzt und verweht, mehrere Personen verloren in dieser schrecklichen Nacht ihr Leben. ... Der Sturm fing immer schrecklicher an zu wüten und jedermann glaubte, daß es unmöglich wäre weiterzukommen. ... Jedoch dies alles ist nur ein geringes Schattenbild gegen jene Schneemassen, welche in den Hochgebirgen der Schweiz, Tirols, Salzburgs und der Steiermark fielen, wie man aus der Wiener Zeitung in ihren vermischten Nachrichten ersehen kann.[1536]

1533 BAMG, Wein=Chronik, pag. 9 f.
1534 StAKl, ClCal 1826.
1535 In diesem Jahr ist das Wetter durch entsprechende Einträge in einem Klosterneuburger Schreibkalender beinahe täglich dokumentiert.
1536 Aus dem Jahr- und Gedenkbuch von Michael Fuchs zit. bei HAGENAUER, Gumpoldskirchen, 41 f.

290

Gleichzeitig wurden in Gumpoldskirchen am 20. Jänner 102 Personen mit der Schneeräumung beauftragt. Am 25. Jänner mussten 80 und am 26. Jänner 20 Arbeiter die k. k. Straßen von Schnee und Eis befreien.[1537] Dabei sanken die Temperaturen und am 19. Jänner kam es zum Eisstoß auf der Donau, der sich erst am 1. März aufzulösen begann. Anfang Februar setzten erneut heftige Schneefälle ein und wieder spiegeln sich die starken Behinderungen auf den Straßen in den Gumpoldskirchner Schneeschauflungs-Akten. Am 5. Februar räumten 140 Arbeiter die Neustädter und Badener Straße. Zwei Tage später wurden 70 und am 9. Februar 80 Schneeschaufler benötigt. Am 13. Februar waren 60, am 19. Februar 85 und – eine Woche später – am 26. Februar wiederum 60 Personen mit der ...*Wegräumung des Schnee und Eis der uns zugewiesenen Sträken...* beschäftigt.[1538]

Nach einem kurzen Warmlufteinbruch Anfang März sanken die Temperaturen erneut und es kam weiterhin zu häufigen Niederschlägen in Form von Regen oder Schnee. Am 5. April wurde es wärmer und ...*Mitte Apr. an Ostern grünte Alles: Apricosen, Pfirsichen u. einige Kirschbäume blüthen; obschon es noch am 26. März besonders auf den Bergen Schnee gab.*[1539] Nachdem im Stift Klosterneuburg am 28. April nochmals geheizt wurde, stiegen die Temperaturen, doch blieb die Witterung im Mai veränderlich. Vom 9. bis 12. Juni kam es zu einer geringen Über schwemmung der Donau ...*die Donau sehr hoch und austretend, nach vorausgegangenem mehrtägigen Regen: beym Tuttenhofe leisteten die gemachten Dämme oder Aufwürfe gute Dienst, daß die nächste Ärndte nicht überschwemmt wurde, wozu wenig mehr fehlte.*[1540]

Im Juli war es sehr heiß und trocken. Ende August und in der zweiten Septemberhälfte ereigneten sich anhaltende Niederschläge ...*stieg die Donau wieder ausserordentlich gäh...*,[1541] weshalb es zu regionalen Einbußen in der Menge des qualitativ sehr guten Weines kam.

> *Die Weinlese fing beym Stifte den 8. Oct. an, u. endete am 16. dito; jenseits, u. in der Ebene wurde wegen der starken Fäulniß, früher gelesen. Der Segen des Himmels war d. J. reichlicher als die vorigen; das Stift brachte beynahe tausend Eimer ein, obschon v. J. ein bedeutender Antheil von Weingärten verkauft wurde. Wären in der frühen Blühzeit, dann Ende August, u. in der zweiten Hälfte des Sept. nicht anhaltende Regen gefallen, so wäre das Lesen noch weit reichlicher gewesen, besonders da der July u. einige Tage im August sehr heiss waren.*[1542]

Nach den ersten Schneefällen am 29. Oktober sanken die Temperaturen und blieben bis Anfang Dezember auf sehr niedrigem Niveau, begleitet von Regen- und

[1537] Vgl. AMG, Karton 30, Faszikel 2/30.
[1538] Vgl. AMG, Karton 30, Faszikel 2/30. Auch in Linz gab es im Februar große Schneemengen. Vgl. SCHREYER, Wetterchroniken, 73.
[1539] StAKl, Hs. 122/2, pag. 184.
[1540] StAKl, Hs. 122/2, pag. 185. Auch der Traunsee und die Mur traten in dieser Zeit über ihre Ufer. Vgl. KRACKOWITZER, Gmunden, 268; SONKLAR, Gletscherschwankungen, 124.
[1541] StAKl, Hs. 122/2, pag. 185, Bericht über den 27. bis 29. August.
[1542] StAKl, Hs. 122/2, pag. 185.

Schneeschauern. In den letzten drei Wochen des Jahres herrschte sehr sonnige Witterung und es wurde wärmer.

1828

Zu Jahresbeginn sanken die Temperaturen und der nahe dem Stift Klosterneuburg gelegene Donauarm fror am 10. Jänner zu. Am 13. und 14. Jänner löste sich das Eis, am 19. Jänner geriet die Wasseroberfläche jedoch erneut für zwei Tage ins Stocken. Der kurzfristige, von Niederschlägen begleitete Warmlufteinbruch war am 14. Jänner im Raum Mariazell von heftigen Gewittern begleitet:

Seit 12ten Mittags regnet es hier ununterbrochen, und dabey weht der Wind bald aus Süden, bald aus Westen, und bald nach 10 Uhr zog ein Gewitter von derselben Gegend herauf, begleitet von kleinem Hagel und starkem Regen; es blitzte mehrmahls, und dabey erfolgten mehrere sehr heftige Donnerschläge.[1543]

Am 8. Februar sanken die Temperaturen erneut. Der südlichste Seitenarm der Donau war vom 14. bis 22. Februar zum dritten Mal in diesem Jahr mit Eis bedeckt, *...der Hauptstrom erhielt sich beständig in seinem Laufe.*[1544] Zusätzlich kam es in den ersten beiden Monaten zu häufigen Niederschlägen. Die Schneemengen führten am 22. Februar in Gumpoldskirchen zu starken Behinderungen, weshalb 60 Personen mit der Räumung der Badener und Neustädter Straße beauftragt wurden.[1545]

Um den 10. März wurde es langsam wärmer, die häufigen Regen- und Schneefälle dauerten jedoch bis April an. Im Mai gab es *...gewöhnlich Nordwind, wodurch die Weinstöcke in manchen Gegenden Schaden litten.*[1546] Mitte Mai begann sich anhaltend warme Witterung einzustellen, die Ende Juni von heftigen Gewittern und Niederschlägen unterbrochen wurde:

...von 3 bis 4 Uhr abends durch Elementar erhob sich ein unerhörter Sturmwind und nahm mir mein Dach von halben Hauszimmer und die ganze Schupfen weg ... auch mehrere Scheuern und Obstbäume weggerissen...[1547]

23. Nach anhaltender Wärme u. Tröckne u. nach vollendeter schöner Blühzeit für den Weinstock, erhielten wir am 23. Juny gegen Abend einen Platzregen mit Gewitter...

25.–27. ...fast beständig Regen...

27. ...zu Wien wie ein Wolkenbruch, in allen Gassen strömten Bäche.

28. ...gegen 5 U. nachm. ein wiederholter Regenguss.

29. ...ein schöner warmer Tag. Die Donau wuchs stark, u. trat an niedrigen Ufern aus: die Wien ausserordentlich reissend.[1548]

[1543] Wiener Zeitung Nr. 20/1828, Bericht über den 12. bis 14. Jänner.

[1544] StAKl, Hs. 122/2, pag. 187. In diesem Jahr wurde in Wien mit Pegelmessungen und einer kontinuierlichen Beobachtung der Wasserstände begonnen. In Linz gab es bereits seit 1821 regelmäßige Pegelbeobachtungen. Vgl. WATZIK, Hochwasser, 65.

[1545] Vgl. AMG, Karton 30, Faszikel 2/30.

[1546] StAKl, Hs. 119, fol. 118r.

[1547] StAKl, Karton 929, Nr. 31, Bitte eines Untertanen aus Atzenbrugg/NÖ um Baumstämme an das Stift Klosterneuburg.

[1548] StAKl, Hs. 122/2, pag. 188. Auch am Traunsee/OÖ gab es Ende Juni ein Hochwasser. Vgl. KRACKOWITZER, Gmunden, 268.

Im Juli stiegen die Temperaturen stark an. Anfang August herrschte kühle und regnerische Witterung, die bis Ende September andauern sollte und zu Einbußen im Weinbau führte:

> *Sah bis zum 26 Juni sehr freudenvoll aus indem sich der Weinbau in Quantum ein 812ᵉʳ und auch eine gute Qualität zu haben, war allein dadurch beständiges Regenwetter sehrwol im Sommer als im Herbst, die Weintrauben nicht nur zu ihrer Reife sondern in einer starken Fäulung Schaden gelitten, jedoch war die Weinlöse sehr ergiebig...*[1549]

Nach einer kurzen Schönwetterperiode Anfang Oktober fiel heftige Kälte ein, die bis zum Ende des Jahres vorherrschte und von häufigen Niederschlägen begleitet wurde.

1829

1829 gilt als ein besonders kaltes Jahr und in den Monaten Mai, Juni, August, Oktober, November und Dezember lagen die Temperaturen weit unter dem Durchschnitt.[1550] Bereits im Jänner herrschte große Kälte und es kam zu häufigen Niederschlägen. Am 27. Jänner bildete sich ein Eisstoß auf der Donau, der bis 3. März anhielt. Anfang Februar führten die Schneemengen zu starken Behinderungen inner- und außerhalb der Stadt:

> *Die Kälte war diesen Winter streng und anhaltend und häufiger Schnee. Besonders am Lichtmeßtage fiel er in solchen Massen, daß alle Wege unwandelbar waren, und die Geistlichen weder nach Weidling noch zur Aushülfe nach Kallenberg fahren konnten.*[1551]

Kalte und niederschlagsreiche Witterung blieb auch in den Monaten März, April und Mai erhalten:

> *...die Witterung in der zweiten Hälfte des Aprils dem Aufblühen der Blumen ganz ungünstig und die Tage des Blumen Transportes mit Regen, Hagel und abwechselndem heftigen Winde begleitet waren...*[1552]

> *So kalt und regnerisch sich der May bey uns eingestellt, und uns überhaupt nur wenig angenehme Tage gebothen, so unfreundlich ist er auch geschieden. Mit dem letzten trat Regenwetter ein, das ununterbrochen auch heute fortdauert. Seit langer Zeit hat man hier so kalte unfreundliche Pfingstfeyertage als die verflossenen, nicht erlebt.*[1553]

[1549] BAMG, Wein=Chronik, pag. 12.
[1550] Vgl. HADER, Witterungsabläufe, Tabelle 3.
[1551] StAKl, Hs. 119, fol. 119r, Bericht über den 2. Februar. In Gumpoldskirchen erhielten am 3. Februar 100 Personen den Auftrag, die Straßen der Marktgemeinde zu reinigen, am 7. und 9. Februar wurden jeweils 90 Arbeiter benötigt. Am 13. Februar mussten 110 Personen, am 14. Februar 80 Personen, am 16., 17. und 20. Februar 100 Personen und am 21. Februar 90 Personen für die Beseitigung der Schneemassen sorgen. Vgl. AMG, Karton 30, Faszikel 2/30.
[1552] Wiener Zeitung Nr. 129/1829.
[1553] Wiener Zeitung Nr. 133/1829, Bericht vom 9. Juni.

Anfang Juni kam es schließlich in ganz Ostösterreich zu Überschwemmungen. Bereits am 4. Juni führten die Flüsse Enns und Steyr beträchtliches Hochwasser.[1554] Am 6. Juni war auch der Wasserspiegel des Traunsees beträchtlich gestiegen[1555] und ab 8. Juni kam es in Wien und Preßburg zu Überschwemmungen der Donau:[1556]

...überschritt die angeschwollene Donau ihre Ufer und auch die für den Tuttenhof aufgestellten Schutzdämme wurden überfluthet und die dortigen Äcker dadurch überschwemmt.[1557]

...Donau ... Früh auf 12 Schuh gestiegen, und hat die jenseitige Umgegend bis Kittsee ganz überschwemmt. Auch bey Wien ist die Donau durch anhaltende Regengüsse sehr angeschwollen, und an mehreren Stellen aus ihren Ufern getreten.[1558]

Ende Juni begannen die Temperaturen kurzfristig zu steigen. Die Witterung der Sommermonate blieb jedoch insgesamt sehr feucht und es ereigneten sich zahlreiche Unwetter:

...als am 9 Juli Nachmittags bei einer schwüllen Hitze sich fürchterliche Gewitterwolken auftürmten, wo nun fürchterliche Schauerhagel folgten, der bei einer viertel stunde dauerte und wie gehebelte Nüsse fiel und Guntramsdorfer und Gumpoldskirchner Gebirg total zusammenschlug und mit Überschwemmungen verherte. Die Wassergüsse in dieser Schreckensflut waren so gewaltsam, das nicht nur mehrere Menschen in Lebensgefahr, sondern auch wirklich ein Mädchen von 18 Jahren zu Grunde gieng, welches von ein hiesigen Bürger Schuhmachermeister Karl Vogt. Da sie in ihren Weingarten in Guntramsdorfer Gebirg arbeitten von reißenden Wasserwogen fortgerissen und ein erbarmungswürdige art umkam. Von diesen Augenblicke sahen wir den traurigsten Elende entgegen dazu trug besonders bei, das vom 9. Juli an die ganze Witterung sehr kalt und mit vielen Regen begleitet war...[1559]

Mit größtem Leidwesen machen wir die Anzeige, daß dieses fürchterliche Hagelwetter mit Wassergüß, welches den 9ten d. M. Nachmittag von 1 bis 2 Uhr unsere Weinfechsung, Feldfrüchte und Zugemüse vernichtet, und unsere Weingärten in einen gräulichen Zustand versetzte...[1560]

...daß mehrere Unterthanen in Siebenhirten durch das am 9ten d. M. geweste Hagelwetter bedeutenden Schaden erlitten haben...[1561]

[1554] Vgl. PRITZ, Steyer, 376. In Linz regnete es vom 1. bis 12. Juni täglich. Vgl. SCHREYER, Wetterchroniken, 73.
[1555] Vgl. KRACKOWITZER, Gmunden, 268.
[1556] Am 8. Juni erreichte die Donau bei Nußdorf eine Durchflussgeschwindigkeit von 6.520 m/s, am 12. Juni sogar von 6.670 m/s. Damit steht dieses Hochwasser nach jenem vom 17. September 1899 mit einer Durchflussgeschwindigkeit von 10.500 m/s an 17. Stelle der größten Hochwässer der Donau in Österreich zwischen 1821–1983. Vgl. ZISSER, Hochwässer, 7.
[1557] StAKl, Hs. 119, fol. 119v.
[1558] Wiener Zeitung Nr. 133/1829, Bericht aus Preßburg und Wien.
[1559] BAMG, Wein=Chronik, pag. 13 ff.
[1560] AMG, Karton 20, Faszikel 2/11, Nr. 340, Schadensbericht über das Unwetter vom 9. Juli.
[1561] AMP, Karton 287, Faszikel 5, Brief der Herrschaft Rodaun bezüglich des Unwetters vom 9. Juli an das Kreisamt des VUWW.

In Folge der kalten und regnerischen Witterung im May und bis zur Hälfte des Junius, ist die dießjährige Ernte der Winterfrüchte um beynahe drey Wochen verspätet worden...[1562]

...schlug bey einem fürchterlichen Gewitter der Hagel die Weingärten besonders zu Weidling zum grossen Schaden des Stiftes.[1563]

...um 1 Uhr Mittags schlug der Hagel von Höflein bis unter Klosterneuburg u. auch zu Hacking die Weingärten auf die heftigste Weise, und zu Korneuburg entlud sich eine Wasserhose, die grossen Schaden verursachte.[1564]

...den 15. August um 1 Uhr ein Donnerwether und hat so viel Eis und so gros wie ein Nus und hat die Weingärten sauber zusammen geschlagen...[1565]

Nach mehreren Tagen einer drückenden Hitze, welche nur selten durch kurze Strichregen gemildert wurde, zog sich ... Abends gegen 7 Uhr ein schweres Gewitter zusammen, welches von Nordwest her getrieben ... Während eines heftigen Windsturmes schmetterte ein dichter Hagel zur Erde, die bald handhoch und anderer Orten noch höher mit Schlossen bis zur Größe der Haselnüsse bedeckt ward ... Nach einer Stunde zog dieses Gewitter gegen Westen nach Ungarn ab.[1566]

Die Wetterverhältnisse blieben auch im September unbeständig und kalt, Anfang Oktober ereigneten sich in Steyr die ersten Schneefälle.[1567] In Wien herrschte Mitte Oktober *...fortwährend regnerische oder doch trübe Witterung. Die Tage, oder vielmehr die Stunden in denen seit dem Eintritt des Herbstes einige Sonnenstrahlen das beständig wolkenschwangere Firmament durchbrochen haben, sind bequem zu zählen.*[1568]

Um eine bessere Reifung der Trauben zu erzielen, wurde der Lesebeginn in Klosterneuburg mit 3. November festgesetzt *...wurde aber des eingetretenen Frostes wegen am 26. Oct. angefangen, und lieferte wenig u. schlechten Wein.*[1569]

Im November kam es zu einem weiteren Absinken der Temperaturen, weshalb in Preßburg bereits am 22. November das Eis in der Donau beseitigt wurde:

...eingetretene frühzeitige Kälte hat im Laufe der vergangenen Woche so zugenommen, daß wir jetzt bereits wie mitten im Winter leben. Die Donau war indessen bis vorgestern Nachmittags frey vom Eise geblieben ... aber am Abend dieses Tages kam mit dem Strome plötzlich so viel Eis, daß man noch in der Nacht das Abtragen derselben beginnen mußte...[1570]

1562 Wiener Zeitung Nr. 237/1829, Bericht aus Preßburg vom 14. Juli.
1563 StAKl, Hs. 119, fol. 119v.
1564 StAKl, Hs. 119, fol. 119v, Bericht über den 15. August.
1565 StAKl, Hs. 121.
1566 Wiener Zeitung Nr. 192/1829, Bericht aus Graz über den 16. August.
1567 Vgl. PRITZ, Steyer, 37. Am 17. Oktober berichtete die Wiener Zeitung: *...Reisende, welche in den letzten Tagen der verflossenen Woche aus Böhmen angekommen sind, haben auf der Straße zwischen Iglau und Znaim Schnee gefunden.* Wiener Zeitung Nr. 238/1829.
1568 Wiener Zeitung Nr. 239/1829, Bericht aus Preßburg vom 16. Oktober.
1569 StAKl, Hs. 119, fol. 119v.
1570 Wiener Zeitung Nr. 272/1829.

Die Kälte hielt auch in den folgenden Wochen an und am 27. Dezember bildete sich ein Eisstoß auf der Donau. Zusätzlich kam es ab Mitte Dezember zu heftigen Schneefällen, weshalb in Gumpoldskirchen am 31. Dezember ein Kontingent von 190 Personen mit der Schneeräumung auf den k. k. Straßen beauftragt wurde.[1571]

1830

Die im November eingefallene Kälte hielt auch in den beiden ersten Monaten dieses Jahres an und der Winter war *...in hinsicht des vielen Schnee als in der Kälte nach Angabe alter Männer keinen gleich, der Weinstock war nicht nur an den Reben, sondern wo es den Schnee abwehte von den Wurzeln erfroren.*[1572] Wie die meisten Seen und Flüsse fror auch die Donau nach wenigen Wochen vollständig zu *...Die Eisdecke über die Donau war so fest daß man mit beladenen Wägen hin und her fahren konnte.*[1573] Eine Eisschicht bedeckte ebenso den Traun- bzw. den Bodensee und in Kärnten gefror das Wasser des Drauflusses:

In der Nacht vom 1. auf den 2. Februar ward endlich auch der Gmundner- oder Traun-See, welcher seit Mannsgedenken nicht zugefroren ist, gänzlich mit einer Eisdecke überzogen, und schon seit 28. Januar hat dieses höchst seltene Elementar-Ereigniß alle Communication mit dem k. k. Salzkammergute zur See unterbrochen.[1574]

Nachdem bey 12 bis 19 Grad abwechselndem Froste schon seit einigen Tagen von Ebensee bis Traunkirchen über den Traun-See eine feste Eisdecke sich bildete, und täglich weiter abwärts ausdehnte, ward endlich am genannten zweyten Februar bey 23° Kälte nach Reaumur der ganze See bis zur Ausmündung an der Schleuse mit Eis überzogen; ein Fall, der seit neunzig Jahren nicht mehr Statt fand, und dem Meteorologen um so merkwürdiger ist, weil er bey heiterer Atmosphäre, bloß durch strengen Frost sich ergab ... Nach älteren handschriftlichen Vormerkungen fror er in den Jahren 1477, 1624, 1683, und zuletzt in dem ausgezeichnet strengen Winter von 1739/40. Da überzog sich der See erst gegen Ende Februars und blieb sechs Wochen hindurch mit Eis bedeckt.[1575]

Wir genießen hier seit einigen Tagen eines Schauspiels, welches sich seit einem Jahrtausende vierzehn Mahl, in einem so vollkommenen Maße aber nur drey Mahl ereignet hat. Bey einer zwischen -15 und 21 Grad Reaumur abwechselnden Kälte, überfror der Bodensee in seiner ganzen Ausdehnung, und biethet

---

[1571] Am 21. Dezember wurden in Gumpoldskirchen 60 Arbeiter mit der Räumung der Straßen beauftragt, während am nächsten Tag bereits 80 Personen beschäftigt wurden. Am 29. Dezember waren 70 Personen und am 31. Dezember sogar 190 Schneeschaufler mit der Säuberung der Straßen beschäftigt. Vgl. AMG, Karton 30, Faszikel 2/30. Für den 24. Dezember findet sich ein Schneeschauflungsbefehl für die Reinigung der Straßen in Perchtoldsdorf, jedoch ohne Angabe der Personenanzahl. Vgl. AMP, Karton 287, Faszikel 2, Erlass des niederösterreichischen Kreisamtes/VUWW.

[1572] BAMG, Wein=Chronik, pag. 16.

[1573] StAKl, Hs. 122/2, pag. 235.

[1574] Wiener Zeitung Nr. 33/1830.

[1575] Wiener Zeitung Nr. 39/1830.

*dem Auge, welches ihn vor Kurzem brausende Wogen umherwälzen sah, eine
feste, unübersehbare Eisfläche dar, welche nur wenig mit Schnee und Reif überzogen, jede Spur von dem darunter hausenden Elemente vertilgt.*[1576]
*Unter die seltenen Ereignisse in Kärnthen, welche kaum alle Vierteljahrhundert
Statt finden, gehört das Zufrieren unseres reißenden Draustromes; wie dieses im
gegenwärtigen strengen Winter der Fall ist. Bey Möchling und Unterdrauburg
hat die Eisdecke eine solche Stärke erhalten, daß Wägen darüber pasiren. Obschon wir viel Schnee haben, so dürften wir doch, besonders in unserem Thale,
wie bereits durch mehrere der letztern Winter, vor manchen südlicheren Gegenden begünstigt seyn, wenn wir die in andern Blättern mitgetheilten Nachrichten damit vergleichen. Unser Thermometerstand kam nicht auf 20 Kälte-
grade.*[1577]

Zusätzlich ereigneten sich heftige Schneefälle. Für die Räumung der Badener und
Neustädter Straße in Gumpoldskirchen wurden am 2. Jänner 220 Personen, am
11. Jänner 270 (!) Personen und am 15. Februar 256 Personen benötigt.[1578] Am
7. Februar *...war ein fürchterlicher Sturm und der Schnee fiel in einer solchen Masse,
daß man weder von Klosterneuburg nach Wien noch von Wien nach Klosterneuburg
kommen konnte.*[1579]

Abb. 20: Hochwasser 1830

[1576]   Wiener Zeitung Nr. 36/1830, Bericht vom 6. Februar.
[1577]   Wiener Zeitung Nr. 22/1830, Bericht aus Klagenfurt von Ende Jänner.
[1578]   Vgl. AMG, Karton 30, Faszikel 2/30.
[1579]   StAKl, Hs. 122/2, pag. 208, Bericht aus Krems vom 26. bis 28. Februar.

Ende Februar erfolgte ein rascher Anstieg der Temperaturen. Infolge dessen kam es ab dem 27. Februar durch das plötzliche Anschwellen der Wassermassen zu einer der größten Überschwemmungen, die sich in Ostösterreich bis dahin ereignet hatten. Zahlreiche (Augenzeugen-)Berichte schilderten die Ereignisse, bei denen in Wien über 1.200 Häuser unter Wasser gesetzt wurden und 74 Menschen den Tod fanden:[1580]

Seit dem Jahre 1799 hatte der Eisstoß der Donau keine solchen Verheerungen angerichtet wie heuer. Drei Wochen schon fuhr man im Februar aus der Mitte der Stadt Stein, und auch zu Türnstein mit schweren Wägen über die Donau, und im Fasching wurde durch den Grafen Wickenburg eine Schlittenfahrt mit 60 Schlitten, alle Theilnehmer im Maskenkostüm, über den Eisstoß nach Palt veranstaltet. In der Nacht vom 26. auf den 27. Februar hob sich der Stoß, brach im Laufe des Tages bei der Schießstätte gegen das Schwedhalmische Haus, gegen das Hölltor, und die Gärten außer der Stadt nach Weinzierl hinab, und setzte dieses Dorf, von dessen Häusern man kaum mehr die Dächer gewahr wurde, wie auch Rohrendorf, Weidling, Neustift und Theiß ganz unter Wasser ... Mittags kam der Passauer Eisstoß, die Donau trat in ihr Bett zurück, und die geängstigten Bewohner gingen alsbald hinaus, um die Verwüstungen der letzten 2 Tage zu schauen. In der Allee war das Eis klafterhoch zwischen den Bäumen aufgeschichtet, und hielt dort an bis zum Monate Mai.[1581]

Nach einem strengen schneereichen Winter trat den 27. 2. plötzlich Tauwetter ein, der Eisstoß setzte sich in Bewegung, das Wasser überspülte die Ufer, sich aber gegen Abend, da oberhalb Wiens eine Stauung im Eisgang erfolgt war. Gegen Mitternacht brachen die Fluten sich abermals Bahn und rissen den größten Teil der Taborbrücke weg. Am 28. 2. glaubte man der Gefahr glücklich entronnen zu sein ... Gegen Mitternacht wurden sie von der ungeheure Eisblöcke in rasender Eile dahinwälzenden Flut überrascht. Sie kam so stark, daß die Stromwärter kaum Zeit hatten, Notsignale ertönen zu lassen...[1582]

Unter den großen Unglücksbegebenheiten, welche sich in diesen Jahre 830 zugetragen haben, verdient besonders bemerkt zu werden die fürchterliche Überschwemmung der Leopoldstadt und Rosau, welches folgendermaßen geschah.

[1580] Noch im selben Jahr lieferte Franz Satori eine ausführliche Beschreibung der Ereignisse. Durch Franz Grillparzer und seine Erzählung „Der arme Spielmann" fand eine Schilderung dieser Naturkatastrophe sogar Eingang in die österreichische Literatur. In einer Welle der Hilfsbereitschaft wurden für die Überschwemmungsopfer beträchtliche Summen gespendet. Kaiser Franz I., sowie die Bankhäuser Rothschild, Geymüller, Arnstein-Eskeles und Sina stellten insgesamt 358.000 Gulden für sofortige Hilfsmaßnahmen zur Verfügung. Die nach der Überschwemmung ausgebrochene Cholera-Epidemie gab in weiterer Folge Anlass für den von 1836 bis 1839 erfolgten Bau des Wienflusssammelkanals. Gleichzeitig kam er zur Errichtung der Kaiser Ferdinands-Wasserleitung (1835). Vgl. SATORI, Authentische Beschreibung; KRETSCHMER, TSCHULK, Brände und Naturkatastrophen, 16; CZEIKE, Historisches Lexikon 3, 444.
[1581] KINZL, Chronik, 409.
[1582] WStLA, Hs. B 25/1, pag. 24 f.

Durch den fürchterlichen Winter wurde die große Donau und alle Arme mit sehr dicken Eis bedeckt, durch tauwetter und Regen den 27 u. 28 Februar wurde es weiter oben früher aufgelößt, wo sodann durch Auflaufung gewaltiger Stücke das Wasser mit ungeheuren Druck mit Eisstücken vermischt in der Nacht vom 28 und 29 februar da alles in größter Ruhe war bei 8 Schuh hoch die ganze Leopoldstadt und Rosau überschwemte. Es sind sehr viele Menschen ertrungen, der Schaden an die Thiere Zimmereinrichtung Magazine ist gewiß viele Millionen Gulden.[1583]

...den 28. Februar ein Regen, der Eisstoß geht hinaus und hat sich beim Spietz bei der Bruck verschlagen und der ist zwischen 12 und 1 Uhr brach das Wasser in fünf Minuten 5 Schuh hoch gestiegen, alle Glogen wurden geläutet, die Tromel geschlagen, die Menschen aus dem Schlaf zu erweken, aber das Wasser kam zu schnell, viele Menschen und Kühe und Pferd sind ertruncken, das Wasser ist bies auf die Lichtenthaler Strase gestanden, alle grünen ... Garten wurden vernichtet, die ertrunken Kühe und Pferde sind nach Simering zum Abdeken geführt worden, alle Käller und Brunen sind mit Schlam angefüllt, Zu Wien und auf den Lande ist eine Samlung angestellt worden, um den Verunglückten Menschen wieder zu helfen...[1584]

Nach einem warmen Regen löste sich am 28. Febr. das Eis früh um 3 Uhr u. setzte sich in Bewegung und da wir eine Wärme von 10° hatten, glaubte man alle Gefahr überstanden. Aber in der folgenden Nacht brach das Eis über alle Dämme und zentnerschwere Eisschollen durchflutheten die Strassen der dem Strom näher liegenden Vorstädte Wiens, da der Fluß in wenigen Minuten um 7" gestiegen war, und von den im Erdgeschoße Wohnenden wenigstens 70 Menschen ertrunken machte, u. Thore u. Heuser u. Mauern etc. durchstieß.[1585]

Nach vorausgegangenen warmen Regen setzte sich den 28. Feb. Früh um 3 Uhr die Eisdecke in Bewegung. Es war Sonntag eine milde Luft bey 10 Grade Wärme, alles jubelte und wünschte sich Glück, daß die furchtbare Eismasse so ohne allen Schaden wegging ... In der Nacht vom 28. Feb. auf den 1. März d. J. wüthete der Eisgang der Donau zu Wien in den am Strome und in der Umgegend liegenden Vorstädten Leopoldstadt, Jägerzeile, Erdberg, Weisgerber, Rossau, Thury, Lichtenthal, Althan eine Verheerung an, dergleich in den Annalen Wiens nicht vorkommt ... In drey Minuten stieg die Donau, nachdem sie ihre Gränzen überschritten ... Mehr als Siebzig Menschen ertranken...[1586]

[1583] BAMG, Wein=Chronik, pag. 16 f.
[1584] StAKl, Hs. 121.
[1585] StAKl, Hs. 119, fol. 123r.
[1586] StAKl, Hs. 122/2, pag. 213 ff.

Abb. 21: Erzherzog Franz Carl in der Jägerzeile

Abb. 22: Kronprinz Erzherzog Ferdinand besichtigt die Hochwasserschäden im Marchfeld

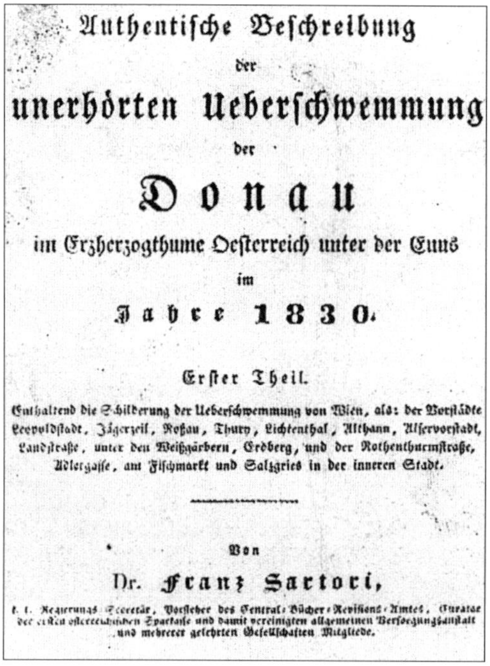

Authentische Beschreibung
der
unerhörten Ueberschwemmung
der
Donau
im Erzherzogthume Oesterreich unter der Enns
im
Jahre 1830.

Erster Theil.

Enthaltend die Schilderung der Ueberschwemmung von Wien, als: der Vorstädte Leopoldstadt, Jägerzeil, Roßau, Thury, Lichtenthal, Althann, Alservorstadt, Landstraße, unter den Weißgärbern, Erdberg, und der Rothenthurmstraße, Adlergasse, am Fischmarkt und Salzgries in der inneren Stadt.

Von
Dr. Franz Sartori,

k. k. Regierungs-Secretär, Vorsteher des Central-Bücher-Revisions-Amtes, Curator der ersten österreichischen Sparkasse und damit vereinigten allgemeinen Versorgungsanstalt und mehrerer gelehrten Gesellschaften Mitgliede.

Abb. 23: Zeitgenössische Schilderung des Hochwassers von 1830

Das plötzlich eingetretene Tauwetter erforderte auch eine rasche Reinigung und Reparatur zahlreicher Straßen:

Die plötzlich eingetretene Auf-thauungs-Witterung, die vielen noch mächtig die Strassen bedeckenden Eis- und Schneemassen, machen die sogleiche Reinigung der Strassen nach ihrer ganzen Breite bis über den Strassengraben und bis auf den Grund absolut nothwendig...[1587]

Nachdem die hohen Temperaturen noch Anfang März anhielten, kam es nach dem Schmelzen der Schneemassen in Ostösterreich zu weiteren Überschwemmungen:

In Folge des endlichen Aufthauens der außerordentlich hohen Schneemassen, die der Winter auch in unserer Gegend so übermäßig angehäuft hatte, sammelte sich das Wasser seit einigen Tagen dieser Fläche, wo außer dem eine kleine Stunde entfernten Neusiedler-See, kein Fluß, ja nicht einmahl ein Bach ist, in solcher Menge, daß wir uns dem Ungemach der größten Überschwemmung Preis gegeben sehen, denn seit dem 19ten bis gestern sind bereits 82 Häuser herrschaftlicher Unterthanen theils schon eingestürzt, theils so zerstört, daß sie nicht mehr bewohnt werden können...[1588]

Mitte März wurde es erneut kühl und regnerisch und erst im April begannen die Temperaturen zu steigen. Schöne und warme Witterung setzte sich durch und hielt, unterbrochen von einigen Gewittern und Regenschauern, bis Ende September an.
Die Weinlese, die Mitte Oktober bei feuchtem und nebligem Wetter stattfand, erbrachte sowohl in Qualität als in Quantität gute Ergebnisse.
Im November kam es zu einem leichten Anstieg der Temperaturen ...*Wir hatten einen angenehmen Spätherbst.*[1589] Erst nach Weihnachten begannen sich winterliche Verhältnisse einzustellen ...*Sturm und Schnee in solcher Menge, dass hin und wieder die Communication unterbrochen.*[1590]

[1587] AMP, Karton 287, Faszikel 2.
[1588] Wiener Zeitung Nr. 74/1830, Bericht über den 16. bis 23. März.
[1589] StAKl, Hs. 122/2, pag. 235.
[1590] StAKl, Hs. 122/2, pag. 235, Bericht über den 26. Dezember.

Abb. 24: Hochwassermarke an der Kapelle in Franzensdorf

Abb. 25: Hochwasser im Bereich der Schlagbrücke, 1830

ANHANG

Abkürzungen

AMG ... Archiv des Marktes Gumpoldskirchen
AMP ... Archiv des Marktes Perchtoldsdorf
AVA ... Allgemeines Verwaltungsarchiv
BAMG ... Bildarchiv des Marktes Gumpoldskirchen
Bsp ... Bürgerspital (Wien)
ClCal ... Kalendersammlung des Stiftsarchives Klosterneuburg
DAW ... Diözesanarchiv Wien
DW ... Druckwerk
Gump ... Gumpoldskirchen
H.A.-Akt ... Hauptarchiv-Akt
HHStA ... Haus-, Hof- und Staatsarchiv
HKA ... Hofkammerarchiv
Hs ... Handschrift
Klbg ... Klosterneuburg
NF ... Neue Folge
Pdorf ... Perchtoldsdorf
PfAP ... Pfarrarchiv Perchtoldsdorf
StAGw ... Stiftsarchiv Göttweig
StAHb ... Stiftsarchiv Herzogenburg
StAM ... Stiftsarchiv Melk
StAKl ... Stiftsarchiv Klosterneuburg
VOMB ... Viertel ober dem Manhartsberg
VOWW ... Viertel ober dem Wienerwald
VUMB ... Viertel unter dem Manhartsberg
VUWW ... Viertel unter dem Wienerwald
WStLA ... Wiener Stadt- und Landesarchiv
WW ... Wiener Währung
ZAMG ... Zentralanstalt für Meteorologie und Geodynamik/Wien

Glossar lateinischer Wetter-Vokabel

Die folgende Auflistung beschränkt sich auf die in den Quellen der Frühen Neuzeit häufig verwendeten Bezeichnungen bzw. Abkürzungen.

aestas ... Sommer(wetter)
aestuosus 3 ... heiß
aestus ... Hitze
apeliotes ... Ostwind
aquosus 3 ... feucht, wasserreich
aridus 3 ... trocken, dürr
autumnus ... Herbst
autumnalis ... herbstlich
boreas ... Nordwind
caecias ... Nordostwind
caelum ... Himmel, Wetter
caldus ... Wärme
calidus 3 ... warm, heiß
caliginosus 3 ... nebelig, dunstig
caurus ... Nordwestwind
clarus 3 ... hell, heiter
congelo ... zufrieren
densus 3 ... dicht
eurus ... Südostwind
exundatio ... Überschwemmung
frigidus 3 ... kalt
frigus ... Kälte, Frost
frigoribus ... Winter, zur Zeit der Fröste
fulgetrum ... Wetterleuchten
gelidus 3 ... kalt
gelu ... Eis, Frost
glacies ... Eis
grando ... Hagel
hiems ... Unwetter, Winter, Kälte
inundo ... überfluten
inundatio ... Überschwemmung
lenis ... mild
nix ... Schnee

nebula ... Nebel
nebulosus 3 ... nebelig, trüb
nimbus ... Wolke
nimbosus 3 ... wolkig
notus ... Südwind
nubilum ... trübes Wetter
nubilus 3 ... bewölkt
obscurus 3 ... dunkel
phoebus ... Sonne
pluit modice ... mäßig regnend
pluvia ... Regen
pluvius 3 ... regnend
procellosus ... stürmisch
pruina ... Reif, Schnee
pruinosus 3 ... voll Reif
quietus 3 ... windstill
serenus 3 ... heiter
sudum ... wolkenloser Himmel
sudus 3 ... heiter, wolkenlos
tectus 3 ... bedeckt
tempestas ... Sturm, Unwetter
tepidus 3 ... lau, lind, mild, lauwarm
tonitrua ... Gewitter, Donnerschläge
tonui ... donnern
umidus 3 ... feucht, nass
undosus 3 ... wellenreich
ventus ... Wind
ventus orientalis ... Ostwind
ventosus 3 ... windig, stürmisch,
        unbeständig
ver ... Frühling
zephyrus ... Westwind

Quellen

Archiv des Marktes Gumpoldskirchen
Karton 20, Faszikel 2/11, Beschau- und Augenscheinangelegenheiten 1623–1847
Karton 30, Faszikel 2/30

Archiv des Marktes Perchtoldsdorf
Hs. B-125-1 bis B-125-122, Spitalmeisterrechnungen
Karton 157, Faszikel 2, 4
Karton 158, Faszikel 1
Karton 159, Faszikel 2
Karton 287, Faszikel 1, 2, 5

Bildarchiv des Marktes Gumpoldskirchen
Wein=Chronik 1813 bis 1841

Diözesanarchiv Wien
Karton 1/2, Diözesancurrenden
Karton 3/1, Diözesancurrenden
Karton 3/2, Diözesancurrenden
Karton 5/1, Diözesancurrenden
Karton 6/1, Diözesancurrenden
Karton 6/2, Diözesancurrenden
Kassette Gebete I
Kassette Gebete II

Österreichisches Staatsarchiv – Allgemeines Verwaltungsarchiv
Hofkanzlei, IV.G.14, Karton 762 (Elementarschäden Innerösterreich)
Hofkanzlei, IV.G.14, Karton 764 (Elementarschäden Niederösterreich)
Hofkanzlei, IV.G.14, Karton 765 (Elementarschäden Oberösterreich)

Österreichisches Staatsarchiv – Haus-, Hof- und Staatsarchiv
Hausarchiv, Sammelbände 2, Jagdkalender Karl VI., Nr. I.–X.

Österreichisches Staatsarchiv – Hofkammerarchiv
Karton Österreichisches Camerale, Faszikel 48, r. Nr. 2038, Feuer-, Wetter- und
    Wasserschäden
Karton Österreichisches Camerale, Faszikel 48, r. Nr. 2039, Feuer-, Wetter- und
    Wasserschäden
Karton Österreichisches Camerale, Faszikel 48, r. Nr. 2040, Feuer-, Wetter- und
    Wasserschäden
Karton Österreichisches Camerale, Faszikel 48, r. Nr. 2041, Feuer-, Wetter- und
    Wasserschäden

Karton Österreichisches Camerale, Faszikel 48, r. Nr. 2042, Feuer-, Wetter- und
Wasserschäden

Pfarrarchiv Perchtoldsdorf
Pfarrchronik

Stiftsarchiv Göttweig
Codex ser. n. 91 (1722–1730)
Codex ser. n. 92 (1731–1737)
Codex ser. n. 93 (1738–1743)
Codex ser. n. 94 (1744–1748)
Hs. Gedenckh-Buch Mauttern 1665–1776
Hs. Geschichte und Protokoll der Pfarr Aspersdorf zusammengetragen im Jahre 1786
Karton E 6, Schreibkalender 1723
Karton E 29, Schreibkalender 1768
Karton E 31, Schreibkalender 1770
Karton E 34, Schreibkalender 1774
Karton E 35, Schreibkalender 1775
Karton E 41, Schreibkalender 1778
Karton E 122, Schreibkalender 1819

Stiftsarchiv Herzogenburg
Kopien eines Kalendariums von Probst Hieronimus Übelbacher/Dürnstein,
1.–8. Fragment

Stiftsarchiv Klosterneuburg
ClCal, Kalendersammlung 1700–1830
Hs. 21/1, Erinnerungsbuch 1680–1785
Hs. 21/2, Erinnerungsbuch 1786
Hs. 21/3, Erinnerungsbuch 1787–1789 und 1865–1927
Hs. 102, Calendariis excerpta ab anno 1577 usque ad annum 1742
Hs. 119, Historische Chronik über das Stift Klosterneuburg vom Jahre 1782 ange-
fangen durch Maximilian Fischer dessen Archivar
Hs. 121, Gedenkbuch und Weinchronik 1540–1879
Hs. 122/1, Denkwürdigkeiten des Stiftes Klosterneuburg 1781–1813
Hs. 122/2, Denkwürdigkeiten des Stiftes Klosterneuburg 1813–1833
Hs. 150, Notationes Diversae tum Domesticorium tum Externorum ab Anno
Domini 1781
Hs. D 65, Acta Canoniae Sant-Dorotheanae ab illo tempore, quo ego Franciscus
Nicolaus Dittel ut Cancellariae, et Bibliothecae Praefectus in Decanum fui
electus, nempe a 2do Octobris annis 1734 ad annum 1744 inclusive
Hs. D 73, Notata des Hofmeisters Amts von 1796 bis 1803
Karton Briefe Probst Ernest Perger I, Nr. 45, Nr. 120
Karton Briefe Probst Ernest Perger II, Nr. 68

Karton Briefe Pröbste Ernest Johann Perger, Gottfried Johann von Roleman, Ambros Ignaz Lorenz, Nr. 22
Karton Briefe Sebastian Mayr, Jakob Cini, Ernest Perger, Nr. 117, Nr. 134
Karton 192, Nr. 94 NR
Karton 219, Nr. 37 NR
Karton 220, Nr. 41 NR
Karton 221, fol. 267, Nr. 55, Wetter- und Zufälle-Chronik
Karton 241, Ernteausweis 1821
Karton 332, Nr. 22
Karton 462, Nr. 12, Merkwürdigkeiten des 18. Jahrhunderts
Karton 462, Nr. 14, Tag-Buch von Überschwemmungen
Karton 894, Nr. 12
Karton 900, Nr. 15
Karton 929, Nr. 31
Karton 932, Nr. 6, Nr. 28
Karton 1156, Grund-, Au- und Wasser-Marchung
Karton 2167, Korrespondenz
Karton 2192, Korrespondenz
Karton 2335, Kreisamtscircularien 1789
Karton 2379, Nr. 17
Karton 2380, Nr. 3
Karton 2385, Nr. 8
Karton 2578, Nr. 23
Karton 2582, Nr. 2, Nr. 3
Karton 2583, Nr. 18
Karton 2584, Nr. 1
Karton 2599, Nr. 10
Karton 2602, Nr. 4
Karton 2604, Nr. 20
DW 31, Nr. 146, Nr. 152, Nr. 155, Nr. 161, Nr. 163, Nr. 165, Nr. 173, Nr. 187, Nr. 189
DW 52g

Stiftsarchiv Melk
Pfarrchronik Melk 1722–1781
7/Patres, Karton 23, Tagebuchfragmente von Heinrich Weiss
17/Kelleramt, Karton 1, Kelleramt 1585–1978, Instruktionen und Korrespondenz

Wiener Stadt- und Landesarchiv
Hauptarchiv-Akt 7/1734
Hs. A 159/3, Denkschrift der Donau-Regulierung bei Wien von der Kuchelau bis Fischamend
Hs. B 25/1, Zur Geschichte der Brigittenau

Gedruckte Quellen und Literatur

ABEL, Agrarkrisen: WILHELM ABEL, Agrarkrisen und Agrarkonjunktur in Mitteleuropa vom 13. bis zum 19. Jahrhundert, Berlin 1935.

ALEXANDRE, Le Climat: PIERRE ALEXANDRE, Le Climat en Europe au Moyen Age. Contribution à l'histoire des variations climatiques de 1000 à 1425, d'après les sources narratives de l'Europe occidentale, Paris 1987.

Allgemeine Wein-Zeitung 1 (1884), 28.

ALTFAHRT, Donaukanal: MARGIT ALTFAHRT, Der Donaukanal – Metamorphosen einer Stadtlandschaft, Wien 2000 (Veröffentlichungen des Wiener Stadt- und Landesarchivs, Reihe B, Ausstellungskataloge, H. 59).

Alt-Wien in Wort und Bild: Alt-Wien in Wort und Bild: vom Ausgang des Mittelalters bis zum Ende des XVIII. Jahrhunderts, hg. v. HANS TIETZE, Wien 1924.

ARIÈS, Mentalitäten: PHILIPP ARIÈS, Die Geschichte der Mentalitäten, in: Die Rückeroberung des historischen Denkens. Grundlagen der Neuen Geschichtswissenschaft, hg. v. JACQUES LE GOFF – ROGER CHARTIER – JACQUES REVEL, Frankfurt a. M. 1990, 137–165.

BAHRENBERG, GIESE, NIPPER, Statistische Methoden: GERHARD BAHRENBERG – ERNST GIESE – JOSEF NIPPER, Statistische Methoden in der Geographie. Bd. 2: Multivariate Statistik, Stuttgart 1992.

BALTZAREK, Der Wiener Donaukanal: FRANZ BALTZAREK, Der Wiener Donaukanal. Projekte und Infrastrukturplanungen um einen Nebenarm der Donau, in: Wiener Geschichtsblätter 28 (1973), 97–104.

BANZON, DE FRANCESCHI, GREGORI, Mathematical handling: VIVA BANZON – GIORGIANA DE FRANCESCHI – GIOVANNI P. GREGORI, The mathematical handling and analysis of non-homogeneous incomplete multivariate historical data series, in: European climate reconstructed from documentary data: methods and results, hg. v. BURKHARD FRENZEL – CHRISTIAN PFISTER – BIRGIT GLÄSER, Stuttgart/Jena/New York 1992 (Paläoklimaforschung 7), 138–150.

BASSERMANN-JORDAN, Geschichte: FRIEDRICH V. BASSERMANN-JORDAN, Geschichte des Weinbaus. Bd. 3, Frankfurt a. M. 1923.

Bellotto: Bernardo Bellotto genannt Canaletto, Wien 1965 (Katalog zur Ausstellung im Oberen Belvedere, veranstaltet von der Österreichischen Kulturvereinigung Wien).

BERNHARDT, HUPFER, LAUTER, Änderungen: K. BERNHARDT – P. HUPFER – E. A. LAUTER, Säkulare Änderungen in der atmosphärischen Umwelt des Menschen, Berlin 1986 (Sitzungsberichte der Akademie der Wissenschaften der DDR. Mathematik-Naturwissenschaften-Technik, 4 N).

Beschreibung des großen Sturmwindes: Beschreibung des großen Sturmwindes, welcher sich in der Nacht vom 30. September bis 1. Oktober in Wien und den umlligenden gegenden erhoben, und des großen Schadens, welcher dadurch verursacht worden. Nebst einer am Schluße beygefügten Bitte des Augartens, Praters und der Brigittenau, an den Aeolus, den Gott des Windes, um Verleihung seines Schutzes bey ferneren drohenden Gefahren, Wien 1807.

BLUETHGEN, Klimatologie: J. BLUETHGEN, Allgemeine Klimatologie, Berlin 1964.

BÖHEIM, Chronik: WENDELIN BÖHEIM, Chronik von Wiener Neustadt. Bd. 1–2, Wien 1863.

BÖHM, Lufttemperaturschwankungen: REINHARD BÖHM, Lufttemperaturschwankungen in Österreich seit 1775, Wien 1992 (Österreichische Beiträge zur Meteorologie und Geophysik, H. 5).

BRAUDEL, Sozialgeschichte: FERNAND BRAUDEL, Sozialgeschichte des 15.–18. Jahrhunderts. Der Alltag, München 1990.

BRÁZDIL, Climatic Fluctuations: RUDOLF BRÁZDIL, Climatic Fluctuations in Bohemia from the 16th Century Until the Present, in: Theoretical and Applied Climatology 42 (1990), 121–128.

BRÁZDIL, KOTYZA, Observations: RUDOLF BRÁZDIL – OLDRICH KOTYZA, Daily meteorological observations of Charles Senior of Zerotín in the years 1588–1591, in: Scripta Facultatis Scientarum Naturalium Universitatis Masarykianae Brunensis (Geography) 25 (1995), 7–39.

BRÁZDIL, Reconstruction: RUDOLF BRÁZDIL, Reconstruction of the climate of Bohemia and Moravia in the last millennium – problems of data and methodology, in: European climate reconstructed from documentary data: methods and results, hg. v. BURKHARD FRENZEL – CHRISTIAN PFISTER – BIRGIT GLÄSER, Stuttgart/Jena/New York 1992 (Paläoklimaforschung 7), 75–86.

BRÁZDIL, FRIEDMANNOVÁ, Temperatur Patterns: RUDOLF BRÁZDIL – LUCIE FRIEDMANNOVÁ, Temperatur Patterns in the Czech Lands in 1751–1850 – Comparison of Documentary Evidence and of Instrumental Data, in: Contemporary Climatology, hg. v. Rudolf BRÁZDIL – M. KOLÁR, Brünn 1994, 82–91.

BRÁZDIL, DOBROVOLNÝ, CHOCHOLÁC, MUNZAR, Reconstruction: RUDOLF BRÁZDIL – PETR DOBROVOLNÝ – BRONISLAV CHOCHOLÁC – JAN MUNZAR, Reconstruction of the climate of Bohemia and Moravia in the period of 1675–1715 on the basis of written sources, in: Climatic trends and anomalies in Europe 1675–1715, hg. v. BURKHARD FRENZEL – CHRISTIAN PFISTER – BIRGIT GLÄSER, Stuttgart/Jena/New York 1994 (Paläoklimaforschung 13), 109–121.

BRÁZDIL, KOTYZA, History of Weather I: RUDOLF BRÁZDIL – OLDRICH KOTYZA, History of Weather and Climate in the Czech Lands I. Period 1000–1500, Zürich 1995 (Zürcher Geographische Schriften 62).

BRÁZDIL, KOTYZA, History of Weather II: RUDOLF BRÁZDIL – OLDRICH KOTYZA, History of Weather and Climate in the Czech Lands II. The earliest daily weather records in the Czech lands, Brünn 1996.

Briefe eines Eipeldauers: Briefe eines Eipeldauers an seinen Vetter in Kakran, über d' Wienerstadt, hg. v. JOSEPH RICHTER, Wien 1785–1813.

BRÜCKNER, Klimaschwankungen: EDUARD BRÜCKNER, Klimaschwankungen seit 1700 nebst Bemerkungen über die Klimaschwankungen der Diluvialzeit, Wien 1890 (Geographische Abhandlungen 4, H. 2).

BUCHMANN, Historische Entwicklung: BERTRAND MICHAEL BUCHMANN, Historische Entwicklung des Donauraumes, in: Das Wiener Donaubuch. Ein Führer durch Alltag und Geschichte, hg. v. HUBERT CH. EHALT – MANFRED CHOBOT – GERO FISCHER, Wien 1987, 12–35.

BUCHMANN, STERK, SCHICKL, Donaukanal: BERTRAND MICHAEL BUCHMANN – HARALD STERK – RUPERT SCHICKL, Der Donaukanal. Geschichte – Planung – Ausführung, Wien 1984 (Beiträge zur Stadtforschung, Stadtentwicklung und Stadtgestaltung 14).

CAMUFFO, ENZI, Critical analysis: DARIO CAMUFFO – SILVIA ENZI, Critical analysis of archive sources for historical climatology of Northern Italy, in: European climate reconstructed from documentary data: methods and results, hg. v. BURKHARD FRENZEL – CHRISTIAN PFISTER – BIRGIT GLÄSER, Stuttgart/Jena/New York 1992 (Paläoklimaforschung 7), 65–74.

CAMUFFO, ENZI, Climate: DARIO CAMUFFO – SILVIA ENZI, The climate of Italy from 1675 to 1715, in: Climatic trends and anomalies in Europe 1675–1715, hg. v. BURKHARD FRENZEL – CHRISTIAN PFISTER – BIRGIT GLÄSER, Stuttgart/Jena/New York 1994 (Paläoklimaforschung 13), 243–254.

CERNIK, Klosterneuburg: BERTHOLD CERNIK, Das Augustinerchorherrnstift Klosterneuburg. Statistische und Geschichtliche Daten, Wien 1958.

CERNIK, Schriftsteller: BERTHOLD CERNIK, Die Schriftsteller der noch bestehenden Augustiner-Chorherrnstifte Österreichs von 1600 bis auf den heutigen Tag, Wien 1905.

COMMENDA, Schilderung: LUDWIG COMMENDA, Aschach, Eferding, Waizenkirchen und Umgebung. Eine geschichtliche, topographische und landschaftliche Schilderung, Linz 1905.

CURRLE, BAUER, HOFÄCKER, Biologie der Rebe: OTTO CURRLE – OTMAR BAUER – WERNER HOFÄCKER U. A., Biologie der Rebe. Aufbau, Entwicklung, Wachstum, Neustadt a. d. Weinstraße 1983.

CZEIKE, Historisches Lexikon 3: FELIX CZEIKE, Historisches Lexikon Wien, Bd. 3, Wien 1994.

CZEIKE, Historisches Lexikon 5: FELIX CZEIKE, Historisches Lexikon Wien, Bd. 5, Wien 1997.

DE LUCA, Wassergeschichte: IGNAZ DE LUCA, Zur Wassergeschichte des Landes unter der Ens, Wien 1785.

DEMARÉE, De grote droge nevel: GASTON R. DEMARÉE, ‚De grote droge nevel‘ van 1783 in de Zuidelijke Nederlanden: een historisch-klimatologische studie, in: Tijdschrift voor Ecologische Geschiedenis 2/Nr.1 (1997), 27–36.

DE VRIES, Measuring: JAN DE VRIES, Measuring the Impact of Climate on History: The Search for Appropriate Methodologies, in: Climate and History. Studies in Interdisciplinary History, hg. v. ROBERT I. ROTBERG – THEODORE K. RABB, Princeton 1981, 19–50.

Die Donau: Die Donau. Facetten eines europäischen Stromes. Katalog zur oberösterreichischen Landesausstellung 1994 in Engelhartszell, Linz 1994.

Die Weinlaube 3 (1871), 216.

Ephemeridum opus Ioannis Stoefleri: Ephemeridum opus Ioannis Stoefleri iustingensis mathematici a capite anni redemptoris Christi MDXXXII. in alios XX.

proxime subsequentes, ad ueterum imitationem accuratissimo calculo, elaboratum, Tübingen 1531.

ERTL, Geschichte des Tauerngoldes: RUDOLF FRANZ ERTL, Die Geschichte des Tauerngoldes, Wien 1975 (Veröffentlichungen aus dem Naturhistorischen Museum NF 10).

FAGAN, Macht des Wetters: BRIAN FAGAN, Die Macht des Wetters. Wie das Klima die Geschichte verändert, Düsseldorf 2001.

FLOHN, Klimaänderungen: HERMANN FLOHN, Das Problem der Klimaänderungen in Vergangenheit und Zukunft, Darmstadt 1985.

FLOHN, Klimaschwankungen: HERMANN FLOHN, Klimaschwankungen der letzten 1000 Jahre und ihre geophysikalischen Ursachen, in: Verhandlungen des deutschen Geographentages 31 (1958), 201–214.

FLOHN, Witterung: HERMANN FLOHN, Witterung und Klima in Mitteleuropa, Stuttgart 1954.

FRIESS, Geschichte der Stadt Ips: GOTTFRIED EDMUND FRIESS, Geschichte der Stadt Ips, in: Blätter des Vereins für Landeskunde von Niederösterreich NF 10 (1876), 1–25, 125–143.

FRITSCH, Verhältnisse des Wasserstandes: KARL FRITSCH, Über die constanten Verhältnisse des Wasserstandes der Donau bei Wien, in: Sitzungsberichte der Mathem.-naturwiss. Classe der kais. Akademie der Wissenschaften 15 (1855), 169–199.

FRITTS, LOFGREN, GORDON, Reconstructing: HAROLD C. FRITTS – G. ROBERT LOFGREN – GEOFFREY A. GORDON, Reconstructing seasonal to century time scale variations in climate from tree-ring evidence, in: Climate and History. Studies in past climates and their impact on Man, hg. v. T. M. L. WIGLEY – M. J. INGRAM – G. FARMER, Cambridge 1981, 139–161.

FUCHS, RAAB, dtv-Wörterbuch: KONRAD FUCHS – HERIBERT RAAB, dtv-Wörterbuch zur Geschichte, Bd. 1, München 1992.

GLASER, Klimageschichte: RÜDIGER GLASER, Klimageschichte Mitteleuropas. 1000 Jahre Wetter, Klima, Katastrophen, Darmstadt 2001.

GLASER, Klimarekonstruktion: RÜDIGER GLASER, Klimarekonstruktion für Mainfranken, Bauland und Odenwald anhand direkter und indirekter Witterungsdaten seit 1500, Mainz/Stuttgart/New York 1991 (Paläoklimaforschung 5).

GRASSL, Wetterwende: HARTMUT GRASSL, Wetterwende. Vision: Globaler Klimaschutz, Frankfurt a. M./New York 1999.

GROTEFEND, Taschenbuch der Zeitrechnung: HERMANN GROTEFEND, Taschenbuch der Zeitrechnung des deutschen Mittelalters und der Neuzeit, Hannover 1991.

HADER, Witterungsabläufe: FRITZ HADER, Extreme Witterungsabläufe und Wetterwendepunkte im Klima von Wien und ihre Beziehung zum Weltklima, Wien 1948 (Wiener Geographische Studien 18).

HAGENAUER, Augenzeugenberichte: JOHANN HAGENAUER, Augenzeugenberichte und Dokumente zu seiner Geschichte, Gumpoldskirchen 1978.

HAGENAUER, Gumpoldskirchen: JOHANN HAGENAUER, 850 Jahre Gumpoldskirchen. 1140–1990. Wege in die Gegenwart, Gumpoldskirchen 1990.

HAKALA, Chronik der Stadt Zwettl: HANS HAKALA, Chronik der Stadt Zwettl-NÖ. Daten, Fakten und Zahlen zur Geschichte der Stadt, Zwettl 1986.

HANN, Meteorologie: JULIUS V. HANN, Die Meteorologie von Wien nach Beobachtungen an der k. k. Meteorologischen Central-Anstalt 1852–1900, in: Denkschriften der kais. Akademie der Wissenschaften. Math.-naturw. Classe 73 (1901), 1–62.

HANN, Klimatologie: JULIUS V. HANN, Handbuch der Klimatologie, Stuttgart 1883.

HARTL, SCHRAUF, Wiener Universität: WENZEL HARTL – KARL SCHRAUF, Die Wiener Universität und ihre Gelehrten. Nachträge zum dritten Bande von Joseph Ritter von Aschbach's Geschichte der Wiener Universität, Wien 1893.

HARTL, SCHRAUF, Wiener Ärzte: WENZEL HARTL – KARL SCHRAUF, Fünf Wiener Ärzte und Naturforscher aus dem XVI. Jahrhundert, Wien 1894 (Festgabe für die Theilnehmer an der 66. Versammlung deutscher Naturforscher und Ärzte).

HÄRDTL, Gasteiner Chronik: AUGUST HÄRDTL, Gasteiner Chronik. Nach alten Handschriften aus dem XVI. und XVII. Jahrhundert, Salzburg 1876.

HASELBACH, Weinkultur: KARL HASELBACH, Über Johann Rasch's Weinbuch und die Weinkultur in Niederösterreich, vornemlich im XVI. Jahrhundert, in: Blätter des Vereins für Landeskunde von Niederösterreich NF 15 (1881), 161–186.

Heimatbuch Mödling: Heimatbuch für den Bezirk Mödling, hg. v. Bezirksmuseumsverein Mödling, Mödling 1957.

HEIMERL, MAYRHOFER, Amstetten: JOSEF HEIMERL – J. N. MAYRHOFER, Die Stadt Amstetten. Ein Heimatbuch, Amstetten 1928.

HEINTL, Weinbau: FRANZ HEINTL, Der Weinbau des österreichischen Kaiserthums. Bd. 1, Wien 1821.

HELBLING, Beschreibung: SEBASTIAN HELBLING, Beschreibung der in der Wienergegend gemeinen Weintrauben-Arten, in: Abhandlungen einer Privatgesellschaft in Böhmen, zur Aufnahme der Mathematik, der vaterländischen Geschichte und der Naturgeschichte, hg. v. IGNAZ V. BORN, Prag 1777, 350–390.

HELLMANN, Beiträge: GUSTAV HELLMANN, Beiträge zur Geschichte der Meteorologie, Berlin 1917 (Veröffentlichungen des Königlich Preussischen Meteorologischen Instituts 296).

HELLMANN, Entwicklung: GUSTAV HELLMANN, Die Entwicklung der meteorologischen Beobachtungen bis zum Ende des XVIII. Jahrhunderts, Berlin 1927 (Abhandlungen der Preussischen Akademie der Wissenschaften, Physikal.-math. Klasse).

HELLMANN, Beobachtungen: GUSTAV HELLMANN, Meteorologische Beobachtungen vom XIV. bis XVII. Jahrhundert, Berlin 1901 (Neudrucke von Schriften und Karten über Meteorologie und Erdmagnetismus 13).

HILLEBRECHT, Energiekrise: MARIE-LUISE HILLEBRECHT, Eine mittelalterliche Energiekrise, in: Mensch und Umwelt im Mittelalter, hg. v. BERND HERRMANN, Wiesbaden 1996, 275–283.

HINKEL, Donau: RAIMUND HINKEL, Wien an der Donau. Der große Strom, seine Beziehung zur Stadt und die Entwicklung der Schiffahrt im Wandel der Zeit, Wien 1995.

HOCHADEL, Öffentliche Wissenschaft: OLIVER HOCHADEL, Öffentliche Wissenschaft. Elektrizität in der deutschen Aufklärung, Göttingen 2003.

HÖSLIN, Witterungsbeobachtungen: JEREMIAS HÖSLIN, Meteorologische und Witterungsbeobachtungen auf neunzehn Jahre, sammt einer Anweisung hierzu, und den erforderlichen Tabellen, Tübingen 1784.

HOLAWE, STRUMIA, WIMMER, Austrian pine: FRANZ HOLAWE – GIORGIO STRUMIA – RUPERT WIMMER, Use of false rings in Austrian pine to reconstruct early growing season precipitation, in: Canadien Journal of Forrest Research 30 (2000), 1691–1697.

HOLZER, Wetterchronik: ALOIS M. HOLZER, Wetterchronik der Buckligen Welt, Wien 1997.

HORAWITZ, Tagebuchblätter: ADALBERT HORAWITZ, Tagebuchblätter eines Weinhauers, in: Blätter des Vereins für Landeskunde von Niederösterreich NF 3 (1869), 153–155.

HUBER, Burghausen: JOHANN GEORG BONIFAZ HUBER, Geschichte der Stadt Burghausen in Oberbayern, Burghausen 1862.

INGRAM, UNDERHILL, FARMER, The use of documentary sources: M. J. INGRAM – D. J. UNDERHILL – G. FARMER, The use of documentary sources for the study of past climates, in: Climate and History. Studies in past climates and their impact on Man, hg. v. T. M. L. WIGLEY – M. J. INGRAM – G. FARMER, London/New York 1981, 180–213.

JÄGER, Umweltwahrnehmung: HELMUT JÄGER, Wie man vor Augen sieht. Mittelalterliche und Frühneuzeitliche Umweltwahrnehmung und -nutzung vornehmlich nach Quellen aus Altpreußen, in: Berliner Geographische Abhandlungen 53 (1990), 243–250.

KARAJAN, Tagebuch: THEODOR G. KARAJAN, Tagebuch des Wiener Arztes Johannes Tichtel aus den Jahren 1477–1495, in: Fontes Rerum Austriacarum 1 (1855), 3–66.

KASSNER, Wetter: KARL KASSNER, Das Wetter und seine Bedeutung für das praktische Leben, Leipzig 1918.

KATZEROWSKY, Aufzeichnungen: WENZEL KATZEROWSKY, Die meteorologischen Aufzeichnungen des Leitmeritzer Rathsverwandten Anton Gottfried Schmidt aus den Jahren 1500–1761. Beitrag zur Meteorologie Böhmens, Prag 1887.

Joannis Kepleri: Joannis Kepleri Astronomi Opera Onmia, Bd. 1–7, hg. v. CHRISTIAN FRISCH, Frankfurt a. M. 1868.

KELLER, Lexikon: HILTGART L. KELLER, Reclams Lexikon der Heiligen und der biblischen Gestalten. Legende und Darstellung in der bildenden Kunst, Stuttgart 1987.

KERSCHBAUMER, Tulln: ANTON KERSCHBAUMER, Geschichte der Stadt Tulln, Tulln 1902.

KINGTON, Application: JOHN KINGTON, The Application of Synoptic Weather Mapping to Historical Climatology, with particular reference to the peroid 1780–1820, in: Historische Klimatologie in verschiedenen Klimazonen, hg. v. RÜDIGER GLASER – RORY WALSH, Würzburg 1991 (Würzburger Geographische Arbeiten 80), 111–125.

KINZL, Chronik: JOSEF KINZL, Chronik der Städte Krems, Stein und deren nächster Umgegend, Krems 1869.

KLEMM, Entwicklung: FRITZ KLEMM, Die Entwicklung der meteorologischen Beobachtungen in Österreich einschließlich Böhmen und Mähren bis zum Jahr 1700, Offenbach a. M. 1983 (Annalen der Meteorologie NF 21).

KÖRBER, Wetteraberglauben: HANS-GÜNTHER KÖRBER, Vom Wetteraberglauben zur Wetterforschung. Geschichte und Kulturgeschichte der Meteorologie, Leipzig 1987.

KOLLER, Weinwirtschaft: LUDWIG KOLLER, Die Weinwirtschaft des Stiftes Göttweig, in: Unsere Heimat. Monatsblatt des Vereins für Landeskunde und Heimatschutz von Niederösterreich und Wien 5 (1932), 94–101.

KRACKOWITZER, Gmunden: FERDINAND KRACKOWITZER, Geschichte der Stadt Gmunden in Ober-Österreich. Bd. 3, Gmunden 1900.

KRESSER, Hochwässer: WERNER KRESSER, Die Hochwässer der Donau, Wien 1957 (Schriftenreihe des österreichischen Wasserwirtschaftsverbandes 32/33).

KRETSCHMER, Extremwerte: OTTO KRETSCHMER, Über Extremwerte von Winterkältesummen und Winterkälteperioden im bayerisch-österreichischen Donautal, in: Wetter und Leben. Zeitschrift für angewandte Meteorologie 27 (1975), 240–243.

KRETSCHMER, TSCHULK, Brände und Naturkatastrophen: HELMUT KRETSCHMER – HERBERT TSCHULK, Brände und Naturkatastrophen in Wien, Wien 1995 (Wiener Geschichtsblätter, Beiheft 1).

KRONLECHNER, Erziehung: HEINZ KRONLECHNER, Über die Erziehung der Rebe, ihre Abhängigkeit vom Klima und ihre Beziehung zu Traubenertrag und Weinqualität, Wien 1945.

KUMPFMÜLLER, Hungersnot: JOSEF KUMPFMÜLLER, Die Hungersnot von 1770 bis 1772 in Österreich, phil. Diss. Wien 1969.

LAICHMANN, Bäche und Flüsse: MICHAELA LAICHMANN, Bäche und Flüsse Wiens, Wien 1993 (Wiener Geschichtsblätter, Beiheft 2).

LAMB, Modern World: HUBERT HORACE LAMB, Climate, History and the Modern World, London/New York 1982.

LAMB, Climate: HUBERT HORACE LAMB, Climate. Present, Past and Future. Bd. 2, London/New York 1977.

LAMB, Klima: HUBERT HORACE LAMB, Klima und Kulturgeschichte. Der Einfluß des Wetters auf den Gang der Geschichte, Reinbek bei Hamburg 1989.

LANDSTEINER, Weinbau und Gesellschaft: ERICH LANDSTEINER, Weinbau und Gesellschaft in Ostmitteleuropa. Materielle Kultur, Wirtschaft und Gesellschaft im Weinbau, dargestellt am Beispiel Niederösterreichs in der frühen Neuzeit, phil. Diss. Wien 1992.

LAUER, FRANKENBERG, Wein und Witterung: WILHELM LAUER – PETER FRANKEN-BERG, Wein und Witterung in der Rheinpfalz und im Rheingau seit Mitte des 16. Jahrhunderts, in: Colloquium Geographicum 19 (1986), 99–112.

LAUER, FRANKENBERG, Rekonstruktion: WILHELM LAUER – PETER FRANKENBERG, Zur Rekonstruktion des Klimas im Bereich der Rheinpfalz seit Mitte des 16. Jahrhunderts mit Hilfe von Zeitreihen der Weinquantität und Weinqualität, Mainz/Stuttgart/New York 1986 (Paläoklimaforschung 2).

LAUSCHER, Wetterchronik: FRIEDRICH LAUSCHER, Beiträge zur Wetterchronik seit dem Mittelalter, in: Sitzungsberichte der Österreichischen Akademie der Wissenschaften, Math.-naturwiss. Klasse 194 (1985), H. 2, 93–131.

LAUSCHER, Unwetterchronik: FRIEDRICH LAUSCHER, Unwetterchronik des Pinzgau, Land Salzburg, seit 1501, in: Wetter und Leben. Zeitschrift für angewandte Meteorologie 38 (1986), 26–36.

LAUTERBURG, Klimaschwankungen: ANDREAS LAUTERBURG, Klimaschwankungen in Europa. Raum-zeitliche Untersuchungen in der Periode 1841–1960, Bern 1990 (Geographica Bernensia G 35).

LEHMANN, Auswirkungen: HARTMUT LEHMANN, Frömmigkeitsgeschichtliche Auswirkungen der „Kleinen Eiszeit", in: Volksreligiosität in der modernen Sozialgeschichte, hg. v. W. SCHIEDLER, Göttingen 1986 (Geschichte und Gesellschaft, Sonderheft 11), 31–50.

LEHNER, Naturkatastrophen: MARTINA LEHNER, Geschichte der Naturkatastrophen Österreichs, Dipl.-Arb. Wien 1993.

LENKE, Klima: WALTER LENKE, Das Klima Ende des 16. und Anfang des 17. Jahrhunderts nach Beobachtungen von Tycho de Brahe auf Hven, Leonhard III. Treuttwein in Fürstenfeld und David Fabricius in Ostfriesland, Offenbach a. M. 1968 (Berichte des Deutschen Wetterdienstes 110, Bd. 15).

LE ROY LADURIE, Geschichte: EMMANUEL LE ROY LADURIE, Die Geschichte von Sonnenschein und Regenwetter, in: M. BLOCH – F. BRAUDEL – L. FEBVRE U. A., Schrift und Materie der Geschichte. Vorschläge zur systematischen Aneignung historischer Prozesse, hg. v. CLAUDIA HONEGGER, Frankfurt a. M. 1977, 220–246.

LE ROY LADURIE, BAULANT, Grape Harvests: EMMANUEL LE ROY LADURIE – MICHELINE BAULANT, Grape Harvests from the Fifteenth through the Nineteenth Centuries, in: Climate and History. Studies in Interdisciplinary History, hg. v. ROBERT I. ROTBERG – THEODORE K. RABB, Princeton 1981, 259–267.

LE ROY LADURIE, Times of Feast: EMMANUEL LE ROY LADURIE, Times of Feast, Times of Famine. A History of Climate Since the Year 1000, New York 1988.

LESKOSCHEK, Käfer und Wurm: FRANZ LESKOSCHEK, Käfer und Wurm. Zur Geschichte der Weinbauschädlinge und ihrer Bekämpfung im altösterreichischen Weinbauraum vom Mittelalter bis zur Barockzeit, in: Zeitschrift des historischen Vereins für Steiermark 59 (1968), 171–182.

LIEBERT, Eichenchronologie: STEFAN LIEBERT, Eichenchronologie im Raum Wien 1462–1995, Dipl.-Arb. Wien 1996.

LINDE, Chronik: FRANZ XAVER LINDE, Chronik des Marktes Melk umfassend den Zeitraum von 890 bis 1890, Melk 1890.

LIZNAR, Beobachtungen: JOSEPH LIZNAR, Über die ältesten meteorologischen Beobachtungen von Wien, in: Meteorologische Zeitschrift 8 (1891), 81–90.

LÖSCHNIG, STEFL, Wein- und Obstbaukalender: JOSEF LÖSCHNIG – LUDWIG STEFL, Österreichischer Wein- und Obstbaukalender, Wien 1935.

LUDWIG, Beiträge: VINZENZ OSKAR LUDWIG, Beiträge zur Geschichte des Weinbaues in Niederösterreich, in: Jahrbuch des Stiftes Klosterneuburg 6 (1914), 201–242.

MARTÍN-VIDE, BARRIENDOS VALLVE, Rogation Ceremony Records: JAVIER MARTÍN-VIDE – MARIANO BARRIENDOS VALLVE, The Use of Rogation Ceremony Records in Climatic Reconstruction: A Case Study from Catalonia (Spain), in: Climatic Change 30 (1995), 201–221.

MATULLA, Regionalisierung: CHRISTOPH MATULLA, Regionalisierung in der Klimatologie. Klimaänderungszenarien in Österreich, rer. nat. tec. Diss. Wien 2001.

MAYR, Untersuchungen: FRANZ MAYR, Untersuchungen über Ausmaß und Folgen der Klima- und Gletscherschwankungen seit dem Beginn der postglazialen Wärmezeit. Ausgewählte Beispiele aus den Stubaier Alpen in Tirol, in: Zeitschrift für Geomorphologie 8 (1964), 257–285.

Meteorologische Beobachtungen: Meteorologische Beobachtungen an der k. k. Sternwarte in Wien von 1775 bis 1855, hg. v. CARL V. LITTROW, Wien 1860–1866.

MÖDLHAMMER, Mödling: GEORG MÖDLHAMMER, Unter dem Weingebirge von Mödling bis Wien. Volks-Chronik 1319–1942, Mödling 1978.

MONTANARI, Hunger: MASSIMO MONTANARI, Der Hunger und der Überfluß. Kulturgeschichte der Ernährung in Europa, München 1993.

Mozart I: Mozart. Briefe und Aufzeichnungen. Gesamtausgabe/Band I: 1755–1776, hg. v. Internationale Stiftung Mozarteum Salzburg, gesammelt und erläutert von WILHELM A. BAUER – OTTO ERICH DEUTSCH, Kassel/Basel/London/New York 1962.

Mozart III: Mozart. Briefe und Aufzeichnungen. Gesamtausgabe/Band III: 1780–1786, hg. v. Internationale Stiftung Mozarteum Salzburg, gesammelt und erläutert von WILHELM A. BAUER – OTTO ERICH DEUTSCH, Kassel/Basel/London/New York 1962.

MÜLLER, Schnee: WALTER MÜLLER, Gab es im frühen 19. Jahrhundert in Oberösterreich häufiger Schnee als in der Gegenwart?, in: Wetter und Leben. Zeitschrift für angewandte Meteorologie 92 (1977), 75–82.

MUNZAR, Instrumental Records: JAN MUNZAR, Early Meteorological Instrumental Records in Bohemia, in: Prace Geograficzne 95 (1993), 75–79.

MUNZAR, Prague: JAN MUNZAR, Early 17th century weather in Prague after J. Kepler's observations, in: Climate variability and climate change vulnerability and adaptation, Prag 1996, 46–48.

MUNZAR, Discovery: JAN MUNZAR, The discovery of daily weather observation records in Moravia from 1533–1545, in: Contemporary Climatology, hg. v. RUDOLF BRÁZDIL – MIROSLAV KOLÁR, Brünn 1994, 409–413.

NEUMANN, Weinfechsungen: WILHELM NEUMANN, Weinfechsungen des Stiftes Heiligenkreuz in den Jahren 1619–1722, nach Archivalien des Stiftes, in: Blätter des Vereins für Landeskunde von Niederösterreich NF 11 (1877), 69–71.

NUSSBAUMER, Gewalt der Natur: JOSEF NUSSBAUMER, Die Gewalt der Natur. Eine Chronik der Naturkatastrophen von 1500 bis heute, Grünbach 1996.

Österreich zur Zeit Kaiser Josephs II.: Österreich zur Zeit Kaiser Josephs II. Katalog der Niederösterreichischen Landesausstellung im Stift Melk, 29. März bis 2. November 1980, Wien 1980 (Katalog des Niederösterreichischen Landesmuseums NF 95).

Österreichische Weinzeitung 28 (1973), 130.

OFNER, Entwicklung: GERHARD OFNER, Die Entwicklung der Weinbaufläche, der Weinernten und der Weinsorten im Viertel ober dem Manhartsberg und im niederösterreichischen Alpenvorland von 1800 bis 1950, phil. Diss. Wien 1980.

OPLL, Wien im Bild: FERDINAND OPLL, Wien im Bild historischer Karten. Die Entwicklung der Stadt bis in die Mitte des 19. Jahrhunderts, Wien/Köln/Graz 1983.

PELZL, Heimatgeschichte: LEOPOLDINE PELZL, Heimatgeschichte Amstettens von der Urzeit bis 1683, Amstetten 1991 (Amstettner Beiträge 1989–91).

PFAFF, Sommer: CHRISTIAN HEINRICH PFAFF, Über den heißen Sommer von 1811, nebst einigen Bemerkungen über frühere heiße Sommer, Kiel 1812.

PFISTER, Klimageschichte: CHRISTIAN PFISTER, Klimageschichte der Schweiz 1525–1860. Das Klima der Schweiz von 1525–1860 und seine Bedeutung in der Geschichte von Bevölkerung und Landwirtschaft. Bd. 1–2, Bern/Stuttgart 1984.

PFISTER, Weinmosterträge: CHRISTIAN PFISTER, Die Fluktuation der Weinmosterträge im Schweizerischen Weinland vom 16. bis ins frühe 19. Jahrhundert. Klimatische Ursachen und sozioökonomische Bedeutung, in: Schweizerische Zeitschrift für Geschichte 31 (1981), 445–491.

PFISTER, European weather conditions: CHRISTIAN PFISTER, European weather conditions during the Little Ice Age, in: North European climate data in the latter part of the Maunder Minimum period A. D. 1675–1715, hg. v. EINAR SOLHEIM PEDERSEN, Stavanger 1996, 51–54.

PFISTER, Klimaschwankungen: CHRISTIAN PFISTER, Klimaschwankungen und Witterungsverhältnisse im schweizerischen Mittelland und Alpenvorland zur Zeit des „Little Ice Age". Die Aussage der historischen Quellen, in: Das Klima. Analysen und Modelle. Geschichte und Zukunft, hg. v. HANS OESCHGER – BRUNO MESSERLI – MAJA SVILAR, Berlin/Heidelberg/New York 1980, 175–190.

PFISTER, Monthly temperature: CHRISTIAN PFISTER, Monthly temperature and precipitation in central Europe 1525–1979: quantifying documentary evidence on weather and its effects, in: Climate Since A. D. 1500, hg. v. RAYMOND S. BRADLEY – PHILIP D. JONES, London 1992, 118–142.

PFISTER, Switzerland: CHRISTIAN PFISTER, Switzerland: The time of icy winters and chilly springs, in: Climatic trends and anomalies in Europe 1675–1715, hg. v. BURKHARD FRENZEL – CHRISTIAN PFISTER – BIRGIT GLÄSER, Stuttgart/Jena/New York 1994 (Paläoklimaforschung 13), 205–224.

PFISTER, Wetternachhersage: CHRISTIAN PFISTER, Wetternachhersage. 500 Jahre Klimavariationen und Naturkatastrophen 1496–1995, Bern 1999.

PFISTER ET AL., Daily Weather Observations: CHRISTIAN PFISTER ET AL., Daily Weather Observations in Sixteenth-Century Europe, in: Climatic Variability in Sixteenth-Century Europe and it's Social Dimension. Special Issue of Climatic Change 1/43, hg. v. CHRISTIAN PFISTER – RUDOLF BRÁZDIL – RÜDIGER GLASER, London/Bern 1999, 111–150.

PFISTER ET AL., Documentary Evidence: CHRISTIAN PFISTER ET AL., Documentary Evidence on Climate, in: Climatic Variability in Sixteenth-Century Europe and it's Social Dimension. Special Issue of Climatic Change 1/43, hg. v. CHRISTIAN PFISTER – RUDOLF BRÁZDIL – RÜDIGER GLASER, London/Bern 1999, 55–110.

PFISTER ET AL., Winter air temperature: CHRISTIAN PFISTER ET AL., Winter air temperature variations in western Europe during the Early and High Middle Ages (AD 750–1300), in: The Holocene 8 (1998), 535–552.

PFISTER, BRÁZDIL, Climatic Variability: CHRISTIAN PFISTER – RUDOLF BRÁZDIL, Climatic Variability in Sixteenth-Century Europe and it's Social Dimension: A Synthesis, in: Climatic Variability in Sixteenth-Century Europe and it's Social Dimension. Special Issue of Climatic Change 1/43, hg. v. CHRISTIAN PFISTER – RUDOLF BRÁZDIL – RÜDIGER GLASER, London/Bern 1999, 5–53.

PFISTER, SCHWARZ-ZANETTI, WEGMANN, Winter severity: CHRISTIAN PFISTER – GABRIELA SCHWARZ-ZANETTI – M. WEGMANN, Winter severity in Europe: The fourteenth century, in: Climatic Change 34 (1996), 91–108.

PILGRAM, Untersuchungen: ANTON PILGRAM, Untersuchungen über das Wahrscheinliche der Wetterkunde, Wien 1788.

PLECHL, Gott zu Ehrn: PIA MARIA PLECHL, Gott zu Ehrn ein Vatterunser pett. Bildstöcke, Lichtsäulen und andere Denkmale der Volksfrömmigkeit in Niederösterreich, Wien/München 1971.

PLÖCKINGER, Traubensorten: HANS PLÖCKINGER, Traubensorten in früherer Zeit und ihr Verschnitt, in: Österreichische Weinzeitung 9 (1954), 97.

POHL-RESL, Rechnen mit der Ewigkeit: BRIGITTE POHL-RESL, Rechnen mit der Ewigkeit. Das Wiener Bürgerspital im Mittelalter, Wien 1996 (Mitteilungen des Instituts für Österreichische Geschichtsforschung, Erg.-Bd. 33).

PREUENHUEBER, Annales: VALENTIN PREUENHUEBER, Annales Styrenses, Nürnberg 1740.

PRIBRAM, Materialien: ALFRED FRANCIS PRIBRAM, Materialien zur Geschichte der Preise und Löhne in Österreich. Bd. 1, Wien 1938.

PRITZ, Steyer: FRANZ XAVER PRITZ, Beschreibung und Geschichte der Stadt Steyer und ihrer nächsten Umgebungen, Linz 1837.

PROMINTZER, Donauregulierung: WERNER JOSEF PROMINTZER, Donauregulierung und Hochwasserschutz, in: Die Donau. Facetten eines europäischen Stromes, Linz 1994 (Katalog zur oberösterreichischen Landesaustellung in Engelhartszell), 217–225.

PUNTSCHERT, Denkwürdigkeiten: J. K. PUNTSCHERT, Denkwürdigkeiten der Stadt Retz, Wien 1894.

QUEISER, Amstetten: ADALBERT QUEISER, Geschichte der Stadt Amstetten von den ältesten Zeiten bis auf die Gegenwart, Amstetten 1898.

REDL, Regulierungen: LEOPOLD REDL, Regulierungen, in: Das Wiener Donaubuch. Ein Führer durch Alltag und Geschichte, hg. v. HUBERT CH. EHALT – MANFRED CHOBOT – GERO FISCHER, Wien 1987, 36–49.

RESCH, Heimatbuch: RUDOLF RESCH, Retzer Heimatbuch. Bd. 1, Retz 1936.

RUDLOFF, Schwankungen: HANS V. RUDLOFF, Die Schwankungen und Pendelungen des Klimas in Europa seit dem Beginn der regelmäßigen Instrumentenbeobachtungen 1670, Braunschweig 1967.

Sammlung: Sammlung von Natur- und Medicin- Wie auch hierzu gehörigen Kunst- und Literatur-Geschichten. 1. bis 38. Versuch, Breslau 1718–1730.

SARTORI, Authentische Beschreibung: FRANZ SARTORI, Authentische Beschreibung der unerhörten Überschwemmung der Donau im Erzherzogthume Österreich unter der Enns im Jahre 1830, Wien 1830.

SCHADELBAUER, Aicholz: KARL SCHADELBAUER, Aicholz (Aichholtz) Johann Emerich, in: Neue deutsche Biographie. Bd. 1, Berlin 1953, 17.

SCHAMS, Weinbau: FRANZ SCHAMS, Der Weinbau des österreichischen Kaiserstaates in seinem ganzen Umfange oder vollständige Beschreibung sämtlicher berühmter Weingebirge in der österreichischen Monarchie, Pest 1835.

SCHMID, Zukunft des Neusiedlersees: THEODOR SCHMID, Die Zukunft des Neusiedlersees. Trockenlegung oder Höherstauung, in: Die Wasserwirtschaft 16 (1927), 360–364.

SCHNEIDER, PFLANZER, PFLANZER, Brauchtum: WERNER SCHNEIDER – HELLA PFLANZER – ERIK PFLANZER, Brauchtum und Feste in Österreich, Innsbruck 1985.

SCHÖNEFELDT, Brunn am Gebirge: AUGUST SCHÖNEFELDT, Die Marktgemeinde Brunn am Gebirge von 1500 bis 1800, Brunn/Gebirge 1906.

SCHÖNWIESE, Klimatologie: CHRISTIAN-DIETRICH SCHÖNWIESE, Klimatologie, Stuttgart 1994.

SCHREYER, Wetterchroniken: RICHARD SCHREYER, Aus den Wetterchroniken von Linz und Leitmeritz. Vergleichende Darstellung einiger Witterungserscheinungen des 19. Jahrhunderts, in: Wetter und Leben. Zeitschrift für angewandte Meteorologie 17 (1965), 69–75.

SCHÜLE, PFISTER, Outlines: HANNES SCHÜLE – CHRISTIAN PFISTER, Euro-Climhist – outlines of a Multi Proxy Data Base for investigating the climate of Europe over the last centuries, in: European climate reconstructed from documentary data: methods and results, hg. v. BURKHARD FRENZEL – CHRISTIAN PFISTER – BIRGIT GLÄSER, Stuttgart/Jena/New York 1992 (Paläoklimaforschung 7), 211–218.

SCHWARZ-ZANETTI, PFISTER, SCHWARZ-ZANETTI, SCHÜLE, Euro-Climhist: WERNER SCHWARZ-ZANETTI – CHRISTIAN PFISTER – GABRIELA SCHWARZ-ZANETTI – HANNES SCHÜLE, The Euro-Climhist Data Base – a tool for reconstructing climate of Europe in the pre-instrumental period from high resolution proxy data, in: European climate reconstructed from documentary data: methods and results, hg. v. BURKHARD FRENZEL – CHRISTIAN PFISTER – BIRGIT GLÄSER, Stuttgart/Jena/New York 1992 (Paläoklimaforschung 7), 193–210.

SCHWARZL, Gletschervorstöße: SIEGFRIED SCHWARZL, Die klimatischen Ursachen der extremen Gletschervorstöße Ende des 16. Jahrhunderts und der Niedergang des Goldbergbaues in den Rauriser Alpen (Hohe Tauern), in: Wetter und Leben. Zeitschrift für angewandte Meteorologie 32 (1980), 162–166.

SCHWARZL, Hochwasserbedrohung: SIEGFRIED SCHWARZL, Die Hochwasserbedrohung Wiens. Elementarereignisse an der Donau im Rahmen der Klimaentwicklung, Wien 1956 (Wetter und Leben. Zeitschrift für angewandte Meteorologie, Sonderheft 4).

SCHWEINGRUBER, Tree Rings: FRITZ HANS SCHWEINGRUBER, Tree Rings and Environment. Dendroecology, Bern/Stuttgart/Wien 1996.

SIMONS, Froschregen: PAUL SIMONS, Froschregen, Kugelblitze und Jahrhunderthagel. Warum das Wetter verrückt spielt, München 1997.

SONKLAR, Gletscherschwankungen: KARL V. SONKLAR, Über den Zusammenhang der Gletscherschwankungen mit den meteorologischen Verhältnissen, in: Sitzungsberichte der kais. Akademie der Wissenschaften. Math.-naturwiss. Klasse 32 (1858), 169–206.

SPERL, Wahrnehmung von Umweltphänomenen: ALEXANDER SPERL, Vom Blutregen zum Staubfall. Der Einfluß politischer und theologischer Theorien auf die Wahrnehmung von Umweltphänomenen, in: Umweltbewältigung. Die historische Perspektive, hg. v. GERHARD JARITZ – VERENA WINIWARTER, Bielefeld 1994, 56–76.

SPRANDEL, Mentalitäten: ROLF SPRANDEL, Mentalitäten und Systeme. Neue Zugänge zur mittelalterlichen Geschichte, Stuttgart 1972.

STAMPRECH, Die älteste Tageszeitung: FRANZ STAMPRECH, Die älteste Tageszeitung der Welt. Werden und Entwicklung der „Wiener Zeitung", Wien 1977.

STARZER, Klosterneuburg: ALBERT STARZER, Geschichte der landesfürstlichen Stadt Klosterneuburg, Klosterneuburg 1900.

STEHR, STORCH, Klima: NICO STEHR – HANS V. STORCH, Klima, Wetter, Mensch, München 1999.

STEINER, Einfluss: EVA STEINER, Einfluss von Boden und Klima auf die landwirtschaftlichen Erträge in Niederösterreich, Dipl.-Arb. Wien 2001.

STÖWE, Erklärungen: CHRISTIAN GOTTLIEB STÖWE, Erklärungen der Konstellationen oder Stellungen der Himmelskörper welche Erdbeben, Orkane, Donnerwetter usw. und alle Witterungserscheinungen verursachen, Berlin 1791.

STRÖMMER, Historische Klimaforschung: ELISABETH STRÖMMER, Umb Margaretha ist die Thonau gewaltig groß gewest. Historische Klimaforschung am Beispiel der Quellen des Stiftsarchives Klosterneuburg, in: Jahrbuch des Stiftes Klosterneuburg NF 17 (1999), 7–24.

STRÖMMER, HOLAWE: Klimarekonstruktionen: ELISABETH STRÖMMER – FRANZ HOLAWE: Klimarekonstruktionen für die vorinstrumentelle Zeit – Ein interdisziplinärer Ansatz, in: Frühneuzeit-Info 9 (1998), H. 1, 160–164.

STRUMIA, Tree-ring: GIORGIO STRUMIA, Tree-ring based reconstruction of precipitation in eastern Austria, Diss. Wien 1999.

SWAROWSKY, Schwankungen: ANTON SWAROWSKY, Die Schwankungen des Neusiedler Sees, in: Bericht über das XII. Vereinsjahr erstattet vom Vereine der Geographen an der Universität Wien, Wien 1886, 15–17.

Umständliche, richtig und bestmögliche Beschreibung: Umständliche, richtig und bestmögliche Beschreibung der am 29. July 1785 so unversehens plötzlichen und schaudervollen Uiberschwemmung, sowohl hier, als auch denen auf dem Lande davon betroffenen Oertern, und des dadurch verursachten Schadens, Wien 1785.

UNDT, Witterung: WILLIBALD UNDT, Die Witterung im Mai 1809. Eine historische Betrachtung der Wetteraufzeichnungen vor 150 Jahren, in: Unsere Heimat 30 (1959), 213–218.

VAN BEBBER, Winter: JACOB VAN BEBBER, Über die strengen europäischen Winter vom Jahre 1829 bis 1871, Kaiserslautern 1871.

Weinfechsungsgeschichte: Versuch einer hundertjährigen Weinfechsungsgeschichte Österreichs; von 1700 bis 1800 aus Urquellen, Wien 1803.

VOGT, Weinbau: E. VOGT, Weinbau. Ein Lehr- und Handbuch für Praxis und Schule, hg. v. B. GÖTZ, Stuttgart 1979.

WACHA, Wetterbeobachtungen: GEORG WACHA, Die ältesten erhaltenen täglichen Wetterbeobachtungen aus dem Raum Wien, in: Wetter und Leben. Zeitschrift für angewandte Meteorologie 15 (1963), H. 7–8, 147–149.

WACHA, Tagebücher: GEORG WACHA, Die Tagebücher des Franz de Paula Haslingers 1796–1833. Wetterbeobachtungen und Temperaturmessungen, Linz 1962 (Wetter und Leben, Sonderheft 6, Anhang-Band 1, 2).

WACHA, Wetterchronik: GEORG WACHA, Zur Wetterchronik des Linzer Raumes, in: Wetter und Leben. Zeitschrift für angewandte Meteorologie, Sonderheft 6 (1959), 5–86.

WANIEK, Geschichtlicher Grundriß: NORBERT WANIEK, Geschichtlicher Grundriß des österreichischen Anteils am Aufbau der Meteorologie, phil. Diss. Wien 1951.

WATZIK, Hochwasser: FREDERICK WATZIK, Hochwasser, in: Die Donau. Facetten eines europäischen Stromes, Linz 1994 (Katalog zur oberösterreichischen Landesaustellung in Engelhartszell), 63–68.

WEBER, Weinbaugrenze: WILFRIED WEBER, Die Entwicklung der nördlichen Weinbaugrenze in Europa. Eine historisch-geographische Untersuchung, Trier 1980 (Forschungen zur Deutschen Landeskunde 216).

WEIKINN, Quellentexte: CURT WEIKINN, Quellentexte zur Witterungsgeschichte Europas von der Zeitwende bis zum Jahre 1850, Bd. I–IV, Berlin 1958 (Quellensammlung zur Hydrographie und Meteorologie).

WEINBERGER, Klimageschichte: LUDWIG WEINBERGER, Klimageschichte aus alten Chroniken, in: Wetter und Leben. Zeitschrift für angewandte Meteorologie 1 (1948), 363–364.

WEINZIERL-FISCHER, Hungersnot: ERIKA WEINZIERL-FISCHER, Die Bekämpfung der Hungersnot in Böhmen 1770–1772 durch Maria Theresia und Joseph II., in: Mitteilungen des Österreichischen Staatsarchives 7 (1954), 478–514.

WERNECK, Rückzug des Weinbaues: HEINRICH L. WERNECK, Der Rückzug des Weinbaues in Nieder- und Oberösterreich seit 1600, in: Bericht über den zweiten österreichischen Historikertag in Linz a. d. Donau, Linz 1951 (Veröffentlichungen des Verbandes österreichischer Geschichtsvereine 2), 51–54.

Wienerisches Diarium/Wiener Zeitung Nr. 1/1703 ff.

WIMMER, Neue Methoden: RUPERT WIMMER, Neue Methoden der Holz- und Jahrringanalyse und Anwendungen in der Umweltforschung, Wien 1996.

WIROBAL, Klima: KARL H. WIROBAL, Das Klima von Hallstadt, Hallstadt 1994.

WITTE, Aussagewert: WOLF WITTE, Der Aussagewert von historischen hydrologischen Daten im Vergleich zu meteorologischen und (para-)phänologischen Daten für die Rekonstruktion der Witterung im Mittelrheingebiet seit dem 14. Jahrhundert, in: Historische Klimatologie in verschiedenen Klimazonen, hg. v. RÜDIGER GLASER – RORY WALSH, Würzburg 1991 (Würzburger Geographische Arbeiten 80), 183–198.

WITZMANN, Sozialstruktur Perchtoldsdorfs: ERICH WITZMANN, Die Sozialstruktur Perchtoldsdorfs im 18. Jahrhundert unter besonderer Berücksichtigung des Weinbaues, phil. Diss. Wien 1974.

ZALLINGER ZUM THURN, Witterungsbeobachtungen: FRANZ ZALLINGER ZUM THURN, Witterungsbeobachtungen, nebst einigen Höhenmessungen mit dem Barometer, Innsbruck 1784.

ZIEGLER, Donau: ANTON ZIEGLER, Die Donau mit vorzüglicher Berücksichtigung der Überschwemmungen, welche sich seit mehreren Jahrhunderten in den verschiedenen Perioden ereigneten, Wien 1830.

ZILLNER, Salzburg: FRANZ VALENTIN ZILLNER, Geschichte der Stadt Salzburg. 1. Buch, Salzburg 1885.

ZIMBURG, Geschichte Gasteins: HEINRICH ZIMBURG, Die Geschichte Gasteins und des Gasteiner Tales, Wien 1948.

ZISSER, Hochwässer: HELMUT ZISSER, Die Hochwässer der Donau, Dipl.-Arb. Wien 1989.

Bildnachweis

Abb. 1: Ephemeridum Opus Ioannis Stoeffleri, Tübingen 1531.

Abb. 2: Witterungsbeschreibungen von Johann Emmerich Aichholz (Juli 1547) in einem Stöffler'schen Ephemeridenband (Universitätsbibliothek Straßburg, Signatur R 102998).

Abb. 3: WACHA, Wetterchronik, 49.

Abb. 4: HELLMANN, Entwicklung, 28.

Abb. 5: Foto Werner Michael Schwarz.

Abb. 6: OPLL, Wien im Bild, Tafel 7.

Abb. 7: BAMG, Wein=Chronik 1813 bis 1841.

Abb. 8: Wienerisches Diarium Nr. 56/1779.

Abb. 9: Wiener Zeitung vom 5. Juni 1826.

Abb. 10: PILGRAM, Untersuchungen, Titelblatt.

Abb. 11: Bellotto, Abb. 69.

Abb. 12: Bellotto, Abb. 67.

Abb. 13: Die Donau, 217.

Abb. 14: Historisches Museum (Foto Werner Michael Schwarz).

Abb. 15: HINKEL, Donau, 19.

Abb. 16: Historisches Museum (Foto Werner Michael Schwarz).

Abb. 17: Historisches Museum (Foto Werner Michael Schwarz).

Abb. 18: HINKEL, Donau, 59.

Abb. 19: Historisches Museum (Foto Werner Michael Schwarz).

Abb. 20: Historisches Museum (Foto Werner Michael Schwarz).

Abb. 21: Historisches Museum (Foto Werner Michael Schwarz).

Abb. 22: Historisches Museum (Foto Werner Michael Schwarz).

Abb. 23: SARTORI, Authentische Beschreibung, Titelblatt.

Abb. 24: Foto Werner Michael Schwarz, s. auch Deckblatt Zweiter Teil (Ausschnitt).

Abb. 25: Historisches Museum (Foto Werner Michael Schwarz, s. auch Deckblatt Erster Teil).

Raum für Notizen

Raum für Notizen

Raum für Notizen